碳正离子化学

孔祥文 编著

东北大学出版社
·沈 阳·

图书在版编目（CIP）数据

碳正离子化学 / 孔祥文编著. — 沈阳 ：东北大学出版社，2019.10
ISBN 978-7-5517-2206-3

Ⅰ. ①碳… Ⅱ. ①孔… Ⅲ. ①碳—阳离子—高等学校—教材 Ⅳ. ①O646.1

中国版本图书馆 CIP 数据核字（2019）第235113号

内容提要

本书是辽宁省普通高等教育本科教学改革研究项目立项课题（辽教函〔2018〕471号）、辽宁省教育科学“十二五”规划立项课题（JG14DB334）的研究成果之一，是有机化学辽宁省级精品课程的配套系列教材之一。

全书共分7章，分别为碳正离子、S_N1亲核取代反应、亲电加成反应、芳香亲电取代反应、消除反应、重排反应、氧化反应。第1章论述有机活性中间体碳正离子的结构、构型、稳定性及形成，第2～7章分别论述涉及碳正离子的有机化学反应。各章中的每个反应包括反应概述、反应通式、反应机理和详解、公开发表的相关反应实例、精选的近年研究生入学考试真题及解答、参考文献等。

本书既可作为普通高等学校和高等职业技术院校化学、应用化学、化工、轻工、石油、纺织、材料、药学、医学、环境、生物、食品、制药、安全、高分子、林产、冶金、农学等专业及其他相关专业的教学用书或参考用书，也可作为相关行业工程技术人员、科研人员和管理人员参考用书，尤其适合报考硕士研究生的考生作为复习有机化学课程的备考用书，特别适合中学生化学竞赛作为参考用书。

出 版 者：东北大学出版社
地址：沈阳市和平区文化路三号巷 11 号
邮编：110819
电话：024-83680176（社务室） 83687331（市场部）
传真：024-83680176（办公室） 83680170（出版部）
网址：http://www.neupress.com
E-mail:neuph@neupress.com
印 刷 者：沈阳航空发动机研究所印刷厂
发 行 者：东北大学出版社
幅面尺寸：185 mm × 260 mm
印　　张：15.75
字　　数：380 千字
出版时间：2019 年 12 月第 1 版
印刷时间：2019 年 12 月第 1 次印刷
策划编辑：汪子珺　　责任校对：汪子珺
责任编辑：石玉玲　　封面设计：潘正一

ISBN 978-7-5517-2206-3　　定价：66.00 元

前言

基于帮助读者解决在学习和应用有机化学过程中遇到的困难与疑问的目的，作者结合多年有机化学课程教学、科研和生产工作经验编写了本书，本书具有很强的针对性。不仅可以增强读者对有机化学的学习兴趣，而且可以使参加考研的考生了解真题的题型与难度、拓展解题思路，还可以帮助读者解决科研工作中遇到的实际问题，提高分析问题和解决问题的能力。本书是辽宁省普通高等教育本科教学改革研究项目立项课题（辽教函〔2018〕471号）、辽宁省教育科学“十二五”规划立项课题（JG14DB334）的研究成果之一，是有机化学辽宁省级精品课程的配套系列教材之一。

本书按内容共分7章，包括碳正离子、S_N1亲核取代反应、亲电加成反应、芳香亲电取代反应、消除反应、重排反应、氧化反应。国内外有机化学方面的教材和著作有不少，但专论有机活性中间体碳正离子和涉及碳正离子有机化学反应的教材和著作却很少见，本书颇为特色，将填补这方面的空缺，将有关碳正离子化学方面的知识全面展示给读者。它富有时代感，着眼于“反应”是否创新、是否有应用价值、是否可持续发展。本书首先对活性中间体碳正离子展开详细论述，然后分别论述涉及碳正离子的相关反应，每个反应由“反应内容”“反应机理”“机理详解”“典型问题解析”“参考文献”等五部分组成。“反应内容”包括反应由来、发展、过程、通式、应用等。“反应机理”部分首先用化学反应方程式描述反应机理，每个反应均给出一步一步详尽的电子转移机理过程，特别是用汉字对反应机理进行了详尽表述，以培养学生分析问题、解决问题和创新的能力，这是本书的又一特色。“典型问题解析”部分选择了一些有代表性的问题，公开发表的相关反应实例、精选的近年研究生入学考试真题及解答。题型广泛，有选择和填空、简答、分离与鉴定、机理、合成、结构推测等，并给出了详细的答案，还说明了推理和分析的过程，旨在帮助读者建立合理的解题思路，提高解题技巧，这也是本书的特色。“参考文献”部分给出了反应最原始的文献及相关文献，有助于读者的科研工作。

本书由辽宁省教学名师、沈阳化工大学教授孔祥文编著。参与本书编写的人员有王欣、陶一凡、秦威等。

在本书编写过程中，作者参阅了国内外的专著和教材，对这些专著和教材的作者表示感谢，东北大学出版社编辑对本书的出版给予大力支持和帮助，在此特致衷心的谢意。

限于编者的水平，错误和不妥之处在所难免，衷心希望各位专家和读者予以批评指正，在此致以最真诚的感谢。

孔祥文

2019年7月

目 录

1　碳正离子

1.1　结　构

在有机化学反应中，反应物分子往往先形成碳正离子、碳负离子、游离基、碳烯等活性大、寿命短的中间体，称为活性中间体（reactive intermediate）。活性中间体一般都迅速变成反应产物。一个带正电荷的周围只有6个电子的碳原子称为碳正离子[1]，可用R_3C^+表示，其中R为烷基。碳正离子是一类活性中间体，由C.K. 英戈尔德于20世纪20年代提出。当带正电荷的碳原子分别与一个、两个、三个碳原子连接时又称为一级碳正离子、二级碳正离子和三级碳正离子[2]。例如：

$\begin{matrix} & H & \\ H- & C^+ & \\ & H & \end{matrix}$	$\begin{matrix} & H \\ H_3C- & C^+ \\ & H \end{matrix}$	$\begin{matrix} & H \\ H_3C- & C^+ \\ & CH_3 \end{matrix}$	$\begin{matrix} & CH_3 \\ H_3C- & C^+ \\ & CH_3 \end{matrix}$
甲基碳正离子	乙基碳正离子（伯、1°）	异丙基碳正离子（仲、2°）	叔丁基碳正离子（叔、3°）

碳正离子应可分为经典和非经典两类。前者为价电子层仅有六个电子、三价的、带正电荷的碳原子，如CH_3^+，$H_2C{=}CHCH_2^+$等。后者为外面有八个电子（其中一对电子为三中心键）的带正电荷的碳原子，如$CH_5^+\left[H_3C\text{---}<\begin{matrix}H\\H\end{matrix}\right]$，（注：虚线交叉点上无碳原子存在，只代表一对电子的离域情况）[3]。

1.2　构　型

经典碳正离子有两种构型：平面构型和角锥构型。二者均以sp^2或sp^3杂化轨道与其他三个原子或基团相连，前者有一个空的p轨道，后者则有一个空的sp^3杂化轨道。如图1-1所示。

图1-1　经典碳正离子的两种构型

1.3 稳定性

碳正离子的平面构型比角锥型更稳定。这是因为空间效应和电子效应的影响，在平面构型中，与中心碳原子相连的三个基团相距较远，空间阻碍较小；另一方面sp^2杂化轨道与sp^3杂化轨道相比，s成分多，电负性更大，电子更靠近原子核，故更稳定。

影响碳正离子稳定性的因素有很多，主要有诱导效应、共轭效应、芳香性、张力和介质效应。

1.3.1 诱导效应

诱导效应是指由于分子中成键原子的电负性不同，使整个分子中的成键电子云密度向某一方向偏移，使分子发生极化的效应，又叫I效应。诱导效应沿键链的传递是以静电诱导的方式进行的，只涉及电子云分布状态的改变和键极性的变化，一般不引起整个电荷的转移和价态的变化。

$$Cl \leftarrow CH_2 \leftarrow \overset{\overset{\displaystyle O}{\|}}{C} \leftarrow O \leftarrow H$$

在键链中通过静电诱导传递的诱导效应受屏蔽效应的影响是明显的，诱导效应随着距离的增加，变化非常迅速。一般隔三个化学键影响就很小了。

常以碳氢化合物中的氢原子为标准。

$R_3C \leftarrow Y$	R_3C-H	$R_3C \rightarrow X$
+I效应	比较标准	–I效应

吸电子的能力（电负性较大）比氢原子强的原子或原子团（如—X、—OH、—NO_2、—CN等）有吸电子的诱导效应（负的诱导效应），用–I表示，整个分子的电子云偏向取代基。

吸电子的能力比氢原子弱的原子或原子团（如烷基）有供电子的诱导效应（正的诱导效应），用+I表示，整个分子的电子云偏离取代基。

按照静电学的定律，带电体系的稳定性随着电荷的分散而增大。具有+I效应的基团与带正电荷的碳原子相连，则能分散正电荷，使碳正离子稳定；而具有–I效应的吸电子基团则降低碳正离子的稳定性。

从结构上看，当中心碳原子连接的烷基越多，碳正离子就越稳定。这是因为从诱导效应（I）来看，烷基是供电子基团（+I），有利于分散缺电子的碳正离子上的正电荷，因此使碳正离子稳定（按照静电学的定律，带电体系的稳定性随着电荷的分散而增大），烷基碳正离子的稳定性次序是：

$$(CH_3)_3C^+ > (CH_3)_2CH^+ > CH_3CH_2^+ > CH_3^+$$

当中心碳原子连接有吸电子基团时，碳正离子的稳定性降低。例如：

$$CH_3CH_2^+ > FCH_2CH_2^+$$

1.3.2 共轭效应

一般将分子中含有三个或三个以上相邻且共平面的原子，以相互平行的p轨道相互交叠形成离域键的这种作用称为共轭作用。在共轭体系内π电子（或p电子）的分布发生变化，处于离域状态，这种电子效应称为共轭效应，用C表示。+C表示供电子的效应，-C表示吸电子的效应。

在碳正离子中，带正电荷的碳原子是sp^2杂化，剩余的一个p轨道是空着的，存在着σ键轨道与p轨道在侧面相互交盖，称为σ，p-超共轭效应。如图1-2、图1-3。

图1-2　碳正离子的结构　　**图1-3　碳正离子的超共轭**

参与超共轭的C—H σ键轨道越多，正电荷的分散程度越大，碳正离子越稳定。碳正离子稳定性由大到小的顺序是$3°C^+ > 2°C^+ > 1°C^+ > CH_3^+$。

在碳正离子中，当缺电子的p轨道与双键π轨道在侧面相互交盖，π电子云向p轨道转移，呈吸电子共轭效应（-C），构成的共轭体系称为p,π-共轭体系。

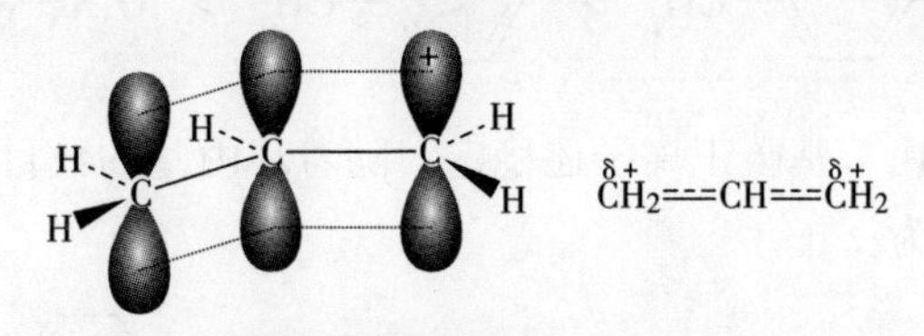

图1-4　烯丙基正离子的p，π-共轭

p，π-共轭体系的结果是电子离域，正电荷得到分散，使碳正离子稳定，例如：烯丙基碳正离子、苄基碳正离子等。

$$CH_2{=}CH{-}\overset{+}{C}H_2 \qquad C_6H_5{-}\overset{+}{C}H_2$$

烯丙基碳正离子　　苄基碳正离子

共轭体系越大，其稳定性越大，例如：

$$(CH_2{=}CH)_3\overset{+}{C} > (CH_2{=}CH)_2\overset{+}{C}H > CH_2{=}CH\overset{+}{C}H_2$$

$$(C_6H_5)_3\overset{+}{C} > (C_6H_5)_2\overset{+}{C}H > C_6H_5\overset{+}{C}H_2 > C_5H_5\overset{+}{C}H_2$$

又如，三苯基碳正离子非常稳定，能够以盐的形式稳定存在。

结晶紫　　　　孔雀绿

$$Ph_3CCl \underset{\text{或}H_2SO_4}{\overset{\text{液态}SO_2}{\rightleftharpoons}} Ph_3C^+ + Cl^-$$

无色　　　　黄色

很多含有三个或两个芳基的碳正离子都曾经制备和鉴定过，其中有些具有良好的染料或指示剂性能。

在芳环的共轭体系中，邻、对位定位基对苯环的电子效应（+I 和或+C）一般是供电子的（卤素除外），使苯环上邻、对位电子云密度相对增加较大，有利于中心碳正离子的稳定，取代基对中心碳正离子的稳定性影响顺序如下：

$$R_2N— > RO— > R— > H > X— > —CN > —NO_2$$

例如：

$$CH_3-C_6H_4-\overset{+}{C}H_2 > C_6H_5-\overset{+}{C}H_2 > O_2N-C_6H_4-\overset{+}{C}H_2$$

环丙甲基碳正离子比苄基碳正离子还稳定，随着环丙基的数目增加，碳正离子稳定性提高。其稳定性顺序为：

$$(C_3H_5)_3\overset{+}{C} > (C_3H_5)_2\overset{+}{C}H > C_3H_5-\overset{+}{C}H_2 > C_6H_5-\overset{+}{C}H_2$$

在环丙甲基碳正离子中，中心碳原子上空的p轨道与环丙基中的弯曲轨道进行侧面交盖，其结果是使正电荷得到分散。如图1–5所示。

直接与杂原子相连的碳正离子中，氧原子上的未共用电子对所占的p轨道与中心碳原子上的空的p轨道侧面交盖，未共用电子对发生离域，正电荷得到分散。例如：

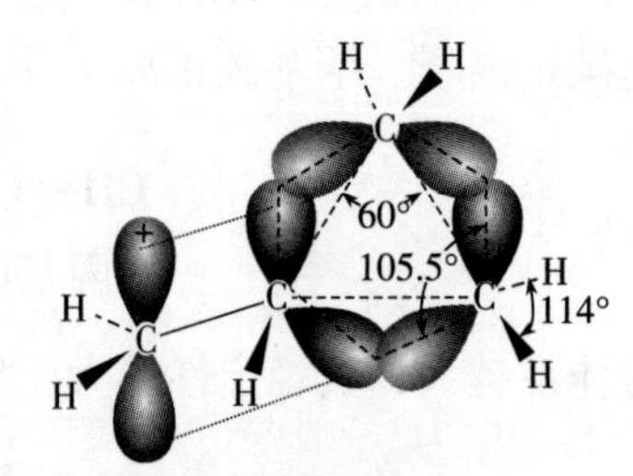

图1–5　环丙甲基碳正离子的σ，p–共轭

$CH_3—\ddot{O}—\overset{+}{C}H_2 \longleftrightarrow CH_3\overset{+}{\ddot{O}}=CH_2$　　$R—\overset{+}{C}=\ddot{O} \longleftrightarrow R—C\equiv\overset{+}{O}$

醚碳正离子　　　　　　　　　　羰基碳正离子

乙烯型碳正离子中，碳原子为 sp^2 杂化，p轨道用于形成π键，空的是 sp^2 杂化轨道，使正电荷集中。例如：

$$CH_2=\overset{+}{C}H$$

苯基碳正离子结构同乙烯型碳正离子一样，正电荷集中在 sp^2 杂化轨道上。例如：

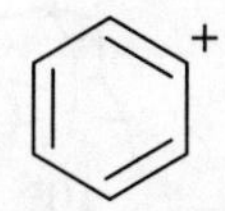

这两类碳正离子稳定性极差，空的杂化轨道与π键垂直，正电荷得不到分散。

1.3.3 芳香性

环状碳正离子的稳定性取决于是否具有芳香性。单环平面共轭多烯烃分子含有“$4n+2$”个离域的π电子时具有芳香性。芳香性的环状正离子具有特殊的稳定性。例如：

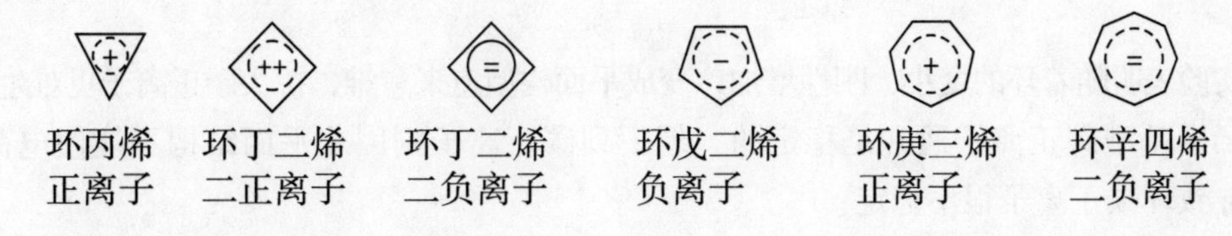

1.3.4 空间效应——张力

当反应物分子由 sp^3 杂化的四面体结构变成 sp^2 杂化的正离子时，空间拥挤程度减小，即B-张力减小，B张力减小得越多的正离子越易生成，且越稳定，例如 $(CH_3)_3C^+$ 比 CH_3^+ 稳定，B张力减少较多是原因之一。如图1-6所示。

R, R, R—C—X → (120°) R, R, R—C^+ + X^- (109°28′)

sp^3—四面体　　sp^2—平面三角体

图1-6　来自离去基团背后的张力——B-张力

某些环状化合物还存在分子内所固有的I-张力（internal strain，内张力），主要表现为角张力（angle strain），如小环烷烃不稳定，容易开环加成，CH_2 单元燃烧热较高，这是I-张力作用的结果。但某些小环化合物与同系较大环或链状化合物比较，I-张力还有另一种表现形式，如环丙烷衍生物1-甲基-1-氯环丙烷离解为碳正离子比相应的开链化合物叔丁基氯要慢，虽然其中心碳原子都是由 sp^3 杂化状态转变为 sp^2 杂化状态，但由于角张力的存在对环丙烷衍生物是极其不利的[5]。如图1-7所示。

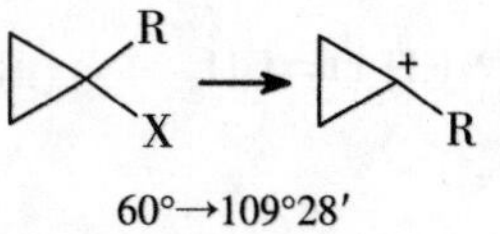

R X → + R

60°→109°28′

图1-7　来自小环化合物环键角变化60°～120°的张力——角张力

桥环化合物的桥头碳正离子为角锥型，由于结构上的刚性使其难以形成平面构型，桥头碳正离子极不稳定，很难形成碳正离子。例如：几种溴代烷溶剂解（80% H_2O-20%CH_3CH_2OH）的相对速度如下：

	$(CH_3)_3CBr$	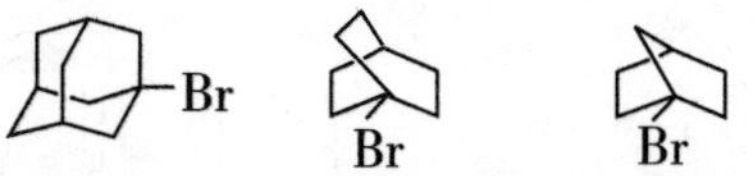 Br	Br	Br
相对速度	1	10^{-2}	10^{-6}	10^{-13}

由上可知，1-溴双环［2.2.1］庚烷的乙醇解速度比叔丁基溴的慢10^{13}倍。刚性比较弱的桥头取代结构，如1-金刚烷衍生物，溶剂解得比较快。又如，1-氯双环［2.2.1］庚烷的乙醇解速度比叔丁基氯的慢10^{11}倍。

叔丁基氯很快与EtOH-$AgNO_3$溶液反应生成AgCl沉淀。但下列反应难以进行：

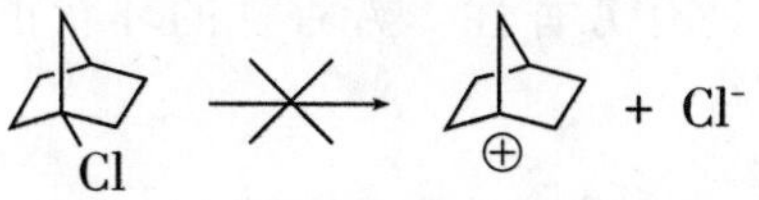

Cl ⟶(×) ⊕ + Cl^-

实验表明随着环的变小，刚性增加，变成平面构型愈来愈难，桥头碳正离子更难生成。

烯丙基型碳正离子通常是稳定的，但下列碳正离子则因非平面结构不能使电荷离域，导致环碳正离子很不稳定：

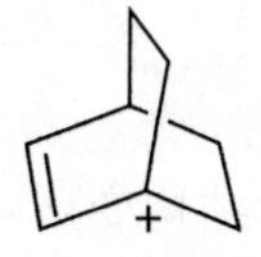

在形成的桥环足够大时，桥头碳可取平面构型，如1-金刚烷碳正离子：

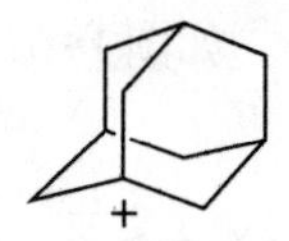

1.3.5　介质效应

在考虑碳正离子的稳定性时，它所处的介质环境是至关重要的。例如，碳正离子是在气相还是在溶液中以及溶剂的溶剂化效应大小均有影响。一般规律为，碳正离子在溶液中比在气相中稳定；在溶剂化越大的溶剂中稳定性越大。因溶剂的诱导极化作用，有利于底物的解离，使碳正离子稳定，极性溶剂的溶剂化作用强，更有利于底物的解离。

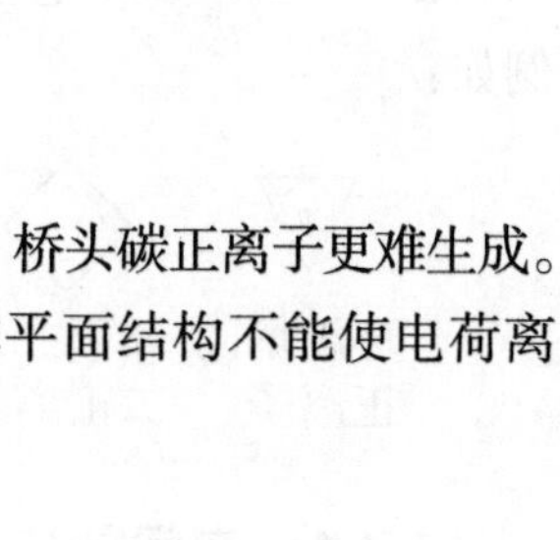

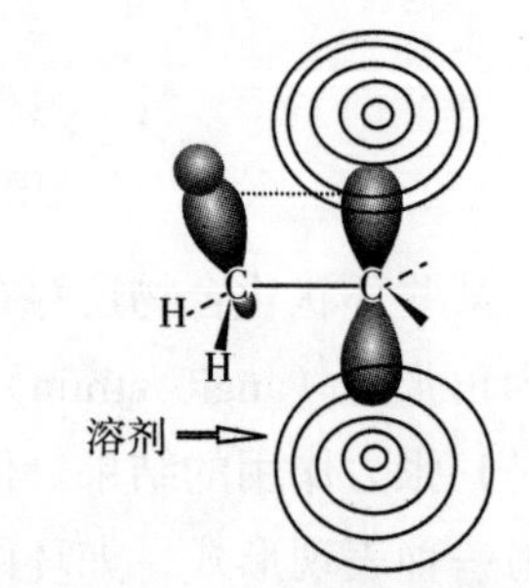

图1-8　空的p轨道易于溶剂化

综上所述，由于多种因素作用的结果，常见碳正离子的稳定性顺序如下：

$$Ph_3C^+ > Ph_2\overset{+}{C}H > Ph\overset{+}{C}H_2 \approx R_3\overset{+}{C} > CH_2 = CH\overset{+}{C}H_2 \approx R_2\overset{+}{C}H > R\overset{+}{C}H_2 > \overset{+}{C}H_3$$

1.4 形 成

1.4.1 直接解离

在化合物分子中，与中心碳原子直接相连的原子或基团带着一对成键电子解离可以形成碳正离子，例如：

$$R—X \longrightarrow R^+ + X^-$$

$$Ph—CH(Ph)—Cl \rightleftharpoons Ph_2\overset{+}{C}H + Cl^-$$

一般叔碳正离子或其他较稳定的碳正离子（苯甲型、烯丙型、二苯甲基碳正离子、三苯甲基碳正离子），较容易通过直接离解形成，而且介质的极性愈大，离解时所需能量愈小。例如，氯代叔丁烷在气相中离解成碳正离子，离解所需能量为628.5kJ/mol，而在水溶液中形成碳正离子，离解所需能量仅需83.74kJ/mol。

常见的离去基团有氯离子、溴离子和碘离子等，酰氧基，特别是那些具有吸电子基团的是更好的离去基团。下列基团在溶剂解反应中常遇到：

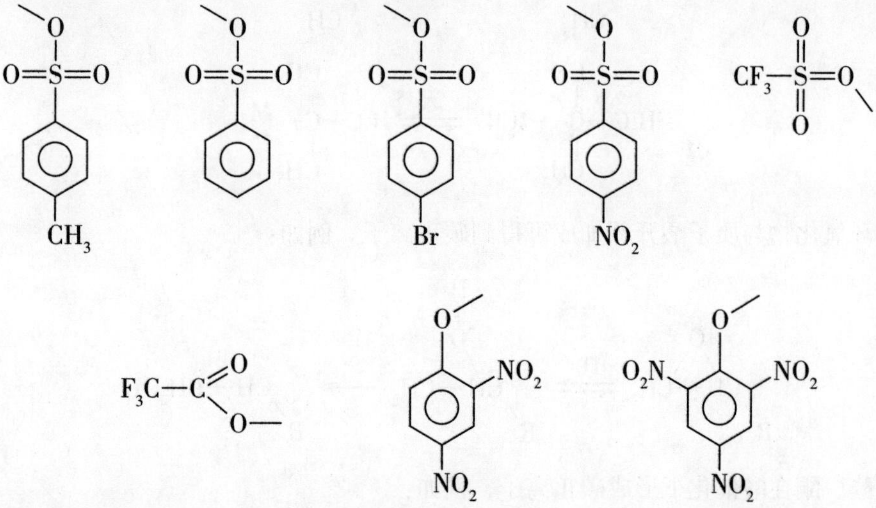

1.4.2 酸催化

（1）质子酸催化下，烯烃、醇、醛、酮形成碳正离子。

① 烯烃、炔烃与质子酸加成得到两种碳正离子——烷基碳正离子和乙烯型碳正离子，前者的稳定性大于后者。例如：

$$>C=C< + HX \xrightarrow{slow} >C(H)-\overset{+}{C}< + X^- \xrightarrow{fast} >C(H)-C(X)<$$

$$-C\equiv C- + HX \xrightarrow{slow} -C(H)=\overset{+}{C}- + X^- \xrightarrow{fast} -C(H)=C(X)-$$

② 小环环烷烃与质子酸开环加成可得到碳正离子。例如：

$$\text{▷}-CH_3 + H^+ \longrightarrow CH_3CH_2\overset{+}{C}HCH_3$$

③ 醇在酸的作用下分子中的氧原子与酸中的氢离子结合成鎓盐（$R\overset{+}{O}H_2$），失去水分子得到碳正离子。

$$R-OH \xrightarrow{H^+} R\overset{+}{O}H_2 \longrightarrow R^+ + H_2O$$

例如：

$$(CH_3)_3C-\ddot{O}-H + H^+ \underset{}{\overset{快}{\rightleftharpoons}} (CH_3)_3C-\overset{+}{\ddot{O}}(H)-H$$

$$(CH_3)_3C-\overset{+}{\ddot{O}}(H)-H \xrightarrow{慢} (CH_3)_3C^+ + H_2O$$

$$(CH_3)_3C^+ + :\ddot{Cl}:^- \overset{快}{\rightleftharpoons} (CH_3)_3C-\ddot{Cl}:$$

④ 环氧化物与质子酸开环加成可得到碳正离子。例如：

$$R-CH\overset{O}{—}CH_2 \overset{H^+}{\rightleftharpoons} R-CH\overset{\overset{H}{|}\,^+O}{—}CH_2 \longrightarrow R-\overset{+}{C}H-CH_2OH$$

⑤ 醛、酮在酸催化下形成碳正离子，例如：

$$CH_3CHO + H^+ \rightleftharpoons H_2C(H)-CH=\overset{+}{O}H \overset{-H}{\rightleftharpoons} CH_3\overset{+}{C}H-OH$$

⑥ 亚胺离子形成碳正离子，例如：

$$(CH_3)_2NH + CH_2=\overset{+}{O}H \longrightarrow (CH_3)_2N=CH-\overset{+}{O}H_2 \xrightarrow{-H_2O} (CH_3)_2\overset{+}{N}=CH_2 \rightleftharpoons (CH_3)_2N-\overset{+}{C}H_2$$

（2）Lewis酸催化下卤代烃、羧酸衍生物形成碳正离子。

离去基团愈容易离去，也愈有利于碳正离子的形成。有时当离去基团较难离去时，可以加Lewis酸催化。例如：

$$(CH_3)_3C\text{—}Cl + AlCl_3 \longrightarrow (CH_3)_3C^+ + AlCl_4^-$$

$$\text{H(Me)(Ph)C—Cl} + SnCl_4 \rightleftharpoons \text{Ph(Me)}\overset{+}{C}\text{H}\ SnCl_5^- \rightleftharpoons \text{Cl—C(Me)(H)(Ph)} + SnCl_4$$

$$R\text{—}Br + AlBr_3 \longrightarrow R^+ + AlBr_4^-$$

$$R\text{—}X + Ag^+ \longrightarrow R^+ + AgX\downarrow$$

$$RCCl(=O) \xrightarrow{AlCl_3} R\overset{+}{C}(=O) + AlCl_4^-$$

$$CH_3COF \xrightarrow{BF_3} CH_3\overset{+}{C}O + BF_4^-$$

（3）利用超酸溶剂可以制备碳正离子的稳定溶液，例如用100% H_2SO_4制备三苯甲基碳正离子。

$$(C_6H_5)_3COH + 2H_2SO_4 \longrightarrow (C_6H_5)_3\overset{+}{C} + H_3O^+ + 2HSO_4^-$$

1.4.3 其他带正电荷的原子或基团与不饱和体系加成

烯烃与X_2加成可形成碳正离子。例如：

$$C_6H_5\text{—}CH{=}CHCH_3 + Cl_2 \longrightarrow C_6H_5\text{—}\overset{+}{C}H\underset{Cl}{C}HCH_3 + Cl^-$$

1.4.4 重氮盐分解

脂肪族伯胺与亚硝酸反应，生成极不稳定的脂肪族重氮盐。脂肪族重氮盐即使在低温下也会自动分解生成碳正离子和氮气。生成的碳正离子可发生各种反应，最终得到醇、烯烃、卤代烃等混合物，在合成上没有价值。但放出的氮气是定量的，可用于氨基的定性和定量分析。例如：

$$CH_3CH_2CH_2NH_2 \xrightarrow{NaNO_2,\ HCl} CH_3CH_2CH_2N_2^+Cl^- \longrightarrow CH_3CH_2\overset{+}{C}H_2 + Cl^- + N_2\uparrow$$

$$CH_3CH_2\overset{+}{C}H_2 \begin{cases} \xrightarrow{H_2O,\ -H^+} CH_3CH_2CH_2OH \\ \xrightarrow{Cl^-} CH_3CH_2CH_2Cl \\ \xrightarrow{-H^+} CH_3CH{=}CH_2 \\ \xrightarrow{\text{重排}} CH_3\overset{+}{C}HCH_3 \begin{cases} \xrightarrow{H_2O} CH_3\underset{OH}{C}HCH_3 \\ \xrightarrow{Cl^-} CH_3\underset{Cl}{C}HCH_3 \end{cases} \end{cases}$$

由于亚硝酸不稳定，在反应时实际使用的是亚硝酸钠与盐酸或硫酸的混合物。

$$NaNO_2 + HCl \longrightarrow HNO_2 + NaCl$$

芳香族伯胺与亚硝酸在低温下（一般在5℃以下）及强酸水溶液中反应，生成重氮盐。芳香族重氮盐在低温和强酸水溶液中是稳定的，正因为其具有低温稳定性，使得芳香族重氮盐在有机合成上是很有用的一类化合物。若升高温度则能使其分解成芳基碳正离子和氮气，进一步反应可得卤代烃、酚等。例如：

$$H\ddot{O}-N=O \xrightleftharpoons{H^+} H_2\overset{+}{O}-N=O \xrightleftharpoons{-H_2O} [\overset{+}{N}=\ddot{O} \longleftrightarrow N\equiv\overset{+}{O}]$$

亚硝酰正离子

$$Ar-\ddot{N}H_2 + \overset{+}{N}=O \rightleftharpoons Ar-\overset{+}{N}H_2-N=O \xrightleftharpoons{-H^+} Ar-NH-N=O \xrightleftharpoons{\text{互变异构}}$$

N-亚硝基胺

$$Ar-N=N-\ddot{O}H \xrightleftharpoons{H^+} Ar-N=N-\overset{+}{O}H_2 \xrightleftharpoons{-H_2O} [Ar-\overset{+}{\ddot{N}}\equiv N: \longleftrightarrow Ar-\overset{+}{N}\equiv N:] \longrightarrow Ar^+ + N_2$$

重氮酸　　　　重氮盐

$$C_6H_5NH_2 \longrightarrow C_6H_5N_2^+Cl^- \xrightarrow{\triangle} C_6H_5^+ + Cl^- + N_2 \longrightarrow C_6H_5Cl$$

结晶物质，在-20℃可以离析

$$ArNH_2 + NaNO_2 + HCl \xrightarrow{0\sim5℃} ArN_2^+Cl^- \xrightarrow[\triangle]{H_2O} ArOH + N_2\uparrow$$

1.4.5　三氮烯分解

三氮烯类化合物是指三氮烯HN＝N—NH₂的烷基或芳基衍生物RN＝N—NHR′（R和R′分别为相同或不同的烷基或芳基）。此类化合物在酸作用下可形成碳正离子，例如：

$$Ph-N=N-N(H)R + PhCO_2H \longrightarrow Ph-\overset{+}{N}H_2-N=N-R \xrightarrow{PhCO_2^-} PhNH_2 + N_2 + \begin{bmatrix} R^+ \\ PhCO_2^- \end{bmatrix} \longrightarrow PhCO_2R$$

离子对

$$Ph-N=N-N(H)R \rightleftharpoons Ph(H)N-N=N-R$$

1.4.6　溶剂解

几乎任何一个卤化物、醇和酯在介质如硫酸、氟磺酸、五氟化锑中，都可以形成稳定的碳正离子。在酸的水溶液中，时常也能形成这样的碳正离子。例如：

$$Ar_3COH + H^+ \overset{K_R}{\rightleftharpoons} Ar_3C^+ + H_2O$$

它们的稳定性可以用pK_R值来表示。这里，三苯甲醇的pK_R值为-6；三对甲氧基苯甲醇pK_R值为0.8，下图所示的醇pK_R值为9.1；通过UV或NMR可以测定离子的浓度，从而得到pK_R值。

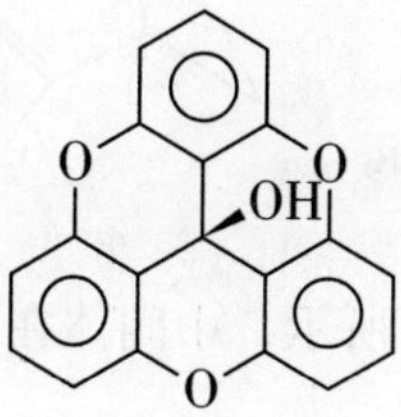

1.5　非经典碳正离子

邻位基团 C═C 键和C—C及C—H键参与形成的碳正离子中间体称为非经典(或桥连的)碳正离子。在经典碳正离子中正电荷定域在一个碳原子上，或者与未共用电子对、或在烯丙基位置的双键或三键共轭而离域。在非经典碳正离子中正电荷通过不在烯丙基位置的双键或三键或通过一个单键而离域。

非经典正碳离子是由S.温斯坦提出来的。H.C.布朗认为这类正碳离子是一种结构重排的平衡混合物，而不是非经典正碳离子。G.A.奥拉等根据低温^{13}C核磁共振谱的数据，给非经典正碳离子的存在提供了新的证据。

1.5.1　C═C键作为邻位基团

(1) 最引人注目的是对甲苯磺酸-7-原冰片烯酯（A）的乙酸解比对甲苯磺酸-7-原冰片酯（B）的快10^{11}倍，并且保持构型不变。

（A）　（B）

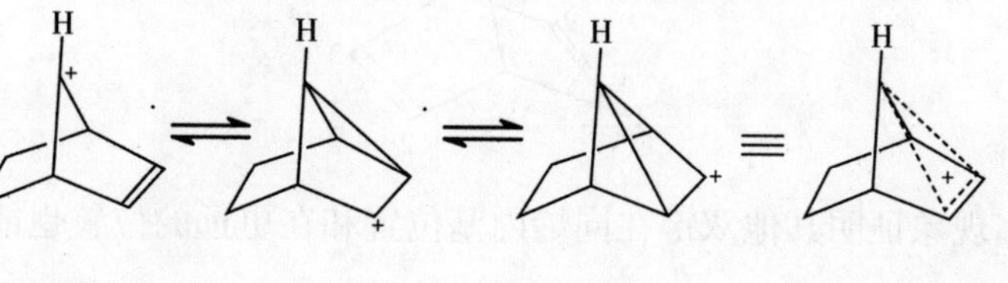

同烯丙基碳正离子

（2）比较（A）、（B）、（C）（如下所示），在140℃的乙酸解的速度得到的结果是1∶13.3∶148，这与中间体的稳定性是一致的。

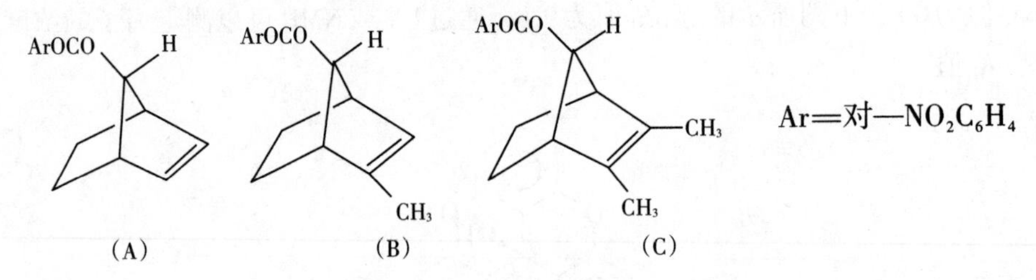

（A）、（B）、（C）的中间体如下所示，中间体在两个碳原子上有部分正电荷，可分别被甲基稳化。

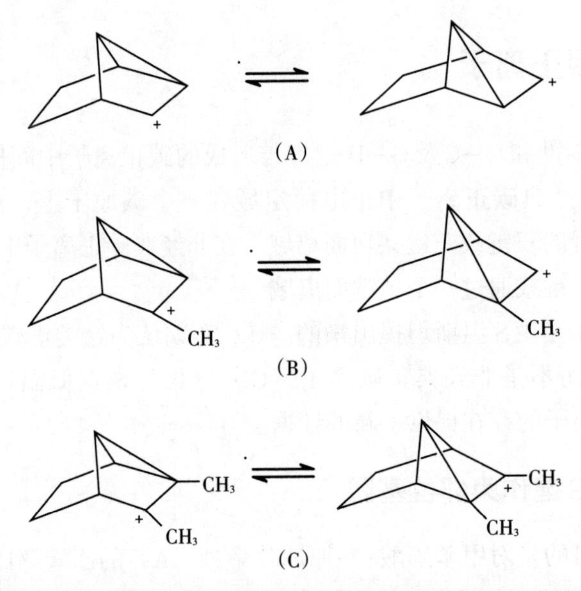

（3）原冰片二烯正离子(结构如下所示) 是相对稳定的，其NMR谱显示2及3质子和4及5质子是不相当的，表明在带正电荷的碳原子和一个双键之间存在着相互作用，进一步证明上述确是一个非经典碳正离子。

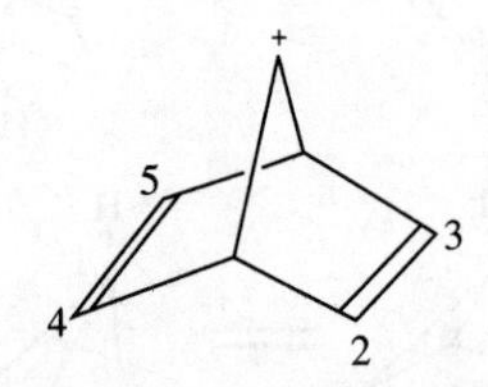

（4）有许多现象证明其他双键在同烯丙基位置和在更远的位置也能有助于反应的进

行。例如，对溴苯磺酸-β-（顺-7-原冰片烯基）乙酯（A），在25℃乙酸解速度比相应的饱和同系物(B)的速度快1.4×10^5倍。

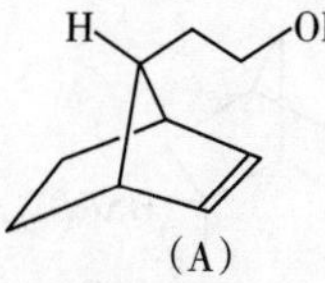

（A） 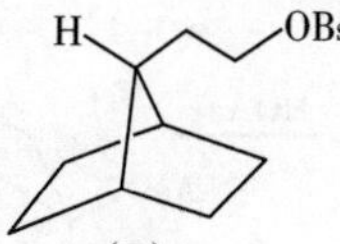　　　　（B）

1.5.2　环丙基作为邻位基团

环丙烷环的性质和双键的相似。因此，环丙基在适当的位置也能起邻位基团的作用。例如，由反三环［$3.2.1.0^{2,4}$］辛醇-8的对硝基苯甲酸酯溶剂解比原冰片醇-7的对硝基苯甲酸酯溶剂解快约10^{14}倍。二者的结构如下所示。

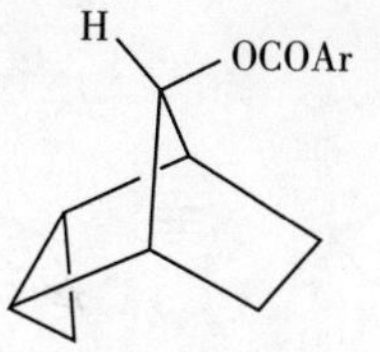

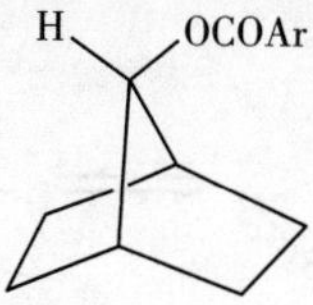

$$Ar = p - NO_2C_6H_4$$

环丙烷体系必须在适当的位置才能起作用，是根据以下事实提出的：对溴苯甲酸酯（A）的溶剂解速度比对溴苯甲酸原冰片酯-7（B）的快约五倍，而对溴苯甲酸酯（C）的溶剂解速度比（B）的慢约三倍。

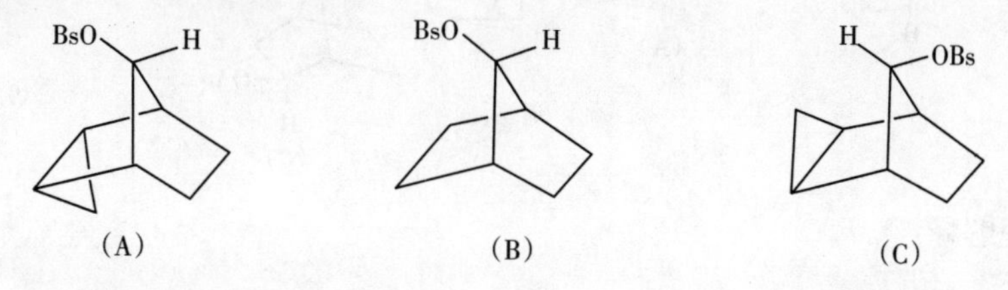

（A）　　（B）　　（C）

1.5.3　环丁基作为邻位基团

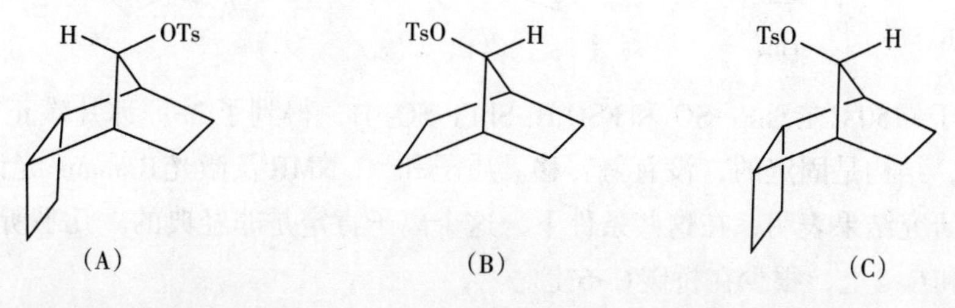

（A）　　（B）　　（C）

A所示的酯的乙酸解速度比相应的7-原冰片酯（B）的快2×10^4倍。C所示的酯和B比较，则乙酸解速度并没有提高。表明环丁烷体系比环丙烷体系效果要差一些。

1.5.4　C—C键作为邻位基团

对溴苯甲酸光学活性外的2-原冰片酯（A）在乙酸中溶剂解给予两个乙酸酯的外消

旋混合物（B）和（C），没有得到内异构体。（A）溶剂解速度比内异构体（D）的快350倍。

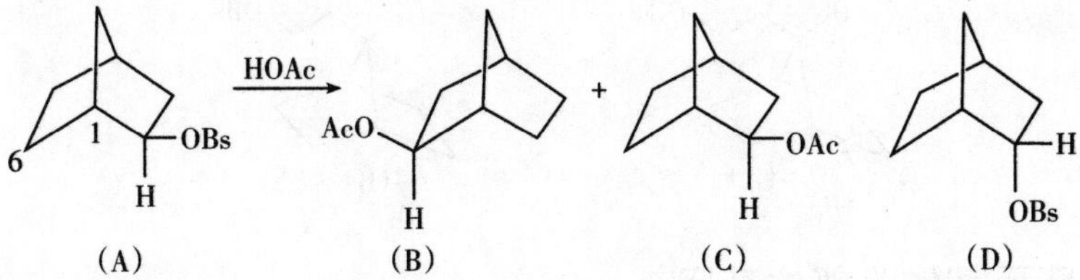

(A)　(B)　(C)　(D)

反应中间体：

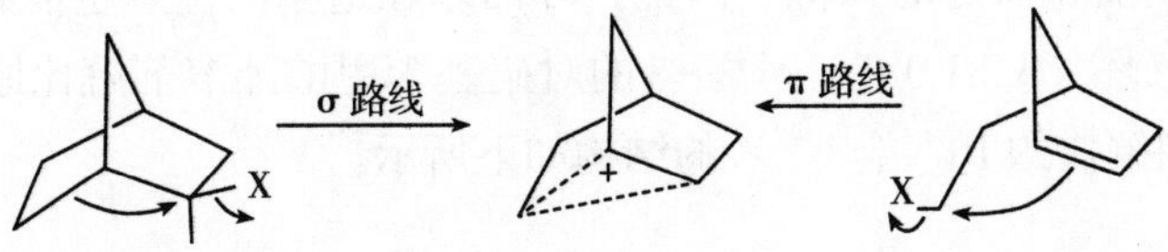

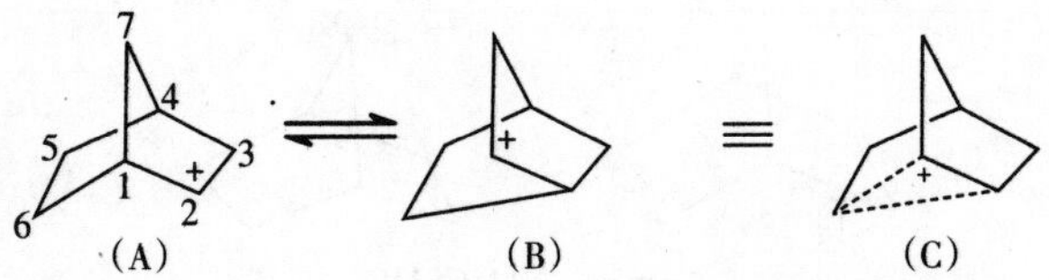

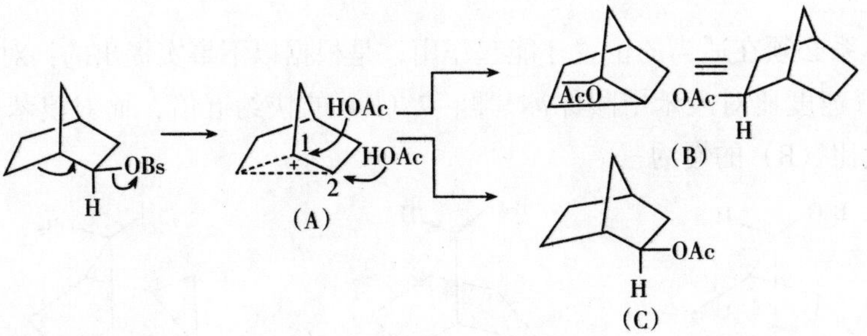

σ 路线　π 路线

(A)　(B)　(C)

(A)　(B)　(C)

反应机理解释：

(A)

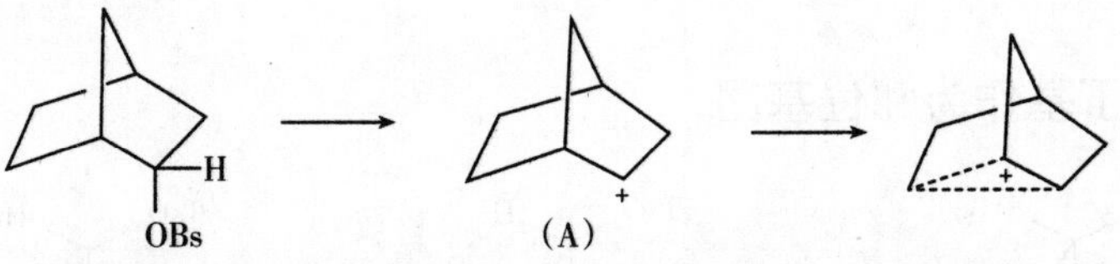

Olah 等于−150℃在 SbF_5−SO_2 和 FSO_3H−SbF_5−SO_2 中，得到了2−原冰片碳正离子，在这种条件下，结构是固定的，没有氢转移。质子和 ^{13}C NMR 及激光 Ramam 光谱和X−射线电子光谱研究结果表明，在这些条件下，这个离子肯定是非经典的。几乎所有的正电荷都在C−1和C−2上，很少在桥碳C−6上。

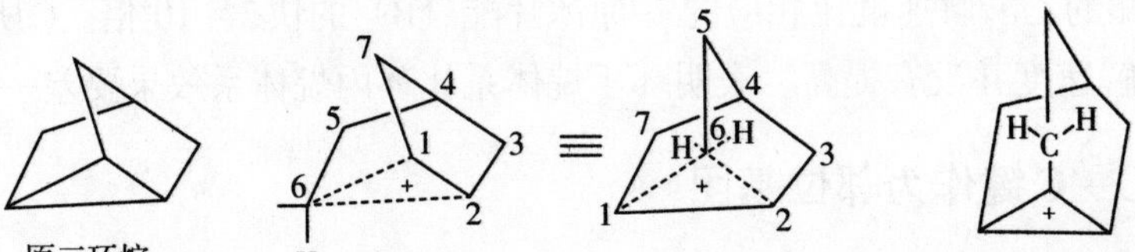

原三环烷　(A)　(B)　(C)

1.5.5 环丙基甲基体系

没有取代基的环丙基甲基正离子曾经在过酸中，于低温制备过。在这里，它作为三个彼此相当的不对称的正离子（A、B、C）的平衡混合物存在。在（A）中，有一个二电子三中心键，在其中C-1桥连C-2，C-4键（相当地，C-4桥连C-1，C-2键）；在（B）和（C）中，也有类似的键。

$$\triangleright\!-CH_2OH \xrightarrow[SO_2ClF]{SbF_5} [\text{A}]^+ \rightleftharpoons [\text{B}]^+ \rightleftharpoons [\text{C}]^+ \longleftarrow \square\!-OH$$

（A）　（B）　（C）

该结构是通过H NMR和^{13}C NMR 谱证明的，其中C-1、C-3和C-4是完全相当的（^{13}C化学位移，138；而C-2的是85），连接在这三个碳原子上的六个氢原子作为两组存在，每一组都是由三个彼此相当的质子组成的；一组，δ=4.21；另一组，δ=4.64。另外，无论从环丙醇开始还是由环丁醇开始都得到同样的环丙基甲基碳正离子的混合物，是由于仲环丁基比伯环丙基甲基更不稳定得多。

1.5.6 甲基作为邻位基团

在溶剂解反应中，对甲基苯磺酸新戊酯（A）几乎完全重排，（B）必然出现在反应过程中。

$$CH_3-C(CH_3)_2-CH_2-OTs \qquad -C(CH_3)-C-OTs \longrightarrow -C\overset{\overset{+}{C}H_3}{\cdots}C- \longrightarrow -\overset{+}{C}-C(CH_3)-$$

（A）　（B）

1.5.7 苯环作为邻位基团

对甲苯磺酸-L-苏-3-苯基-2-丁酯（A），在乙酸中，溶剂解得到的乙酸酯产品中含96%苏式异构体（B）和4%赤式异构体（C）。

（A）Me、H、α、OTs；Ph、β、Me、H ⟶ （B）Me、H、Ph、OAc、Me、H ＋ （C）H、Me、Ph、OAc、H、Me

形成这些结果需要的中间体是可以与溶剂在C-2或C-3反应，通过对称的苯基桥连的碳正离子（如下式）。

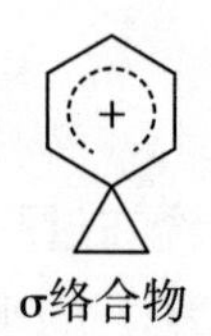

σ络合物

1.5.8 杂原子参与作用

（1）对溴苯磺酸反-2-乙酰氧基环己酯（A）与乙酸反应的速度比顺式异构体的快600倍；这里，（A）转变为反-1，2-二乙酸环己酯（C）；如果使用的原料酯是拆分过的，那么得到的产品是外消旋混合物。这些事实表明乙酰基的参与导致形成一个对称的中间体（D）。

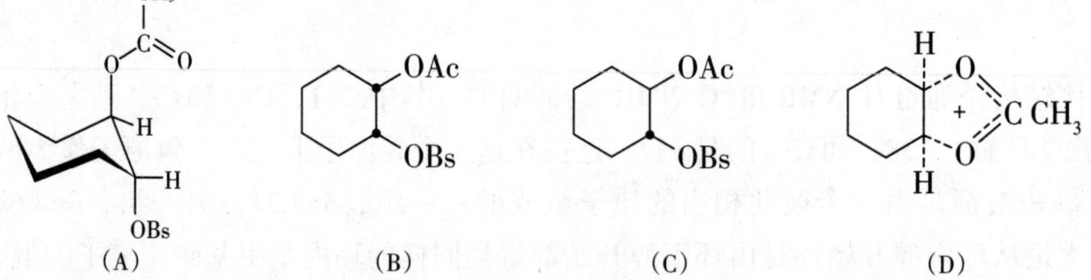

（A）　（B）　（C）　（D）

（2）对甲苯磺酸反-4-甲氧基-1-^{3}H-环己酯（A）进行乙酸解时，得到24%乙酸反-4-甲氧基环己酯，其中在位置1的^{3}H比在位置4的多35%。

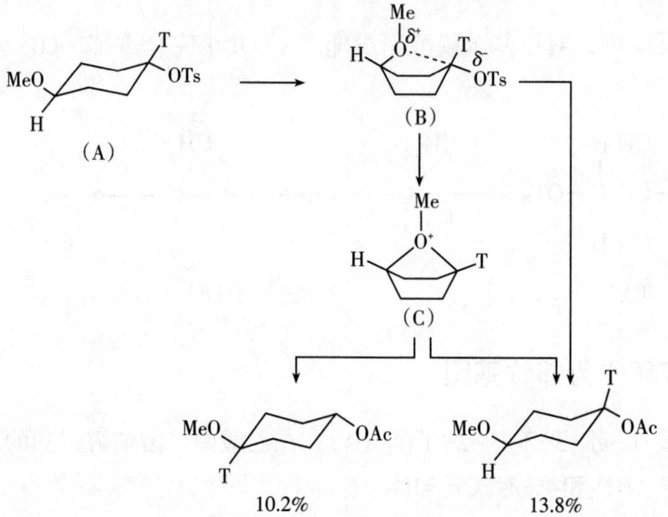

（A）　（B）　（C）

10.2%　13.8%

（3）赤-3-溴-2-丁醇（A）与氢溴酸作用，得到内消旋-2，3-二溴丁烷（B）；相应的苏溴代醇则得到异构二溴化物d，l-混合物。显然，这些反应保持了构型不变。

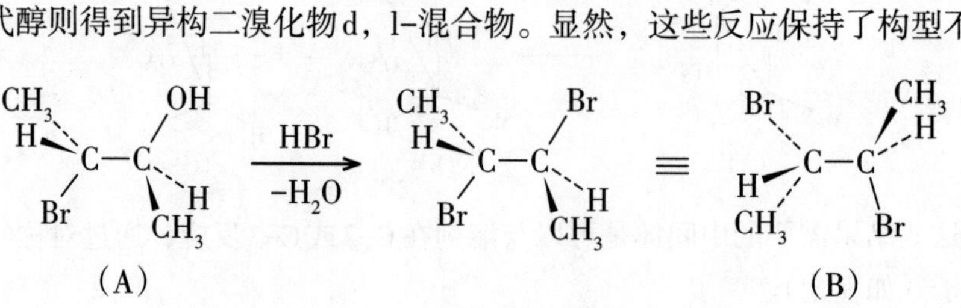

（A）　（B）

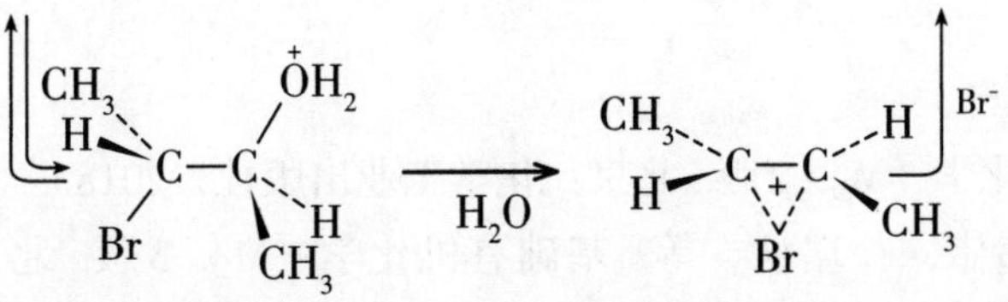

溴鎓离子的存在得到了实验的有力支持，在金刚烷叉金刚烷（A）的溴化反应中，曾离析出来了相应的盐（B）。

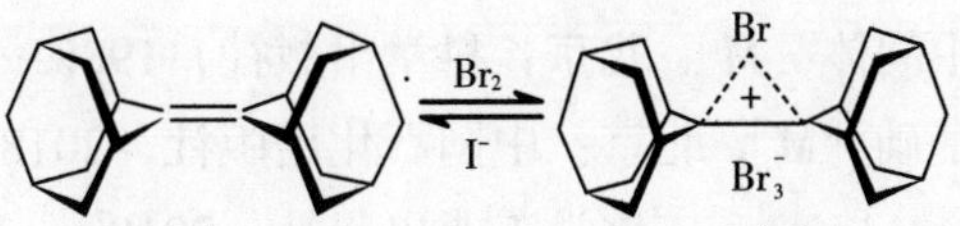

（A） （B）

（4）距离比较远些的溴参与形成正离子的例子，也有报道，例如，溴和原冰片烯衍生物（A）作用，得到产品（B）和（C），比例约为7∶1。

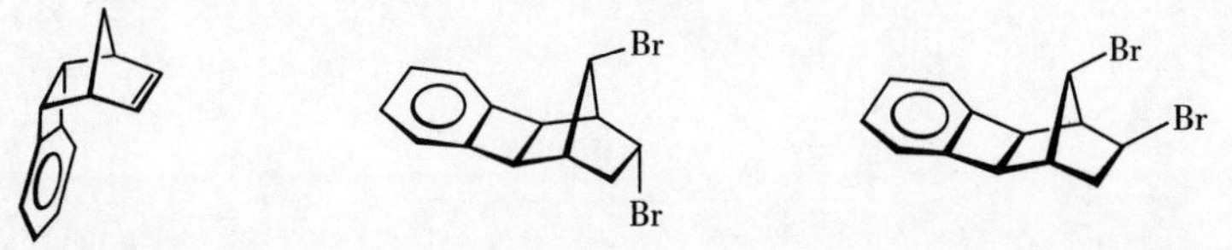

（A） （B） （C）

反应机理：

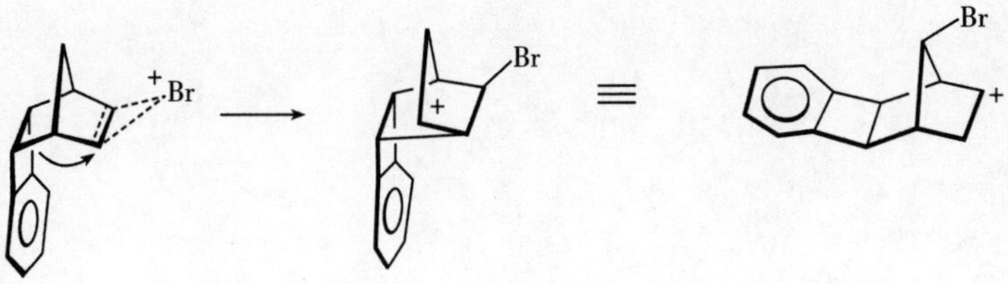

中间体为：

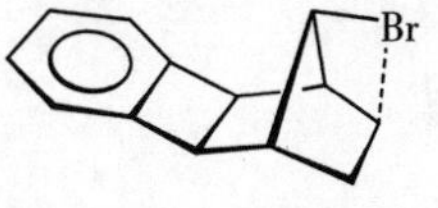

1.6 碳正离子的检定

测定碳正离子溶液的导电性能和溶液的依数性，研究其存在与数量。冷冻捕集碳正离子，后作结构鉴定。在低温下，用H NMR和^{13}C NMR、激光Ramam光谱和X-射线测定碳正离子的结构。

碳正离子可按不同的方式进行反应，涉及的反应有取代、加成、消除、重排、氧化等反应类型，将在以下6章分别进行详细叙述。

参考文献

[1] 孔祥文. 有机化学 [M]. 2版. 北京：化学工业出版社，2018.
[2] 邢其毅，裴伟伟，徐瑞秋，等. 基础有机化学 [M]. 3版. 北京：高等教育出版社，2005.
[3] 陈乐培，董玉环，韩雪峰，等. 中级有机化学 [M]. 北京：中国环境科学出版社，2004.
[4] 穆光照. 有机活性中间体 [M]. 北京：科学出版社，1988.
[5] 孔祥文. 有机化学基础 [M]. 北京：中国石化出版社，2018.
[6] 孔祥文. 有机化学 [M]. 北京：化学工业出版社，2010.

2 S_N1亲核取代反应

这类反应的分类是根据决定反应速度的控速步有几个分子参与来分类的。如叔丁基氯的水解，在决定反应速度的那步中只有一个分子参与，故为单分子反应。

2.1 卤代烷的亲核取代反应

卤代烷的亲核取代反应是指饱和碳原子上的一个卤原子被亲核试剂（常用Nu^-或Nu表示）取代的过程，可用通式表示：

$$Nu^- + R—X \longrightarrow R—Nu + X^-$$

亲核试剂可以是负离子，如RO^-、OH^-、SH^-、CN^-，也可以是中性分子，如ROH、H_2O、NH_3、RNH_2等。在卤代烃和水、醇等化合物的反应中，用作溶剂的水、醇等同时又是亲核试剂，这类反应又称溶剂解反应。

在此反应中，旧键的断裂和新键的生成有两种情况，一种是旧键断裂后再生成新键，反应分两步进行：

$$R—X \xrightarrow{慢} R^+ + X^- \xrightarrow[:Nu^-]{快} R—Nu$$

动力学研究发现，这类反应$v = k_1[R—X]$，因其反应速度仅与反应物卤代烷的浓度有关，而与亲核试剂的浓度无关，所以称为单分子亲核取代反应（简写为S_N1）。

另一种是新键生成和旧键断裂同时进行，反应一步完成：

$$Nu^- + \overset{\delta+}{R}—X \longrightarrow \left[\overset{\delta-}{Nu}\cdots R\cdots\overset{\delta-}{X}\right] \longrightarrow R—Nu + X^-$$

这类反应$v = k_2[R—X][Nu^-]$，因其反应速率与反应物卤代烷的浓度和亲核试剂的浓度均有关，所以称为双分子亲核取代反应（简写为S_N2）。

根据化学动力学和立体化学实验结果得出，卤代烷及其他脂肪族化合物的亲核取代反应，按两种反应机理进行，即双分子亲核取代和单分子亲核取代。本节将重点讨论单分子亲核取代反应。

2.2 S_N1机理

实验证明，叔丁基溴在碱性水溶液中的水解反应主要生成叔丁醇。反应速率只与反应物的浓度变化有关，与亲核试剂的浓度无关，反应是分两步完成的。

第一步

$$CH_3-\underset{CH_3}{\overset{CH_3}{C}}-Br \xrightarrow{\text{慢}} \left[(CH_3)_3\overset{\delta+}{C}-\overset{\delta-}{Br}\right]^{\neq} \longrightarrow (CH_3)_3C^+ + Br^-$$

过渡态

首先是叔丁基溴解离成叔丁基碳正离子和溴离子，在解离过程中，C—Br键逐渐拉长，电子云向溴偏移，使碳上的δ^+和溴上的δ^-逐渐增加，经过过渡态继续解离成活泼中间体叔丁基碳正离子和溴负离子。由于C—Br共价键解离成离子需要能量较高，故这步反应是慢步骤，是控制步骤。

第二步

$$(CH_3)_3C^+ + OH^- \xrightarrow{\text{快}} \left[(CH_3)_3\overset{\delta+}{C}-\overset{\delta-}{O}H\right]^{\neq} \longrightarrow (CH_3)_3C-OH$$

第二步是活性中间体与OH^-作用，生成产物叔丁醇。由于叔丁基碳正离子的能量较高而有较大的活性，它与OH^-的结合只需较少的能量，因此，第二步反应速率较快。

2.3 S_N1反应的能量变化

叔丁基溴S_N1反应机理的能量变化可用反应进程——位能曲线图表示，如图2-1所示，其中可见过渡态能量最高。

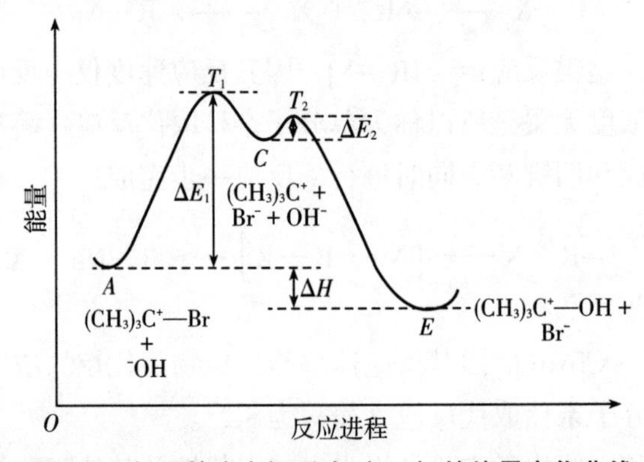

图2-1 叔丁基溴水解反应（S_N1）的能量变化曲线

2.4 S_N1反应的立体化学

S_N1反应的活性中间体为碳正离子，呈平面构型，亲核试剂可从平面两侧进攻碳正离子。当中心碳原子为手性碳原子时，分别生成构型保持和构型转化的产物，如果它们的概率相等，应该得到外消旋混合物。例如：

$$R_1R_2R_3C{-}Br \longrightarrow R_1R_2R_3C^+ \;(a\;/\;b,\; HO^-) \longrightarrow HO{-}CR_1R_2R_3 + R_1R_2R_3C{-}OH$$

a构型转化　b构型保持

外消旋体

但在多数情况下，S_N1反应往往不能完全外消旋化，而是构型翻转产物过量。例如：

$$n\text{-}C_6H_{13}(H)(CH_3)C{-}Br \xrightarrow[S_N1\text{条件}]{60\%H_2O\text{—乙酸}} HO{-}C(n\text{-}C_6H_{13})(H)(CH_3) + n\text{-}C_6H_{13}(H)(CH_3)C{-}OH$$

(−)-2-溴辛烷　(+)-2-辛醇 67%　(−)-2-辛醇 33%

左旋2-溴辛烷在S_N1条件下水解，得到67%构型翻转的右旋2-辛醇，33%构型保持的左旋2-辛醇，其中有33%构型翻转的右旋2-辛醇与左旋2-辛醇组成外消旋体，还剩余34%的右旋2-辛醇，故水解产物有旋光性。

2.5 S_N1反应的特点

（1）一级反应，$v=k_1$［R—X］。

（2）反应分步进行，有碳正离子中间体生成，常发生重排。

$$CH_3{-}C(CH_3)_2{-}CH_2Cl \xrightarrow[H_2O]{NaOH} CH_3{-}C(CH_3)_2{-}\overset{+}{C}H_2 \longrightarrow CH_3{-}\overset{+}{C}(CH_3){-}CH_2{-}CH_3$$

$$\xrightarrow{OH^-} CH_3{-}C(CH_3)(OH){-}CH_2CH_3$$

（3）反应物中心碳原子是手性碳原子时，产物外消旋化（旋光性部分或全部消失）。例如：

$$H(CH_3)(C_6H_5)C{-}Cl \xrightarrow[H_2O]{OH^-} H(H_3C)(C_6H_5)C^+ \xrightarrow[H_2O]{OH^-} H(CH_3)(C_6H_5)C{-}OH + HO{-}C(H)(H_5C_6)(CH_3)$$

(S)-α-氯代乙苯　平面构型　(S)-α-苯乙醇　(R)-α-苯乙醇

例题解析

【例1】选择题

1. 下列化合物中与$AgNO_3$反应立即生成沉淀的是（　　）。（吉林大学，2015）

A. （环戊基甲基溴）　B. （溴代环戊烷）　C. （苄基溴）　D. （溴苯）

【解析】卤代烃与$AgNO_3$进行S_N1反应，苄基（烯丙基）式卤代烃最易反应，乙烯式卤代烃最难反应，故答案为 C。

2. 下列碳正离子最不稳定的是（　　）。（北京化工大学，2008）

A. Me_3C^+　B. （环己基正离子）　C. （环丁基正离子）

【解析】碳正离子的稳定性是3° > 2° > 1°，且小环不稳定，故答案为C。

3. 下列化合物与$AgNO_3$-EtOH溶液发生S_N1反应，速率最快的是（　　）。（北京化工大学，2008）

A. C_6H_5—Br　B. C_6H_5—CH(Br)CH$_3$　C. C_6H_5—CH_2CH_2Br

【解析】乙烯式卤代烃最难反应，烯丙基式卤代烃最易反应，故答案为B。

4. 下列化合物与 C_2H_5ONa 反应，活性最高的是（　　）。（北京化工大学，2008）

A. Me—C_6H_4—Br　B. C_6H_5—Br　C. NO_2—C_6H_4—Br

【解析】苯环上连有吸电子基时，卤代烃易发生亲核取代，故答案为 C。

5. 下列化合物中，既能进行亲电取代反应，又能进行亲核取代反应的是（　　）。（四川大学，2003）

A. C_6H_5—C≡CH　B. HC≡CCH_2C≡CH

C. C_6H_5—C(=O)—CH_3　D. H_3C—C_6H_4—CH_2Br

【解析】芳环能进行亲电取代，卤代烃可进行亲核取代，故答案为D。

【例2】选择题

1. 下列基团中，作为离去基团时，离去能力最强的是（　　）。（苏州大学，2015）

A. CH_3—C_6H_4—$SO_3^\ominus$　B. NO_2—C_6H_4—$SO_3^\ominus$　C. C_6H_5—$SO_3^\ominus$　D. C_6H_5—$O^\ominus$

2. 下列化合物发生醇解反应时，速率最快的是（　　）。（苏州大学，2015）

A. CH_3COCl　　B. $(CH_3CO)_2O$　　C. $CH_3CO_2C_2H_5$　　D. CH_3CONH_2

3. 下列化合物进行S_N1反应的活性，从大到小依次为（　　）。（湖南师范大学，2013）

A. 氯甲基苯 > 对氯甲苯 > 氯甲基环己烷

B. 氯甲基苯 > 氯甲基环己烷 > 对氯甲苯

C. 氯甲基环己烷 > 氯甲基苯 > 对氯甲苯

D. 氯甲基环己烷 > 对氯甲苯 > 氯甲基苯

4. 下列氯代烃与$AgNO_3-C_2H_5OH$溶液反应速度最快的是（　　）。（苏州大学，2015）

A. $C_6H_5CH_2CH_2Cl$　　B. CH_2CH_3（对位）Cl 苯　　C. $C_6H_5CH(CH_3)Cl$　　D. $C_6H_{11}CH(CH_3)Cl$

5. 下列离子亲核性的强弱顺序是（　　）。（四川大学，2013）

A. $C_6H_5O^-$　　B. $C_6H_{11}O^-$　　C. $C_6H_{11}S^-$　　D. $C_6H_{11}COO^-$

6. 以下两种卤代烷与水作用发生S_N1反应，下列说法可正确的是（　　）。（山东大学，2016）

(a) $(CH_3)_3C-C(Cl)(C(CH_3)_3)-C(CH_3)_3$　　(b) $H_3C-C(Cl)(CH_3)-CH_3$

A. a比b反应快，因为溶剂分子较易攻击a中的Cl并把它推出去

B. a比b反应快，因为a达到过渡态时，空间张力比b有较大的消除

C. a和b的反应速率几乎一样，因为空间效应对S_N1反应不起任何作用

D. b比a的反应快，因为b形成的碳正离子较a的不稳定

E. b比a反应快，因为b的空间张力较a的小

7. 卤代烃的反应中，下列哪个特征是S_N2反应历程的特征?（　　）（华南理工大学，2016）

A. 在强极性溶剂中反应很快　　B. 反应产物构型翻转

C. 反应过程中有碳正离子中间体生成　　D. 反应分步进行

8. 下列离去基中离去能力最强的是（　　）。（浙江工业大学，2014）

A. Cl^-　　B. CH_3COO^-　　C. CH_3O^-　　D. H_2N^-

9. 下列化合物水解反应活性最大的是（　　）。（浙江工业大学，2014）

A. CH_3COCl　　B. 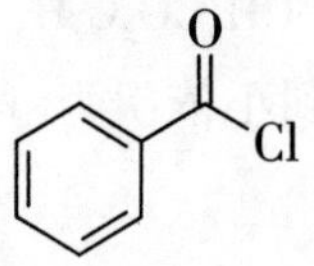 （苯甲酰氯结构，标注 O、Cl）　　C. $(CH_3CO)_2O$　　D. 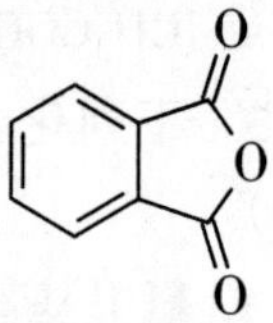 （邻苯二甲酸酐结构，标注 O、O、O）

10. 下列试剂发生 S_N1 反应活性最大的是（　　）。（浙江工业大学，2014）

A. CH_3Br　　B. 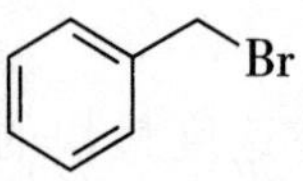 （苄基溴结构，标注 Br）　　C. 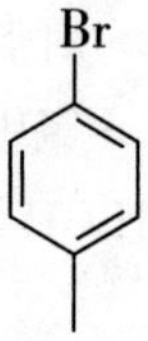 （对溴甲苯结构，标注 Br）　　D. 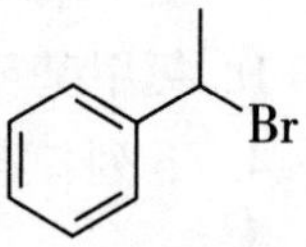 （1-溴乙基苯结构，标注 Br）

11. 下列说法中与 S_N1 反应相吻合的是（　　）。（浙江工业大学，2014）

A. 发生瓦尔登转化　　B. 产物构型发生改变

C. 反应分两步进行　　D. 反应速度与亲核试剂浓度成正比

12. 旋光性的2-碘辛烷用NaI/丙酮处理后发生消旋化，你认为此过程是经过了什么机理？（湖南师范大学，2013）

A. S_N1　　B. S_N2　　C. E_1　　D. E_2

13. 下列化合物发生 S_N1 反应活性最大的是（　　）。（浙江工业大学，2014）

A. 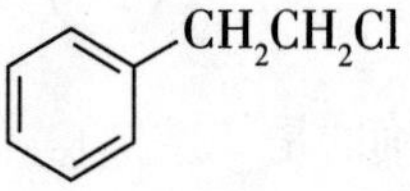 （苯环）CH_2CH_2Cl　　B. 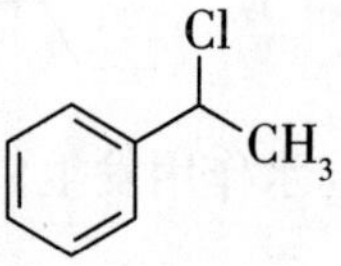 （苯环）CH(Cl)CH_3

C. 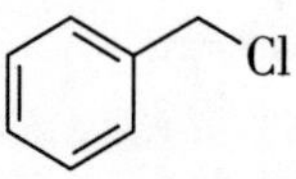 （苯环）CH_2Cl　　D. 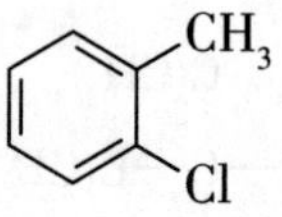 （苯环，邻位 CH_3 与 Cl）

14. 下列化合物发生 S_N1 水解反应速率最慢的是（　　）。（中山大学，2016）

A. 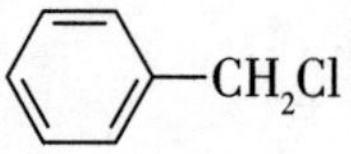 （苯环）$-CH_2Cl$　　B. 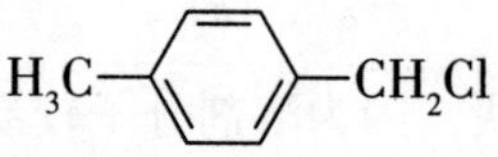 H_3C-（苯环）$-CH_2Cl$

C. $(CH_3)_3CCl$　　D. 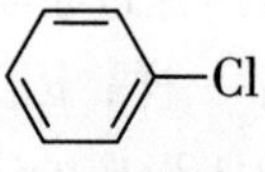 （苯环）$-Cl$

15. 下列亲核试剂，亲核性最强的是（　　）。（中山大学，2016）

A. 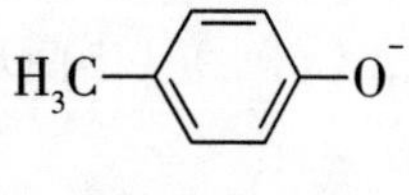 H_3C-（苯环）$-O^-$　　B. 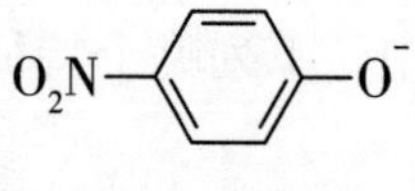 O_2N-（苯环）$-O^-$

C. 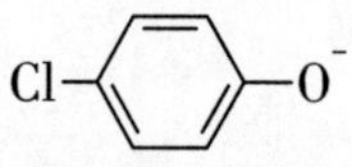 $Cl-$（苯环）$-O^-$　　D. 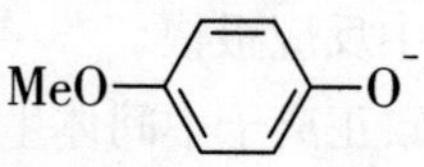 $MeO-$（苯环）$-O^-$

16. 下列化合物，亲核性排列顺序（　　）。（南京大学，2014）

① $(C_2H_5)_3N$　② $(C_2H_5)_3P$　③ $(C_2H_5)_2O$　④ $(C_2H_5)_2S$

A. ①>③>④>② B. ②>①>④>③

C. ③>④>①>② D. ①>④>③>②

17. 下列化合物进行S_N2反应，速率由快至慢排序，正确的是（ ）。（浙江工业大学，2014）

① 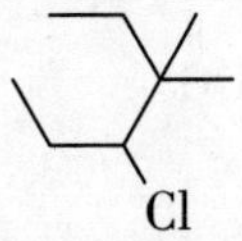 Cl ② —Cl Me ③ —CH_2Cl ④ —Cl

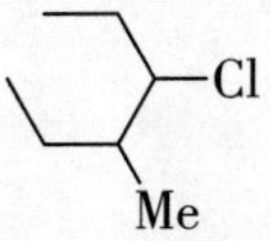

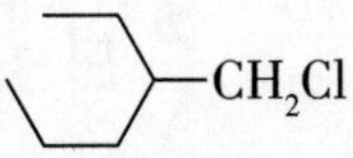

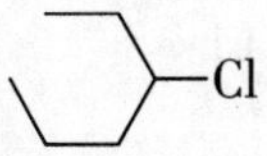

A. ①>②>④>③ B. ③>④>②>①

C. ③>④>①>② D. ④>③>②>①

18. 羧酸衍生物的水解、醇解和氨解反应的机理实质为（ ）。（中山大学，2016）

A. 亲核加成 B. 亲核取代

C. 亲核加成-消去 D. 亲电加成-消去

19. 下列负离子中，亲核能力最强的是（ ）。（苏州大学，2015）

A. $(CH_3)_3—O^{\ominus}$ B. $(CH_3)_2CH—O^{\ominus}$ D. $CH_3CH_2—O^{\ominus}$ D. $CH_3—O^{\ominus}$

20. 下列化合物发生S_N2反应速率最快的是（ ）。（郑州大学，2015）

A. $(CH_3)_3CCH_2Cl$ B. $CH_3CH_2CHClCH_3$

C. $CH_3CH_2CHBrCH_3$ D. $(CH_3)_2CHCH_2CH_2Br$

【解析】1. B 2. A 3. B 4. C 5. CBAD 6. E 7. B 8. A 9. B 10. D 11. C 12. A 13. B 14. D 15. D 16. B 17. B 18. C 19. D 20. D

【例3】填空题

1. RCOCl、$(RCO)_2O$、$RCONH_2$、RCOOR的水解容易顺序（ ）。（华侨大学，2016）

A. RCOCl>$(RCO)_2O$>RCOOR>$RCONH_2$

B. $RCONH_2$>$(RCO)_2O$>RCOCl>RCOOR

C. RCOCl>$(RCO)_2O$>$RCONH_2$>RCOOR

2. 叔丁基溴和乙醇钠反应主要生成（ ）。（华侨大学，2016）

A. 叔丁基乙基醚 B. 异丁烯 C. 溴乙烷

3. 将下列化合物按照S_N2历程反应的活性由大到小排列（ ）。（辽宁大学，2015）

A. $(CH_3)_2CHI$ B. $(CH_3)_3CCl$ C. $(CH_3)_2CHCl$

【解析】1. A 2. B 3. A>C>B

【例4】按指定要求回答问题（扬州大学，2008）

1. 按稳定性由大到小的顺序排列下列碳正离子（ ）。

① 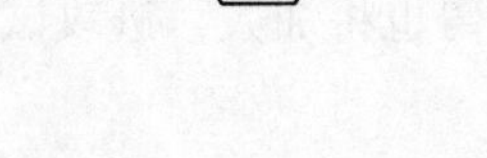 H_3CO—⟨苯环⟩—CH_2^+ ② 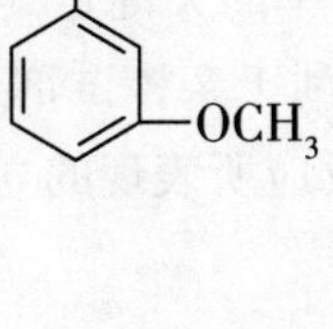 CH_2^+ OCH_3 ③ 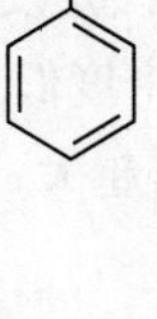 CH_2^+ ④ O_2N—⟨苯环⟩—CH_2^+

【解析】给电子效应使碳正离子稳定，②只有吸电子诱导效应，没有给电子的共轭效应，故①＞③＞②＞④。

2. 按和碘化钠的丙酮溶液反应的速度由大到小的顺序排列下列化合物（　　）。

① $CH_2{=}CHCH(Cl)CH{=}CH_2$　② $CH_2{=}CHCH(Cl)CH_2CH_3$　③ $CH_2{=}CHCH(Cl)C(=O)CH_3$

④ (Cl-substituted bicyclic diene)

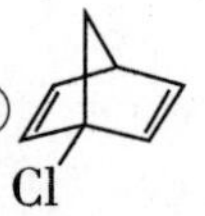

【解析】丙酮溶液中，卤代烃与碘化钠的反应为S_N2历程（芬克尔斯坦反应），故反应活性①>②>③>④。

3. 下列反应经过的活性中间体是（　　）。

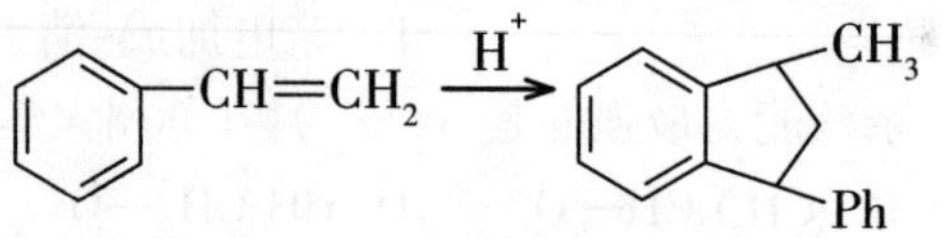

$$C_6H_5{-}CH{=}CH_2 \xrightarrow{H^+} \text{1-methyl-3-phenylindane}\ (CH_3,\ Ph)$$

A. 碳正离子（或离子对中碳原子为正电一端）

B. 碳负离子（及烯醇盐负离子碎片）

C. 卡宾（即碳烯 Carbene）

D. 乃春（即氮烯 Nitrene）

E. 苯炔（Benzyne）

【解析】该反应首先是烯烃的亲电加成，产生碳正离子，继而发生芳烃的亲电取代，故选择A。

【例5】简答题

1. 简述两种亲核取代反应历程S_N1、S_N2的特点，并说明卤代烷结构对亲核取代反应历程的影响。（四川大学，2013）

【解析】S_N1的特点：① 这是一个两步反应，有两个过渡态，一个中间体，中间体为碳正离子。② 由于亲核试剂可以从碳正离子两侧进攻，而且机会相等，因此若与卤素相连的碳是不对称碳，则可以得到构型保持和构型翻转两种产物。③ 这是一个一级动力学控制的反应。又是单分子反应。④ 在S_N1反应中，伴随有重排和消除产物。

S_N2的特点：① 这是一个一步反应，只有一个过渡态。过渡态的结构特点是：中心碳是sp^2杂化，它与五个基团相连，与中心碳相连又未参与反应的三个基团与中心碳原子处于同一平面上，进入基团 (亲核试剂) 和离去基团处在与该平面垂直，通过中心碳原子的一条直线上，分别与中心碳的p轨道的二瓣结合。② 所有产物的构型都发生了翻转。③ 该反应在大多数情况下，是一个二级动力学控制的反应。

在卤代烷的S_N2反应中，决定反应速率的关键是其过渡态是否容易形成。从电子效应来看，α-碳原子上电子云密度低，有利于亲核试剂进攻。从空间效应看，α-碳原子上取代基越多，拥挤程度也将越大，对反应所表现的立体障碍也将加大，进攻试剂必须克服空间阻力，才能接近中心碳原子而形成过渡态。所以，从空间效应来说，随着α-碳原子上烷基的增加，反应物和过渡态的拥挤程度增大，反应所需活化能增加，S_N2反应速率降低，反应物所表现的反应活性下降。在卤代烷的*β*-碳原子上连有支链烷基时，同样增加了过渡态的拥挤程度，S_N2反应的速率也有明显下降。所以卤代烷进行S_N2反应的活性次序为$CH_3X > CH_3CH_2X(1°) > (CH_3)_2CHX(2°) > (CH_3)_3CX(3°)$。

在卤代烷的S_N1反应机理中，生成活性中间体碳正离子的第一步是决速步骤，由于烷基碳正离子的稳定性次序是$(CH_3)_3C^+ > (CH_3)_2CH^+ > CH_3CH_2^+ > CH_3^+$，所以卤代烷进行$S_N1$反应的活性次序为（$(CH_3)_3CX(3°) > (CH_3)_2CHX(2°) > CH_3CH_2X(1°) > CH_3X$。

2. 试解释乙烯在乙醇中与HI生成碘乙烷，而与HCl却生成乙醚的原因。（华东理工大学，2014）

【解析】烯烃、炔烃与卤化氢的反应机理属于碳正离子中间体，是分两步进行的离子型亲电加成反应。第一步，质子（H^+）进攻碳原子，生成碳正离子中间体，也是慢的一步，是决定反应速度的一步；第二步，X^-的进攻，不一定是反式加成。烯烃加卤化氢的速度正是HI > HBr > HCl。

烯烃与HX加成机理：

$$>C{=}C< + HX \xrightarrow{slow} >C(H){-}C^+< + X^- \xrightarrow{fast} >C(H){-}C(X)<$$

$$CH_2{=}CH_2 \xrightarrow{H^+} CH_3{-}CH_2^+ \xrightarrow{X^-} CH_3CH_2X$$

$$CH_3{-}CH_2^+ \xrightarrow{CH_3CH_2OH} CH_3CH_2\overset{H}{\underset{+}{O}}C_2H_5 \xrightarrow{-H^+} CH_3CH_2OCH_2CH_3$$

在质子型极性溶剂（如水、乙醇等）中，卤离子与溶剂可以形成氢键，因此X^-被溶剂包围而降低亲核性。卤离子的体积越小，负电荷越集中，它与质子型溶剂分子的溶剂化作用程度越大，因此，有卤负离子亲核活性次序：

$$I^- > Br^- > Cl^- > F^-$$

由于碘离子的体积大，变形性大，负电荷较分散，溶剂化作用对它的亲核性抑制作用较小，故I^-的亲核性最好，与碳正离子较易形成碘乙烷。而Cl^-被溶剂包围而降低亲核性，乙醇分子进攻碳正离子形成醚[4]。

3. ArOR在HI作用下醚键断裂给出RI和ArOH，为什么？（暨南大学，2016）

【解析】芳基、烷基混醚与HI作用生成鎓盐后，I^-对缺电子的α-$C^{\delta+}$发生亲核攻击，从直接与质子化的氧相连的芳基和烷基的α-C缺电子程度看，烷基的α-C较缺电子，而I^-的S_N2亲核进攻不易在芳环上进行，况且氧与芳环上p-π共轭作用使芳环不易按S_N1机理生成正离子；所以I^-对烷基的α-C发生亲核取代最有利；从而得到ArOH和RI。

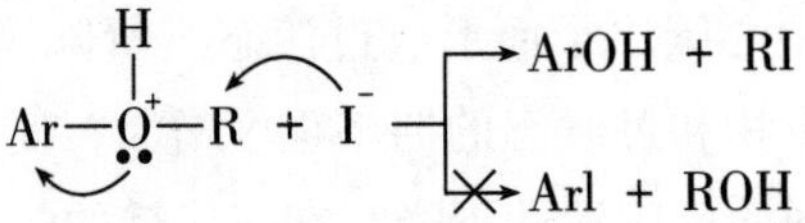

$$Ar-\overset{+}{\underset{..}{O}}(H)-R + I^{-} \longrightarrow ArOH + RI$$
$$\not\longrightarrow ArI + ROH$$

在醚键断裂的反应中，使用HI是因其酸性强，而且I^-的亲核性也较强；卤化氢的反应活性为：HI > HBr > HCl > HF。

4. 下列化合物发生S_N1的时候，有一个反应速率是另一个的500倍，试比较哪个反应速率快，并解释原因。（南京大学，2014）

Br　　　　Br

（a）　　　　（b）

【解析】化合物b反应速率较快。在化合物a分子中，烯键与苯环双键共平面，形成π-π共轭体系，溴原子与sp^2杂化碳原子相连，而且溴原子的未共用电子对所处的轨道与双键π轨道上的p电子从侧面交盖，形成p-π共轭体系，而且是多电子p-π共轭体系，属乙烯型卤代烃，C—Br较难异裂，发生S_N1取代的反应速率低。在化合物b分子中，烯键与苯环双键共平面，形成π-π共轭体系，但由于邻位的两个甲基取代基的空间阻碍，导致溴原子的未共用电子对所处的轨道与双键π轨道上的p电子难以从侧面交盖形成p-π共轭体系，C—Br较易异裂，发生S_N1取代的反应速率较快[5]。

5. 下列化合物，发生水解速率顺序（　　）。（南京大学，2014）

$CH_3COOCH_2CH_3$　$CH_3CH_2COOCH_2CH_3$　$(CH_3)_2CHCOOCH_2CH_3$　$(CH_3)_3COOCH_3$

（a）　　（b）　　（c）　　（d）

A. a > b > c > d　　B. d > c > b > a　　C. d > a > b > c　　D. b > a > d > c

【解析】A. 碱性水解反应过程中形成一个四面体中间体的负离子，并且比较拥挤，因此可以预见，羰基附近的碳上有吸电子基团可以使负离子稳定而促进反应，空间位阻越小，越有利于加成反应，这些预见从表中一系列化合物反应的相对速率得到证实。当羧酸的α碳上存在吸电子基团氯时，反应速率较未取代的加快290倍，吸电子基闭越多，吸电子能力越强，反应速率就越快。同时可以看到，羧酸的α碳上空间位阻越大，或酯基中与氧连接的烷基碳上取代基越多，反应速率也就越慢[2]（如表2-1）。

表2-1　　电子效应及空间效应对酯碱性催化水解反应速率的影响

$RCOOC_2H_5$ H_2O，25℃ R	相对速率	$RCOOC_2H_5$ 87.8%ROH，30℃ R	相对速率	CH_3COOR 70%丙酮25℃ R	相对速率
CH_3	1	CH_3	1	CH_3	1
CH_2Cl	290	CH_3CH_2	0.470	CH_3CH_2	0.431
$CHCl_2$	6130	$(CH_3)_2CH$	0.100	$(CH_3)_2CH$	0.065
CH_3CO	7200	$(CH_3)_3C$	0.010	$(CH_3)_3C$	0.002
CCl_3	23150	C_6H_5	0.102	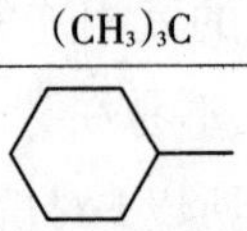	0.042

6. 将下列化合物按与NaI^-丙酮反应的活性大小排列成序。(山东大学，2016)

(1) $ClCH_2CH{=}CHCH_3$ (2) $ClCH(CH_3)CH{=}CH_2$ (3) $CH_3CH_2CH_2CH_2Cl$

(4) $CH_3CH_2CH(Cl)CH_3$ (5) $(CH_3)_3CCl$ (6) 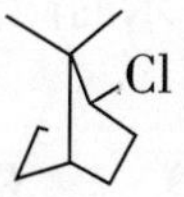 (含Cl的双环化合物)

【解析】(1) > (2) > (3) > (4) > (5) > (6)。

$$R—Br + I^- \xrightarrow{丙酮} R—I + Br^-$$

在极性较小的无水丙酮中与碘化钠反应，都生成相应的碘代烷。在S_N2反应中，出于过渡态是由反应物与亲核试剂共同形成的，其中心碳原子的周围有五个原子或基团，而反应物分子的中心碳原子周围只有四个原子或基团，因此从反应物到过滤态，中心碳原子周围的拥挤程度增大。当中心碳原子上的氢原子被体积较大的甲基取代后，如从甲基溴到叔丁基溴，由于甲基的增多，反应物和过滤态的拥挤程度都增大，但过滤态显然比反应物拥挤程度增大更多。因此，反应所需的活化能增加，反应速率降低，反应物所表现出的活性降低。即由于空间效应的影响，当反应物的中心碳原子连有更多的甲基时，较难发生S_N2反应。当然，在反应物中，随着中心碳原子上甲基的增多，由于甲基的供电诱导效应，中心碳原子上的负电荷逐渐增多，亲核试剂（如I^-）进攻中心碳原子就会越困难。但由于S_N2反应的过渡态电荷变化较小。故电子效应的影响较小。β-氢原子被甲基取代后，同样由于增加了过渡态的拥挤程度，也难进行S_N2反应[3]。

7. 在叔丁醇中加入金属钠，当钠消耗完后，加入C_2H_5Br，这时可得到$C_6H_{14}O$；若在乙醇与金属钠的混合物中加入$C(CH_3)_3Br$，则有气体产生，在留下的混合物中仅有一种有机物C_2H_5OH，为什么？(湖南师范大学，2013)

【解析】在叔丁醇中加入金属钠，生成了叔丁醇钠，与C_2H_5Br发生S_N2亲核取代反应生成了醚$C_6H_{14}O$。$C(CH_3)_3Br$易生成了叔丁基碳正离子，乙醇钠脱去叔丁基碳正离子上的氢质子然后发生消去反应生成了气体2-甲基丙烯和乙醇。

8. 下列化合物中何者酸性较强？请说明原因。(陕西师范大学，2004)

(2,6-二甲基-4-硝基苯酚：OH, H_3C, CH_3, NO_2)　(3,5-二甲基-4-硝基苯酚：OH, H_3C, CH_3, NO_2)

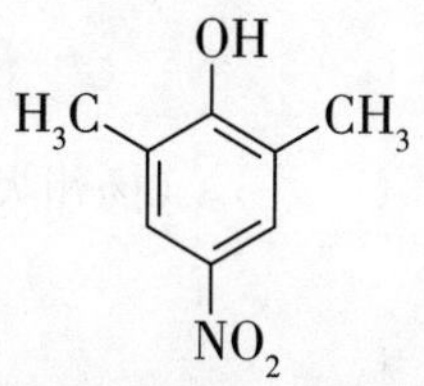

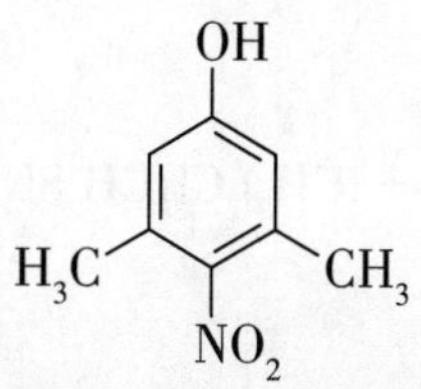

【解析】前者比后者的酸性强。因为二者尽管都有两个甲基的空间位阻，但前者只是影响了OH电离后的溶剂化作用，而后者是阻碍了硝基与苯环的共平面，其结果是降低了硝基的吸电子作用。

9. 方酸从结构上看并不是一个羧酸，却有相当强的酸性（pKa_1=1.5，pKa_2=3.5），试用共振论的观点予以解释。(陕西师范大学，2004)

【解析】方酸存在着如下所示的广泛的电离，中间体的稳定性反映了质子给出的容易程度：

10. 为什么一定量的KI能加快RCH_2Cl与OH^-反应生成RCH_2OH？（中山大学，2003）

【解析】I^-的亲核性大于OH^-、很快生成RCH_2I。I^-的离去能力比Cl^-强，因此RCH_2I比RCH_2Cl优先与OH^-反应生成RCH_2OH。

$$RCH_2Cl + OH^- \xrightarrow{slow} RCH_2OH + Cl^-$$

$$RCH_2Cl \xrightarrow[fast]{I^-} RCH_2I \xrightarrow[fast]{OH^-} RCH_2OH$$

【例6】写出反应的主要产物

1. （　　）+（　　）$\longrightarrow$ O_2N—C$_6$H$_3$(NO$_2$)—O—C(CH$_3$)$_3$。（北京理工大学，2007）

【解析】当苯环上连有强吸电子基(NO_2)时，芳卤可以发生亲核取代反应，故答案为 O_2N—C$_6$H$_3$(NO$_2$)—Cl + $CH_3C(CH_3)_2ONa$。

2. O_2N—C$_6$H$_2$(Br)(NO$_2$)—Br + $(CH_3)_2CHCH_2SNa$ $\longrightarrow$ （　　）。（扬州大学，2008）

【解析】卤代烃的亲核取代反应，由于—NO_2的强吸电子作用，使其邻、对位电子云密度降低的比较多，故答案为 O_2N—C$_6$H$_2$(Br)(NO$_2$)—$SCH_2CH(CH_3)_2$。

3. 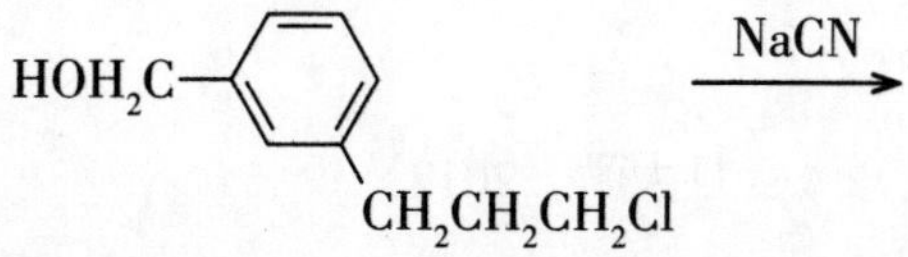 HOH_2C— —$CH_2CH_2CH_2Cl$ $\xrightarrow{NaCN}$ （　　）。（扬州大学，2008）

【解析】这是卤代烃的亲核取代反应，故答案为 HOH_2C— —$CH_2CH_2CH_2CN$。

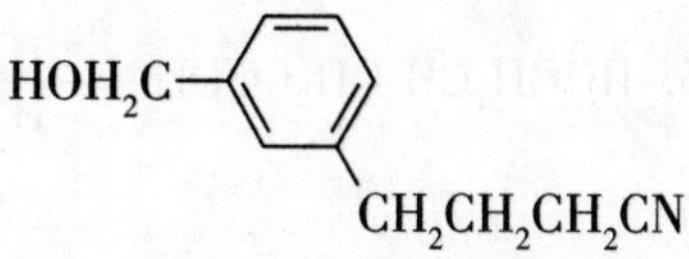

4. 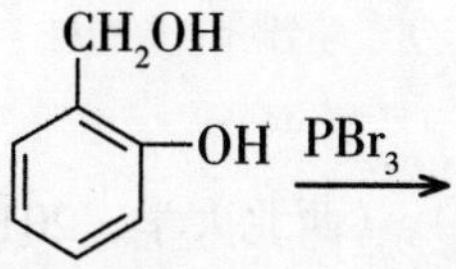 CH_2OH —OH $\xrightarrow{PBr_3}$ （　　）。（扬州大学，2008）

【解析】这是羟基的亲核取代反应，羟甲基上的羟基比酚羟基活泼，故答案为 CH_2Br —OH。（武汉科技大学，2008）

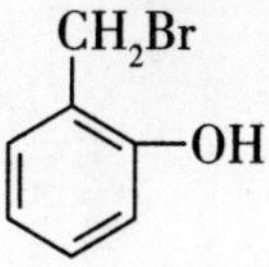

5. $CH_3CH_2Br \xrightarrow[(2)\ H_2O/H^+]{(1)\ NaCN}$ （　　） $\xrightarrow[\Delta]{NH_3}$ （　　） $\xrightarrow[\Delta]{Br_2+NaOH}$ （　　）。

【解析】第一步是制备多一个碳链羧酸的方法；第二步生成酰胺；第三步是霍夫曼降解反应，故答案为CH_3CH_2COOH；$CH_3CH_2CONH_2$；$CH_3CH_2NH_2$。

6. 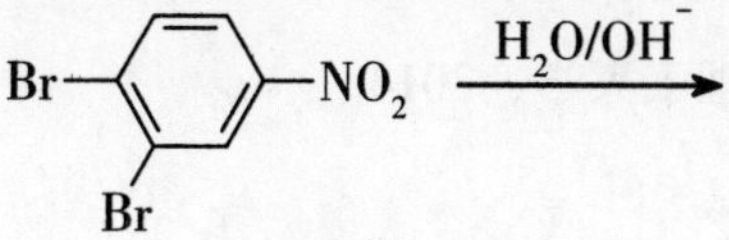 Br— —NO_2 (Br) $\xrightarrow{H_2O/OH^-}$ （　　）。（武汉科技大学，2008）

【解析】—NO_2是吸电子基，使邻、对位电子云密度降低较多，对位溴更易被取代，

故答案为 HO— —NO_2 (Br)。

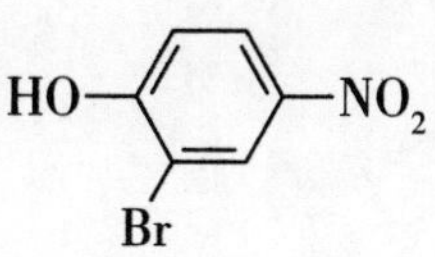

【例7】完成下列反应

1. 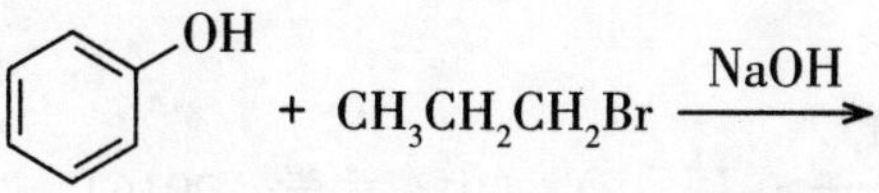 OH + $CH_3CH_2CH_2Br$ $\xrightarrow{NaOH}$ （　　）。（厦门大学，2012）

2. 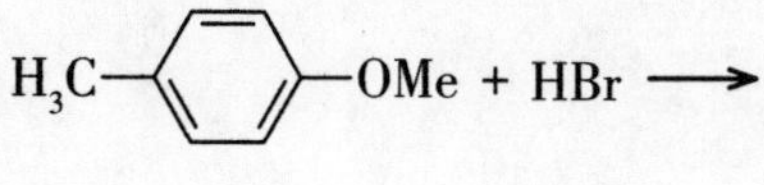 H_3C— —OMe + HBr ⟶ （　　）。（厦门大学，2012）

3. 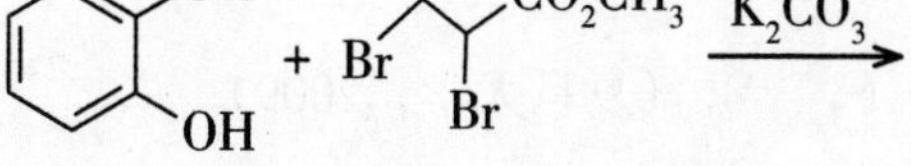 OH OH + Br CO_2CH_3 Br $\xrightarrow{K_2CO_3}$ （　　）。（南开大学，2014）

4. Cl, Cl, N $\xrightarrow{HN\ \ O}$ （　　）。（复旦大学，2012）

5. $HOCH_2CH_2CH_2COOH \xrightarrow[-H_2O]{H^+}$ （　　） $\xrightarrow{NH_3}$ （　　）。（青岛科技大学，2012）

6. (R)—$CH_3(CH_2)_5CHCH_3$（$OCCH_3$，O） $\xrightarrow{NaOH，CH_3OH，H_2O}$ （　　）。（西北大学，2011）

7. Cl, Br, N $\xrightarrow[CH_3OH]{CH_3ONa}$ （　　）。（苏州大学，2015）

8. Cl, NO_2 $\xrightarrow[H_2O，加热]{NaOH}$ （　　） $\xrightarrow{CH_2═CHCH_2Br}$ （　　） $\xrightarrow{200°C}$ （　　） $\xrightarrow[(2)\ CH_3I]{(1)\ NaOH}$ （　　）。（浙江工业大学，2014）

9. Ph, I $\xrightarrow[DMSO]{K_2CO_3}$ （　　）。（华东理工大学，2014）

10. H_3C, O, O $\xrightarrow{CH_3NH_2}$ （　　）。（南开大学，2015）

11. O, O $\xrightarrow[C_2H_5OH]{C_2H_5ONa}$ （　　）。（南开大学，2015）

12. Cl, NO_2, NO_2 + KF $\xrightarrow[25°C]{18\text{-冠-}6，CH_3CN}$ （　　）。（山东大学，2016）

13. CH_3, NH_2 + NO_2, NO_2, F $\xrightarrow{DMSO}$ （　　）。（复旦大学，2009）

14. C_6H_5—$CHCl_2$ $\xrightarrow{H_2O/H^+}$ (   )。(暨南大学，2016)

15. 2-甲基四氢呋喃 + HI（等摩尔）⟶ (   )。(暨南大学，2016)

16. 2,4-二氯硝基苯（NO_2；Cl—Ar—Cl） $\xrightarrow{CH_3CH_2NH_2}$ (   )。(暨南大学，2016)

17. 环戊基—CH_2Cl + C_6H_5—OH $\xrightarrow{NaOH}$ (   )。(暨南大学，2016)

18. $CH_3COCH_2COOC_2H_5$ $\xrightarrow[NaOEt]{C_2H_5Br（过量）}$ (   ) $\xrightarrow{稀NaOH}$ $\xrightarrow{H^+}$ (   ) $\xrightarrow{\triangle}$ (   )。(华南理工大学，2016)

19. 三溴代六氢萘（Br，Br，Br） $\xrightarrow{AgNO_3/EtOH}$ (   )。(华南理工大学，2016)

20. OMe 取代苯基—CH═CH—苯基 + HBr ⟶ (   )。(四川大学，2013)

21. 4-甲基吡啶（CH_3，N） $\xrightarrow{CH_3CH_2Br}$ (   )。(南开大学，2013)

22. 喹啉（N） $\xrightarrow[PhN(CH_3)_2]{NH_2Na}$ (   )。(南京大学，2014)

23. C_6H_5—ONa $\xrightarrow{CH_2=CHCH_2Br}$ (   ) $\xrightarrow{\triangle}$ (   )。(湘潭大学，2016)

24. 2-氯嘧啶（N，N，Cl） $\xrightarrow{NH_3}$ (   )。(中国科学技术大学，2016)

25. $PhMgBr$ + 丁二酸酐 $\longrightarrow$ （　　）。（南开大学，2013）

26. $PhCH_2CH(COCH_3)CO_2C_2H_5$ $\xrightarrow[2.\ H_3O^+,\ \triangle]{1.\ 5\%\ NaOH}$ （　　）。（湘潭大学，2016）

27. $PhCH_2CH_2CO_2H$ $\xrightarrow{PCl_3}$ （　　）。（湘潭大学，2016）

28. $CH_3COOCH_3 + H_2{}^{18}O \xrightarrow{H^+}$ （　　）。（陕西师范大学，2004）

29. 二溴双环化合物 $\xrightarrow{NaCN}$ （　　）。（湖南师范大学，2008）

30. 吡喃糖（OH）+ 苯酚 $\xrightarrow{无水HCl}$ （　　）。（复旦大学，2009）

31. $H_2NCOCH_2CH(NH_2)COOH$ $\xrightarrow[THF-H_2O]{PhCH_2OCOCl,\ Na_2CO_3}$ （　　）。（复旦大学，2010）

32. 邻-$CO_2C_2H_5$ 苯酚钠（ONa） $\xrightarrow{BrCH_2COOC_2H_5}$ （　　） $\xrightarrow[HOC_2H_5]{NaOC_2H_5}$ （　　） $\xrightarrow{OH^-}$ $\xrightarrow[\triangle]{H^+}$

（　　）。（吉林大学，2015）

33. 邻甲基苯酚 $\xrightarrow[K_2CO_3]{PhCH=CHCH_2Cl}$ （　　） $\xrightarrow[\triangle]{}$ （　　）。（吉林大学，2015）

34. $PhCOCl$ $\xrightarrow[(2)\ H_2O]{(1)\ (n\text{-}C_4H_9)_2Cd}$ （　　）。（郑州大学，2015）

35. 间-Cl-$C_6H_4CH_2CH_2Cl$ $\xrightarrow[25℃]{NaOH/H_2O}$ （　　）。（郑州大学，2015）

36. 间-Cl-$C_6H_4CH_2Cl$ $\xrightarrow{NaCN}$ （　　）。（辽宁大学，2015）

【解析】1. $OCH_2CH_2CH_3$ 2. 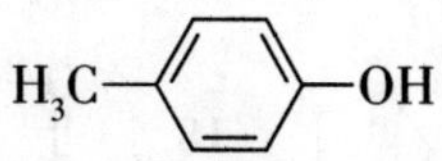 H_3C—OH，CH_3Br

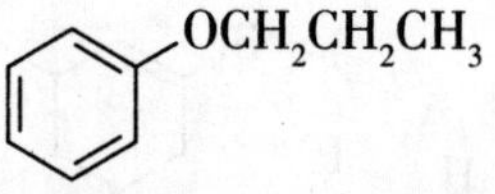

3. CO_2CH_3（甲磺酸多沙唑嗪的中间体）

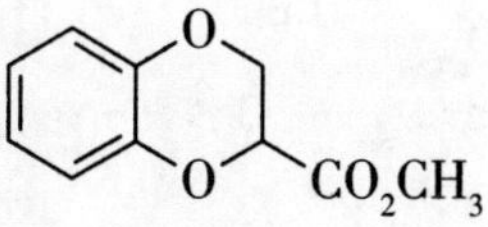

4. 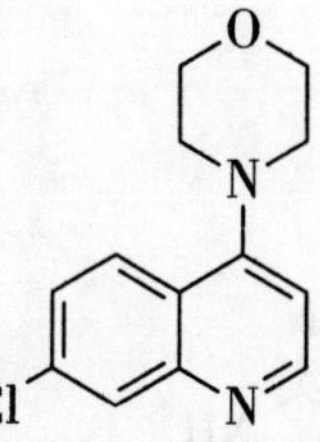 O N Cl N 5. 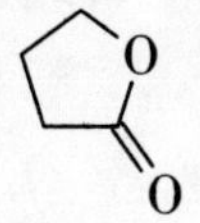 O O，$HOCH_2CH_2CH_2CONH_2$

6. (R)—$CH_3(CH_2)_5CHCH_3$ (OH)，CH_3COOCH_3 7. 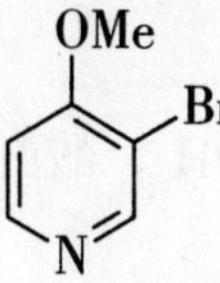 OMe Br N

8. 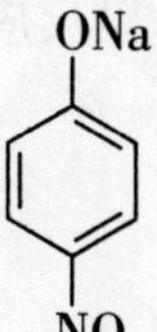 ONa NO_2，$CH_2{=}CHCH_2O$—NO_2，OH $CH_2CH{=}CH_2$ NO_2，

OMe $CH_2CH{=}CH_2$ NO_2

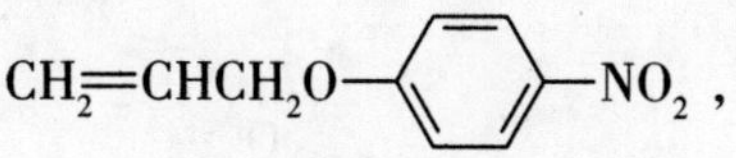

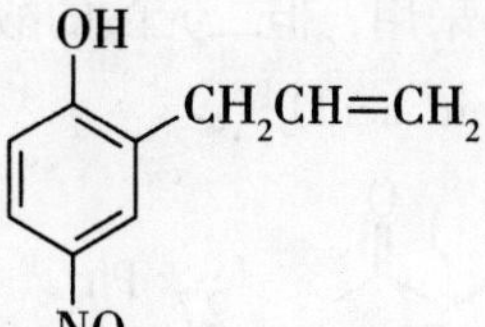

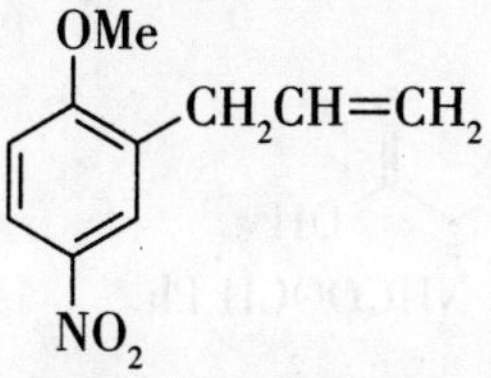

9. 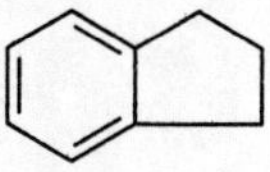 10. 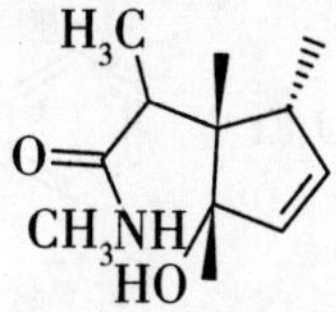 H_3C O= CH_3NH HO

11. 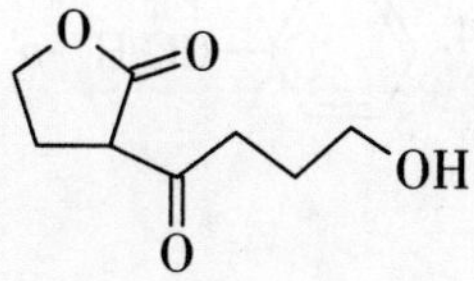 O O O OH 12. 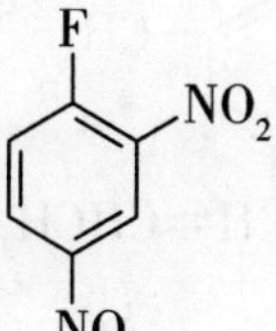 F NO_2 NO_2 13. 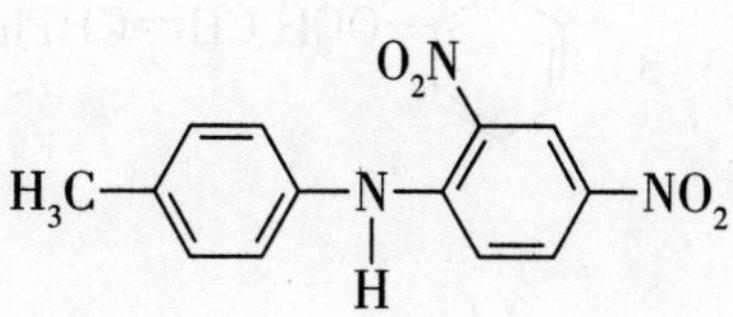 H_3C—N(H)—O_2N NO_2

14. 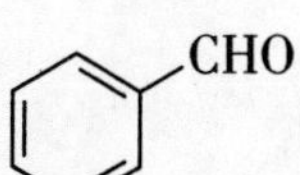 CHO 15. 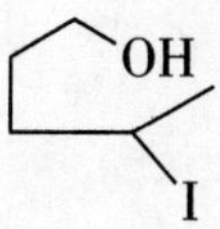 OH I 16. 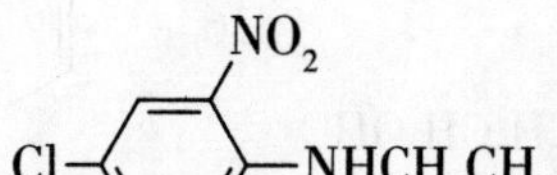 NO_2 Cl—$NHCH_2CH_3$

17. 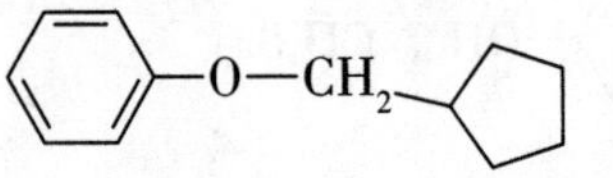 C_6H_5—O—CH_2—(环戊基)　18. 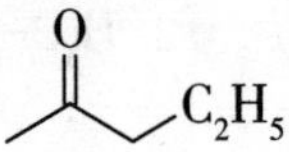 $CH_3COCH_2C_2H_5$　19.（含 Br、Br、ONO_2 的双环结构）

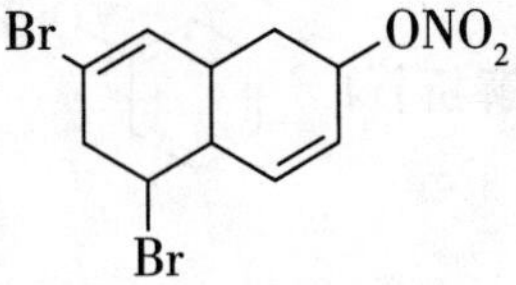

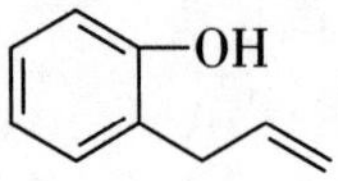

20. 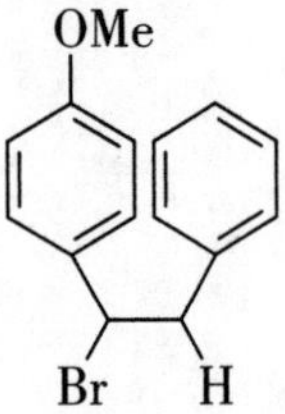　21. 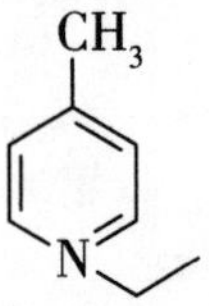　22.

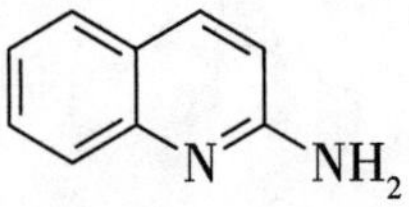

23. 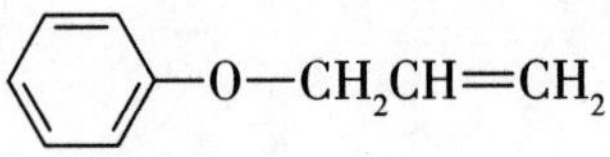 C_6H_5—O—$CH_2CH{=}CH_2$，　24.

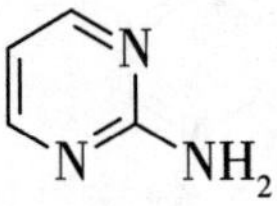

25. 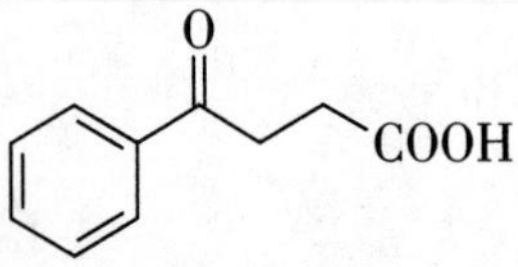 $C_6H_5COCH_2CH_2COOH$，酸酐与有机金属化合物反应时，酸酐的一部分被浪费掉了，所以一般不采用，但二元酸的酸酐不存在这个问题，它们与格氏试剂反应可以用来制备酮酸（ketonic acid）[2]。

26. 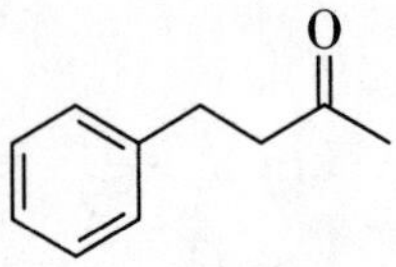　27. 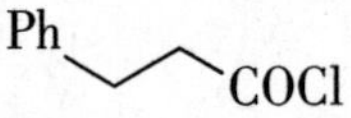 $PhCH_2CH_2COCl$　28. 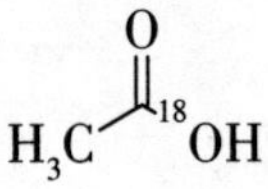 H_3C—C(=O)—^{18}OH

29. 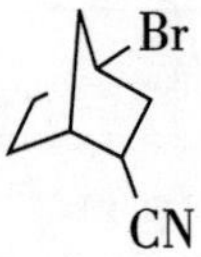　30. 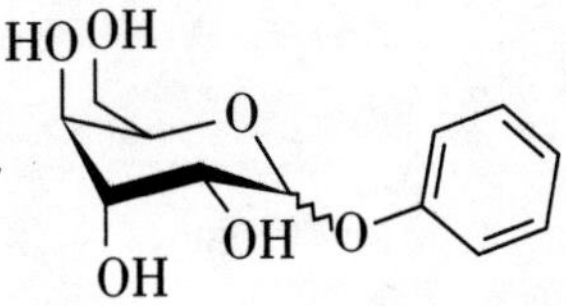　31.

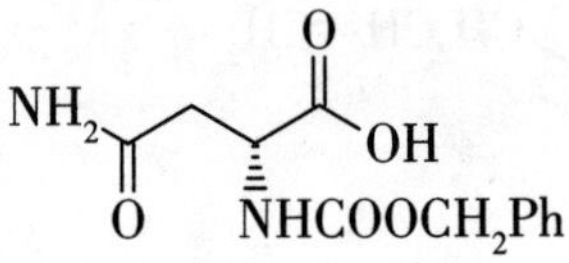

32.，，

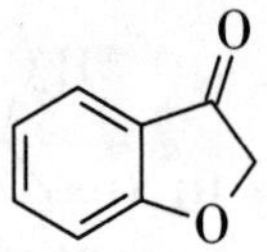

33. 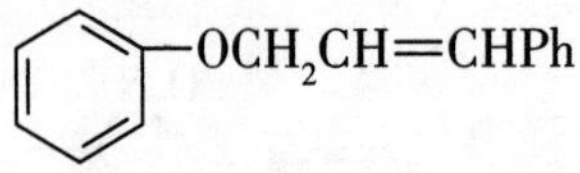 C_6H_5—$OCH_2CH{=}CHPh$，（OH、CH_3、$CH{=}CHCH_2Ph$ 取代的苯）　34. 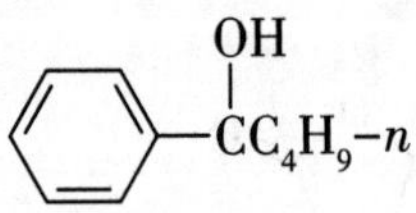 C_6H_5—C(OH)—C_4H_9-*n*

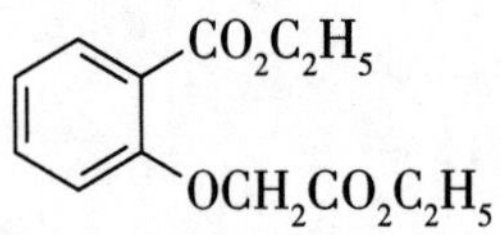

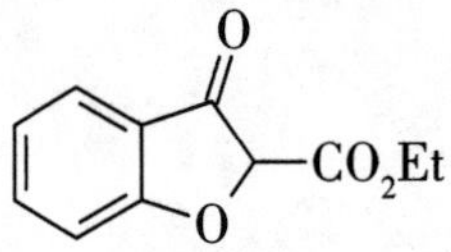

35.（Cl、CH_2CH_2OH 取代的苯）　36.（Cl、CH_2CN 取代的苯）

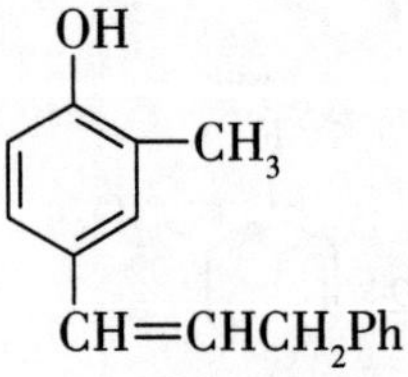

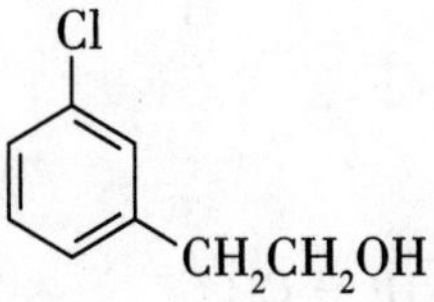

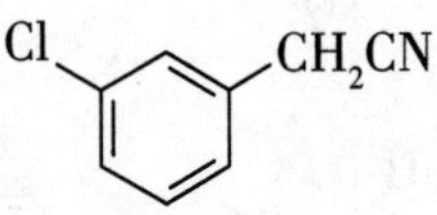

【例8】写出下列反应机理

1. 环戊-2-烯基CH_2COOH $\xrightarrow{H^+}$ 双环内酯（=O）。（西北大学，2011）

【解析】

环戊烯基CH_2COOH $\xrightarrow{H^+}$ 碳正离子（CH_2COOH） $\longrightarrow$ 质子化内酯（$\overset{+}{O}$—H，=O） $\xrightarrow{-H^+}$ 双环内酯（=O）。

（西北大学，2011）

2. 2-乙基-2-乙氧羰基环己酮（CH_2CH_3，$CO_2CH_2CH_3$） $\xrightarrow[HOCH_2CH_3]{NaOCH_2CH_3}$ 2-乙基-6-乙氧羰基环己酮（CH_3CH_2，$CO_2CH_2CH_3$）。（华东理工大学，2014）

【解析】注意将解答中的五元环改为六元环。

反应物是不含活泼氢的β-酮酸酯，不稳定，发生酯缩合的逆反应，再发生酯缩合生成较稳定的β-酮酸酯。

2-乙基-2-($CO_2C_2H_5$)环己酮 $\xrightarrow{C_2H_5O^-}$ 四面体负离子（O^-，OC_2H_5，C_2H_5，$CO_2C_2H_5$） $\longrightarrow$ 开链碳负离子（OC_2H_5，C_2H_5，$CO_2C_2H_5$） $\xrightarrow{C_2H_5OH}$

开链二酯（OC_2H_5，$CO_2C_2H_5$，C_2H_5） $\xrightarrow{C_2H_5O^-}$ α-碳负离子（OC_2H_5，C_2H_5，$CO_2C_2H_5$） $\longrightarrow$ 环状四面体负离子（$C_2H_5O_2C$，O^-，OC_2H_5，CH_3）

$\longrightarrow$ CH_3CH_2-环己酮-$CO_2CH_2CH_3$

3. 解释下列反应并写出相应的反应机理。（南开大学，2015）

（1） $CH_3CH_2OH + PCl_3 \longrightarrow (CH_3CH_2O)_3P + HCl$

（2） $CH_3CH_2OH + PBr_3 \longrightarrow CH_3CH_2Br + P(OH)_3$

（3） $(CH_3)_3COH + PCl_3 \longrightarrow (CH_3)_3CCl + P(OH)_3$

【解析】[2]

（1）乙醇与三氯化磷反应机理。

$CH_3CH_2OH + PCl \longrightarrow CH_3CH_2OPCl_2 + HCl$

$CH_3CH_2OH + CH_3CH_2OPCl_2 \longrightarrow (CH_3CH_2O)_2PCl + HCl$

$CH_3CH_2OH + (CH_3CH_2O)_2PCl \longrightarrow (CH_3CH_2O)_3P + HCl$

（2）乙醇与三溴化磷反应机理。

$$CH_3CH_2OH + PBr \longrightarrow CH_3CH_2OPBr_2 + HBr$$

$$Br^- + CH_3CH_2—OPBr_2 \longrightarrow CH_3CH_2Br + {}^-OPBr_2$$

醇羟基是一个不好的离去基团，与三溴化磷作用形成$CH_3CH_2OPBr_2$，Br^-进攻烷基的碳原子，${}^-OPBr_2$作为离去基团离去。${}^-OPBr_2$中还有两个溴原子,可继续与醇发生反应。

（3）叔丁醇与三氯化磷反应机理。

$$(CH_3)_3COH + PCl \longrightarrow (CH_3)_3COPCl_2 + HCl$$

$$H_3C—C(CH_3)_2—OPCl_2 \longrightarrow H_3C—\overset{+}{C}(CH_3)_2 + {}^-OPCl_2$$

$$H_3C—\overset{+}{C}(CH_3)_2 \xrightarrow{Cl^-} H_3C—C(CH_3)_2—Cl$$

4. O, O $\xrightarrow[H^+]{\text{OH}}$ O, O 。（华南理工大学，2016）

【解析】

O, O $\overset{H^+}{\rightleftharpoons}$ +OH, O $\overset{-H^+}{\rightleftharpoons}$ OH, O

OH $\overset{H^+}{\rightleftharpoons}$ $\overset{+}{O}H_2$ $\underset{-H_2O}{\overset{\text{OH, O}}{\rightleftharpoons}}$ HO, +, O $\overset{-H^+}{\rightleftharpoons}$ O, O 。

5. HO, HO, HO, OH, OH, H, O $\xrightarrow{CH_3CH_2OH/H^+}$ HO, HO, OH, OH, H, O, OCH_2CH_3 + HO, HO, OH, OH, H, O, OCH_2CH_3。

（南开大学，2013）

【解析】

$CH_3CH_2OH \xrightarrow{H^+} CH_3CH_2\overset{+}{O}H_2$

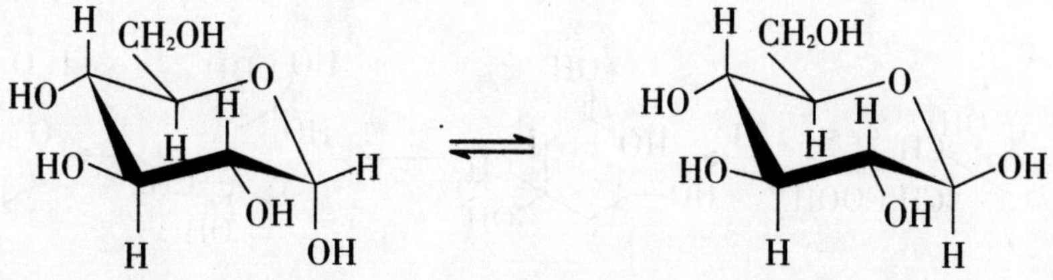

α-型 37%

α-型 63%

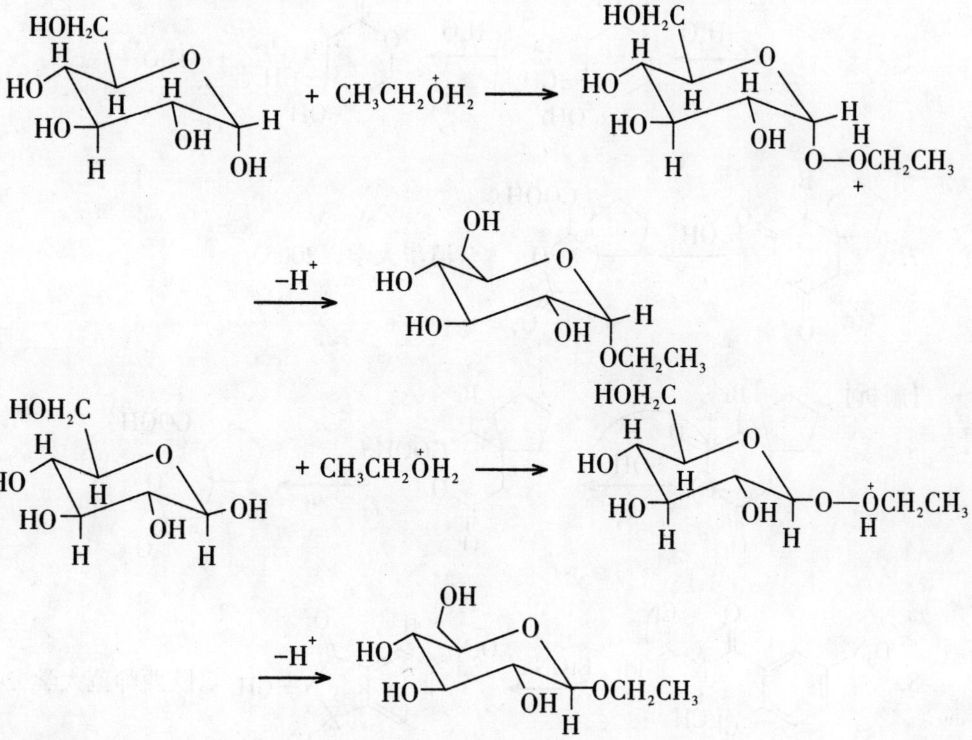

$+ CH_3CH_2\overset{+}{O}H_2 \longrightarrow$

$\xrightarrow{-H^+}$

$+ CH_3CH_2\overset{+}{O}H_2 \longrightarrow$

$\xrightarrow{-H^+}$

6. 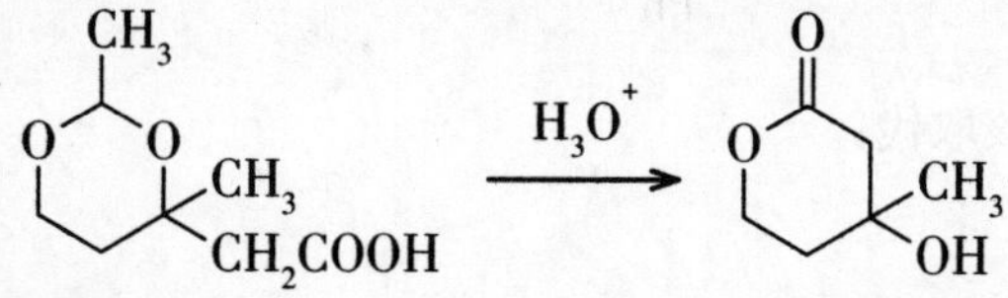 $\xrightarrow{H_3O^+}$ 。（中山大学，2016）

【解析】

$\xrightarrow{H^+}$ $\longrightarrow$ $\xrightarrow{H_2O}$

$\longrightarrow$ $\longrightarrow$ +

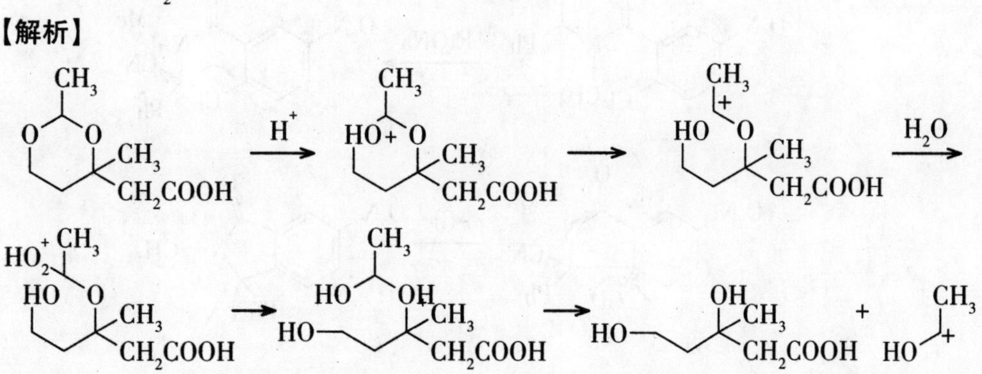

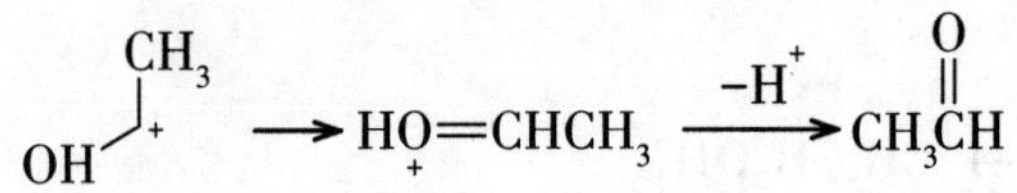

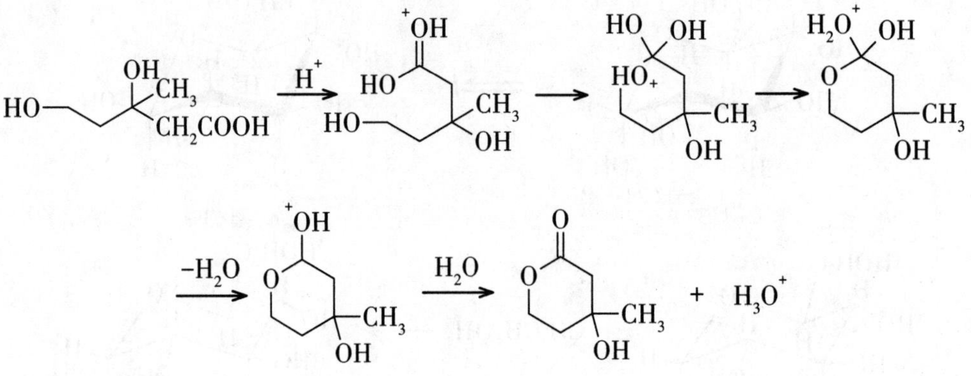

$CH_3CH^+OH \longrightarrow HO^+{=}CHCH_3 \xrightarrow{-H^+} CH_3CH{=}O$

$HOCH_2CH_2C(OH)(CH_3)CH_2COOH \xrightarrow{H^+} HOCH_2CH_2C(OH)(CH_3)CH_2C({=}O^+H)OH \longrightarrow$ HO OH HO$^+$ CH_3 OH $\longrightarrow$ H_2O^+ OH O CH_3 OH

$\xrightarrow{-H_2O}$ $^+$OH O CH_3 OH $\xrightarrow{H_2O}$ O O CH_3 OH $+ H_3O^+$

7. 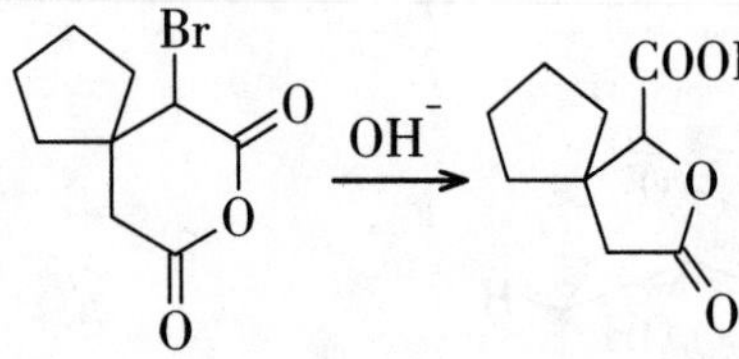 Br O O O $\xrightarrow{OH^-}$ COOH O O 。(清华大学，2005)

【解析】 Br O O O $\xrightarrow{OH^-}$ Br COOH O^- O $\longrightarrow$ COOH O O

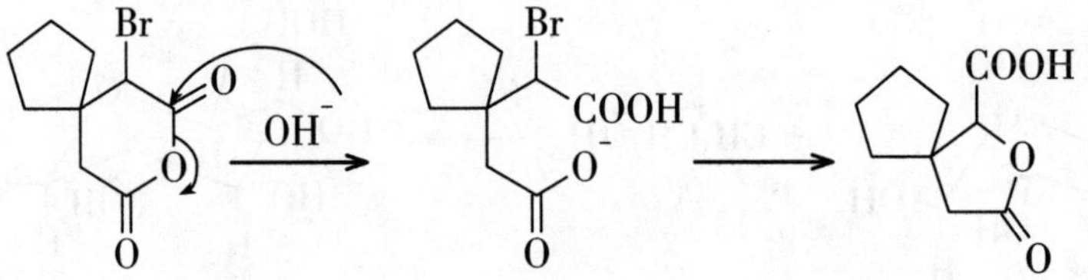

8. 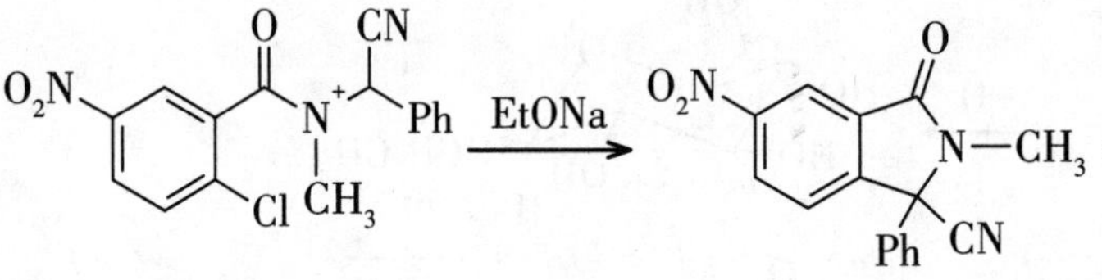 O_2N O N^+ CN Ph Cl CH_3 $\xrightarrow{EtONa}$ O_2N O $N-CH_3$ Ph CN 。(陕西师范大学,2004)

【解析】碳负离子进行的分子内亲核取代：

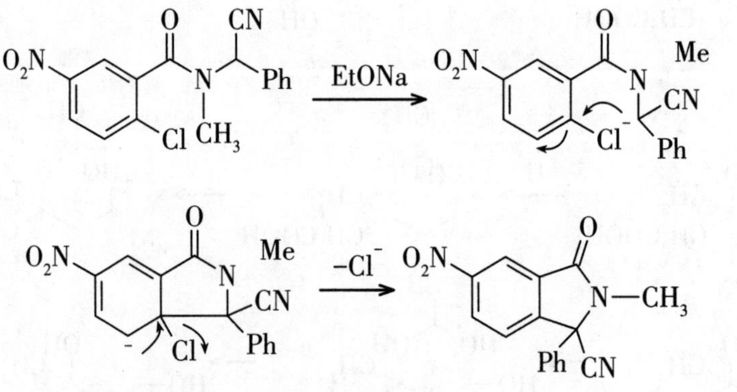

O_2N O N CN Ph Cl CH_3 $\xrightarrow{EtONa}$ O_2N O N Me CN Cl^- Ph

O_2N O Me N CN $^-$ Cl Ph $\xrightarrow{-Cl^-}$ O_2N O $N-CH_3$ Ph CN

9. $\triangleright$—$CH_2Br \xrightarrow[CH_3OH]{AgNO_3}$ $\triangleright$—CH_2CH_3 + $\diamond$—OCH_3 + CH_2=$CHCH_2CH_2OCH_3$。

【解析】卤代烃、醇的亲核取代（S_N1，S_N2）：

$\triangleright$—CH_2—$Br + CH_3OH \xrightarrow[S_N2]{-Br^-}$ $\triangleright$—$CH_2\overset{+}{O}(H)CH_3 \xrightarrow{-H^+}$ $\triangleright$—CH_2OCH_3

$\triangleright$—CH_2—$Br \xrightarrow[S_N1]{Ag^+}$ $\triangleright$—$CH_2^+ \longrightarrow$ $\diamond^+$

$\triangleright$—$CH_2^+ \xrightarrow{HOCH_3}$ $\triangleright$—$CH_2\overset{+}{O}(H)CH_3 \xrightarrow{-H^+}$ $\triangleright$—CH_2OCH_3

$\diamond^+ \xrightarrow{HOCH_3}$ $\diamond$—$\overset{+}{O}(H)CH_3 \xrightarrow{-H^+}$ $\diamond$—OCH_3

$\triangleright$—$CH_2^+ \longrightarrow CH_2$=$CHCH_2CH_2^+ \xrightarrow[-H^+]{HOCH_3} CH_2$=$CHCH_2OCH_3$

10. 具有光学活性的（2R，3S）-3-氯-2-丁醇，在NaOH的醇溶液中反应，得有旋光性的环氧化物，此环氧化物用KOH/H_2O，得2，3-二丁醇。（郑州大学，2015）

【解析】

(Fischer: CH_3; HO—C—H; H—C—Cl; CH_3) ≡ (OH, H / H, Cl) $\xrightarrow{OH^-}$ (^-O, H / H, Cl) $\longrightarrow$ 环氧化物 (CH_3, CH_3) $\xrightarrow[H_2O]{KOH}$ (Fischer: CH_3; HO—C—H; HO—C—H; CH_3)

【例9】合成题

1. 从乙烯开始，经丙二酸酯合成己二酸。（华侨大学，2016）

【解析】

$CH_2(CO_2Et)_2 \xrightarrow{EtONa} 2\overset{-}{C}H(CO_2Et)_2$

CH_2=$CH_2 \xrightarrow[CCl_4]{Br_2} BrCH_2CH_2Br \xrightarrow{2\overset{-}{C}H(CO_2Et)_2} (EtO_2C)_2CHCH_2CH_2CH(CO_2Et)_2 \xrightarrow{H_2O,\ OH^-}$

$\xrightarrow{H^+} \xrightarrow{\triangle} HOOCCH_2CH_2CH_2CH_2COOH$

2. 以苯甲醛和乙酸乙酯为主要原料合成止咳酮 ($PhCH_2CH_2COCH_3$)。（厦门大学，2007；华南理工大学，2016）

【解析】

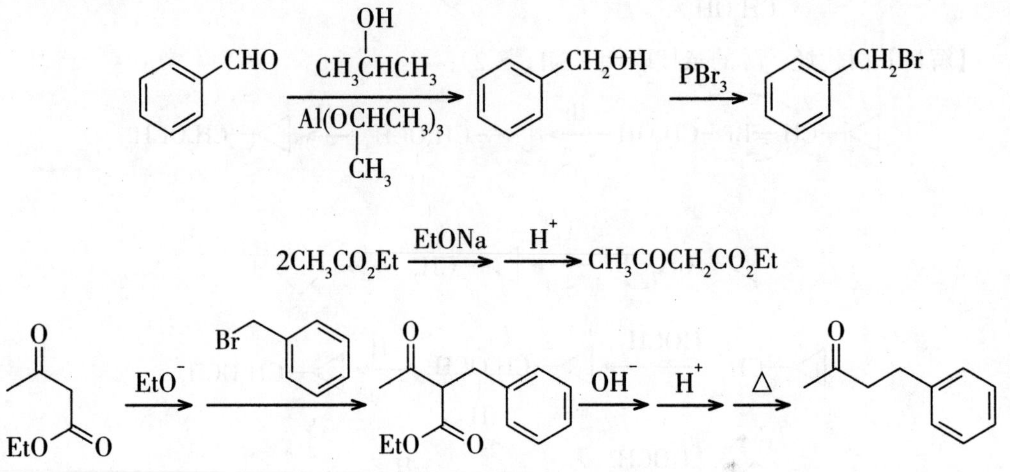

$$PhCHO \xrightarrow[Al(OCH(CH_3)_2)_3]{CH_3CH(OH)CH_3} PhCH_2OH \xrightarrow{PBr_3} PhCH_2Br$$

$$2CH_3CO_2Et \xrightarrow{EtONa} \xrightarrow{H^+} CH_3COCH_2CO_2Et$$

$$CH_3COCH_2CO_2Et \xrightarrow{EtO^-} \xrightarrow{PhCH_2Br} CH_3COCH(CH_2Ph)CO_2Et \xrightarrow{OH^-} \xrightarrow{H^+} \xrightarrow{\Delta} CH_3COCH_2CH_2Ph$$

3. 以苯和/或甲苯为原料合成 2-NO_2-C_6H_4-OCH_2-C_6H_5。（江南大学，2008；华南理工大学，2016）

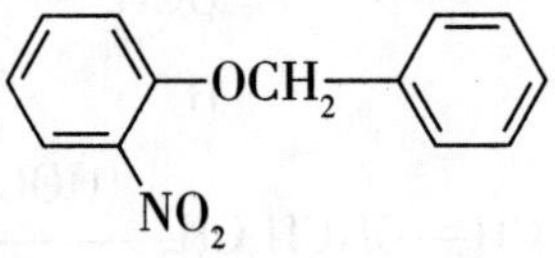

【解析】

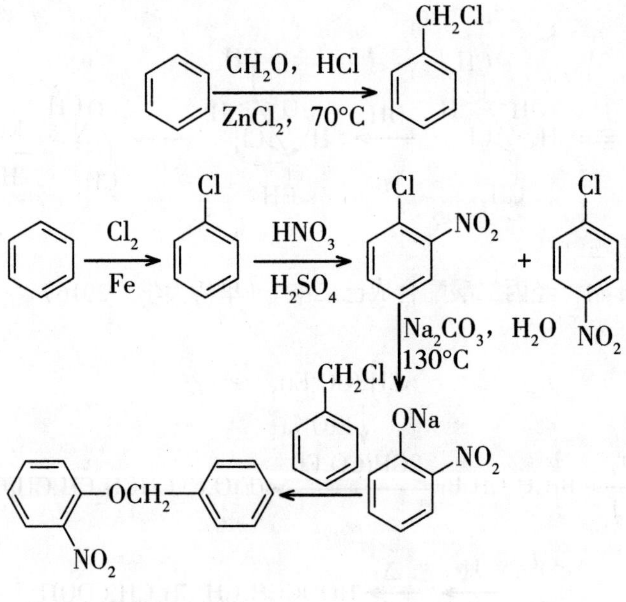

$$C_6H_6 \xrightarrow[ZnCl_2，70°C]{CH_2O，HCl} C_6H_5CH_2Cl$$

$$C_6H_6 \xrightarrow[Fe]{Cl_2} C_6H_5Cl \xrightarrow[H_2SO_4]{HNO_3} \text{2-}NO_2\text{-}C_6H_4Cl + \text{4-}NO_2\text{-}C_6H_4Cl$$

$$\text{2-}NO_2\text{-}C_6H_4Cl \xrightarrow{Na_2CO_3，H_2O，130°C} \text{2-}NO_2\text{-}C_6H_4ONa \xrightarrow{C_6H_5CH_2Cl} \text{2-}NO_2\text{-}C_6H_4OCH_2C_6H_5$$

4. 由苯合成 MeN(piperazine)N-四氢萘-NH-C(=O)-C₆H₄-N(morpholine)。（华东理工大学，2014）

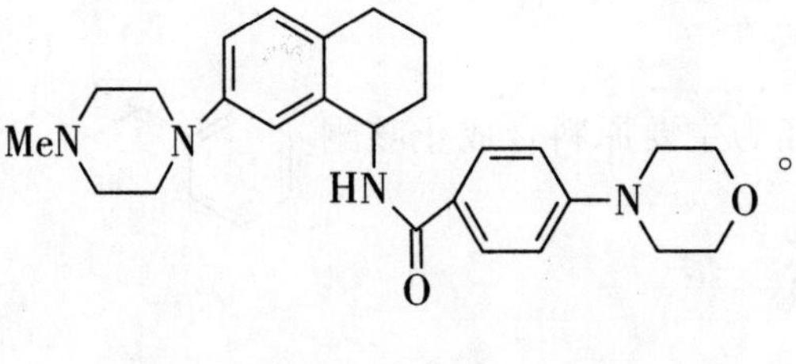

【解析】

（分离）

5. 用甲苯及必要试剂合成 H_2N-C_6H_4-C(=O)O-CH(Ph)$CH_2CH_2N(CH_3)_2$。(南开大学，2013)

【解析】

$$C_6H_5CH_3 \xrightarrow[H_2SO_4]{HNO_3} p\text{-}O_2NC_6H_4CH_3 \xrightarrow[H^+]{KMnO_4} p\text{-}O_2NC_6H_4COOH \xrightarrow{SOCl_2} p\text{-}O_2NC_6H_4COCl$$

$$C_6H_5CH_3 \xrightarrow[H^+]{KMnO_4} C_6H_5COOH \xrightarrow{SOCl_2} C_6H_5COCl \xrightarrow{(CH_3)_2CuLi} C_6H_5COCH_3 \xrightarrow[HCHO\quad HCl]{(CH_3)_2NH} C_6H_5COCH_2CH_2N(CH_3)_2$$

$$\xrightarrow[Al(OCH(CH_3)CH_3)_3]{CH_3CH(OH)CH_3} C_6H_5CH(OH)CH_2CH_2N(CH_3)_2 \xrightarrow[\text{pyridine}]{p\text{-}O_2NC_6H_4COCl}$$

$$p\text{-}O_2NC_6H_4COOCH(Ph)CH_2CH_2N(CH_3)_2 \xrightarrow[HCl]{Fe} p\text{-}H_2NC_6H_4COOCH(Ph)CH_2CH_2N(CH_3)_2$$

6. 利用邻苯二甲酰亚胺钾、α-溴代丙二酸二乙酯和苄氯，合成（±）-苯丙氨酸：

$$\text{邻苯二甲酰亚胺-NK} \quad BrCH(COOC_2H_5)_2 \longrightarrow \xrightarrow{PhCH_2Cl} PhCH_2CH(NH_2)COOH$$

。（中国科学技术大学，2016）

【解析】

$$\text{邻苯二甲酰亚胺-NH} \xrightarrow[2.\ BrCH(CO_2Et)_2]{1.\ KOH} \text{邻苯二甲酰亚胺-}NCH(CO_2Et)_2 \xrightarrow[2.\ PhCH_2Cl]{1.\ NaOEt}$$

$$\text{PhthN}C(CO_2Et)_2CH_2Ph \xrightarrow[\text{2. } H^+]{\text{1. } NH_2NH_2} PhCH_2CH(NH_2)COOH$$

7. 请用不多于4个碳原子的有机化合物合成 $CH_3CH_2CH_2CH_2COCH_2CH_2CH_3$。（南京大学，2014）

【解析】

$$CH\equiv CH \xrightarrow[NH_3]{NaNH_2} NaC\equiv CH \xrightarrow{2BrCH_2CH_2CH_3} CH_3CH_2CH_2C\equiv CCH_2CH_2CH_3$$

$$\xrightarrow[H_2O,\ H^+]{Hg^{2+}} CH_3CH_2CH_2CH_2COCH_2CH_2CH_3$$

8. 由指定原料出发合成，可用不大于3个碳的有机原料及任何无机试剂。（郑州大学，2015）

$$CH_2=CH-CH=CH_2 \longrightarrow C_6H_9CH_2COOH$$

【解析】

$$CH_2=CH-CH=CH_2 + CH_2=CHCH_2Br \longrightarrow C_6H_9CH_2Br \xrightarrow{NaCN} C_6H_9CH_2CN \xrightarrow{H_3O^+} C_6H_9CH_2COOH$$

【例10】推测结构

化合物A（$C_3H_6Br_2$）与NaCN反应生成B（$C_5H_6N_2$），B酸性水解生成C，C与乙酸酐共热生成D和乙酸，A的图谱为IR：1755cm^{-1}（s），1820cm^{-1}（s）；NMR：δ2.0五重峰，δ2.8三重峰。请推出A～D的结构式。（湖南师范大学，2013）

【解析】

A：$BrCH_2CH_2CH_2Br$

B：$NCCH_2CH_2CH_2CN$

C：$HOOCCH_2CH_2CH_2COOH$

D：O=C(CH₂CH₂CH₂)C=O（环内含O）

参考文献

[1] 孔祥文.有机化学［M］. 2版. 北京：化学工业出版社，2018.
[2] 邢其毅，裴伟伟，徐瑞秋，等. 基础有机化学［M］. 3版. 北京：高等教育出版

社，2005.
[3] 高鸿宾. 有机化学［M］. 4版. 北京：高等教育出版社，2005.
[4] 陈宏博. 有机化学［M］. 4版. 大连：大连理工大学出版社，2015.
[5] 孔祥文. 有机化学反应和机理［M］. 北京：中国石化出版社，2018.

2.6 Koch-Haaf羰基化反应

在强酸催化下，醇或烯烃和CO反应生成叔烷基羧酸的反应称为Koch羰基化反应（Koch-Haaf羰基化反应）[1]。例如：

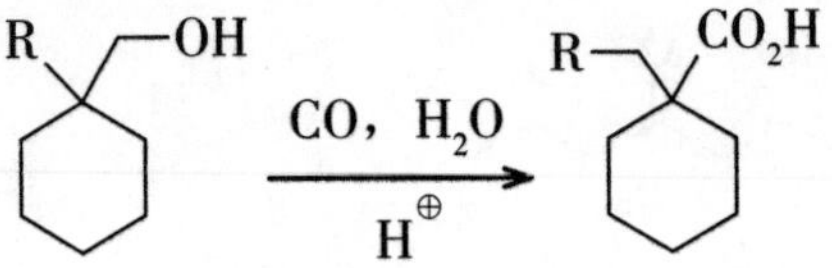

$$\xrightarrow[H^{\oplus}]{CO,\ H_2O}$$

反应机理[2]：

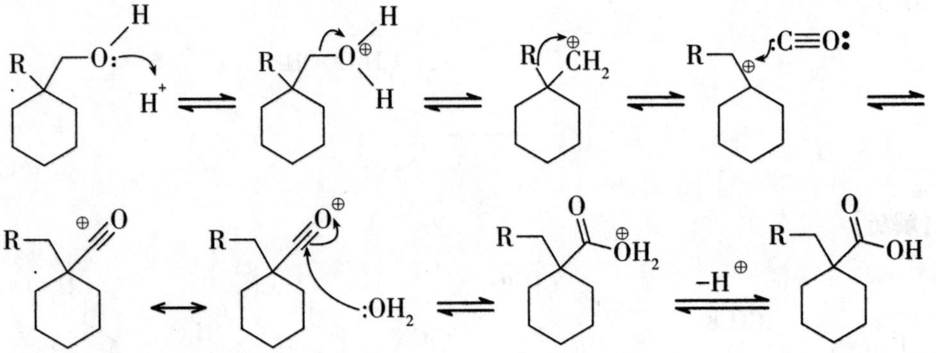

例题解析

【例1】写出反应的主要产物

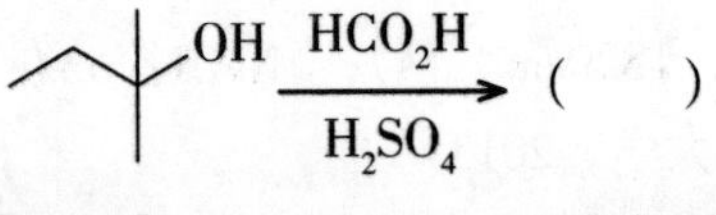

$$\xrightarrow[H_2SO_4]{HCO_2H} (\quad)$$

【解析】以2-甲基-2-丁醇为原料、甲酸为羰基源，经一步卡宾反应制得辛伐他汀中间体2，2-二甲基丁酸，（COOH）。当反应温度为0℃、n(2-甲基-2-丁醇)：n(甲酸)：n(硫酸)=1：1.5：8、反应时间为5h时的最佳反应条件下，反应收率为95.8%，产物GC纯度为97.5%。该方法利用醇与体系自身反应生成的羰基卡宾活性中间体进行Koch-Haaf羰基化反应，避免了传统方法中通过加压向体系直接通入易燃易爆的一氧化碳气体所进行的插羰反应。该方法原料易得、操作简单、收率较高，具有较好的工业应用前景[3]。

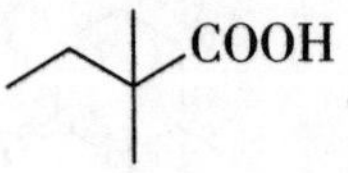

【例2】由不超过C_4有机物及无机试剂合成 $CH_3CH_2C(CH_3)(COOCH_3)CH_2CH_2CH_3$ （中国科学院研究生院，1997）

【解析】

$$CH_3CH_2—CH_2—OH \xrightarrow{PBr_3} CH_3CH_2—CH_2—Br \xrightarrow[Et_2O]{Mg} CH_3CH_2—CH_2—MgBr$$

$$\xrightarrow[2.\ H_2O/H^+]{1.\ CH_3CH_2COCH_3} CH_3CH_2—C(OH)(CH_3)—CH_2—CH_2CH_3 \xrightarrow[H_2SO_4]{HCOOH} CH_3CH_2—C(COOH)(CH_3)—CH_2—CH_2CH_3$$

$$\xrightarrow[H_2SO_4]{CH_3OH} CH_3CH_2—C(COOCH_3)(CH_3)—CH_2—CH_2CH_3$$

【例3】以二异丙酮为起始原料合成2,3-二甲基-2-异丙基丁酸

【解析】

$$\text{二异丙基酮} \xrightarrow{MeMgBr} \text{2,3,4-三甲基-3-戊醇 (OH)} \xrightarrow[98\%H_2SO_4]{HCO_2H} \text{2,3-二甲基-2-异丙基丁酸 (COOH)}$$

二异丙基酮与MeMgBr反应制备2,3,4-三甲基-3-戊醇，收率71.3%；再经Koch-Haaf羧化反应合成了2,3-二甲基-2-异丙基-丁酸，收率71.5%，总收率51%[4]。

参考文献：

［1］KOCH H, HAAF W. Über die synthese verzweigter carbonsäure nach der ameisensäure-methode［J］. Justus liebigs annalen der chemie，1958，618：251-266.
［2］LI J J. Name reaction［M］. 4th ed. Berlin Heidelberg：Springer Verlag，2009.
［3］丁成荣，崔云强，杨华东，等. 2，2-二甲基丁酸的合成新方法［J］. 中国药物化学杂志，2016（2）：112-115.
［4］张弦，王建新，武建利，等. 2，3-二甲基-2-异丙基丁酸的合成［J］. 合成化学，2009，17（6）：747-749.

2.7 Ritter反应

Ritter反应（里特反应）是用烷基化试剂（如叔醇或烯与强酸）将腈转化为N-烷基酰胺的一个反应[1-3]。该反应以美国化学家John Joseph Ritter的名字命名。反应通式为：

$$R^1—OH + R^2—CN \xrightarrow{H^{\oplus}} R^1—NH—C(=O)—R^2$$

反应机理：

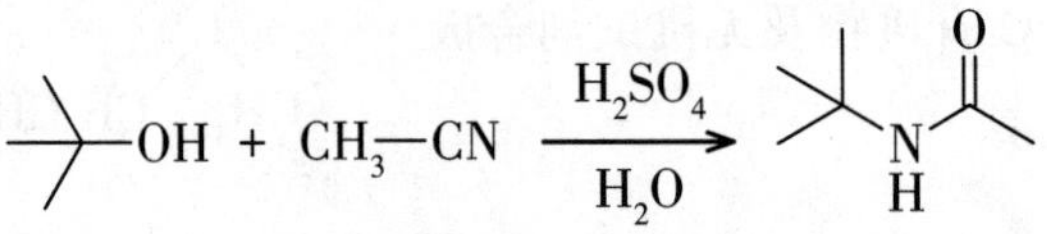

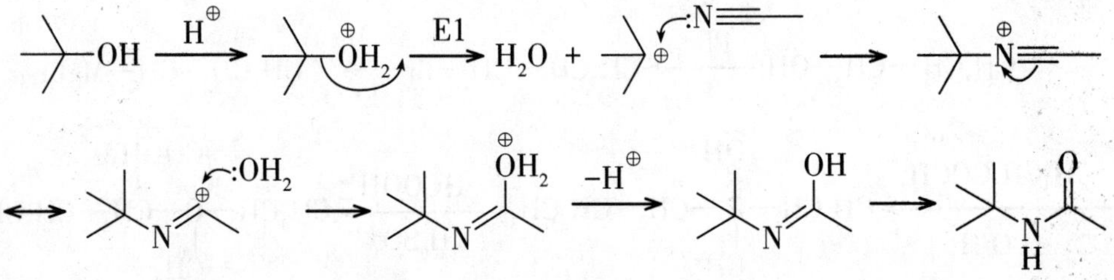

以叔醇为例，叔醇在强酸性溶液中首先形成（锌盐），失水后生成稳定的三级碳正离子，该碳正离子受到腈氮原子的亲核进攻，生成一个腈鎓离子（Nitrilium ion）。后者再与水作用、失去一个质子、异构化得到N-取代酰胺，进一步水解可以得到伯胺。烯烃可进行类似的Ritter反应，例如：

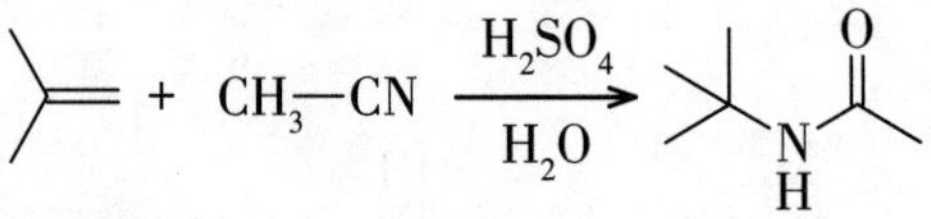

例题解析

【例1】写出反应机理（云南大学，2004；南开大学，2015）

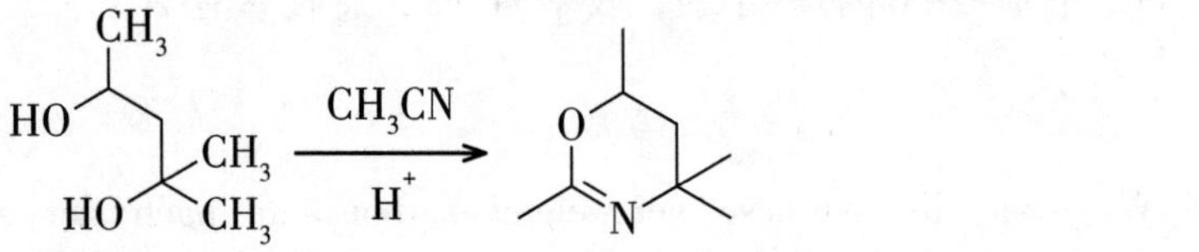

【解析】

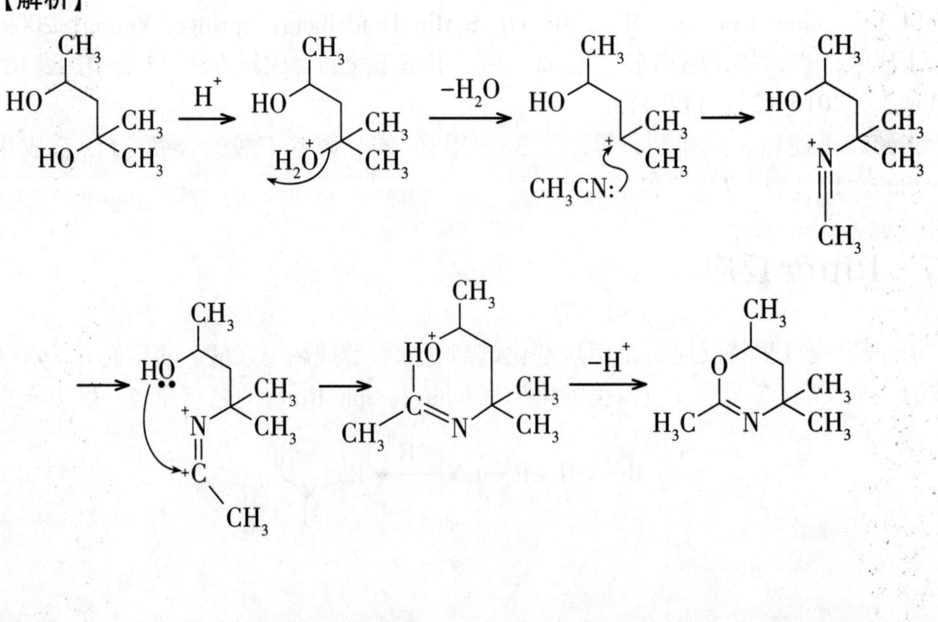

【例2】由苯和不超过3个碳的原料及必要试剂合成 $PhCH_2CH(CH_3)-C(CH_3)_2-NH_2$（南开大学，2015）

【解析】

$$C_6H_6 \xrightarrow[ZnCl_2]{HCHO，HCl} C_6H_5CH_2Cl \xrightarrow{Mg，Et_2O} C_6H_5CH_2MgCl \xrightarrow[2.\ H_3O^+]{1.\ CH_3CHO}$$

$$C_6H_5CH_2CH(OH)CH_3 \xrightarrow{PBr_3} C_6H_5CH_2CH(Br)CH_3 \xrightarrow{Mg，Et_2O} C_6H_5CH_2CH(MgBr)CH_3 \xrightarrow[2.\ H_3O^+]{1.\ CH_3COCH_3}$$

$$C_6H_5CH_2CH(CH_3)C(CH_3)_2OH \xrightarrow[H_2SO_4]{HCN} C_6H_5CH_2CH(CH_3)C(CH_3)_2NHCHO$$

$$\xrightarrow[H_2SO_4]{NH_2CONH_2} C_6H_5CH_2CH(CH_3)C(CH_3)_2NHCONH_2 \xrightarrow[H_2O]{OH^-} C_6H_5CH_2CH(CH_3)C(CH_3)_2NH_2$$

参考文献

[1] RITTER J J, MINIERI P P. A new reaction of nitriles. Ⅰ. amides from alkenes and mononitriles [J]. J. Am. Chem. Soc. 1948，70：4045-4058.

[2] RITTER J J, KALISH J J. A new reaction of nitriles. Ⅱ. synthesis of t-carbinamines [J]. A. Chem. Soc. 1948，70：4048-4050.

[3] LI J J. Name reaction [M]. 4th ed. Berlin Heidelberg：Springer-Verlag：2009.

2.8 重氮盐的水解反应

重氮盐的酸性水溶液一般不稳定，受热后有氮气放出，同时重氮基被羟基取代得到酚，该反应称为重氮盐的水解即重氮基被羟基置换。

重氮盐的水解反应属于S_N1历程，当将重氮盐在酸性水溶液中加热煮沸时，重氮盐首先分解成芳正离子，后者受到水的亲核进攻，而在芳环上引入羟基[1]。

$$Ar-N_2^+\ X^- \xrightarrow{慢} Ar^+ + X^- + N_2\uparrow$$

$$Ar^+ + :OH_2 \longrightarrow \left[Ar-\overset{+}{O}H_2\right] \longrightarrow Ar-OH + H^+$$

由于芳基正离子非常活泼，可与反应液中其他亲核试剂反应。其一为避免生成氯化副产物，芳伯胺重氮化要在稀硫酸介质中进行。为避免芳基正离子与生成的酚氧负子反应生成二芳基醚等副产物，最好将生成的可挥发性酚，立即用水蒸气蒸出。或向反应液中加入氯苯等惰性溶剂，使生成的酚立即转入到有机相中。 其二为避免重氮盐与水解生成的酚发生偶合反应生成羟基偶氮染料，水解反应要在40%～50%浓度的硫酸中进行。通常是将冷的重氮盐水溶液滴加到沸腾的稀硫酸中。温度一般在 102～145℃。

重氮盐的水解反应的用途是用其他方法不易在芳环上的指定位置引入羟基时，可考虑采用重氮盐的水解。

例题解析

【例1】从甲苯合成 $H_3C-C_6H_2(Br)_2-OH$（中山大学，2016）

【解析】

$$CH_3-C_6H_5 \xrightarrow[H_2SO_4,\ \triangle]{HNO_3} CH_3-C_6H_4-NO_3 \xrightarrow{Zn/H^+} CH_3-C_6H_4-NH_2$$

$$\xrightarrow[5°C]{NaNO_2,\ H_2SO_4} CH_3-C_6H_4-\overset{+}{N_2}HSO_4^- \xrightarrow[\triangle]{H_3^+O} CH_3-C_6H_4-OH \xrightarrow[Fe]{Br_2} CH_3-C_6H_2(Br)_2-OH$$

【例2】由对二氯苯合成2，5-二氯苯酚

【解析】

$$Cl-C_6H_4-Cl \xrightarrow[\triangle]{HNO_3,\ H_2SO_4} Cl-C_6H_3(NO_2)-Cl \xrightarrow{Fe,\ HCl}$$

$$Cl-C_6H_3(NH_2)-Cl \xrightarrow[0\sim5℃]{NaNO_2,\ H_2SO_4} Cl-C_6H_3(N_2^+HSO_4^+)-Cl \xrightarrow[\triangle]{稀H_2SO_4} Cl-C_6H_3(OH)-Cl$$

该反应制酚的路线比较长，产率也不高。但是当环上存在卤素或硝基等取代基时，不能用碱熔法制酚，则可以通过重氮盐水解的方法制得酚[2]。

重氮盐水解制酚最好使用硫酸盐，在强酸性的热硫酸溶液中进行。这是因为硫酸氢根的亲核性很弱，而其他重氮盐，如盐酸盐或硝酸盐等还容易生成重氮基被卤素或硝基取代的副产物。同时，强酸性条件也很重要，因为如果酸性不够，产生的酚会和未反应的重氮盐发生偶合反应而得到偶联产物。强酸性的硫酸溶液不仅可最大限度地避免偶合

反应的发生，而且还可以提高分解反应的温度，使水解进行得更为迅速、彻底。

【例3】用指定原料合成（无机试剂任选）（北京理工大学，2007）

以苯、甲苯为主要原料合成

【解析】利用重氮盐的性质合成产物，关键是合成出对甲苯酚和间硝基重氮盐即可。

CH_3 HNO$_3$/H$_2$SO$_4$ NO$_2$ Fe/HCl NH$_2$ NaNO$_2$–HCl 低温 NCl$_2$ H$_2$O OH

NO$_2$ HNO$_3$/H$_2$SO$_4$ NO$_2$ NH$_4$HS NH$_2$ NO$_2$ NaNO$_2$–HCl 低温 N$_2$Cl NO$_2$

HO—C$_6$H$_4$—CH$_3$ pH=9～10 → T.M

【例4】由指定化合物为起始原料，任选其他试剂，设计目标产物的合成路线，用化学方程式表达（苏州大学，2009、2010）

O_2N OH

【解析】利用重氮盐的性质，关键一步是2，4-二硝基甲苯中硝基的选择还原，在$SnCl_2$/HCl作用下，邻位硝基被还原；在NH_4SH作用下，对位硝基被还原。

CH_3 HNO$_3$/H$_2$SO$_4$ NO$_2$ SnCl$_2$/HCl NH$_2$ NO$_2$ NaNO$_2$/HCl 低温 N$_2$Cl NO$_2$ H$_2$O → T.M

参考文献

［1］孔祥文. 有机化学［M］. 2版. 北京：化学工业出版社，2018.
［2］孔祥文. 有机化学反应和机理［M］. 北京：中国石化出版社，2018.

2.9 小环化合物的开环反应

三元环和四元环由于电子云重叠程度较差，碳碳键没有开链烃中碳碳键稳定，所以发生加成反应时环容易破裂，所以，也称开环加成反应，而五元以上的环烷烃开环则比较困难。

环丙烷在常温下与溴发生加成反应，生成1，3–二溴丙烷。取代环丙烷发生加成反应时，产物符合Markovnikov规则。用此反应可以区别丙烷与环丙烷。

$$\triangle + Br_2 \xrightarrow[\text{室温}]{CCl_4} BrCH_2CH_2CH_2Br$$

$$\text{(甲基环丙烷)} + Br_2 \xrightarrow[\text{室温}]{CCl_4} CH_3\overset{Br}{\underset{1}{C}}H\overset{2}{C}H_2\overset{3}{C}H_2Br$$

在加热条件下，环丁烷与溴发生加成反应，生成1,4–二溴丁烷。五元环和六元环则不发生加成反应，而发生取代反应。

$$\square + Br_2 \xrightarrow{\triangle} BrCH_2CH_2CH_2CH_2Br$$

卤化氢也能使环丙烷和取代环丙烷开环，产物为卤代烷。取代环丙烷与卤化氢反应时，容易在取代基最多和取代基最少的碳碳键之间发生断裂，加成符合Markovnikov规则，即环破裂后氢原子加到含氢最多的碳原子上，卤原子加到含氢最少的碳原子上。环丁烷以上的环烷烃在常温下则难于与卤化氢进行开环加成反应。

$$\triangle + HBr \longrightarrow \underset{Br}{CH_2}-CH_2-\underset{H}{CH_2}$$

$$\text{(甲基环丙烷)} + HBr \xrightarrow{\text{室温}} CH_3\overset{Br}{\underset{1}{C}}H\overset{2}{C}H_2\overset{3}{C}H_3$$

$$\text{(1,1,2-三甲基环丙烷)} \xrightarrow{HBr} (CH_3)_2\overset{Br}{\underset{1}{\overset{2}{C}}}\underset{CH_3}{CH}\overset{3}{C}H_3$$

环丙烷及其衍生物还可以与硫酸开环加成，断键方式与和卤化氢的反应相同。

$$\text{(1,1,2-三甲基环丙烷)} + H_2SO_4 \longrightarrow CH_3-\underset{OSO_3H}{\overset{CH_3}{C}}-\overset{CH_3}{CH}-CH_3 \xrightarrow[\triangle]{H_2O} CH_3-\underset{OH}{\overset{CH_3}{C}}-\overset{CH_3}{CH}-CH_3$$

环烯烃与烯烃相似，易与氢、卤素、卤化氢、硫酸等发生加成反应。例如：

$$\text{(环戊烯)} + Br_2 \xrightarrow{CCl_4} \text{(1,2-二溴环戊烷)}$$

$$1\text{-methylcyclopentene} + HI \longrightarrow 1\text{-iodo-1-methylcyclopentane}$$

小环环烷烃在催化剂作用下，发生催化加氢生成烷烃。由于环的大小不同，催化加氢（catalytic hydrogenation）的难易也不同。环丁烷比环丙烷开环困难，需要在较高的温度下进行加氢反应，而环戊烷则必须在更强烈的条件下（如300℃、铂催化）才能加氢，高级环烷烃加氢则更为困难。

$$\triangle + H_2 \xrightarrow[80°C]{Ni} CH_3CH_2CH_3$$

$$\square + H_2 \xrightarrow[200°C]{Ni} CH_3CH_2CH_2CH_3$$

$$\text{cyclopentane} + H_2 \xrightarrow[300°C]{Pt} CH_3(CH_2)_3CH_3$$

（自上而下：不易开环）

从上述反应条件可以看出，环的稳定性顺序为：五元环 > 四元环 > 三元环。

常温下，环烷烃与一般氧化剂（如高锰酸钾溶液、臭氧等）不起作用，即使是环丙烷也是如此。

环醚的性质随环的大小不同而异，其中五元环醚和六元环醚性质比较稳定，具有一般醚的性质。但具有环氧乙烷结构的化合物（环氧化合物）与一般醚完全不同。由于其三元环结构所固有的环张力及氧原子的强吸电子诱导作用，使得环氧化合物具有非常高的化学活性，与酸、碱、金属有机试剂、金属氢化物等都能很容易地发生开环反应。例如：

环氧丙烷与Grignard等各种试剂的开环反应如下：

$$CH_3-CH\overset{O}{-}CH_2 \xrightarrow{①C_2H_5MgBr；②H_3O^+} CH_3-CH(OH)-CH_2C_2H_5$$

$$\xrightarrow{H^+/CH_3OH} CH_3-CH(OCH_3)-CH_3$$

$$\xrightarrow{NaOCH_3/CH_3OH} CH_3-CH(OH)-CH_2OCH_3$$

$$\xrightarrow{NH_3} CH_3-CH(OH)-CH_2NH_2$$

$$\xrightarrow{①CH\equiv CNa\ ②H_3O^+} CH_3-CH(OH)-CH_2C\equiv CH$$

由于环氧乙烷非常活泼，所以在制备乙二醇、乙二醇单乙醚、2-氨基乙醇等化合物时，必须控制原料配比。否则，生成多缩乙二醇，多缩乙二醇单醚和多乙醇胺，例如：

$$NH_3 \xrightarrow{\overset{O}{\triangle}} HOCH_2CH_2NH_2 \xrightarrow{\overset{O}{\triangle}} (HOCH_2CH_2)_2NH$$

$$\xrightarrow{\overset{O}{\triangle}} (HOCH_2CH_2)_2N-CH_2CH_2OH$$

环氧化合物可在酸或碱催化下发生开环反应，即碳氧键的断裂反应。开环反应的取向主要取决于是酸催化还是碱催化。例如：

$$(CH_3)_2C\overset{O}{—}CH_2 + H_2O^{18} \xrightarrow{H^+} H_3C—C(CH_3)(^{18}OH)—CH_2OH$$

$$(CH_3)_2C\overset{O}{—}CH_2 + CH_3\ddot{O}H \xrightarrow{CH_3ONa} H_3C—C(CH_3)(^{18}OH)—CH_2OCH_3$$

酸催化时，环氧化合物的氧原子首先与质子结合生成锌盐，锌盐的形成增强了碳氧键（C—O）的极性，使碳氧键变弱而容易断裂。随后以S_N1或S_N2反应机制进行反应。对于不对称环氧乙烷的酸催化开环反应，亲核试剂主要与含氢较少的碳原子结合。

碱催化时，首先亲核试剂从背面进攻空阻较小的碳原子，碳氧键异裂，生成氧负离子，然后氧负离子从体系中得到一个质子，生成产物。

酸催化（S_N1）：

$$H_3C—C(CH_3)\overset{O}{—}CH_2 \xrightarrow[CH_3OH]{H^+} H_3C—C(CH_3)\overset{\overset{+}{O}H}{—}CH_2 \longrightarrow H_3C—\overset{+}{C}(CH_3)—CH_2OH \xrightarrow{CH_3OH}$$

$$H_3C—C(CH_3)(CH_3\overset{+}{O}H)—CH_2OH \xrightarrow{-H^+} H_3C—C(CH_3)(CH_3O)—CH_2OH$$

碱催化（S_N2）：

$$H_3C—C(CH_3)\overset{O}{—}CH_2 \xrightarrow[CH_3OH]{CH_3O^-} H_3C—C(CH_3)(O^-)—CH_2OMe \xrightarrow[-CH_3O^-]{CH_3OH} H_3C—C(CH_3)(OH)—CH_2OMe$$

例题解析

【例1】写出反应的主要产物

1. 甲基环丙烷 $\xrightarrow{HBr}$ （　） $\xrightarrow[2.\ D_2O]{1.\ Mg，无水乙醚}$ （　　）。（西北大学，2011）

2. $H_3C—C(CH_3)\overset{O}{—}CH—CH_3 \xrightarrow[H_2SO_4]{CH_3OH}$ （　　）。（苏州大学，2015）

3. 环氧环己烷 $\xrightarrow[2.\ H^+，H_2O]{1.\ LiAlD_4}$ （　　）。（西北大学，2011）

4. (trimethylcyclopropane: CH_3, CH_3, CH_3) + HCl ⟶ （　　）。（福建师范大学，2008；广西师范大学，2010）

5. (epoxycyclohexane with D, H and $C(CH_3)_3$) $\xrightarrow{LiN(Et)_2}$ （　　）。

6. $R-CH-CH_2$ (epoxide, O) $\xrightarrow{BF_3}$ （　　）。

7. $R-CH-CH-R'$ (epoxide, O) $\xrightarrow{\bar{O}-\overset{+}{S}(CH_3)_2}$ （　　）。

8. (cyclopropylbenzene) + HBr ⟶ （　　）。（浙江工业大学，2014）

9. (phenyl-MgBr) + $H_2C-CH-CH_3$ (epoxide, O) $\xrightarrow[2.\ H_3O]{1.\ Et_2O}$ （　　）。（中山大学，2016）

10. (methyl cyclohexene oxide, O, CH_3) $\xrightarrow[H^+]{C_2H_5OH}$ （　　）。（湖南师范大学，2013）

11. (epoxide, O) $\xrightarrow[2.\ H_3O^+]{1.\ LiAlH_4}$ （　　）。（中国科学院，2009）

12. Me_3C-(cyclohexane spiro-epoxide, O) $\xrightarrow{H^+，H_2O}$ （　　）。（福建师范大学，2008）

13. Me-(epoxide, O)-C(O)OH $\xrightarrow{BnNH_2}$ （　　）。（复旦大学，2009）

14. Cl-CH_2-(epoxide, O) + $NH(C_2H_5)_2$ ⟶ （　　）。（复旦大学，2008）

15. (isopropylcyclobutane) $\xrightarrow{Br_2}$ （　　）$\xrightarrow{CH_3CH_2CH_2NH_2}$ （　　）。（吉林大学，2015）

16. 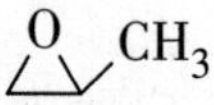 O ⁄\ CH_3 $\xrightarrow[2.\ H_2O]{1.\ CH_3MgI}$ （　　）。（苏州大学，2014）

【解析】

1.  Br　D　2. 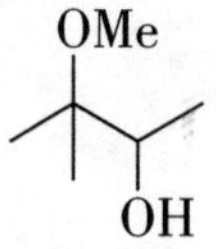 OMe　OH　3. 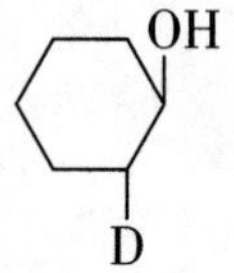 OH　D　（±）　4. 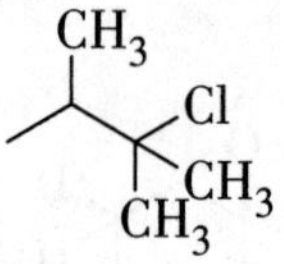 CH_3　Cl　CH_3　CH_3

5. 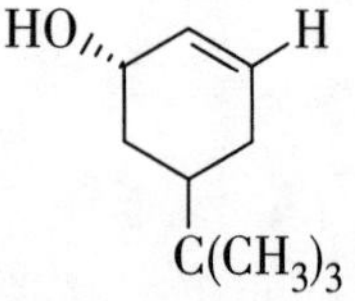 HO　H　$C(CH_3)_3$　在强碱试剂如二烷基胺的锂盐作用下，环氧化合物协同发生α-质子的除去和开环，从而形成烯丙醇，立体化学表明与环氧成顺式的质子选择性离去。该反应用于环氧化合物为原料合成烯丙醇。

6. 用Lewis酸处理环氧化合物则转变成羰基化合物。

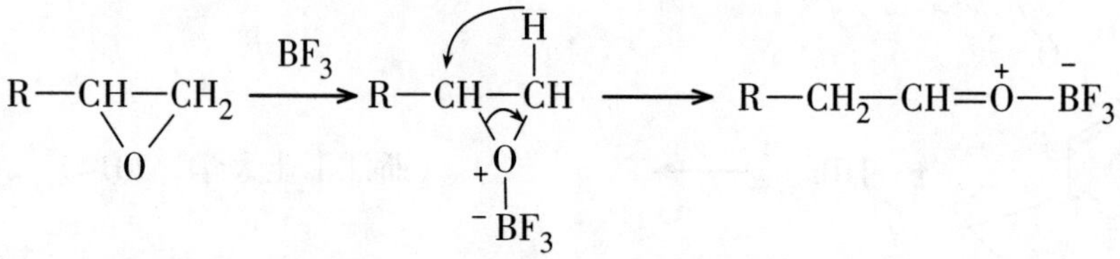

$$R-CH(-O-)CH_2 \xrightarrow{BF_3} R-CH-CH(H)(\overset{+}{O}-\overset{-}{B}F_3) \longrightarrow R-CH_2-CH=\overset{+}{O}-\overset{-}{B}F_3$$

7. 用二甲基亚砜处理环氧化合物则得到α-羟基酮。

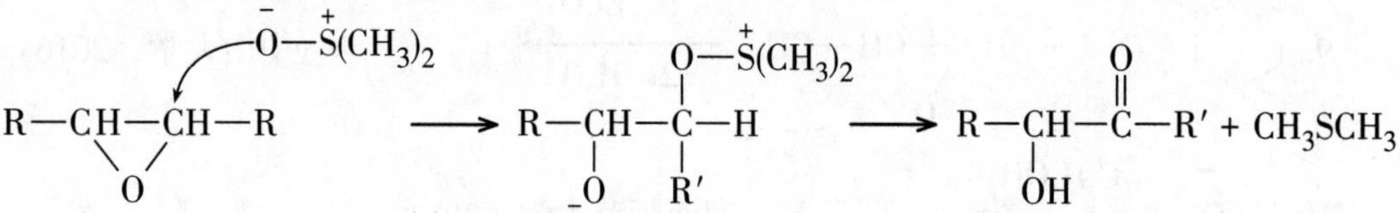

$$R-CH(-O-)CH-R + \overset{-}{O}-\overset{+}{S}(CH_3)_2 \longrightarrow R-CH(O^-)-C(H)(R')-O-\overset{+}{S}(CH_3)_2 \longrightarrow R-CH(OH)-\overset{O}{\overset{\|}{C}}-R' + CH_3SCH_3$$

8. 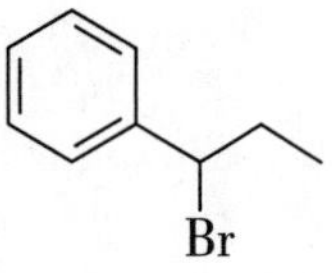 Br　9. 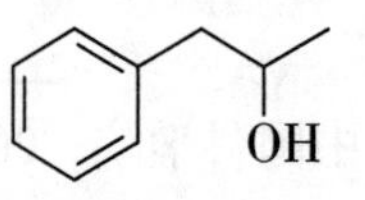 OH　10. 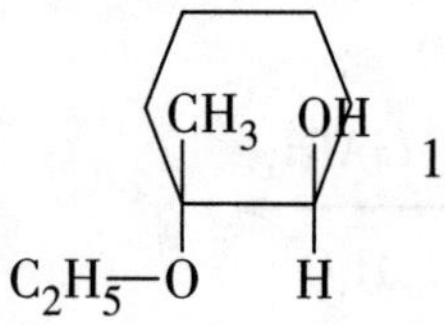 CH_3　OH　C_2H_5-O　H　11. 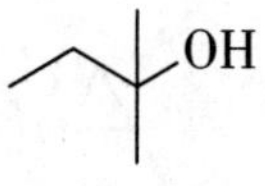 OH

12. 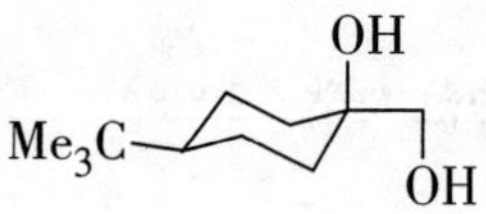 Me_3C　OH　OH　13. 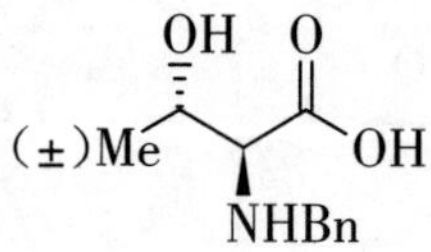 （±）Me　OH　O　OH　NHBn

14. 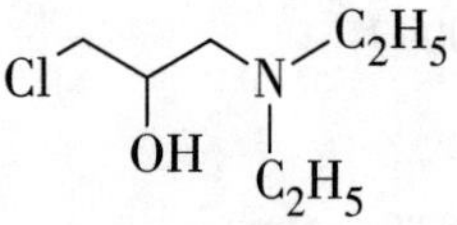 Cl　OH　N　C_2H_5　C_2H_5，亲核加成，环氧键开环。

15. $BrCH_2CH_2CH_2CHBrCH(CH_3)_2$；$CH(CH_3)_2$　$N-CH_2CH_2CH_3$　$CH_2CH_2CH_3$　$N-CH(CH_3)_2$

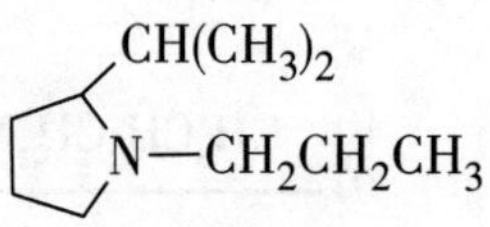

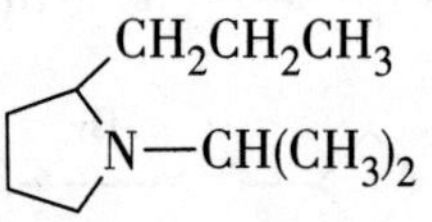

16. $CH_3CH_2CHCH_3$（$|$ OH）。

【例2】写出下述反应机理

1. 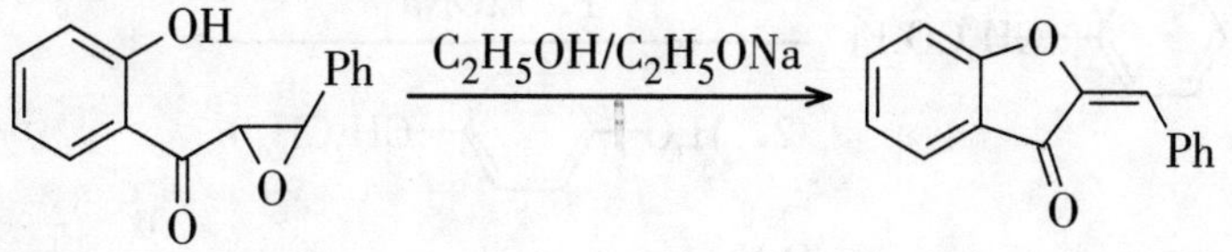 （邻羟基苯基 C=O，环氧 Ph；OH，Ph，O，O）$\xrightarrow{C_2H_5OH/C_2H_5ONa}$（O，=CH–Ph，O）。（南京大学，2014）

【解析】

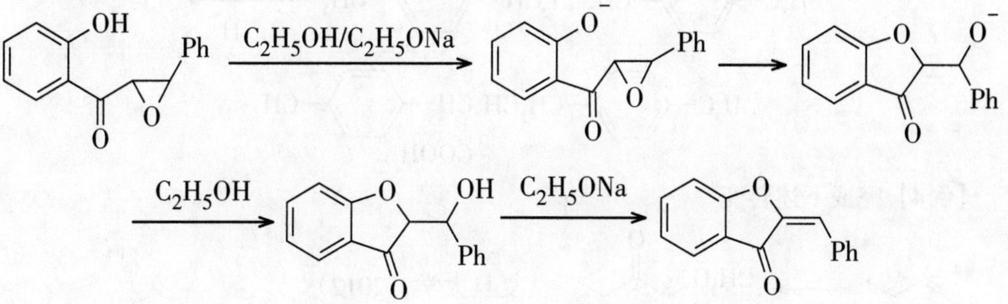

（OH，Ph，O，O）$\xrightarrow{C_2H_5OH/C_2H_5ONa}$（$O^-$，Ph，O，O）→（O，$O^-$，Ph，O）

$\xrightarrow{C_2H_5OH}$（O，OH，Ph，O）$\xrightarrow{C_2H_5ONa}$（O，Ph，O）

2. 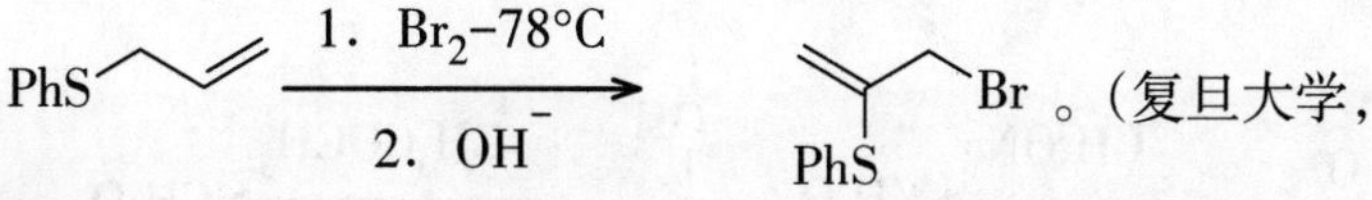 PhS（烯丙基）$\xrightarrow[2.\ OH^-]{1.\ Br_2\ -78°C}$（Br，PhS）。（复旦大学，2012）

【解析】

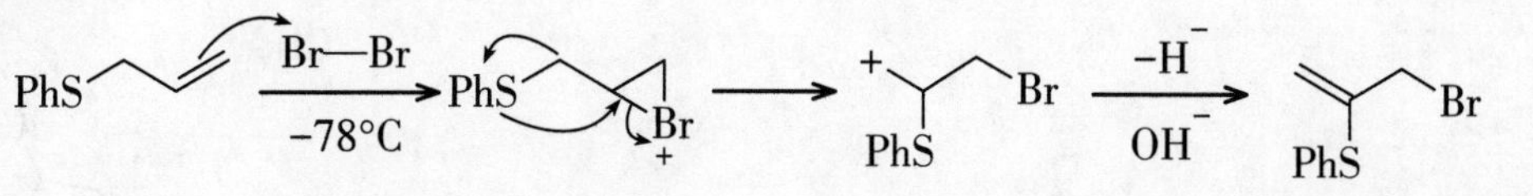

PhS（烯丙基）+ Br—Br $\xrightarrow{-78°C}$ PhS（溴鎓离子，Br^+）→（+，Br，PhS）$\xrightarrow[OH^-]{-H^-}$（Br，PhS）

3. 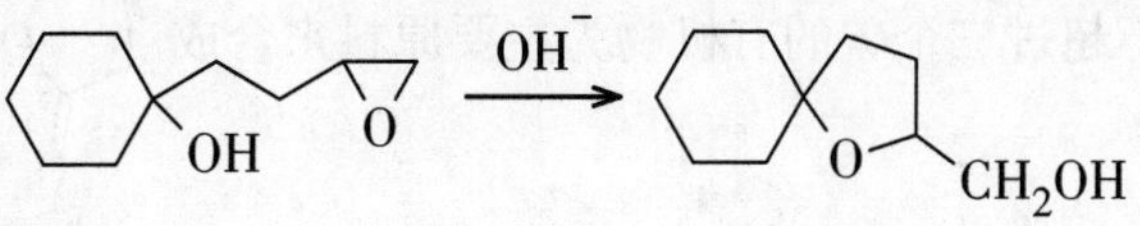 （环己烷，OH，环氧）$\xrightarrow{OH^-}$（螺环，O，CH_2OH）。（四川大学，2003）

【解析】

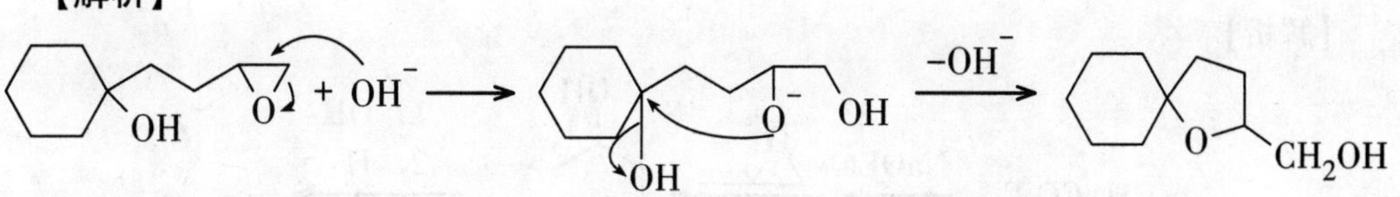

（环己烷，OH，环氧 O）+ OH^- →（O^-，OH，OH）$\xrightarrow{-OH^-}$（O，CH_2OH）

此反应包括两次亲核取代的过程。首先环氧乙烷的碱性开环是S_N2历程，接着氧负离子作为强亲核试剂进行分子内S_N2反应，闭环得到稳定的五元环结构。

【例3】以乙烯、丙烯、乙炔、苯、甲苯和必要的无机试剂为原料合成

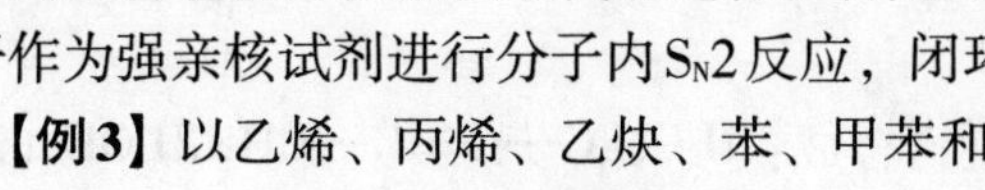

$H_3C-C_6H_4-CH_2CH_2CH(CO_2H)-C_6H_4-CH_3$ （厦门大学，2012）

【解析】

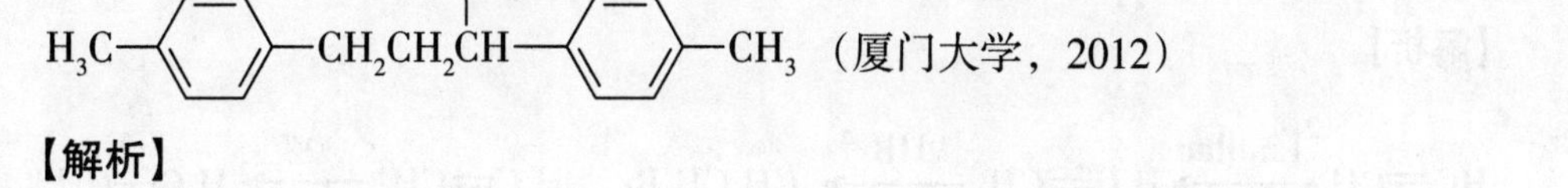

$H_3C-C_6H_5$ $\xrightarrow[HF]{环氧乙烷}$ $H_3C-C_6H_4-CH_2CH_2OH$ $\xrightarrow{PBr_3}$ $H_3C-C_6H_4-CH_2CH_2Br$

$$H_3C-C_6H_4-CH_2CH_2OH \xrightarrow[\text{稀}H_2SO_4]{CrO_3} H_3C-C_6H_4-CH_2COOH \xrightarrow[\triangle]{EtOH}$$

$$H_3C-C_6H_4-CH_2CO_2Et \xrightarrow[2.\ H_3C-C_6H_4-CH_2CH_2Br]{1.\ EtONa}$$

$$H_3C-C_6H_4-CH_2CH_2CH(CO_2Et)-C_6H_4-CH_3 \xrightarrow[2.\ H^+]{1.\ NaOH}$$

$$H_3C-C_6H_4-CH_2CH_2CH(COOH)-C_6H_4-CH_3$$

【例4】完成下述转变

$$CH_2=CHCH_2CH_3 \longrightarrow CH_3OCH_2COCH_2CH_3$$ （复旦大学，2012）

【解析】

$$CH_2=CHCH_2CH_3 \xrightarrow{CH_3COOH} \text{1,2-环氧丁烷} \xrightarrow[CH_3OH]{CH_3ONa} CH_3OCH_2CH(OH)CH_2CH_3 \xrightarrow[Al(OCH(CH_3)_2)_3]{CH_3COCH_3} CH_3OCH_2COCH_2CH_3$$

【例5】以丙二酸二乙酯和不超过三个碳的有机物为主要原料来合成 γ-戊内酯（5-甲基四氢呋喃-2-酮）（青岛科技大学，2012）

【解析】

$$CH_2(CO_2Et)_2 \xrightarrow{NaOEt} \xrightarrow{\text{环氧丙烷}} CH_3CH(OH)CH_2CH(CO_2Et)_2 \xrightarrow[3.\ \triangle]{1.\ OH^-\ \ 2.\ H^+} \text{5-甲基四氢呋喃-2-酮}$$

【例6】以乙炔为唯一有机原料及无机物合成：$H_3CH_2C-C\equiv C-CH_2CH_2OH$（浙江工业大学，2014）

【解析】

$$HC\equiv CH \xrightarrow[H_2]{Lindlar} H_2C=CH_2 \xrightarrow{HBr} CH_3CH_2Br \quad H_2C=CH_2 \xrightarrow[O_2]{Ag} H_2C\overset{O}{-}CH_2$$

$$HC\equiv CH \xrightarrow[NH_3]{NaNH_2} HC\equiv CNa \xrightarrow{CH_3CH_2Br} HC\equiv CCH_2CH_3 \xrightarrow[NH_3]{NaNH_2}$$

$$\xrightarrow{\text{环氧乙烷}} CH_3CH_2C\equiv CCH_2CH_2OH$$

参考文献

[1] 孔祥文. 有机化学 [M]. 北京：化学工业出版社，2010.

[2] 邢其毅，裴伟伟，徐瑞秋，等. 基础有机化学 [M]. 3版. 北京：高等教育出版社，2005.

[3] 孔祥文. 基础有机合成反应 [M]. 北京：化学工业出版社，2014.

2.10 酯化反应

羧酸与醇在无机酸的催化作用下，生成酯和水的反应，称为酯化反应，常用的催化剂有硫酸、氯化氢、苯磺酸等。

$$R-\overset{O}{\overset{\|}{C}}-OH + HO-R' \rightleftharpoons R-\overset{O}{\overset{\|}{C}}-OR' + H_2O$$

酯化反应是可逆反应，其逆反应称为酯的水解反应，如逆反应用碱催化，则称为皂化反应。根据平衡移动原理，通常采用廉价原料过量的方法或者在反应中除去产物（蒸出），促进反应向右进行，来提高反应的转化率。例如：在工业上生产乙酸乙酯，加入过量的乙酸，并在反应过程中不断蒸出乙酸乙酯和水的共沸物，同时不断加入乙酸和乙醇，实现连续化生产。

由于上述催化剂在生产中产生大量的废酸，造成严重的环境问题，工业上逐渐使用强酸性阳离子交换树脂代替以上的催化剂。例如：

$$CH_3COOH + CH_3(CH_2)_3OH \xrightarrow[\text{室温，100\%}]{\text{树脂-}SO_3H\text{，}CaSO_4\text{(干燥剂)}} CH_3COO(CH_2)_3CH_3 + H_2O$$

酯的制备也可以用羧酸盐和活泼的卤代烃反应进行。例如：

$$CH_3COONa + C_6H_5CH_2Cl \xrightarrow[95\%]{} C_6H_5CH_2O\overset{O}{\overset{\|}{C}}CH_3 + NaCl$$

反应机理：

在酯分子中的C—O—C键中的氧原子是来源于羧酸还是醇？经过对醇分子的氧原子进行同位素标定的酯化反应实验后，发现当醇为伯醇或仲醇时，反应生成的水中不含有被标定的氧原子，而醇为叔醇时，有些反应生成的水中含有被标定的氧原子。这说明酯化反应中，羧酸和醇之间的脱水有两种不同的方式。

方式（Ⅰ）$R-\overset{O}{\overset{\|}{C}}-\boxed{OH \quad H}-O-R$

该方式生成的水是由羧酸中的羟基和醇中的氢结合而成的，其余部分结合成酯。由于羧酸分子失去羟基后剩余的为酰基，故该方式被称为酰氧键断裂。

反应机理：

$$R-\overset{\overset{\displaystyle O}{\|}}{C}-OH \underset{}{\overset{H^+}{\rightleftharpoons}} R-\overset{\overset{\displaystyle \overset{+}{O}H}{\|}}{C}-OH \longleftrightarrow R-\overset{\overset{\displaystyle OH}{|}}{\overset{+}{C}}-OH \underset{慢}{\overset{R'\ddot{O}H}{\rightleftharpoons}} R-\underset{\underset{\displaystyle R'\overset{+}{O}H}{|}}{\overset{\overset{\displaystyle OH}{|}}{C}}-OH$$

$$\overset{H^+迁移}{\rightleftharpoons} R-\underset{\underset{\displaystyle R'O}{|}}{\overset{\overset{\displaystyle OH}{|}}{C}}-\overset{+}{O}H_2 \rightleftharpoons R-\underset{\underset{\displaystyle R'O}{|}}{\overset{\overset{\displaystyle OH}{|}}{\overset{+}{C}}} \longleftrightarrow R-\underset{\underset{\displaystyle R'O}{|}}{\overset{\overset{\displaystyle \overset{+}{O}H}{\|}}{C}} \overset{-H^+}{\rightleftharpoons} R-\overset{\overset{\displaystyle O}{\|}}{C}-OR'$$

氢离子首先与羧酸中的羰基发生质子化，使羰基带有更多的正电荷，以利于醇进行亲核进攻。此进攻是酯化反应的决速步骤，形成了一个四面体结构的反应中间体，中间体通过质子转移，然后失去一个水分子，再脱去质子，形成酯。该机理是羰基发生亲核加成，再消除，所以也称为加成-消除机理。

羧酸与伯、仲醇酯化反应时，绝大多数属于这个反应机理。反应速度的取决于具有四面体结构的中间体的稳定性。当羧酸或者醇的烃基体积增大，则中间体的空间位阻相应增大，能量升高而稳定性下降，导致反应速度降低。因此，不同结构的羧酸和醇进行酯化反应的活性顺序如下。

ROH：$CH_3OH > RCH_2OH > R_2CHOH > R_3COH$

RCOOH：$HCOOH > CH_3COOH > RCH_2COOH > R_2CHCOOH > R_3CCOOH$

方式（Ⅱ）$R-\overset{\overset{\displaystyle O}{\|}}{C}\boxed{-OH\quad HO-}R$

该方式生成的水是由羧酸中的氢和醇中的羟基结合而成的，其余部分结合成酯。由于醇分子失去羟基后剩余的为烷基，故该方式被称为烷氧键断裂。其反应机理表示如下：

$$R'_3C-\ddot{O}H \overset{H^+}{\rightleftharpoons} R'_3C-\overset{+}{O}H_2 \overset{-H_2O}{\rightleftharpoons} R'_3C^+$$

$$R-\overset{\overset{\displaystyle O}{\|}}{C}-\ddot{O}H + R'_3C^+ \rightleftharpoons R-\overset{\overset{\displaystyle O}{\|}}{C}-\underset{\underset{\displaystyle H}{|}}{\overset{+}{O}}-CR'_3 \overset{-H^+}{\rightleftharpoons} R-\overset{\overset{\displaystyle O}{\|}}{C}-O-CR'_3$$

醇上的羟基与氢离子进行质子化后形成氧鎓盐，随后脱去一个水分子生成碳正离子作为反应中间体。羧酸上的羟基氧原子上的孤对电子与碳正离子中间体结合，再次生成氧鎓盐并脱去质子，生成最终产物酯。

羧酸与叔醇酯化反应时，属于这个反应机理。由于叔碳正离子在反应中易与碱性较强的水结合，不易和羟基的氧结合，因此叔醇的酯化反应的产率较低。

例题解析

【例1】写出反应的主要产物 $CH_3COOH + HO$—C(CH_3)(H)($(CH_2)_5CH_3$) $\xrightarrow{H^+}$ （　　）（郑州大学，2015）

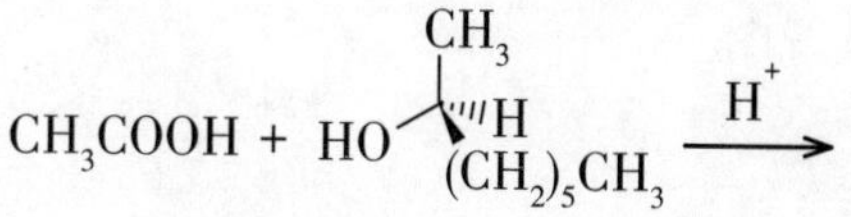

【解析】伯仲醇的酯化反应中，产物手性碳原子的构型保持不变，所以产物为

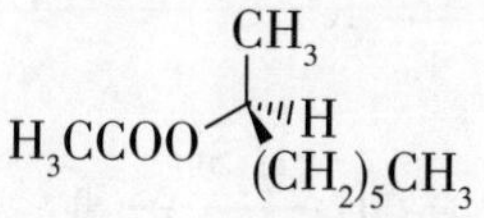

H_3CCOO—C(CH_3)(H)($(CH_2)_5CH_3$)

【例2】解释下列反应的机理（北京化工大学，2008）

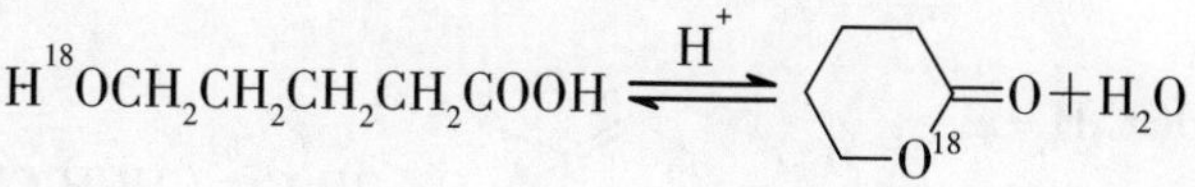

$$H^{18}OCH_2CH_2CH_2CH_2COOH \xrightleftharpoons{H^+} \text{(六元环内酯，环氧为 }^{18}O\text{)}=O + H_2O$$

【解析】这是一个分子内的酯化反应，采用酰氧键断裂方式酯化。其反应机理如下所示。

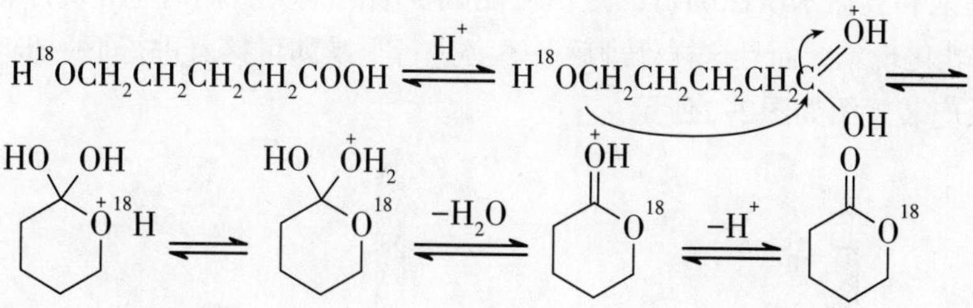

$$H^{18}OCH_2CH_2CH_2CH_2COOH \xrightleftharpoons{H^+} H^{18}OCH_2CH_2CH_2CH_2C(=\overset{+}{O}H)OH \rightleftharpoons$$

$$\text{(HO)(OH)C 环，}\overset{+}{O}{}^{18}H \rightleftharpoons \text{(HO)(}\overset{+}{O}H_2\text{)C 环，}O^{18} \xrightleftharpoons{-H_2O} \text{(}\overset{+}{O}H\text{=)C 环，}O^{18} \xrightleftharpoons{-H^+} \text{(O=)C 环，}O^{18}$$

【例3】实验题（吉林大学，2015）

邻苯二甲酸二正丁酯是一种增塑剂，可由邻苯二甲酸酐和过量的正丁醇在浓硫酸催化反应制得。合成步骤如下：

在50mL双颈瓶中，依次加入13.8mL正丁醇、6g邻苯二甲酸酐、4滴浓硫酸和几粒沸石，充分摇振后，将反应瓶固定在操作台上，配置温度计（离瓶底约0.5cm）和分水器，分水器中加水至距支管口约1cm处，再加正丁醇至与支管口持平，分水器上端连接冷凝管。

用小火加热，待邻苯二甲酸酐固体消失后，有正丁醇–水共沸物蒸出，观察瓶内反应温度，当温度升至160℃时，停止加热。待反应瓶温度降至50℃时，将反应液移入分液漏斗中，用5%碳酸氢钠水溶液（20mL）中和反应液，分去水层，然后用饱和食盐水洗涤2次，分去水层。有机相用无水硫酸钠干燥后，滤入25mL蒸馏瓶，先用水泵减压下蒸出正丁醇，再用油泵减压下蒸馏，收集180~190℃/1.3kPa的馏分。

请回答下列问题：

1. 写出邻苯二甲酸酐与正丁醇反应制备邻苯二甲酸二正丁酯的分步反应式。
2. 反应温度不能高于180℃，如果温度过高会发生副反应，请写出相应的副反应的反应方程式。

3. 用饱和食盐水洗涤的目的是什么？

4. 画出反应装置图。

【解析】

1. $$C_6H_4(CO)_2O + n\text{-}C_4H_9OH \xrightarrow{H_2SO_4} C_6H_4(COOC_4H_9\text{-}n)(COOH)$$

$$C_6H_4(COOC_4H_9\text{-}n)(COOH) + n\text{-}C_4H_9OH \underset{}{\overset{H_2SO_4}{\rightleftharpoons}} C_6H_4(COOC_4H_9\text{-}n)_2$$

2. $$C_6H_4(COOC_4H_9\text{-}n)_2 \xrightarrow[180°C]{H^+} C_6H_4(CO)_2O + 2H_2C{=}CHCH_2CH_3 + H_2O$$

3. 用饱和食盐水洗涤的目的是尽可能减少酯的损失，同时也是为了防止在洗涤过程中发生乳化现象，而且这样处理后，不必进行干燥即可接着进行下一步实验。

4. 反应装置图如图2–2所示。

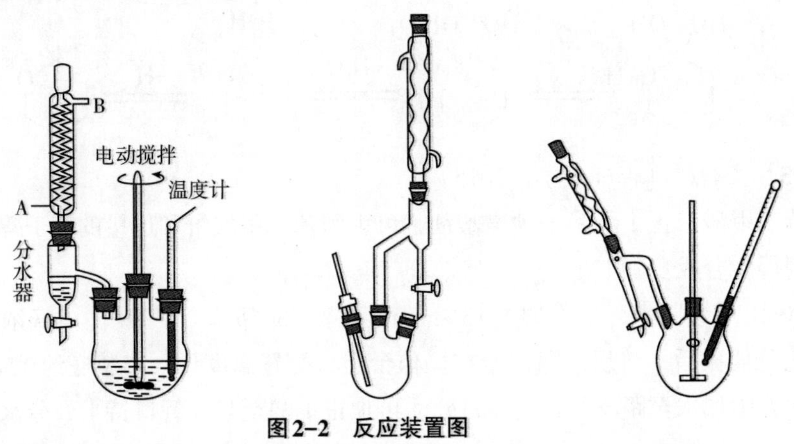

图2–2　反应装置图

参考文献

［1］孔祥文. 有机化学［M］. 2版. 北京：化学工业出版社，2018.

［2］孔祥文. 有机化学反应和机理［M］. 北京：中国石化出版社，2018.

2.11　叔烷基羧酸酯的水解反应

酯的酸性水解一般有两种机理，伯醇和仲醇酯是由H^+进攻羰基氧原子后再和水结合形成一个四面体离子，然后质子转移、脱醇、脱氢得酸，过程中有氧的交换，即按

$A_{AC}2$机理水解。叔醇的酯是H^+进攻羰基氧原子后脱去一个叔碳正离子得酸，叔碳正离子与水结合脱氢得醇，即按$A_{AL}1$机理水解。二苯甲醇酯在酸催化下也按$A_{AL}1$机理水解。R体积很大的RCO_2R'在强酸催化下，参与水解的是烷氧基质子化的酯，其酰氧键断裂生成酰基正离子中间体，即按$A_{AC}1$机理水解。

$A_{AC}2$机理

$$R-\overset{\overset{O}{\|}}{C}-OR'+H^+ \rightleftharpoons R-\overset{\overset{\overset{+}{O}H}{|}}{\underset{+}{C}}-OR' \underset{快}{\overset{H_2\ddot{O}，慢}{\rightleftharpoons}} R-\overset{\overset{OH}{|}}{\underset{\underset{OH_2^+}{|}}{C}}-OR' \overset{H^+迁移}{\rightleftharpoons} R-\overset{\overset{OH}{|}}{\underset{\underset{OH}{|}}{C}}-\underset{H}{\overset{+}{O}}R'$$

$$\overset{-R'OH}{\rightleftharpoons} R-\overset{\overset{\overset{+}{O}H}{\|}}{C}-OH \rightleftharpoons R-\overset{\overset{O}{\|}}{C}-OH+H^+$$

酯分子中有两个带有未共同电子对的氧原子，它们在酸中都有可能被质子化，但主要发生在羰基的氧原子上。因羰基的氧原子质子化后正电荷离域在两个氧原子上，热力学上比较稳定，且可提高羰基碳原子的亲电性。烷基氧质子化的酯较少，但若质子化则可促使烷氧基离去，对某些酯的水解起着促进作用。

$A_{AL}1$机理

$$R-\overset{\overset{O}{\|}}{C}-OCR'_3+H^+ \rightleftharpoons R-\overset{\overset{\overset{+}{O}H}{\|}}{C}-OCR'_3 \underset{慢}{\xrightarrow{-RCO_2H}} R_3C^+ \xrightarrow{H_2O} R'_3C-OH+H^+$$

质子化酯的离解、生成叔碳正离子中间体是反应速度控制步骤。因为叔碳正离子中间体比较稳定，叔烷基的空间位阻不利于水分子进攻，又如$CH_3CO_2C(CH_3)_3$、RCO_2CPh_3的酸性水解。

$A_{AC}1$机理

$$Ar-\overset{\overset{O}{\|}}{C}-OCH_3+H^+ \rightleftharpoons Ar-\overset{\overset{\overset{+}{O}H}{\|}}{C}-OCH_3 \rightleftharpoons Ar-\overset{\overset{O}{\|}}{C}-\underset{H}{\overset{+}{O}}CH_3 \overset{-CH_3OH}{\rightleftharpoons} Ar-\overset{\overset{O}{\|}}{\underset{+}{C}}$$

$$\overset{H_2O}{\rightleftharpoons} ArCO_2H+H^+$$

（Ar=2，4，6-三甲基苯基）

如2，4，6-三甲基苯甲酸甲酯在浓H_2SO_4中的水解。一方面水在浓H_2SO_4中质子化活度差；另一方面，Ar的两个邻甲基的空阻阻止H_2O对羰基的进攻，但通过超共轭效应对酰基正离子的稳定化，使其按照$A_{AC}1$机理进行。又如R_3CCO_2R'在浓H_2SO_4中的水解也是$A_{AC}1$机理。

例题解析

【例1】选择题

下列化合物中碱性水解速率最大的是（　　）。(郑州大学，2015)

A. $O_2N-C_6H_4-COOCH_3$　　B. $H_3CO-C_6H_4-COOCH_3$

C. $Cl-C_6H_4-COOCH_3$　　D. $C_6H_5-COOCH_3$

【解析】A

【例2】写出反应的主要产物

$$\delta\text{-戊内酯} + CH_3OH \xrightarrow{H^+}$$（辽宁大学，2015）

【解析】 $HOCH_2CH_2CH_2CH_2CO_2CH_3$

【例3】有光学活性的酯 $H_3CCOOC(CH_3)(C_2H_5)C_6H_5$ 在酸性条件下水解，试写出其反应历程，并指出产物的旋光性。(哈尔滨师范大学，2006)

【解析】

$$H_3CCOOC(CH_3)(C_2H_5)C_6H_5 \overset{H^+}{\rightleftharpoons} H_3CC(=O)-\overset{+}{O}H-C(CH_3)(C_2H_5)C_6H_5 \rightleftharpoons CH_3C(=O)-OH + \overset{+}{C}(CH_3)(C_2H_5)C_6H_5$$

$$\overset{H_2O}{\rightleftharpoons} H_2\overset{+}{O}-C(CH_3)(C_2H_5)C_6H_5 + C_6H_5C(CH_3)(C_2H_5)-\overset{+}{O}H_2 \overset{-H^+}{\rightleftharpoons}$$

$$HO-C(CH_3)(C_2H_5)C_6H_5 + C_6H_5C(CH_3)(C_2H_5)-OH$$

产物外消旋化，无旋光性

参考文献

[1] 孔祥文. 有机化学［M］. 2版. 北京：化学工业出版社，2018.

[2] 马军营. 羧酸酯水解的类型及影响因素［J］. 信阳师范学院学报（自然科学版），1998，11（4）：417-420.

2.12 醚键的断裂反应

锌盐或络合物的形成使醚分子中C—O键变弱，因此在酸性试剂作用下，醚键会断裂。醚与浓氢卤酸一起加热，醚键（C—O）会发生断裂而生成醇和卤代烃。在过量酸的存在下，产生的醇也可转变为卤代烃[1]。

$$R—O—R'+HI \xrightarrow{\triangle} R—OH+R'I$$
$$R—OH \xrightarrow[\triangle]{HI} RI+H_2O$$

最常用的强酸为HI和HBr，对于较易断裂的醚键，如叔烷基醚、烯丙基醚和苄基醚也可以用盐酸或硫酸。在质子溶剂中，这些强酸的活性顺序为：HI > HBr > HCl、H_2SO_4。

醚键断裂是一种亲核取代反应。醚先与强酸形成锌盐，增强了碳氧键的极性，使碳氧键变弱，把醚中较差的离去基团-OR（强碱）变成了较好的离去基团HOR（弱碱），然后根据醚中烃基构造的不同而发生S_N1或S_N2反应。

伯烷基醚发生S_N2反应，叔烷基醚容易发生S_N1或E1反应。例如：

$$CH_3CH_2CH_2OCH_3+HI \longrightarrow CH_3CH_2CH_2\overset{H}{\overset{|}{\underset{+}{O}}}CH_3+I^- \xrightarrow{S_N2} CH_3CH_2CH_2OH+CH_3I$$
$$CH_3CH_2CH_2OH \xrightarrow[-H_2O]{HI} CH_3CH_2CH_2I$$

$$H_3C—\overset{CH_3}{\overset{|}{\underset{CH_3}{\underset{|}{C}}}}—OCH_3 \xrightarrow{H^+} H_3C—\overset{CH_3}{\overset{|}{\underset{CH_3}{\underset{|}{C}}}}—\overset{+}{\underset{H}{\underset{|}{O}}}—CH_3 \xrightarrow{-CH_3OH} H_3C—\overset{CH_3}{\overset{|}{\underset{CH_3}{\underset{|}{C^+}}}} \xrightarrow{Br^-} H_3C—\overset{CH_3}{\overset{|}{\underset{CH_3}{\underset{|}{C}}}}—Br \quad S_N1$$

$$CH_3—\overset{CH_3}{\overset{|}{\underset{CH_3}{\underset{|}{C}}}}—O—CH_3 \underset{\triangle}{\overset{浓H_2SO_4}{\rightleftharpoons}} CH_3—\overset{CH_3}{\overset{|}{C}}=CH_2+CH_3OH \quad E1$$

伯烷基醚与HI作用时，按S_N2机理进行反应，亲核试剂I^-离子优先进攻立体阻碍较小的烷基，如果控制HI与醚的用量（1∶1），总是得到较小烃基的卤代烷和较大烃基的醇。当混合醚中含有甲基时，显然，醚键应该在甲基一边优先断裂，生成碘甲烷。HI与含有甲基的混合醚反应是定量完成的，在有机分析中把反应混合物中的CH_3I蒸出来，通入$AgNO_3$的醇溶液中，可根据生成AgI的量来测定分子中甲氧基的含量。这种方法称为Zeise测定法，该法在测定某些含有甲氧基的天然产物的结构时很有用。

芳香混醚由于芳环与氧原子上的孤对电子共轭，不易断裂，因此，含有芳基的混合醚与HX反应时，只发生烷氧键断裂，生成酚和碘代烷，不发生芳氧键断裂。二芳基醚与HI不反应。

$$\text{C}_6\text{H}_5\text{—O}\vdots\text{CH}_3 \xrightarrow[120\sim130^\circ\text{C}]{57\%\text{HI}} \text{C}_6\text{H}_5\text{—OH} + \text{CH}_3\text{I}$$

p-π共轭建牢固，不易断

酚的烷基化反应和芳基烷基醚被HI分解的反应结合使用可以在反应中保护酚羟基。

含有叔丁基的混合醚与HI反应时，醚键优先在叔丁基一边断裂。因为这种断裂可生成较稳定的叔碳正离子（S_N1或E1机理）。因此，在有机合成中，可以利用异丁烯与醇反应生成叔丁基醚来保护醇羟基。例如：

$$\text{HOCH}_2\text{CH}_2\text{Br} + \text{H}_3\text{C—C(CH}_3\text{)=CH}_2 \xrightarrow{\text{H}_2\text{SO}_4} \text{H}_3\text{C—C(CH}_3\text{)}_2\text{—O—CH}_2\text{CH}_2\text{Br} \xrightarrow[2.\ \text{CH}_3\text{CHO}]{1.\ \text{Mg}}$$

$$\text{(CH}_3\text{)}_3\text{COCH}_2\text{CH}_2\text{CH(OMgBr)CH}_3 \xrightarrow{\text{H}_3\text{O}^+} \text{HOCH}_2\text{CH}_2\text{CH(OH)CH}_3$$

例题解析

【例1】 用不超过3个碳的有机物合成

$$\text{H}_3\text{C—CH}_2\text{—CH(OH)—CH(CH}_3\text{)—CO—O—CH}_2\text{—CH(CH}_3\text{)—O—CH}_2\text{—CH}_3$$ （暨南大学，2009）

【解析】 目标化合物为β-羟基羧酸酯，采用酯类化合物分子断开方式逆推为β-羟基羧酸酰氯和2-乙氧基丙醇，但在合成时，β-羟基羧酸酰氯分子中的羟基也会进行酯化反应，因此必须保护羟基。羟基保护方法一般是使之形成易断裂的叔丁醚或胞二醚[2]。合成路线如下：

$$\text{环氧丙烷} + \text{HO—CH}_2\text{—CH}_3 \xrightarrow{\text{EtONa}} \text{HOCH}_2\text{—CH(CH}_3\text{)—O—CH}_2\text{—CH}_3$$

$$2\text{CH}_3\text{—CH}_2\text{—CHO} \xrightarrow{\text{OH}^-} \text{CH}_3\text{—CH}_2\text{—CH(OH)—CH(CH}_3\text{)—C(=O)—H} \xrightarrow{\text{Ag}_2\text{O}}$$

$$\text{CH}_3\text{—CH}_2\text{—CH(OH)—CH(CH}_3\text{)—C(=O)—OH}$$

$$\xrightarrow[\text{H}^+]{\text{二氢吡喃}} \text{H}_3\text{C—CH}_2\text{—CH(OTHP)—CH(CH}_3\text{)—C(=O)—OH} \xrightarrow[\text{Py}]{\text{SCOl}_2} \text{CH}_3\text{—CH}_2\text{—CH(OTHP)—CH(CH}_3\text{)—C(=O)—Cl}$$

$$\xrightarrow[H^+]{HO-CH_2-CH(CH_3)-O-CH_2-CH_3} CH_3-CH_2-CH(OH)-CH(CH_3)-\overset{O}{\overset{\|}{C}}-OCH_2-CH(CH_3)-O-CH_2-CH_3$$

【例2】 完成下列转化

$$HOCH_2-C(CH_3)_2-CH_2Br \longrightarrow HOCH_2-C(CH_3)_2-CH_2CH_2CH_2OH$$

【解析】 本题中，以卤代醇为原料制备比其多两个碳的伯醇，显然可以通过Grignard试剂与环氧乙烷的反应制得。但反应物中有羟基，活泼氢的存在使Grignard试剂不能顺利制得，因此，必须保护羟基。羟基保护方法一般是使之生成易断裂的叔丁醚或缩醛或缩酮。

$$HOCH_2-C(CH_3)_2-CH_2Br \xrightarrow[TsOH]{\text{3,4-二氢-2H-吡喃}} \text{(四氢吡喃-2-基)}OCH_2-C(CH_3)_2-CH_2Br \xrightarrow[2.\ \text{环氧乙烷}]{1.\ Mg}$$

$$\text{(四氢吡喃-2-基)}OCH_2-C(CH_3)_2-CH_2CH_2CH_2OMgBr \xrightarrow{H_3O^+} HOCH_2-C(CH_3)_2-CH_2CH_2CH_2OH$$

【例3】 由指定原料出发合成，可用不大于3个碳的有机原料及任何无机试剂（郑州大学，2015）

$$CH_3CHO \longrightarrow \text{2-甲基四氢呋喃}$$

【解析】

$$CH_3CHO \xrightarrow[2.\ H_3O^+]{1.\ n\text{-}C_3H_7MgBr} CH_3CHOHCH_2CH_2CH_3 \xrightarrow[\triangle]{H^+}$$

$$CH_3CH{=}CHCH_2CH_3 \xrightarrow{Br_2} CH_3CHBrCHBrCH_2CH_3 \xrightarrow[EtOH]{KOH} CH_3CH{=}CHCH{=}CH_2$$

$$\xrightarrow{Br_2} CH_3CHBrCH{=}CHCH_2Br \xrightarrow{OH^-} CH_3CHOHCH{=}CHCH_2OH \xrightarrow[\triangle]{H^+} \text{2-甲基-2,5-二氢呋喃}$$

$$\xrightarrow{H_2} \text{2-甲基四氢呋喃}$$

【例4】写出下列可能的反应机理，并写出各步可能的中间体（郑州大学，2015）

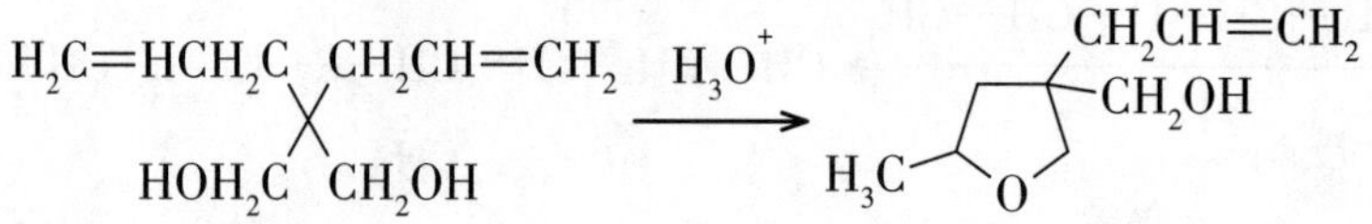

$H_2C{=}HCH_2C(CH_2OH)_2CH_2CH{=}CH_2$ $\xrightarrow{H_3O^+}$ H_3C—(四氢呋喃环, O)—$C(CH_2CH{=}CH_2)(CH_2OH)$

【解析】

$H_2C{=}HCH_2C(CH_2OH)_2CH_2CH{=}CH_2 \longrightarrow H_3C{-}\overset{+}{H}CCH_2C(CH_2OH)_2CH_2CH{=}CH_2 \longrightarrow$

H_3C—(四氢呋喃环, $\overset{+}{O}$—H)—$C(CH_2CH{=}CH_2)(CH_2OH)$ $\xrightarrow{-H^+}$ H_3C—(四氢呋喃环, O)—$C(CH_2CH{=}CH_2)(CH_2OH)$

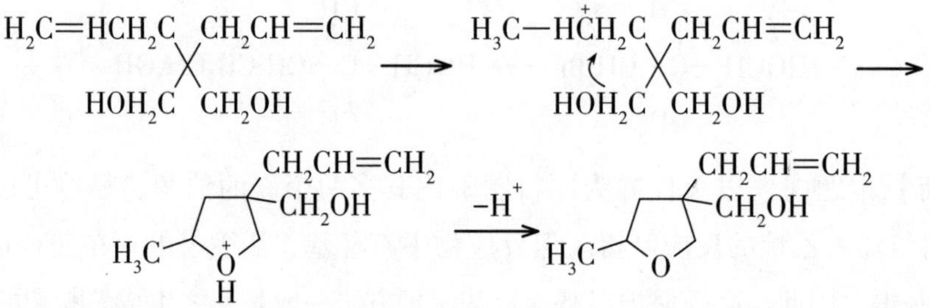

【例5】化合物A（$C_{11}H_{16}O_2$），既不和碱作用，也不和NH_2OH作用。在酸性条件下能水解生成甲醇和B（$C_9H_{10}O$），B和羟胺作用生成沉淀，但不起银镜反应。B被Zn-Hg-HCl还原生成C（C_9H_{12}），A、B、C都与$KMnO_4$发生氧化反应生成同一种二元羧酸D（$C_8H_6O_4$）。D和混酸作用时只能得到一种单硝化产物，请写出A、B、C、D结构式（郑州大学，2015）

【解析】

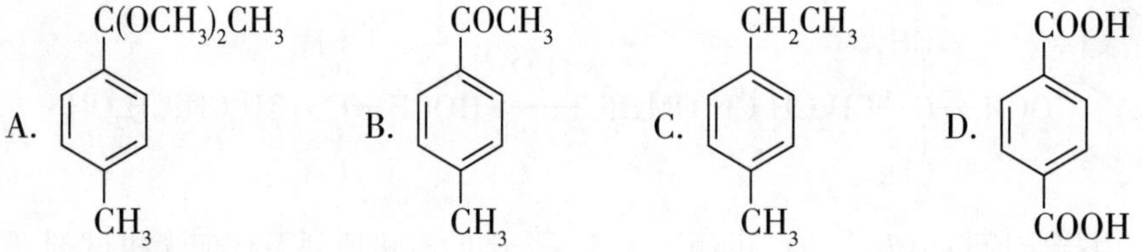

A. p-$CH_3C_6H_4C(OCH_3)_2CH_3$　B. p-$CH_3C_6H_4COCH_3$　C. p-$CH_3C_6H_4CH_2CH_3$　D. p-$HOOCC_6H_4COOH$

参考文献

[1] 孔祥文. 有机化学［M］. 2版. 北京：化学工业出版社，2018.
[2] 孔祥文. 有机合成路线设计基础［M］. 北京：中国石化出版社，2017.

3 亲电加成反应

烯烃是平面结构，π电子云在分子平面的上部和下部，受核引力小。电子向外暴露的态势较为突出，使烯烃成为富电子分子，容易给出电子、受到缺电子试剂（即亲电试剂）进攻而发生加成反应生成饱和化合物。这种亲电试剂进攻不饱和键而引起的加成反应称为亲电加成。通常不饱和键上的电子云密度越高，亲电加成反应速率越快。亲电加成是烯烃和炔烃的特征反应，因为碳碳三键的供电子能力不如碳碳双键，所以，炔烃比烯烃较难进行亲电加成反应[1]。亲电加成活性：烯烃 > 炔烃。

1870年，俄国化学家V.M.Markovnikov首次提出了烯烃与卤化氢加成的区域选择性规律，即不对称烯烃与卤化氢等极性试剂进行加成反应时，氢原子总是加到含氢较多的碳原子上，氯原子（或其他原子、基团）则加到含氢较少或不含氢原子的碳上。因此称Markovnikov规则（Markovnikov rule）。当分子中不含氢原子的亲电试剂或不饱和烃中含有吸电子基团时，Markovnikov规则还可以用如下方式表达：不对称烯烃与极性试剂加成时，首先试剂中的正离子或带部分正电荷部分加到重键中带部分负电荷的碳原子上，然后试剂中的负离子或带部分负电荷部分加到重键中带部分正电荷的碳原子上。即如果烯烃的双键碳原子上连有—CF_3、—CN、—COOH、—NO_2等吸电子基团，常生成反马氏加成的产物。

共轭二烯烃的亲电加成反应活性比简单烯烃快得多。这是由于共轭二烯烃受亲电试剂进攻后所生成的中间体是烯丙型碳正离子，由于烯丙型碳正离子存在共轭效应，其稳定程度较大[2]。

共轭二烯烃由于其结构的特殊性，与亲电试剂——卤素、卤化氢等能进行1，2-加成和1，4-加成反应，二者是同时发生的，两种产物的比例主要取决于试剂的性质、溶剂的性质、温度和产物的稳定性等因素，一般情况下，以1，4-加成为主。反应条件对产物的组成有影响：高温有利于1，4-加成，低温有利于1，2-加成； 极性溶剂有利于1，4-加成，非极性溶剂有利于1，2-加成[3]。

3.1 碳正离子机理

3.1.1 与卤化氢的加成

烯烃与卤化氢发生加成反应生成一卤代烷。

$$CH_2{=}CH_2 + HCl \xrightarrow[130\sim250^\circ C]{AlCl_3} CH_3{-}CH_2Cl$$

烯烃与卤化氢反应可以在烃类、二氯甲烷、氯仿、醚或乙酸等有机溶剂中进行。如上述反应氯化氢气体与烯烃气体反应的速率非常慢，而在无水氯化铝的存在下迅速发生反应。在无水氯化铝存在下，乙烯在氯乙烷溶液中，即使在-80℃，也迅速与氯化氢发生加成反应，说明极性催化剂能使加成反应的速率加快。

卤化氢的活性次序：HI > HBr > HCl，活性次序与卤化氢酸性大小次序一致，氟化氢也能发生加成反应，但同时也会使烯烃聚合。

烯烃活性次序：

$$(CH_3)_2C{=}C(CH_3)_2 > (CH_3)_2C{=}CHCH_3 > (CH_3)_2C{=}CH_2 > CH_3CH{=}CH_2 > CH_2{=}CH_2$$

炔烃与卤化氢的加成比烯烃困难，一般要有催化剂存在。反应时，炔烃先加一分子卤化氢，生成卤代烯烃，再继续与卤化氢加成，生成二卤代烷烃。

$$HC{\equiv}CH \xrightarrow[150\sim160°C]{HCl,\ HgCl_2} CH_2{=}CH_2Cl \xrightarrow[150\sim160°C]{HCl,\ HgCl_2} CH_3CHCl_2$$

卤代烯烃分子中的卤原子使烯键的反应活性降低，因此，反应也可以停留在只加1mol卤化氢的阶段。例如：

$$HC{\equiv}CH + HCl \xrightarrow[120\sim180°C]{HgCl_2} \underset{\displaystyle Cl}{\underset{|}{CH}}{=}CH_2$$

与炔烃加成时，生成两种产物，而且通常为反式加成产物，例如：

$$CH_3CH_2CH_2C{\equiv}CCH_3 + HBr \longrightarrow \begin{matrix} H & & CH_3 \\ & C{=}C & \\ H_3CH_2CH_2C & & Br \end{matrix} + \begin{matrix} Br & & CH_3 \\ & C{=}C & \\ H_3CH_2CH_2C & & H \end{matrix}$$

(E)-2-溴-2-己烯　　(Z)-3-溴-2-己烯

与 R—C≡C—R 类的对称炔烃加成时，一般只生成一种反式加成产物，例如：

$$H_5C_2C{\equiv}CC_2H_5 + HCl \xrightarrow[HAc,\ 25°C]{Me_4N^+Cl^-} \begin{matrix} H_5C_2 & & Cl \\ & C{=}C & \\ H & & C_2H_5 \end{matrix}$$

炔烃活性次序：

$$H_3CC{\equiv}CCH_3 > H_3CC{\equiv}CH > HC{\equiv}CH$$

3.1.2　与卤化氢加成反应机理

烯烃、炔烃与卤化氢的反应机理属于碳正离子中间体，是分两步进行的离子型亲电加成反应。第一步，质子（H^+）进攻碳原子，生成碳正离子中间体，也是慢的一步，是决定反应速度的一步；第二步，X^-的进攻，不一定是反式加成。

烯烃与HX加成机理：

$$>C{=}C< + HX \xrightarrow{slow} >\underset{\displaystyle H}{\underset{|}{C}}{-}\overset{+}{C}< + X^- \xrightarrow{fast} >\underset{\displaystyle H}{\underset{|}{C}}{-}\underset{\displaystyle X}{\underset{|}{C}}<$$

炔烃与HX加成机理：

$$-C\equiv C- + HX \xrightarrow{slow} -\underset{\substack{|\\H}}{C}=\overset{+}{C}- + X^- \xrightarrow{fast} -\underset{\substack{|\\H}}{C}=\overset{\substack{X\\|}}{C}-$$

烯烃、炔烃与卤化氢加成得到的两种正离子稳定性不同，烷基碳正离子的稳定性大于乙烯型碳正离子，因此炔烃与卤化氢的加成比烯烃慢。烯烃、炔烃与卤化氢的亲电加成已经广泛应用到工业生产中。工业上生产氯乙烷的方法之一，就是利用乙烯与氯化氢加成生成氯乙烷的反应。

3.1.3 与硫酸的加成

烯烃与硫酸的加成是离子型的亲电加成。烯烃与硫酸在0℃左右加成得硫酸氢酯（酸性硫酸酯），硫酸氢酯加热水解制得醇，是工业上制备醇的方法之一，称为烯烃间接水合法（或称硫酸法），反应如下：

$$>C=C< + H_2SO_4 \xrightarrow{0^\circ C} -\underset{\substack{|\\H}}{\overset{|}{C}}-\underset{\substack{|\\OSO_2OH}}{\overset{|}{C}}- \xrightarrow[\triangle]{H_2O} -\underset{\substack{|\\H}}{\overset{|}{C}}-\underset{\substack{|\\OH}}{\overset{|}{C}}-$$

硫酸是二元酸，有两个活泼氢原子，在一定条件下可与两分子乙烯进行加成，生成硫酸二乙酯（中性硫酸酯）。

$$CH_2=CH_2+HOSO_2OH \longrightarrow \underset{硫酸氢乙酯}{CH_3CH_2-OSO_2OH} \xrightarrow{CH_2=CH_2} \underset{硫酸二乙酯}{CH_3CH_2-OSO_2O-CH_2CH_3}$$

在工业上用乙烯、丙烯、异丁烯通入不同浓度的硫酸中得到相应硫酸氢酯的澄清溶液，再用水稀释、加热（即经水解）得乙醇、异丙醇及叔丁醇。

$$CH_2=CH_2 \xrightarrow{98\%H_2SO_4} CH_3CH_2OSO_2OH \xrightarrow[90^\circ C]{H_2O} CH_3CH_2OH+H_2SO_4$$

$$CH_3CH=CH_2 \xrightarrow{80\%H_2SO_4} CH_3\underset{\substack{|\\OSO_2OH}}{C}HCH_3 \xrightarrow[\triangle]{H_2O} CH_3\underset{\substack{|\\OH}}{C}HCH_3+H_2SO_4$$

$$(CH_3)_2C=CH_2 \xrightarrow{63\%H_2SO_4} (CH_3)_3COSO_2OH \xrightarrow[\triangle]{H_2O} (CH_3)_3COH+H_2SO_4$$

从上述反应可以看出，随着烯烃双键碳原子上的烷基增加，烯烃对硫酸浓度和反应温度的要求降低，即随着双键碳原子上烷基的增多，烯烃的活性增大。不对称烯烃加硫酸符合Markovnikov规则，除乙烯得到伯醇，其他烯烃得到仲醇或叔醇。

另外，因为硫酸氢酯能溶于硫酸中，所以可用来提纯某些物质。例如，用冷的浓硫酸洗涤烷烃和烯烃的混合物，利用烷烃与浓硫酸不反应、也不溶于浓硫酸的特性，可以除去烷烃中的烯烃。

3.1.4 与水的加成

烯烃在中等浓度的强酸（H_2SO_4，H_3PO_4）催化下与水直接水合得醇，这是醇的工业制法，称为烯烃的直接水合法（direct hydration）。双键上连有给电子基团对反应有利，不对称烯烃与水的加成遵守Markovnikov规则，只有乙烯的直接水合法得到伯醇。

$$H_2C{=}CH_2 \xrightarrow{H_3PO_4} CH_3\overset{+}{C}H_2 \xrightarrow{H_2O} CH_3CH_2\overset{+}{O}H_2 \xrightarrow{-H^+} CH_3CH_2OH$$

$$CH_3{-}CH{=}CH_2 + H_2O \xrightarrow[195^\circ C,\ 2MPa]{H_3PO_4} CH_3{-}\underset{OH}{CH}{-}CH_3$$

烯烃直接水合法制备醇方法简单、价格便宜，但对设备的要求较高。因为，此法易发生重排反应，所以只适用于制备不易发生重排的醇。由于石油工业的发展，乙烯、丙烯等烯烃价廉易得，乙醇及异丙醇可用此法大规模生产。

烯烃的水合反应，包括直接水合法与间接水合法，立体选择性很差，通常是顺式加成与反式加成的混合物。

仅在酸催化下，炔烃直接水合比较困难，但在$HgSO_4$-H_2SO_4催化下，炔烃较易与水发生加成反应生成醛或酮，这个反应称为Kucherov反应。

$$CH{\equiv}CH + H_2O \xrightarrow[H_2SO_4]{HgSO_4} [H_2C{=}\underset{OH}{CH}] \longrightarrow CH_3{-}\underset{O}{\overset{}{C}H}$$

乙烯醇　　　乙醛

通常情况下烯醇很不稳定，容易发生重排，由烯醇式转变为酮式的过程称为分子重排。上式中乙烯醇重排为乙醛。这种重排又称为烯醇式和酮式的互变异构，是构造异构的一种特殊形式。

$$[-\overset{|}{C}{=}\underset{H-O}{\overset{}{C}}-] \underset{}{\overset{重排}{\rightleftharpoons}} -\overset{|}{\underset{H}{C}}-\underset{O}{\overset{}{C}}-$$

烯醇式（不稳定）　　酮式（稳定）

不对称炔烃与水的加成反应，遵守Markovnikov规则，例如：

$$CH_3(CH_2)_3C{\equiv}CH + HOH \xrightarrow[H_2SO_4]{HgSO_4} \left[CH_3(CH_2)_3\underset{OH}{C}{=}CH_2\right] \xrightarrow{重排} CH_3(CH_2)_3\underset{O}{\overset{}{C}}CH_3$$

在炔烃与水的加成反应中，除乙炔得到乙醛外，其他炔烃只能得到酮，一元取代乙炔与水加成物为甲基酮（$RCOCH_3$），二元取代乙炔（RC≡CR′）的加成产物通常是两种酮的混合物。如果R为一级取代基，R′为二级或三级取代基，则与水加成产物的羰基与R′相邻。催化剂$HgSO_4$有剧毒，应采用非汞催化剂如锌、镉、铜盐，以及三氟化硼等代替$HgSO_4$。

3.2 环正离子中间体机理

3.2.1 与卤素的加成

烯烃和炔烃容易与氯和溴进行加成反应，碘一般不与烯烃和炔烃发生反应。烯烃与碘的加成是一个平衡反应，平衡位置偏向烯烃一边，邻二碘代物容易分解成烯烃，要在特殊的条件下才能由烯烃得到邻二碘代物。氟太活泼与烯烃反应太剧烈难以控制，往往引起碳碳键的断裂，得到碳链断裂的各种产物，如果在惰性溶剂以及低温（-78℃）下，可以起加成反应，但同时发生取代，无实用价值。卤素加成的活性顺序：氟＞氯＞溴＞碘。

将烯烃和炔烃分别通入氯和溴的四氯化碳溶液中即生成邻二卤化物，其中炔烃因含有两个π键，可与两分子氯和溴反应生成四卤代烷。例如：

$$CH_3-CH=CH_2+Br_2 \longrightarrow CH_3-\underset{Br}{\underset{|}{CH}}-\underset{Br}{\underset{|}{CH_2}}$$

$$CH_3-C\equiv CH \xrightarrow{Br_2} CH_3-\underset{Br}{\underset{|}{C}}=\underset{Br}{\underset{|}{CH}} \xrightarrow{Br_2} CH_3-\overset{Br}{\overset{|}{\underset{Br}{\underset{|}{C}}}}-\overset{Br}{\overset{|}{\underset{Br}{\underset{|}{CH}}}}$$

上述反应现象明显，溴的红棕色消失，这个性质可以广泛用于分析检验烯烃、炔烃及其他含有碳碳重键的化合物（分析时通常采用溴的四氯化碳溶液）。因为三键的亲电加成不如双键活泼，所以炔烃与溴的反应较烯烃慢。如果分子中存在非共轭的双键和三键，与卤素加成反应时，首先加成到双键上。例如：

$$CH_2=CH-CH_2-C\equiv CH+Br_2(1mol) \longrightarrow \underset{Br}{\underset{|}{C}}H_2\underset{Br}{\underset{|}{C}}HCH_2C\equiv CH$$

烯烃比炔烃容易与溴发生亲电加成的原因有两个，一方面是炔烃比烯烃难形成环状鎓离子。炔烃形成的三元环状鎓离子的碳原子为sp^2杂化，要求其键角互为120°。烯烃形成的三元环状鎓离子的碳原子为sp^3杂化，要求其键角互为109.5°。两者形成三元环的内角约为60°，炔烃生成的鎓离子角张力比烯烃生成的鎓离子的角张力要大、稳定性小、而较难生成，所以炔烃比烯烃较难与卤素加成；另一方面是由于不饱和碳原子的杂化状态不同造成的。三键碳原子是sp杂化，双键碳原子是sp^2杂化，杂化轨道中s轨道成分越多，电子越靠近原子核，电负性越大，导致sp杂化碳原子给出电子能力不如sp^2杂化碳原子，因此三键的亲电加成反应活性不如双键。

炔烃与卤素反应也可以停留在烯烃阶段，例如：

$$HC\equiv CH \xrightarrow{Cl_2,\ FeCl_3} ClCH=CHCl \xrightarrow{Cl_2(过量),\ FeCl_3} Cl_2CHCHCl_2$$

炔烃与一分子卤素加成生成二卤代烯烃后，烯烃结构中连有吸电子基团卤素，使双键碳原子上的电子云密度降低，反应较慢，不利于再与卤素进行亲电加成反应。因此，卤素与炔烃的加成反应，较易控制在只加一分子卤素这一步。如果卤素过量，反应也可进行到底。

3.2.2　与卤素亲电加成反应机理

许多实验结果表明，卤素与烯烃或炔烃的加成反应是共价键异裂的离子型亲电加成，反应分两步进行，烯烃、炔烃与卤素的亲电加成属于环正离子中间体机理。所谓环正离子中间体是试剂带正电荷部分（或部分正电荷），它与烯烃接近形成碳正离子，与烯烃结合的试剂上的孤电子对所占轨道，与碳正离子轨道可以重叠形成环正离子如图3-1。

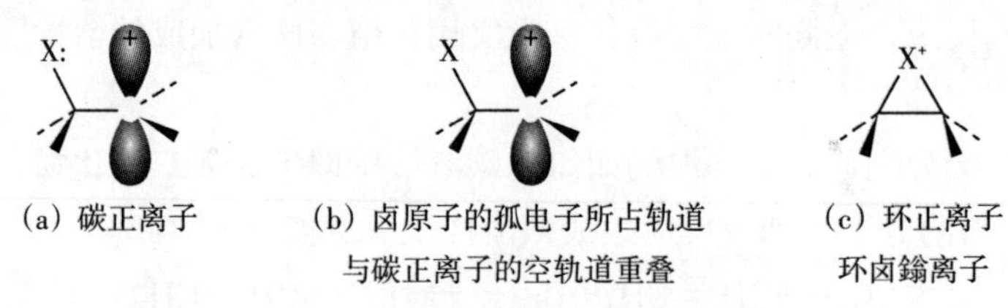

（a）碳正离子　（b）卤原子的孤电子所占轨道与碳正离子的空轨道重叠　（c）环正离子 环卤鎓离子

图3-1　环正离子中间体的形成

现以溴和烯烃的加成反应为例具体说明如下：

$$C{=}C + Br{-}Br \underset{}{\overset{\text{慢}}{\rightleftharpoons}} \text{C—C}\ (\text{环状}\ Br^{+}) + Br^{-} \xrightarrow{\text{快}} \text{BrC—CBr}$$

反式加成

第一步，形成环正离子活性中间体，是决定反应速率的一步。当溴分子与烯烃不断接近时，受烯烃π电子的影响，溴分子σ键发生极化，σ键上的电子朝着远离烯烃π键的方向移动，导致离π键较远的溴原子带有部分负电荷，靠近π键的溴原子则带有部分正电荷，后者与提供一对电子的一个双键碳原子结合，再以一对未共用电子对与另一个双键碳原子结合，生成一个环状溴鎓离子中间体和一个溴负离子。

第二步，溴负离子从背面进攻溴鎓离子的两个碳原子之一，生成反式邻二溴化物。这一步反应是离子之间的反应，是反应速率快的一步。

烯烃与氯或溴的加成反应是立体选择反应或称立体专一性反应，即只生成某一种立体异构体的反应。例如，在环己烯与溴的反应中只得到反式加成产物反-1，2-二溴环己烷。

$$\text{环己烯} + Br_2 \xrightarrow[73\%\sim86\%]{CCl_4} \text{反-1,2-二溴环己烷}$$

生成反式加成产物，说明反应是分步进行的，因为溴分子不可能同时从平面的上方和下放进攻。

氯与烯烃的加成反应与溴一样，也是亲电的离子型的两步反应，也基本上得到反式加成产物。

炔烃亲电加成的立体化学是反式加成，得到反式加成产物。

3.2.3 与次卤酸的加成

烯烃在氯或溴的稀水溶液(或碱性稀水溶液)可发生加成反应，得到β-氯代醇或β-溴代醇。

该反应机理属于环正离子中间体机理，而且为反式加成，机理如下：

$$\rangle C{=}C\langle + X_2 \xrightarrow{-X^-} \text{(环状卤鎓离子)} \xrightarrow[-H^+]{H_2O} X{-}C{-}C{-}OH$$

不对称烯烃和次卤酸的加成，符合Markovnikov规则。亲电试剂氯加到含氢较多的碳原子上，羟基加到含氢较少的碳原子上，例如：

$$CH_2{=}CH_2 + HOCl \longrightarrow Cl{-}CH_2{-}CH_2{-}OH$$

β-氯乙醇

$$CH_3{-}CH{=}CH_2 \xrightarrow[-Cl^-]{Cl_2} CH_3{-}\overset{\delta+}{C}H{-}CH_2\ (Cl^{\delta+}\text{桥连}) \xrightarrow[-H^+]{H_2O} CH_3{-}CH(OH){-}CH_2Cl$$

1-氯-2-丙醇

氯乙醇和1-氯-2-丙醇是工业上合成环氧乙烷和甘油等的重要化工原料。

炔烃与次卤酸反应的报道很少，在此省略。

3.2.4 羟汞化-还原脱汞反应

烯烃与醋酸汞在四氢呋喃-水溶液反应，先生成羟汞化合物（羟汞化反应），然后用硼氢化钠还原脱汞（脱汞反应），得到醇。

$$\rangle C{=}C\langle + Hg(OAc)_2 + H_2O \longrightarrow -\underset{OH}{C}-\underset{HgOAc}{C}- \xrightarrow{NaBH_4} -\underset{OH}{C}-\underset{H}{C}-$$

整个反应相当于烯烃与水的加成，但其适应性比烯烃酸催化下的水合要广泛得多。羟汞化-还原脱汞反应特点如下：具有高度的立体专一性、生成的醇相当于水对碳碳双键的马氏加成产物；反应速率快、反应条件温和；在绝大多数情况下没有重排产物。是实验室制备醇的一种方法。

$$\text{1-甲基环己烯}\ ({-}CH_3) \xrightarrow[H_2O]{Hg(OAc)_2} \xrightarrow{NaBH_4} \text{1-甲基环己醇}\ (CH_3,\ OH)$$

羟汞化反应是碳碳双键的亲电加成，汞离子是亲电试剂，由于不发生重排反应，而且反应有立体专一性，得到的是反式加成产物。中间体是环状的汞正离子中间体，结构类似前述的溴鎓离子。

汞化反应在不同溶剂中进行时，得到不同的产物，若用其他质子的和亲核的溶剂（如ROH，RNH_2，RCOOH）代替水进行反应（称为溶剂汞化），然后用硼氢化钠还原，则得到醚、胺和酯等。

$$Ph-CH=CH_2 + Hg(OAc)_2 \xrightarrow{CH_3OH} \xrightarrow{NaBH_4} Ph-\overset{OMe}{\overset{|}{C}}H-CH_3$$

由于汞及其可溶性盐均有毒，因此羟汞化（溶剂汞化）-还原脱汞反应的应用受到限制。

3.2.5　烷氧汞化-还原脱汞反应

和烯烃的羟汞化-还原脱汞制备醇类似，但比羟汞化更容易进行，是一个有用的合成醚的方法，特点是不发生消除反应。反应遵守Markovnikov规则，反应产物相当于烯烃和醇的加成。由于三级丁醚空间位阻较大，因此不能用该方法制备。

$$(CH_3)_3CCH=CH_2 + Hg(O\overset{O}{\overset{\|}{C}}CF_3)_2 + CH_3CH_2OH \longrightarrow (CH_3)_3C\underset{OCH_2CH_3}{\underset{|}{C}}H-CH_2HgO\overset{O}{\overset{\|}{C}}CF_3$$

$$\xrightarrow{NaBH_4} (CH_3)_3C-\underset{OCH_2CH_3}{\underset{|}{C}}HCH_3$$

例题解析

【例1】选择题

1. 下列烯烃发生亲电加成反应时，活性最高的是（　　）。（苏州大学，2015）

A. $H_2C=CHCH_3$　　B. $H_2C=C(CH_3)_2$

C. 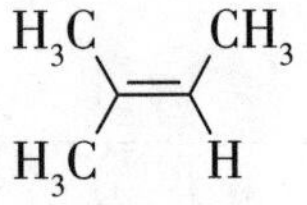 $(H_3C)_2C=C(H)CH_3$　　D. 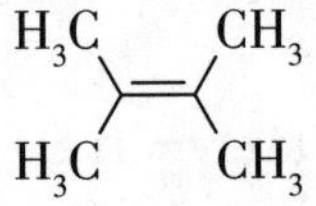 $(H_3C)_2C=C(CH_3)_2$

2. 下列化合物与HBr反应活性最大的是（　　）。（四川大学，2013）

A. $CH_3CH=CHCH=CH_2$　　B. $CH_2=CHCH_2CH=CH_2$

C. $CH_2=CHCH=CH_2$　　D. $CH_2=CHCH_2CH_2CH_3$

3. 下列化合物中，氢化热最小的是（　　）。（浙江工业大学，2014）

A. 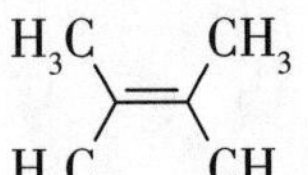 $(H_3C)_2C=C(CH_3)_2$　　B. $H_3C(H)C=C(H)CH_3$（顺式）

C. $H_3C(H)C=C(H)CH_3$（反式）　　D. $CH_2=CH_2$

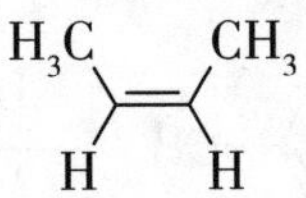

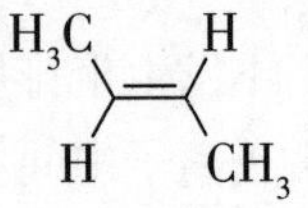

4. 下列化合物与HBr作用可以形成外消旋体的是（　　）。（四川大学，2013）

A. （环己烯）　B. $CH_3C(CH_3)=CH_2$　C. $H_3C(H)C=C(H)CH_3$（顺式）　D. $CH_3C(OMe)=CH_2$

5. 按照与氯化氢发生亲电加成反应速度由快到慢的顺序排列下列化合物（　　）。（扬州大学，2008）

A. $CH_3CH_2CH=CH_2$　　B. $CH_3CH_2C\equiv CH$

C. 顺-2-丁烯　　D. 反-2-丁烯

6. 1-甲基环戊烯 $\longrightarrow$ 2-甲基环戊醇 的反应条件为（　　）。（郑州大学，2015）

A. H^+，H_2O　　B. (a)B_2H_6　(b)H_2O_2，OH^-

C. $KMnO_4$，H_2O　　D. Ag_2O，H_2O

【解析】 1. D　2. A　3. A　4. C 5. 烯烃的亲电加成反应速度大于炔烃，且多取代速度更快，反式结构比顺式稳定，故③ > ④ > ① > ②　6. B

【例2】 写出下列反应的主要产物

1. $CH_3CH=CH_2 \xrightarrow{HOBr}$（　　）$\xrightarrow{Ca(OH)_2}$（　　）。（北京化工大学，2008）

【解析】 $CH_3CH(OH)CH_2Br$；环氧丙烷。第一步为烯烃与混合试剂的加成（注意羟基带负电荷，溴带正电荷，加成产物遵守马氏规则）；第二步为环氧化反应。

2. $CH_3CH=CH_2 \xrightarrow{H^+,\ H_2O}$（　　）$\xrightarrow{KMnO_4}$（　　）$\xrightarrow{HCN/OH^-}$（　　）$\xrightarrow{浓H_2SO_4/CH_3OH}$（　　）。（北京化工大学，2008）

【解析】 第一步为烯烃的水化反应得马氏产物2-丙醇；第二步为仲醇氧化成丙酮，第三步为羰基的亲核加成；第四步为腈的水解后酯化，故答案为$(CH_3)_2CHOH$；CH_3COCH_3；$CH_3C(CN)(OH)CH_3$；$CH_3C(COOCH_3)(OH)CH_3$。

3. $CH\equiv CCH_2Br \xrightarrow[H^+/H_2O]{HgSO_4}$（　　）$\xrightarrow[HCl]{OHCH_2CH_2OH}$（　　）$\xrightarrow[Et_2O]{Mg}$（　　）$\xrightarrow[(2)\ H^+/H_2O]{(1)\ 环氧乙烷}$（　　）。（北京化工大学，2008）

【解析】 第一步为炔烃的水合反应；第二步为形成缩醛的反应；第三步为生成格林

试剂的反应；第四步为格林试剂与环氧乙烷的反应，同时在H^+/H_2O条件下，缩醛分解为羰基，故答案为 $CH_3C(=O)CH_2Br$；$CH_3C(OCH_2CH_2O)CH_2Br$；$CH_3C(OCH_2CH_2O)CH_2MgBr$；$CH_3C(=O)CH_2CH_2CH_2OH$。

4. $H_3C(H)C{=}C(H)CH_3 \xrightarrow{Cl_2/H_2O}$ （　　）+（　　）费歇尔式。（扬州大学，2008）

【解析】这是烯烃与混合试剂的反式加成，故答案为 [Fischer projection: CH_3 top; Cl—C—H; H—C—OH; CH_3 bottom] + [Fischer projection: CH_3 top; H—C—Cl; HO—C—H; CH_3 bottom]。

5. H_3C–(cyclohexenyl)–$C(=CH_2)CH_3$ $\xrightarrow[(2)\ NaBH_4/NaOH/H_2O]{(1)\ Hg(OAc)_2/THF}$ （　　）。（扬州大学，2008）

【解析】这是烯烃的汞化反应生成醇，故答案为 1-methyl-1-hydroxy-4-($C(OH)(CH_3)_2$)cyclohexane [H_3C, HO on ring carbon; $C(OH)(CH_3)CH_3$]。

6. $(H_3C)_2C{=}C(H)CH_3$ $\xrightarrow[2.\ NaBH_4]{1.\ Hg(OAc)_2,\ H_2O}$ （　　）。（复旦大学，2010）

【解析】2–甲基–2–丁烯与醋酸汞–水溶液反应再经硼氢化钠还原得到2–甲基–2–丁醇，$(H_3C)_2C(OH)CH_2CH_3$。

【例3】完成下列反应，写出主要产物，如涉及立体化学需标明

1. $CH_2{=}CH{-}CH{=}CH_2$ + HBr $\xrightarrow{40°C}$ （　　）。（厦门大学，2012）

2. $C_6H_5{-}CH{=}CH{-}CH_3$ + HBr ⟶（　　）。（西北大学，2011；苏州大学，2015）

3. $C_6H_5{-}CH{=}CH{-}CH{=}CH_2 \xrightarrow{Br_2}$ （　　）。（四川大学，2013）

4. (1-OMe-acenaphthylene: naphthalene with OMe and CH=CH bridge) + HBr ⟶ （　　）。（四川大学，2013）

5. (cyclohexene) $\xrightarrow{Br_2/CH_3OH}$ （　　）。（华东理工大学，2014）

6. $CH_2=C(=CH_2)$—O—$CH=CH_2$ $\xrightarrow{Br_2(1mol)}$ (　　)。(南开大学，2015)

7. 苯 + Cl_2 + H_2O $\longrightarrow$ (　　)。(湖南师范大学，2013)

8. $H_3C(H)C=C(H)C(CH_3)_3$ $\xrightarrow[H^+]{C_2H_5OH}$ (　　)；$\xrightarrow{B_2H_6}$ $\xrightarrow[OH^-]{H_2O_2}$ (　　)。(吉林大学，2015)

9. $HOCH_2CH_2CH_2CH=CH_2$ $\xrightarrow{H_2SO_4}$ (　　)。(山东大学，2016)

10. $C_6H_5-CH_2CH_2CH_2\underset{\underset{CH_3}{|}}{C}=CH_2$ $\xrightarrow{H_2SO_4}$ (　　)。(华南理工大学，2016)

11. $C_6H_5-CH=CH_2 + Br_2$ $\xrightarrow{CHCl_3，25°C}$ (　　) $\xrightarrow[\triangle]{过量NaOC_2H_5}$ (　　)。(湘潭大学，2016)

12. (　　) $\xrightarrow{Br_2}$ [纽曼投影式：前碳 Br、H、H_3C；后碳 CH_3、H、Br] 。(浙江工业大学，2014)

13. $HOCH_2CH_2Br$ $\xrightarrow{CH_2=C(CH_3)_2}$ (　　) $\xrightarrow[2.\ D_2O]{1.\ Mg}$ (　　) $\xrightarrow{HI}$ (　　) + (　　)。(浙江工业大学，2014)

14. $CF_3CH=CHCH_3$ + HOCl $\longrightarrow$ (　　)。(华侨大学，2016)

15. $H_3CH_2C-\overset{\overset{CH_3}{|}}{C}=CH_2$ $\xrightarrow[2.\ NaBH_4]{1.\ Hg(OAC)_2，H_2O}$ (　　)。(山东大学，2016)

16. $Me_2C=CH_2$ $\xrightarrow{(\quad)}$ $CH_3\overset{\overset{CH_3}{|}}{\underset{\underset{OH}{|}}{C}}-\underset{\underset{HgOAc}{|}}{CH_2}$ $\xrightarrow[OH^-]{NaBH_4}$ (　　)。(陕西师范大学，2004)

17. $CH_2=CHCH_2CH_2CO_2H$ + HOBr $\longrightarrow$ (　　)。(兰州大学，2003)

18. 环戊烯基—C_2H_4 $\xrightarrow[H_2O]{Br_2}$ (　　) $\xrightarrow{HBr}$ (　　)。(吉林大学，2015)

19. 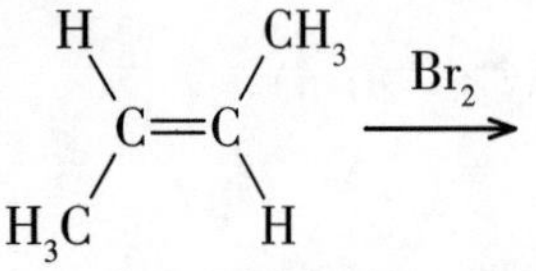 $H(CH_3)C=C(CH_3)H$（H, CH_3 / H_3C, H）$\xrightarrow{Br_2}$ （　　）。（郑州大学，2015）

20. 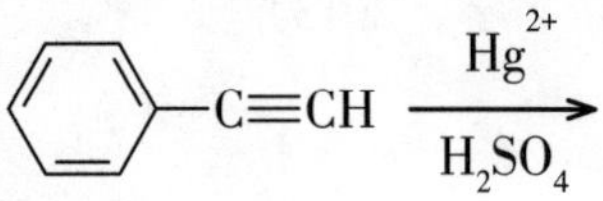 $C_6H_5-C\equiv CH$ $\xrightarrow[H_2SO_4]{Hg^{2+}}$ （　　）。（郑州大学，2015）

【解析】

1. 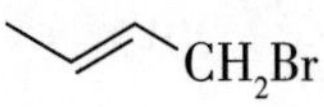 $CH_3CH=CHCH_2Br$　2. 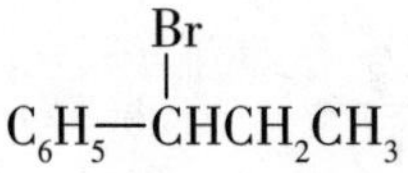 $C_6H_5-CH(Br)CH_2CH_3$　3. $C_6H_5-CH=CHCHBr-CH_2Br$

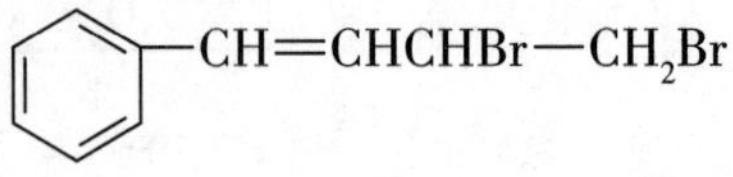

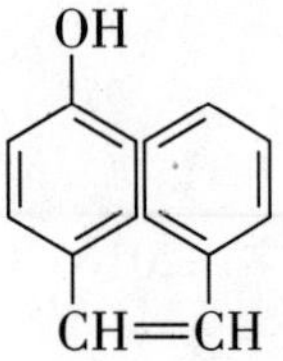

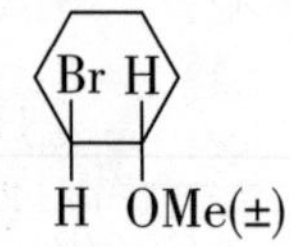

4. OH, CH=CH　5. Br H, H OMe(±)　6. 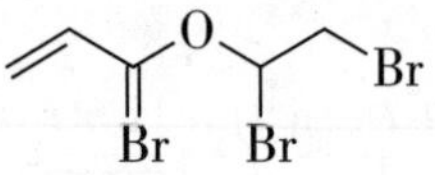 O, Br, Br, Br

7. 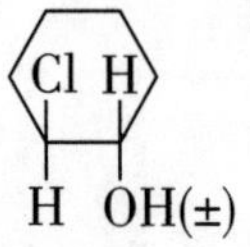 Cl H, H OH(±)，OHH, CH_3, Cl(±)

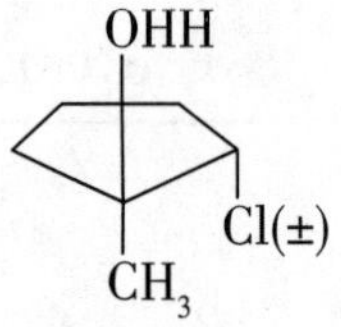

8. $H_3CH(OC_2H_5)CH_2C(CH_3)_3$；$CH_3CHOHCH_2C(CH_3)_3$　9. 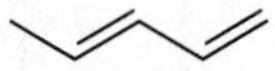 $CH_3CH=CHCH=CH_2$

10. 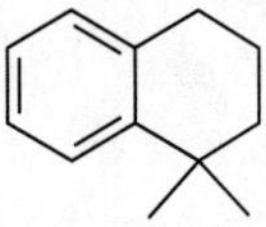　11. 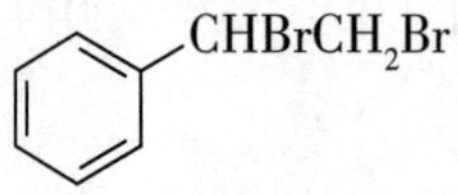 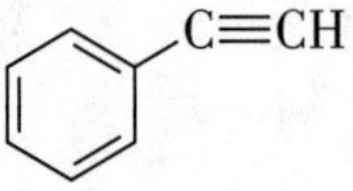 $C_6H_5CHBrCH_2Br$　$C_6H_5C\equiv CH$　12. 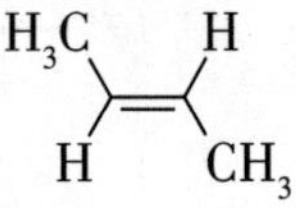 H_3C, H, H, CH_3

13. 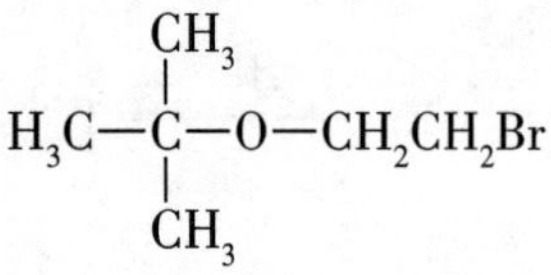 $H_3C-C(CH_3)_2-O-CH_2CH_2Br$，$H_3C-C(CH_3)_2-O-CH_2CH_2D$，$H_3C-C(CH_3)=CH_2$，$ICH_2CH_2D$

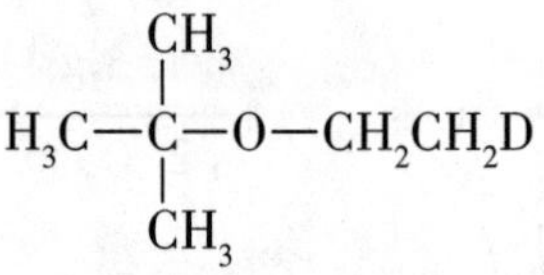

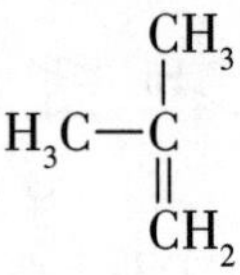

14. $CF_3CHClCH(OH)CH_3$　15. 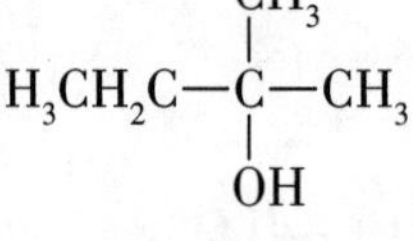 $H_3CH_2C-C(CH_3)(OH)-CH_3$　16. $Hg(OAc)_2H_2O$，$CH_3C(CH_3)(OH)-CH_2H$

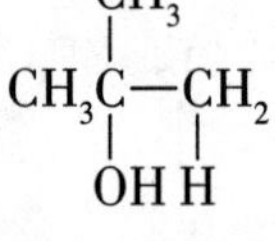

17. 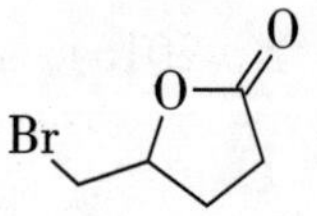 Br, O, O

18. 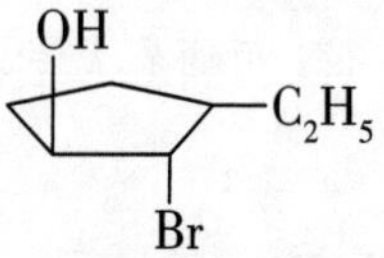 OH, C_2H_5, Br + Br, C_2H_5, OH；Br, C_2H_5, Br + Br, C_2H_5, Br

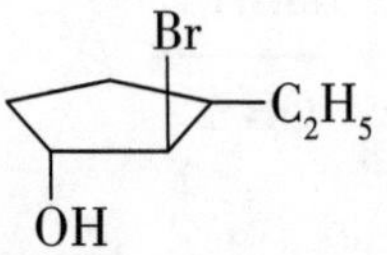

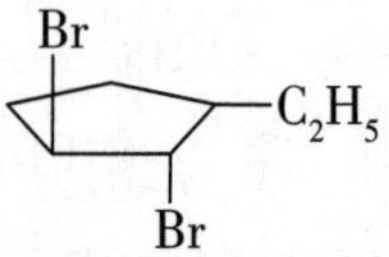

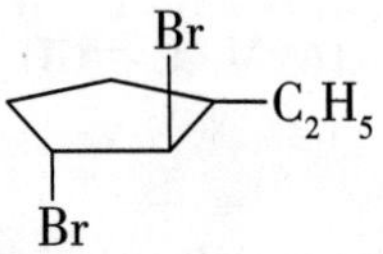

19. 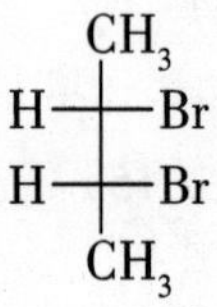 CH_3, H—Br, H—Br, CH_3　20. 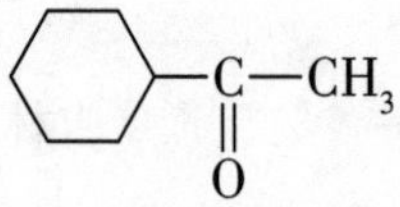 $C_6H_{11}-C(=O)-CH_3$

【例4】简答题

1. 如何用简单的化学方法鉴别下列各组化合物？（厦门大学，2012）

（1）4-氯苯酚和1-甲基-4-氯苯

（2）苯氧基乙烯和乙氧基苯

【解析】（1）与$FeCl_3$溶液发生颜色反应的是4-氯苯酚。（2）能使溴水褪色的是苯氧乙烯。

2. 环已烷（bp 81℃）、环已烯（bp 83℃）很难用蒸馏方法进行分离，请设计一个实验方法将它们分离提纯。（湖南师范大学，2013）

【解析】加溴将环已烯转化为1，2-二溴环已烷，1，2-二溴环已烷的沸点较高。可以与环已烷用蒸馏的方法分离，将分离后的1，2-二溴环已烷再用锌处理得到环已烯。

3. 用简便的方法除去1-溴丁烷中的少量1-丁烯，2-丁烯和1-丁醇。（浙江工业大学，2004）

【解析】烯烃可以与浓硫酸反应，生成的烷基硫酸氢酯可溶于浓硫酸，醇可溶于浓硫酸。加入浓硫酸，振摇后可静置分层，放出硫酸层。

【例5】写出反应机理

1. $(CH_3)_2C{=}CHCH_2CH_2CH{=}C(CH_3)_2 \xrightarrow{H_2SO_4}$ （2,2-二甲基环戊亚基）$=C(CH_3)_2$。（青岛科技大学，2012）

【解析】两次亲电加成，第一次是氢离子加到烯键上，第二次是分子内加成（碳正离子加到烯键上），每次都生成较稳定的碳正离子。

$$(CH_3)_2C{=}CHCH_2CH_2CH{=}C(CH_3)_2 \xrightarrow{H_2SO_4} (CH_3)_2C{=}CHCH_2CH_2CH_2{-}\overset{+}{C}(CH_3)_2 \longrightarrow$$

$$\text{(2,2-二甲基环戊基)}{-}\overset{+}{C}(CH_3)_2 \xrightarrow{-H^+} \text{(2,2-二甲基环戊亚基)}{=}C(CH_3)_2$$

2. 顺-2-丁烯与液溴的四氯化碳溶液反应生成几种产物，它们之间是什么关系，并给出反应过程。（西北大学，2011）

【解析】主要生成两种产物，为对映关系，反应方程式如下式所示。

$$\text{顺-}CH_3CH{=}CHCH_3 + \overset{\delta+}{Br}{-}\overset{\delta-}{Br} \longrightarrow \text{溴鎓离子}(Br^+) + Br^- \longrightarrow CH_3CHBr{-}CHBrCH_3 + CH_3CHBr{-}CHBrCH_3 \text{（一对对映体）}$$

3. 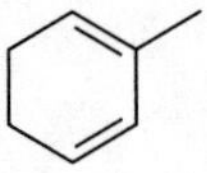 （1-甲基-1,3-环己二烯） + HCl ⟶ （　　）。（山东大学，2016）

【解析】

$\xrightarrow{H^+}$ $\longleftrightarrow$ $\xrightarrow{Cl^-}$ Cl + Cl

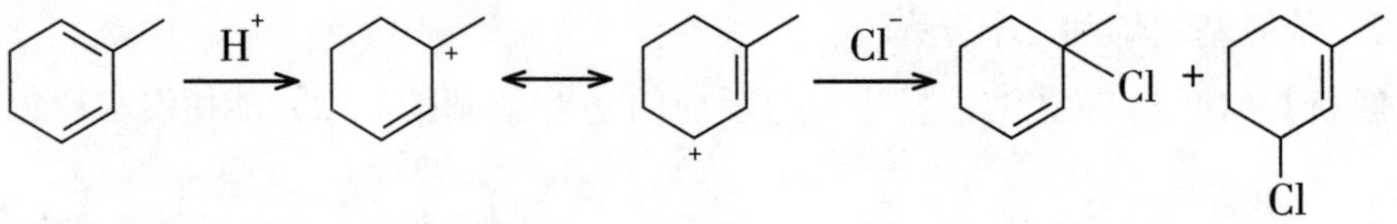

4. 在NaCl水溶液中Br_2与乙烯加成，不仅生成1，2–二溴乙烷，而且生成1–氯–2–溴乙烷，写出反应机理，并简要说明之。（山东大学，2016）

【解析】

$H_2C{=}CH_2 + Br^{\delta+}{-}Br^{\delta-} \longrightarrow$ 溴鎓离子 $\xrightarrow{Br^-}$ $BrH_2C{-}CH_2Br$ + $BrH_2C{-}CH_2Br$

$H_2C{=}CH_2 + Br^{\delta+}{-}Br^{\delta-} \longrightarrow$ 溴鎓离子 $\xrightarrow{Cl^-}$ $ClH_2C{-}CH_2Br$ + $ClH_2C{-}CH_2Br$

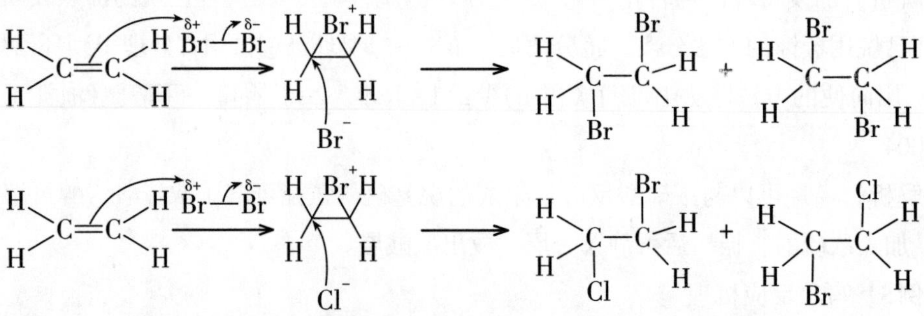

5. 反式2–丁烯和溴的四氯化碳溶液反应得到什么产物？有无旋光性，为什么？（浙江工业大学，2014）

【解析】（2S，3R）–2，3–二溴丁烷，无旋光性，内消旋体。

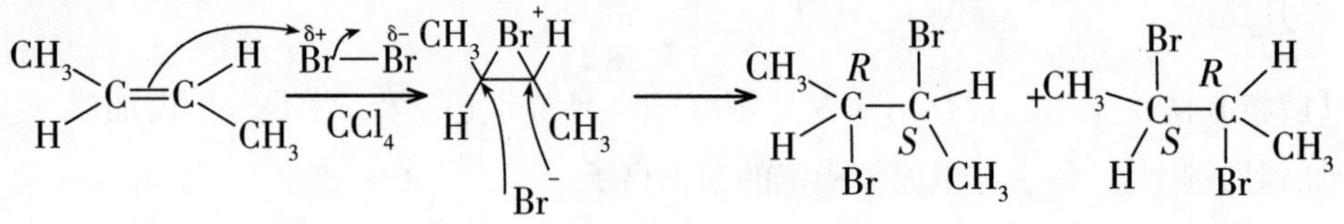

$CH_3CH{=}CHCH_3 + Br^{\delta+}{-}Br^{\delta-} \xrightarrow{CCl_4}$ 溴鎓离子 $\xrightarrow{Br^-}$ (R, S) + (S, R)

6. 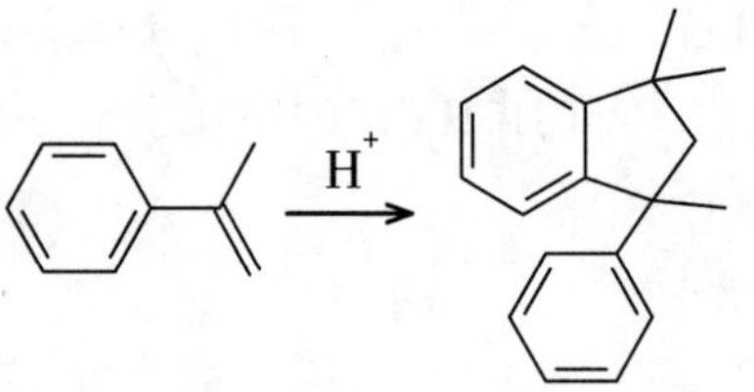 （α-甲基苯乙烯） $\xrightarrow{H^+}$ （1,1,3-三甲基-3-苯基茚满）。（华东理工大学，2014）

【解析】

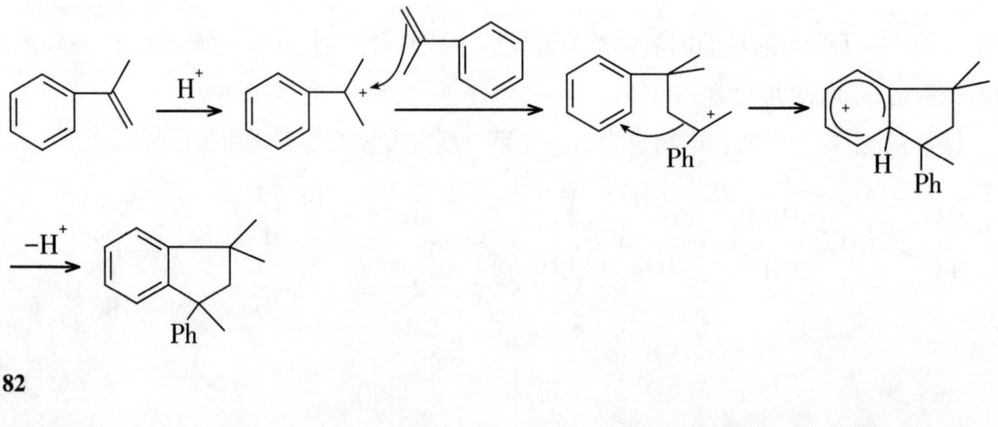

$\xrightarrow{H^+}$ $\longrightarrow$ Ph $\longrightarrow$ H Ph

$\xrightarrow{-H^+}$ Ph

7. 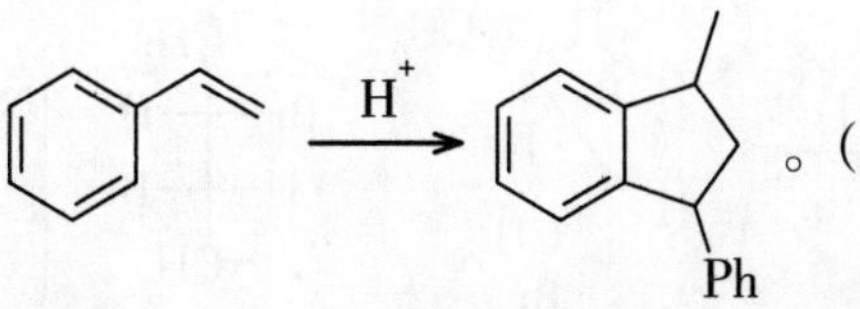 $\xrightarrow{H^+}$ Ph 。(南京大学，2014)

【解析】 $\xrightarrow{H^+}$ $\longrightarrow$ Ph^+ $\longrightarrow$

$\xrightarrow{-H^+}$ H Ph Ph

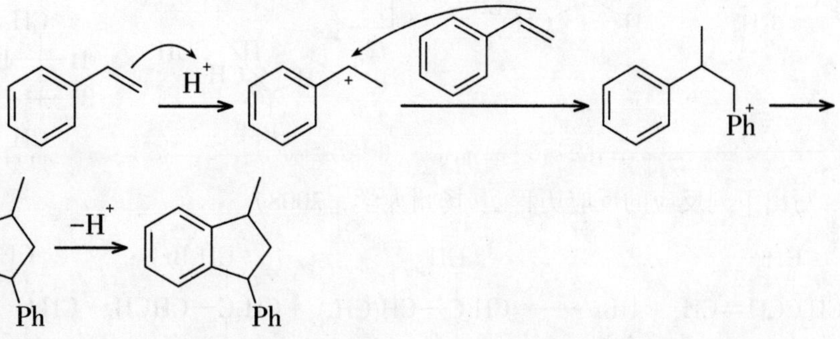

8. 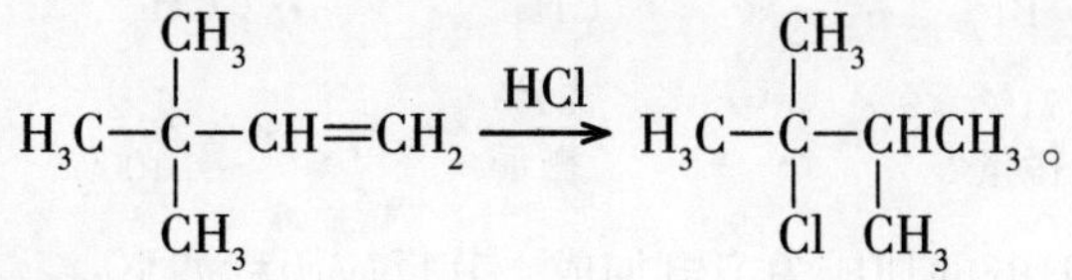 $H_3C-C(CH_3)_2-CH{=}CH_2 \xrightarrow{HCl} H_3C-C(CH_3)(Cl)-CH(CH_3)CH_3$ 。(华中师范大学，2008)

【解析】

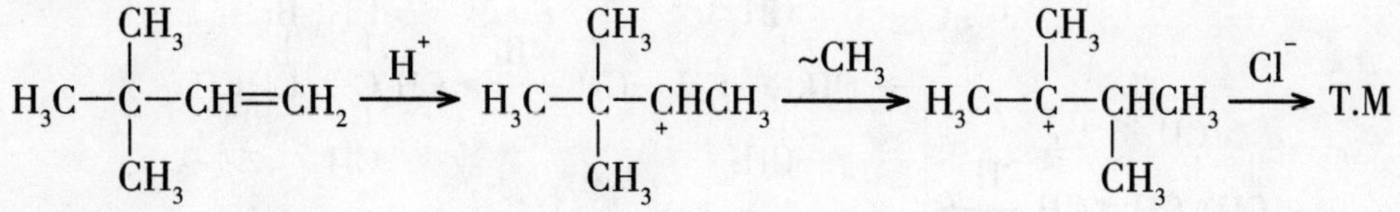

$H_3C-C(CH_3)_2-CH{=}CH_2 \xrightarrow{H^+} H_3C-C(CH_3)_2-\overset{+}{C}HCH_3 \xrightarrow{\sim CH_3} H_3C-\overset{+}{C}(CH_3)-CH(CH_3)CH_3 \xrightarrow{Cl^-} T.M$

(华中师范大学，2008)

9. 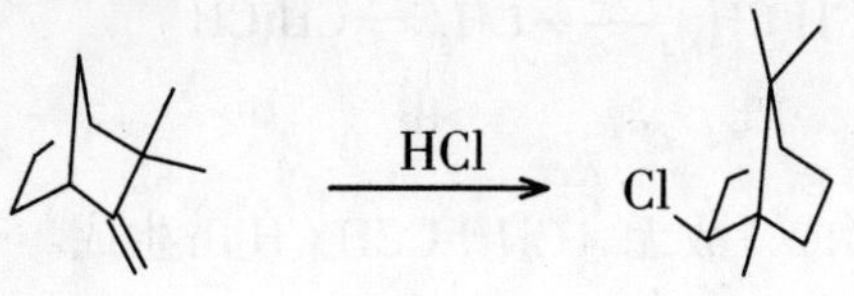 $\xrightarrow{HCl}$ Cl 。(兰州大学，2003)

【解析】

$\xrightarrow{H^+}$ $\longrightarrow$ + $\equiv$ + $\xrightarrow{Cl^-}$ Cl

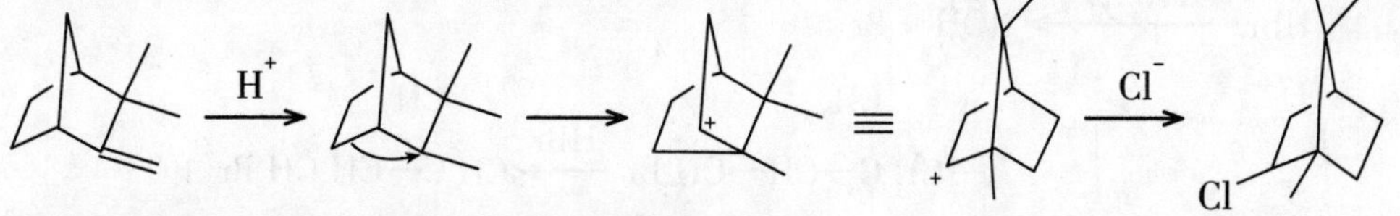

10. 写出顺和反式2-丁烯与溴的加成反应机理。

【解析】烯烃与溴加成的溴鎓离子历程

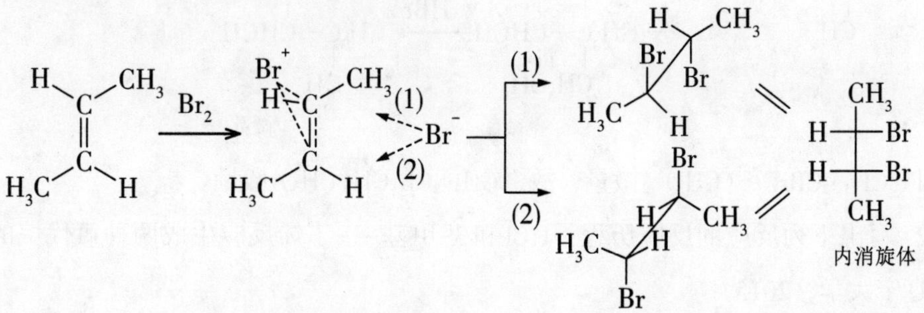

H, CH_3, C=C, H_3C, H $\xrightarrow{Br_2}$ Br^+, H, C, CH_3, (1), Br^-, (2), H_3C, C, H

(1) H, CH_3, Br, Br, H_3C, H

(2) Br, H, CH_3, H_3C, H, Br

CH_3, H—Br, H—Br, CH_3

内消旋体

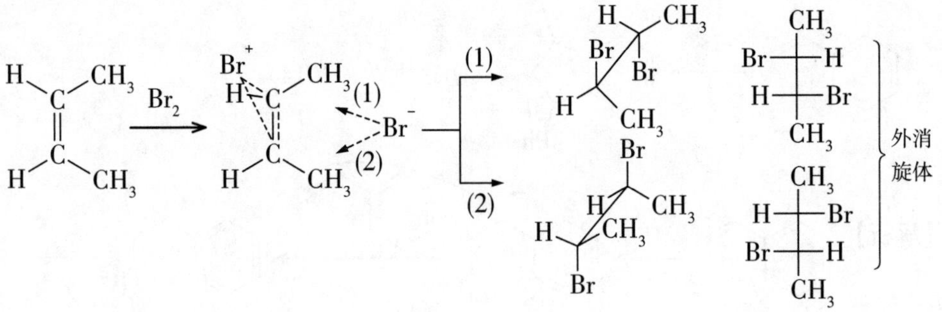

11. 写出下列反应的反应历程。(扬州大学，2008)

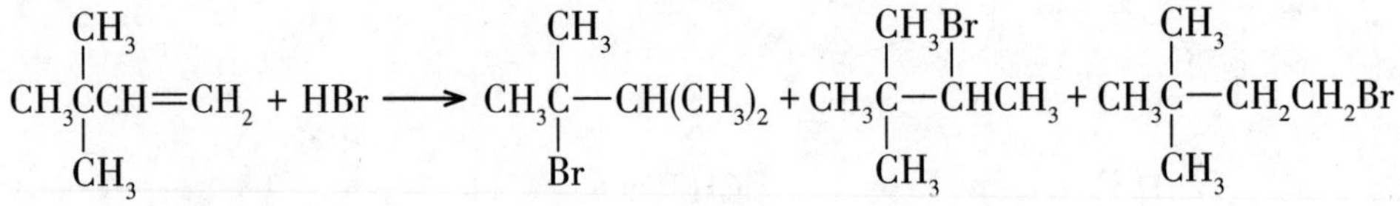

无过氧化物	71%	29%	无
有过氧化物	微量	微量	100%

【解析】无过氧化物时，烯烃与HBr的加成为亲电加成，其反应历程如下：

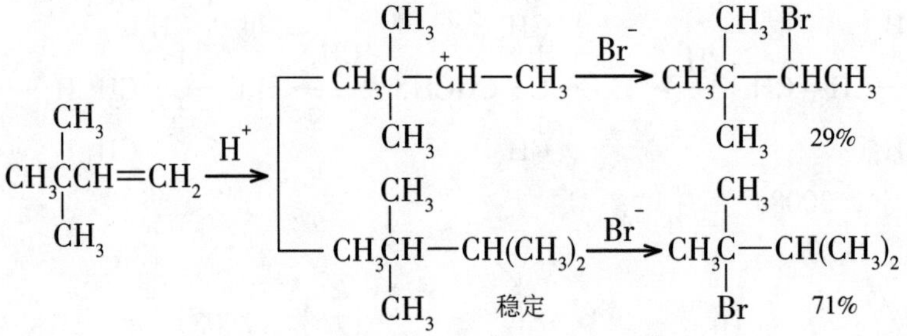

因为$(CH_3)_3CCH_2CH^+$不稳定，所以没有形成，故无$(CH_3)_3CCH_2CH_2Br$生成。有过氧化物时，烯烃与HBr的加成为自由基加成，其反应历程如下：

$$HBr \xrightarrow{\text{过氧化物}} ROH + Br\cdot$$

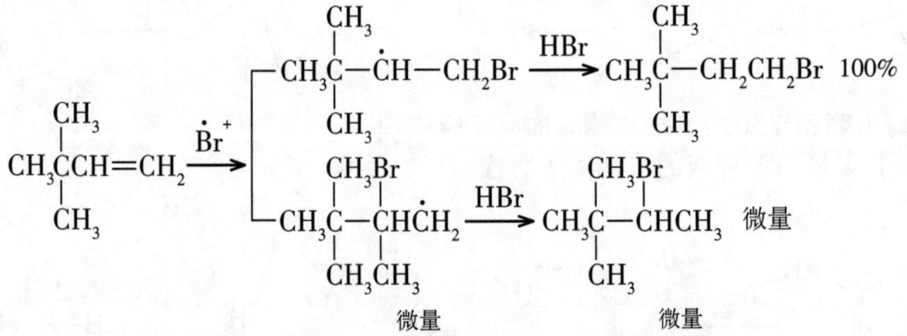

因$(CH_3)_2CBrC\cdot(CH_3)_2$微量，故$(CH_3)_2CBrCH(CH_3)_2$微量。

12. 写出下列反应的反应历程：HCl和3-甲基-1-丁烯反应生成两种氯代烷的混合物。(辽宁大学，2015)

【解析】

$$CH_3CH(CH_3)CH{=}CH_2 \xrightarrow{H^+} CH_3CH(CH_3)\overset{+}{C}HCH_3 \xrightarrow{\sim H} CH_3\overset{+}{C}(CH_3)CH_2CH_3$$

$$CH_3CH(CH_3)\overset{+}{C}HCH_3 \xrightarrow{Cl^-} (CH_3)_2CHCH(Cl)CH_3$$

$$CH_3\overset{+}{C}(CH_3)CH_2CH_3 \xrightarrow{Cl^-} CH_3CCl(CH_3)CH_2CH_3$$

【例6】确定结构（华东理工大学，2006）

A的分子式为$C_{10}H_{12}O$，不溶于水和稀碱溶液，能使溴的CCl_4溶液褪色，可被酸性高锰酸钾氧化成对位有取代基的苯甲酸，能与浓的HI作用生成B和C。B可溶于氢氧化钠溶液，可与三氯化铁溶液显色。C与NaCN反应再水解生成乙酸。试推测A、B、C所有可能的结构。

【解析】此题是根据化学方法提供的信息推测结构。

（1）$\Omega = 10 + 1 - 0.5 \times 12 = 5$，初步确定分子中可能含有苯环。

（2）A被高锰酸钾氧化成对位有取代基的苯甲酸，说明为二取代苯，且互为对位。

（3）B可溶于氢氧化钠溶液，可与三氯化铁溶液显色，说明是酚。

（4）C与NaCN反应再水解生成乙酸，说明A为对位取代苯甲醚。

（5）A能使溴的CCl_4溶液褪色，说明含有 C═C 键，且为含有C_3的烯基。

（6）题中没有提供任何关于C_3的烯基结构，故C_3烯基的结构无法确定。

综合上述分析，得出A、B、C所有可能的结构分别为

A. p-$CH_2CH{=}CH_2$-C_6H_4-OCH_3 或 p-$CH{=}CHCH_2CH_3$-C_6H_4-OCH_3（顺、反）

B. p-$CH_2CH{=}CH_2$-C_6H_4-OH 或 p-$CH{=}CHCH_2CH_3$-C_6H_4-OH（顺、反）

C. CH_3I

【例7】确定结构（北京理工大学，2007）

1. 化合物A分子式C_9H_{12}，能吸收3mol溴；与Fehling试剂反应生成砖红色沉淀；A在$HgSO_4$-H_2SO_4存在下能水合生成化合物B($C_9H_{14}O$)，B与过量的饱和$NaHSO_3$溶液反应生成白色结晶；B与NaOI作用生成一个黄色沉淀和一个酸C($C_8H_{12}O_2$)，C能使Br_2-CCl_4溶液褪色，C用臭氧氧化然后还原水解，生成化合物D($C_7H_{10}O_3$)。D与羰基试剂反应，

还能与$Ag(NH_3)_2OH$溶液发生银镜反应，生成一个无α-H的二元酸。请确定A、B、C、D的结构，并写出有关主要反应。（北京理工大学，2007）

【解析】

①$\Omega = 9 + 1 - 0.5 \times 12 = 4$。

②A能吸收3mol溴，说明A分子中有3个不饱和键和一个环。

③A与Fehling试剂反应生成砖红色沉淀，说明分子中有一个链端炔键。

④A在$HgSO_4$-H_2SO_4存在下能水合生成化合物B为甲基酮。

⑤B与过量的饱和$NaHSO_3$溶液反应生成白色结晶，且与NaOI作用生成一个黄色沉淀，进一步证明B为甲基酮。

⑥D与羰基试剂反应，还能与$Ag(NH_3)_2OH$溶液发生银镜反应说明D可能为醛。综合上述分析，得出A、D的结构及有关主要反应为：

$CH{=}CH_2$ / $C{\equiv}CH$ (A) —Fehling试剂→ $CH{=}CH_2$ / $C{\equiv}CCu$ + Cu_2O↓

A ↓ $HgSO_4$-H_2SO_4

$CH{=}CH_2$ / $COCH_3$ (B) —NaOI→ $CH{=}CH_2$ / COOH (C) —（1）O_3 （2）Zn/H_2O→ CHO / COOH (D)

D ↑ $Ag(NH_3)_2OH$ → COOH / COOH

2. 化合物A，分子式C_7H_{12}，在$KMnO_4$-H_2O中加热回流，反应液中只有环己酮，A经浓硫酸加热处理可得到相同分子式的B，B可使溴水褪色生成C，C在KOH-C_2H_5OH溶液中反应得D，D经适当的氧化得到丁二酸和丙酮酸。若用高锰酸钾氧化B可得6-庚酮酸。请写出A、B、C、D结构式。（郑州大学，2015）

【解析】

A. $=CH_2$　B. $-CH_3$　C. Br, CH_3, Br　D. $-CH_3$

3. 化合物A的分子式为C_5H_8,与溴水作用生成化合物B C_5H_9OBr，B用NaOH处理，然后在碱性条件下再一次水解生成C，C是一个外消旋的二醇。A用冷、稀$KMnO_4$处理得到化合物D，D无旋光性，是C的非对映异构体，请写出A、B、C、D构造式。（郑州大学，2015）

【解析】

A.　B. OH, Br　C. OH, OH　D. OHOH

【例8】 以乙炔为唯一碳源合成$CH_3COCH_2CH_2CHOHCH_3$（扬州大学，2008）

【解析】 这是一个增加碳链的合成，目标分子恰好是乙炔的整数倍，故可利用乙炔的聚合、格林试剂等反应合成目标分子。

$$HC\equiv CH \xrightarrow{H_2O/HgSO_4\text{-}H_2SO_4} CH_3CHO$$

$$HC\equiv CH + H_2 \xrightarrow{Lindlar} H_2C=CH_2 \xrightarrow{O_2/Ag} \xrightarrow{H_3O^+} HOCH_2CH_2OH$$

$$HC\equiv CH \xrightarrow{NH_3Cl\text{-}CuCl} CH\equiv CCH=CH_2 \xrightarrow{H_2O/HgSO_4\text{-}H_2SO_4} CH_3COCH=CH_2 \xrightarrow{HBr}$$

$$CH_3\overset{O}{\overset{\|}{C}}CH_2CH_2Br \xrightarrow[HCl]{HOCH_2CH_2OH} CH_3\overset{\text{O}\frown\text{O}}{C}CH_2CH_2Br \xrightarrow[Et_2O]{Mg} CH_3\overset{\text{O}\frown\text{O}}{C}CH_2CH_2MgBr$$

$$\xrightarrow[(2)\ H_3O^+]{(1)\ CH_2CHO} T.M$$

【例9】由两个碳的原料合成 $CH_3CH=CHCH_2OCH_2CH_3$ 。(华中师范大学，2009)

【解析】这是一个增加碳链的合成，只要合成出 $CH_3CH=CHCH_2Br$ ，与$NaOC_2H_5$反应即可。

$$2HC\equiv CH \xrightarrow{CuCl\text{-}NH_3Cl} HC\equiv CCH=CH_2 \xrightarrow{H_2/Lindlar} CH_2=CHCH=CH_2$$

$$\xrightarrow{1molHBr/\triangle} CH_3CH=CHCH_2Br \xrightarrow{EtONa} T.M$$

【例10】以环己烯及其他2个碳原子的有机物为原料，合成 $C_6H_{11}\text{-}C(OH)(CH_3)\text{-}CH_2CH_3$ 。(苏州大学，2014)

【解析】本题合成的目标化合物为3个不同基团取代的叔醇，可由Gringnard试剂与酮反应制得，2个碳原子的有机物为原料可选用乙基溴化镁，那么如何制备甲基环己基酮呢？环己烯与溴化氢进行亲电加成反应得到溴代环己烷，然后制成Gringnard试剂，再与乙醛反应得到仲醇，再经氧化可得酮。

$$\text{环己烯} \xrightarrow{HBr} \xrightarrow[Et_2O]{Mg} \xrightarrow[(2)\ H_3O^+]{(1)\ CH_3CHO} \xrightarrow[\text{试剂}]{\text{莎瑞特}} \xrightarrow[(2)\ H_3O^+]{(1)\ CH_3CH_2MgBr} C_6H_{11}\text{-}C(OH)(CH_3)\text{-}CH_2CH_3$$

参考文献

[1] 孔祥文. 有机化学 [M]. 2版. 北京：化学工业出版社，2018.

[2] 邢其毅，裴伟伟，徐瑞秋，等. 基础有机化学 [M]. 3版. 北京：高等教育出版社. 2005.

[3] 孔祥文. 有机化学反应和机理 [M]. 北京：中国石化出版社，2018.

3.2.6 Prins反应

Prins于1919年对苯乙烯、萜烯等和甲醛的反应作了详细的报道，发现在无机酸催化剂存在下，烯烃和甲醛水溶液一起加热发生加成反应得到增加一个末端碳原子的1，3-二醇，后者和甲醛进一步反应生成1，3-二噁烷，也可得到不饱和醇等，何者为主要产物取决于反应物烯烃的结构和反应条件。现在通常将烯烃和醛（如甲醛、三氯乙醛等）的缩合反应称为Prins反应[1]。反应通式为：

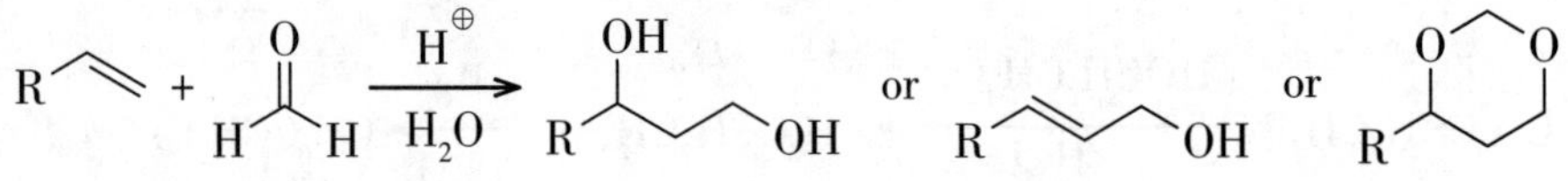

反应机理[2-3]：

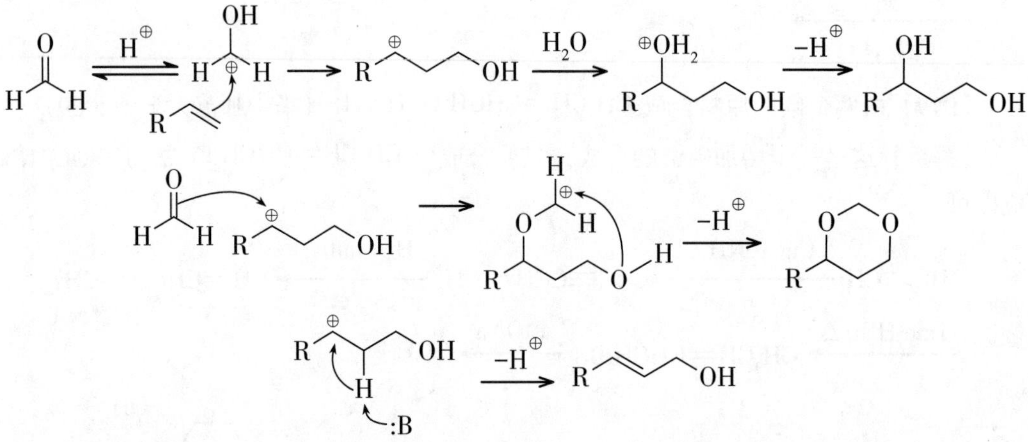

H^+首先和醛的 C═O 作用生成碳正离子（鎓盐），这个碳正离子再进攻 C═C 键得到β-羟基碳正离子，后者和水反应、脱去H^+得到1，3-二醇；碳正离子和甲醛进一步反应、脱去H^+生成1，3-二噁烷；碳正离子失去β-H得到烯烃。稀硫酸是很好的催化剂，磷酸及三氟化硼亦可用作催化剂。

例题解析

【例1】写出反应产物

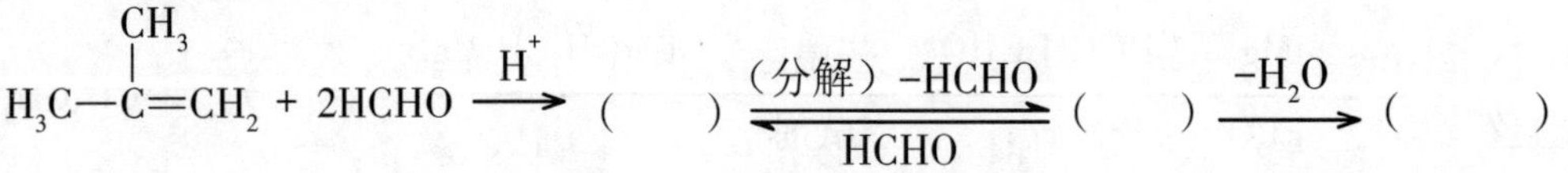

$$H_3C-\overset{\overset{\displaystyle CH_3}{|}}{C}=CH_2 + 2HCHO \xrightarrow{H^+} (\quad) \underset{HCHO}{\overset{(分解)\ -HCHO}{\rightleftharpoons}} (\quad) \xrightarrow{-H_2O} (\quad)$$

【解析】该反应系法国石油研究所以异丁烯、甲醛为原料，在强酸性催化剂存在下反应，主要得到4，4-二甲基-1，3-二噁烷，再经分解得到异戊二烯[4]。

反应产物结构依次为：

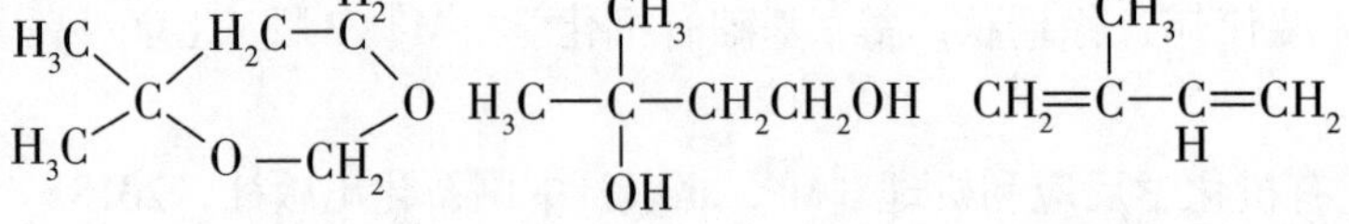

$$(H_3C)_2C\langle{}^{CH_2-CH_2}_{O-CH_2}\rangle O \qquad H_3C-\underset{\underset{\displaystyle OH}{|}}{\overset{\overset{\displaystyle CH_3}{|}}{C}}-CH_2CH_2OH \qquad CH_2=\overset{\overset{\displaystyle CH_3}{|}}{C}-\underset{H}{C}=CH_2$$

【例2】写出反应机理

1. $HCHO + R\text{-}CH{=}CH_2 \xrightarrow[H_2O]{H^+} R\text{-}CH(OH)CH_2CH_2OH$。（复旦大学，2005）

【解析】在酸催化下，甲醛与末端烯烃发生Prins反应得到多一个碳原子的1，3-二醇，反应机理如下：

$$HCHO \xrightleftharpoons{H^+} H_2C{=}\overset{+}{O}H \longleftrightarrow H_2\overset{+}{C}\text{-}OH \xrightarrow{R\text{-}CH{=}CH_2} R\text{-}\overset{+}{C}H\text{-}CH_2CH_2OH \xrightarrow[-H^+]{H_2O} R\text{-}CH(OH)CH_2CH_2OH$$

2. $p\text{-}CH_3OC_6H_4CH_2COCl + H_2C{=}CH_2 \xrightarrow{AlCl_3}$ H_3CO-四氢萘酮。（中国科学技术大学，2002；中国石油大学，2004）

【解析】酰氯在无水三氯化铝催化下生成酰基碳正离子，除可对苯环进行酰基化外，也可以对烯烃进行亲电加成，生成新的碳正离子，再对苯环进行亲电取代反应，其反应机理如下：

$$p\text{-}CH_3OC_6H_4CH_2COCl \xrightarrow{AlCl_3} p\text{-}H_3COC_6H_4CH_2\overset{+}{C}{=}O \xrightarrow{CH_2{=}CH_2} p\text{-}H_3COC_6H_4CH_2COCH_2\overset{+}{C}H_2$$

$$\longrightarrow (H_3CO,\ H,\ \oplus) \xrightarrow{-H^+} H_3CO\text{-四氢萘酮}$$

3. $H_3CHC{=}CHCH_3 + HCHO \xrightarrow[H_2O]{H^+} CH_3CH(OH)CH(CH_3)CH_2OH$。（吉林大学，2015）

【解析】

$$HCHO \xrightarrow{H^+} HCH{=}\overset{+}{O}H \xrightarrow{CH_3CH{=}CHCH_3} CH_2(OH)CH(CH_3)\overset{+}{C}HCH_3 \xrightarrow{H_2O} CH_2(OH)CH(CH_3)CH(\overset{+}{O}H_2)CH_3$$

$$\xrightarrow{-H^+} T.M$$

【例3】在无机酸存在下，烯烃和醛加成生成1,3–二噁烷和1,3–二醇，二者的比例因酸的浓度和温度而异。通常在20%～65%的硫酸水溶液中低温（25～65℃）反应时，主要生成1,3–二噁烷和及少量二醇[5]。请写出该反应方程式

【解析】$HCHO \xrightarrow{H^+} \overset{+}{C}H_2OH \xrightarrow{C_6H_5CH=CH_2} C_6H_5\overset{+}{C}H-CH_2CH_2OH \xrightarrow[-H^+]{H_2O}$

$$C_6H_5CH(OH)-CH_2-CH_2OH \underset{H_2O-H_2SO_4}{\overset{HCHO-H_2SO_4}{\rightleftharpoons}} \text{4-苯基-1,3-二噁烷 } (C_6H_5-CH-CH_2-CH_2-O-CH_2-O)$$

参考文献

[1] PRINS H J. Condensation of formaldehyde with some unsaturated compounds [J]. Chem. Weekblad 1919，16：1072–1073.

[2] LI J J. Name reaction [M]. 4th ed. Berlin Heidelberg: Springer-Verlag，2009.

[3] 李杰. 有机人名反应及机理 [M]. 荣国斌，译. 上海：华东理工大学出版社，2003.

[4] 顾可权. 重要有机化学反应 [M]. 2版. 上海：上海科学技术出版社，1984.

[5] 俞凌翀. 有机化学中的人名反应 [M]. 北京：科学技术出版社，1984.

3.2.7 羰基化合物的α–卤代反应

醛、酮的α–H在卤素的作用下发生卤代反应，生成α–卤代醛、酮。这种直接卤代反应是制备卤代羰基化合物的重要方法。酸催化的醛酮羰基化合物的α–H卤化反应是通过烯醇式进行的。

反应机理[1]：

$$-\underset{O}{\overset{\|}{C}}-\overset{H}{\underset{|}{C}}- \underset{}{\overset{+H^+}{\rightleftharpoons}} -\underset{\overset{+}{O}H}{C}-\overset{H}{C}- \overset{慢}{\rightleftharpoons} \left[-\underset{:OH}{C}=C-\right] \overset{X-X\ 快}{\rightleftharpoons} -\underset{\overset{+}{O}H}{C}-\overset{X}{C}- \overset{-H^+}{\rightleftharpoons} -\underset{O}{\overset{\|}{C}}-\overset{X}{C}-$$

所谓酸催化，通常不加酸，因为只要反应一开始，就产生酸，此酸就可以自动发生催化反应，是一种自催化反应，因此，在反应还没有开始时，有一个诱导阶段，一旦有一点酸产生，反应就很快进行。反应首先对羰基质子化，然后通过烯醇式进行卤化反应[1]。在这个反应中，实际上是卤素对醛、酮的烯醇型中碳碳双键发生了亲电加成反应。醛、酮的卤化反应速度只与醛、酮的浓度和酸的浓度成正比，而与卤素的浓度无关（若卤素的浓度低时，则与卤素的浓度有关），所以烯醇型的生成和含量的多少是反应关键。

对于不对称酮，卤化反应的优先次序是 $-\overset{O}{\overset{\|}{C}}C\underline{H}\langle > -\overset{O}{\overset{\|}{C}}C\underline{H}_2- > -\overset{O}{\overset{\|}{C}}C\underline{H}_3$，这是因

为α碳上取代基愈多，超共轭效应愈大，形成的烯醇愈稳定，因此，这个碳上的氢就易于离开而进行卤化反应。酸催化卤化反应可以控制在一元、二元、三元等阶段，在合成反应中，大多数反应希望控制在一元阶段。能控制的原因是一元卤化后，由于引入的卤原子的吸电子效应，使羰基氧上电子云密度降低，再质子化形成烯醇要比未卤化时困难一些，因此小心控制卤素用量可以使反应停留在一元阶段。而在引入两个卤原子后三元卤化会更困难些，因此控制卤素的用量，就可以控制反应产物[2]。

在酸性条件下酮的卤代反应较醛的卤代反应更易于控制。如：

$$CH_3COCH_3 + Br_2 \xrightarrow[85°C]{CH_3COOH} BrCH_2COCH_3 + HBr$$

$$HCl + C_6H_5COCH_2Cl \xleftarrow[\triangle]{Cl_2} C_6H_5COCH_3 \xrightarrow[AlCl_3]{Br_2} C_6H_5COCH_2Br + HBr$$

苯乙酮的卤代反应主要产物是卤代苯乙酮，因为在苯环上的取代反应几乎不存在。

醛类直接卤化，常被氧化成羧酸，可以将醛形成缩醛后再卤化，然后水解缩醛，得α-卤代醛[3]，如：

$$CH_2(CH_2)_4CH_2CHO \xrightarrow[HCl]{CH_3OH} CH_3(CH_2)_4CH_2CH(OCH_3)_2 \xrightarrow{Br_2} CH_2(CH_2)_4CHBrCH(OCH_3)_2$$

$$\xrightarrow[H_2O]{H^+} CH_3(CH_2)_4CHBrCHO$$

例题解析

【例1】写出反应的主要产物

1. $CH_3COCH_2CH_3 \xrightarrow[Br_2]{HOAc}$（　　）。（南京大学，2014）

【解析】丁酮在醋酸存在下与溴进行卤化反应得到3-溴丁酮，结构式为：$CH_3COCHBrCH_3$。

2. 2-甲基环己酮 + Br_2(1mol) $\xrightarrow[HOAe]{H_2O}$（　　）。（扬州大学，2008）

【解析】该反应是羰基化合物的α-H卤代反应，在酸性条件下，生成一取代产物，故答案为 2-溴-2-甲基环己酮（Br、CH_3 同在α碳上，=O）。

3. $CH_3CH(CH_3)-C(=O)-CH_3 + Br_2 \xrightarrow{CH_3OH}$（　　）。（暨南大学，2016）

【解析】3-甲基丁酮甲醇中与溴进行卤化反应得到3-溴-3-甲基丁酮，结构式为：

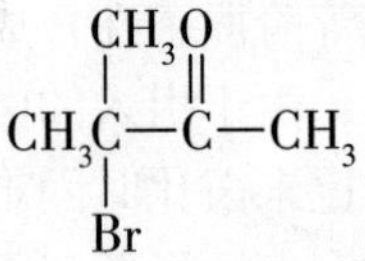

$$CH_3-\underset{Br}{\overset{CH_3}{C}}-\overset{O}{\overset{\|}{C}}-CH_3$$

。

4. 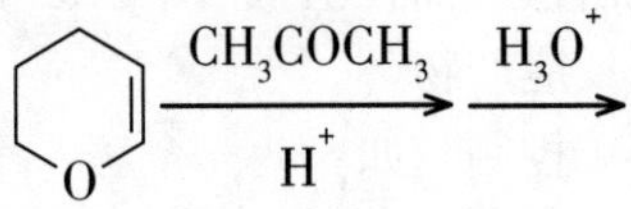 （二氢吡喃）$\xrightarrow[H^+]{CH_3COCH_3}$ $\xrightarrow{H_3O^+}$ （ ）+（ ）。（扬州大学，2008）

【解析】环氧化合物在酸催化下，生成（环状氧鎓离子）和（$^+$HO 开链烯醇碳正离子）$\longleftrightarrow$（$^+$ 开链醛碳正离子），再分别与丙酮烯醇式进行加成反应，故答案为（2-四氢吡喃基）$-CH_2COCH_3$；$CH_3COCH_2CH_2CH_2CH_2CHO$。

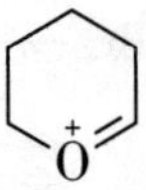

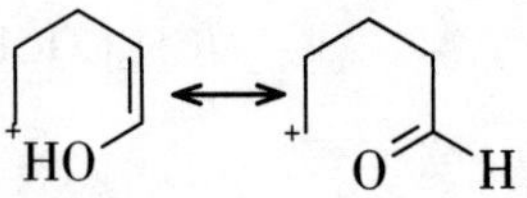

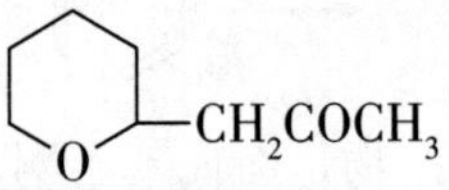

参考文献

［1］邢其毅，裴伟伟，徐瑞秋，等. 基础有机化学［M］. 3版. 北京：高等教育出版社，2005.

［2］孔祥文. 有机化学［M］. 2版. 北京：化学工业出版社，2018.

［3］孔祥文. 有机化学反应和机理［M］. 北京：中国石化出版社，2018.

4 芳香亲电取代反应

4.1 Blanc氯甲基化反应

芳烃及其衍生物在无水氯化锌催化下与甲醛和氯化氢作用,在芳环上引入氯甲基的反应称为Blanc氯甲基化(chloromethylation)反应[1]。在实际操作中,可用三聚甲醛代替甲醛。

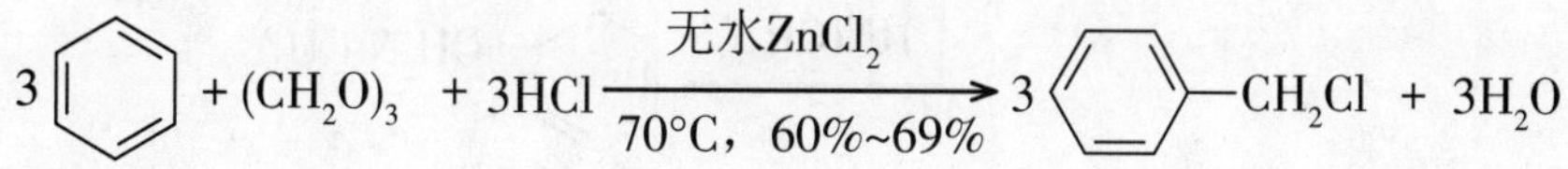

$$3\,C_6H_6 + (CH_2O)_3 + 3HCl \xrightarrow[70°C,\ 60\%\sim69\%]{\text{无水}ZnCl_2} 3\,C_6H_5CH_2Cl + 3H_2O$$

反应机理[2]:

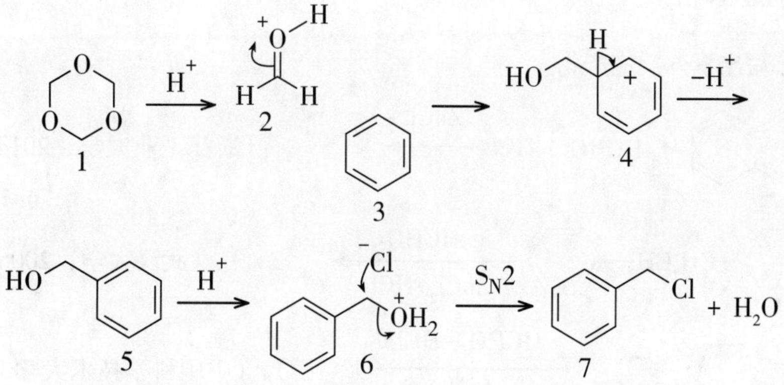

三聚甲醛（1）在酸催化下加热解聚生成甲醛，并形成镁盐（2），2作为亲电试剂进攻苯环（3），与苯环的一个碳原子形成新的C—C σ键得到σ-络合物（4），4从sp^3杂化碳原子上失去一个质子得苄醇（5），5在酸催化下形成镁盐（6），然后氯离子与6发生双分子亲核取代反应、脱水得到产物氯苄（7）。

如用其他脂肪醛代替甲醛，反应也可以进行，称为卤烷基化反应[3]，即芳烃及其衍生物在Lewis酸的催化下生成α-烷基卤化苄或取代的α-烷基卤化苄的反应。例如：

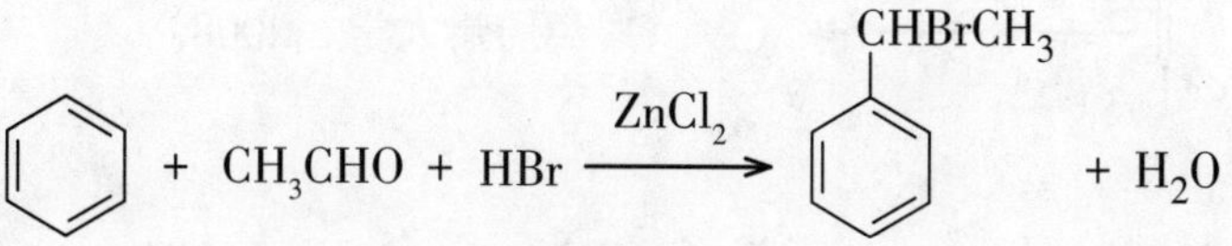

$$C_6H_6 + CH_3CHO + HBr \xrightarrow{ZnCl_2} C_6H_5CHBrCH_3 + H_2O$$

氯甲基化反应对于苯、烷基苯、烷氧基苯（烷基苯基醚）和稠环芳烃等都是成功的，但当环上有强吸电子基取代时，产率很低甚至不反应。氯甲基化反应的用途广泛，因为—CH_2Cl可以经过还原、取代等反应转变成—CH_3，—CH_2OH，—CH_2CN，—CHO，—CH_2COOH，—$CH_2N(CH_3)_2$等[4]。

$$C_6H_5CH_2Cl \xrightarrow[Pd/C]{H_2} C_6H_5CH_3$$

$$C_6H_5CH_2Cl \xrightarrow[OH^-]{H_2O} C_6H_5CH_2OH$$

$$C_6H_5CH_2Cl \xrightarrow{NaCN} C_6H_5CH_2CN$$

$$C_6H_5CH_2Cl \xrightarrow[2.\ [O]]{1.\ H_2O/OH^-} C_6H_5CHO$$

$$C_6H_5CH_2Cl \xrightarrow[2.\ H_2O/H^+]{1.\ NaCN} C_6H_5CH_2COOH$$

$$C_6H_5CH_2Cl \xrightarrow{HN(CH_3)_2} C_6H_5CH_2N(CH_3)_2$$

例题解析

【例1】写出下列反应产物

1. 萘 + HCHO + HCl $\xrightarrow{ZnCl_2}$ （　　）。（浙江工业大学，2014）

2. $C_6H_5CH_2CH_2C_6H_5 \xrightarrow[ZnCl_2+HCl]{HCHO}$ （　　）。（武汉大学，2006）

3. H_3C-噻吩-CO_2CH_3（5-甲基噻吩-2-甲酸甲酯）$\xrightarrow[ZnCl_2]{HCHO,\ HCl}$ （　　）。（中国科学技术大学，2002）

4. 萘 $\xrightarrow[HCl,\ ZnCl_2]{HCHO}$ （　　）$\xrightarrow{NaCN}$ （　　）$\xrightarrow[H_2O]{H_2SO_4}$ （　　）。（青岛科技大学，2012）

5. 苯并噻吩 $\xrightarrow{HCHO,\ HCl}$ （　　）。（扬州大学，2008）

6. 异丙苯 $\xrightarrow[ZnCl_2]{HCHO/HCl}$ （　　）$\xrightarrow[EtOH]{NaCN}$ （　　）$\xrightarrow{LiAlH_4}$ （　　）。（苏州大学，2014）

【解析】

1. 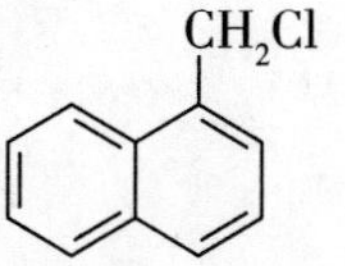 CH_2Cl

2. 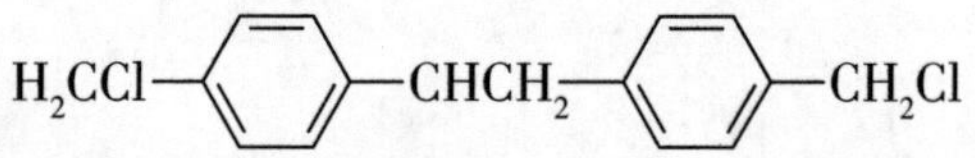 $H_2CCl-C_6H_4-CHCH_2-C_6H_4-CH_2Cl$

3. ClH_2C H_3C S $COOCH_3$

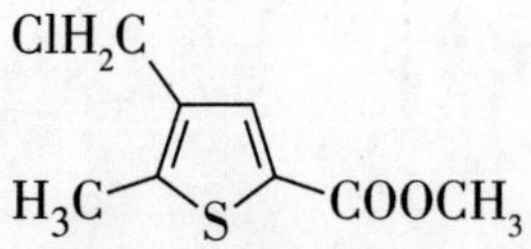

4. 萘与甲醛和氯化氢在无水氯化锌存在下发生Blanc氯甲基化反应生成α-氯甲基萘 CH_2Cl ，然后氰解得α-萘乙腈 CH_2CN ，酸催化水解得到α-萘乙酸 CH_2COOH

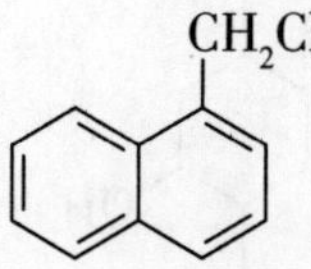

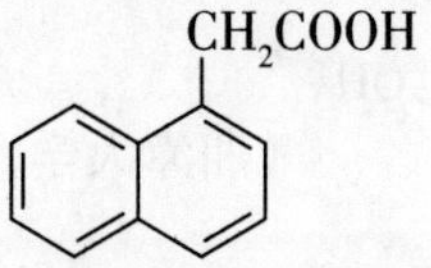

5. 这是一个氯甲基化反应，故答案为 S CH_2Cl

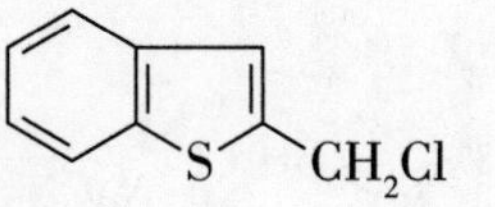

6. 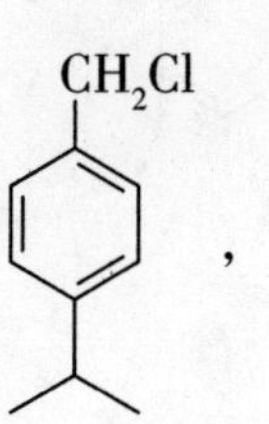 CH_2Cl ， CH_2CN ， $CH_2CH_2NH_2$

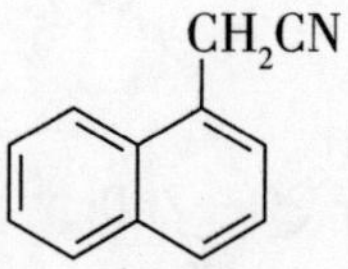

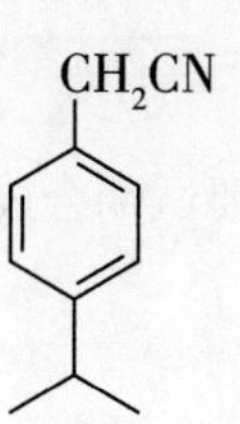

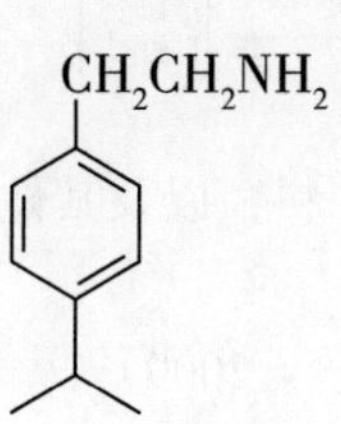

【例2】机理题

1. 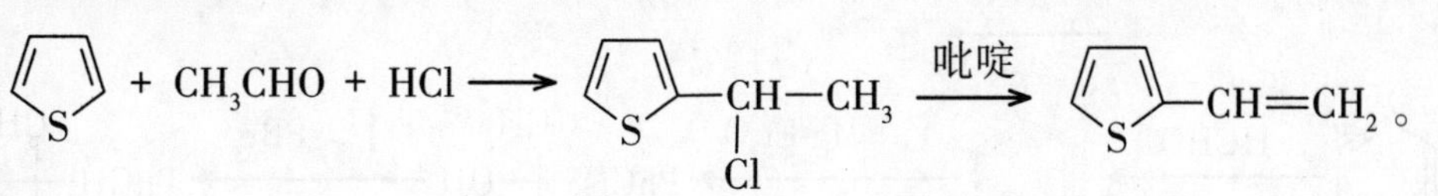 S + CH_3CHO + HCl ⟶ S —CH—CH_3 (Cl) $\xrightarrow{\text{吡啶}}$ S —CH=CH_2。

【解析】

CH_3CH(=O) $\xrightarrow{H^+}$ $H_3C-C(=\overset{+}{O}H)-H$ ⟷ $H_3C-\overset{+}{C}(OH)H$ $\xrightarrow{\text{噻吩}}$ S(+) H CHOH CH_3 $\xrightarrow{-H^+}$ S CHOH CH_3

$\xrightarrow{H^+}$ S CH—$\overset{+}{O}H_2$ CH_3 $\xrightarrow{-H_2O}$ S $\overset{+}{C}HCH_3$ $\xrightarrow{Cl^-}$ S CH(Cl)—CH_2(H) $\xrightarrow{\text{吡啶}}$

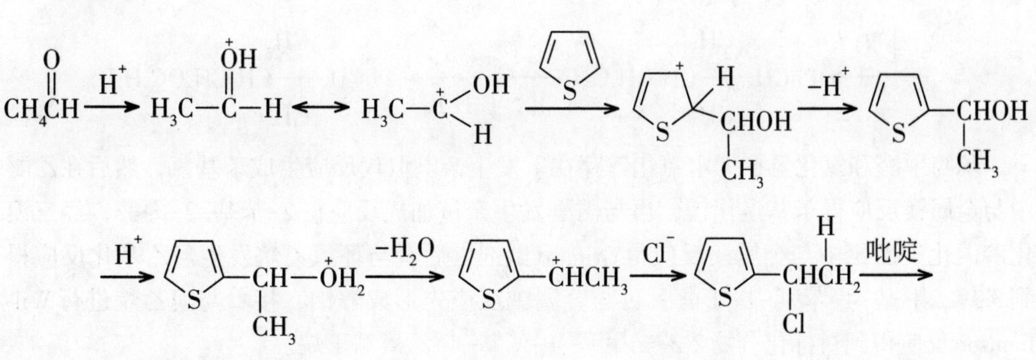

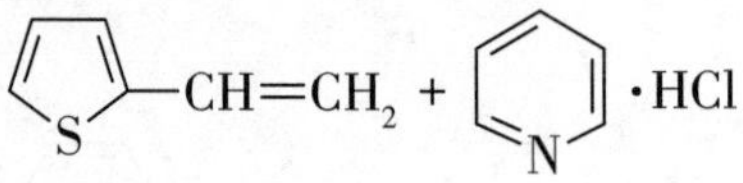

$$\text{2-thienyl}-CH=CH_2 + \text{pyridine}\cdot HCl$$

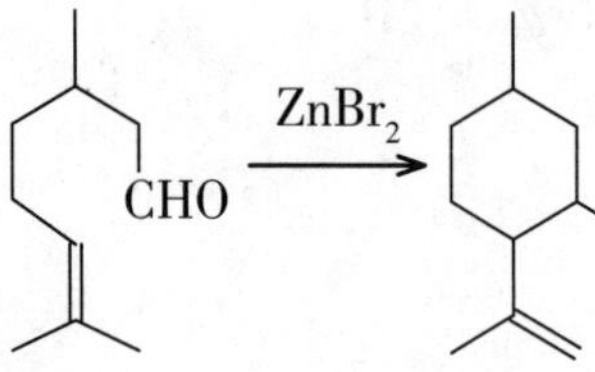

2. (citronellal) $\xrightarrow{ZnBr_2}$ (isopulegol, OH) 。（复旦大学，2008）

【解析】

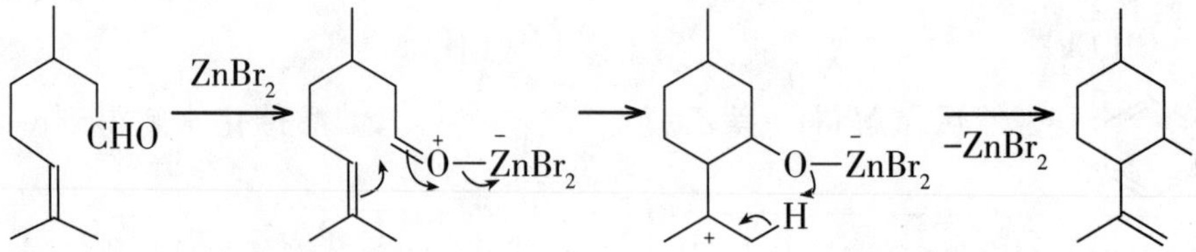

(citronellal, CHO) $\xrightarrow{ZnBr_2}$ $\overset{+}{O}-\overset{-}{Zn}Br_2$ $\rightarrow$ $O-\overset{-}{Zn}Br_2$, $\overset{+}{}$, H $\xrightarrow{-ZnBr_2}$ (OH)

【例3】由苯和不超过四个碳原子的有机试剂合成 $PhCH_2COOH$ （湘潭大学，2016）

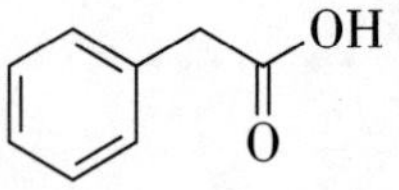

【解析】

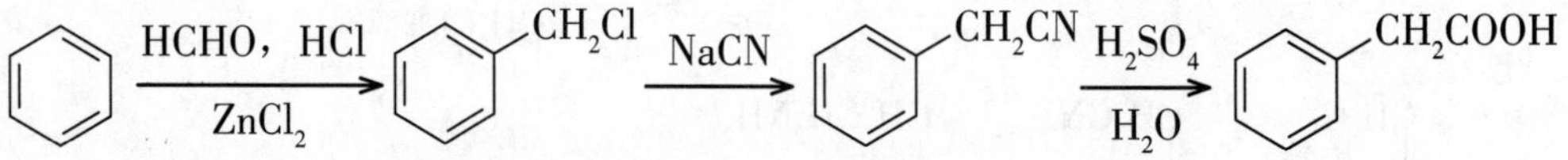

$$C_6H_6 \xrightarrow[ZnCl_2]{HCHO，HCl} C_6H_5CH_2Cl \xrightarrow{NaCN} C_6H_5CH_2CN \xrightarrow[H_2O]{H_2SO_4} C_6H_5CH_2COOH$$

【例4】由苯和不超过3个碳的有机原料，以及其他必要试剂合成

$PhCH_2C(CH_3)_2CH_2CH_2OC_2H_5$ 。（南开大学，2009）

【解析】

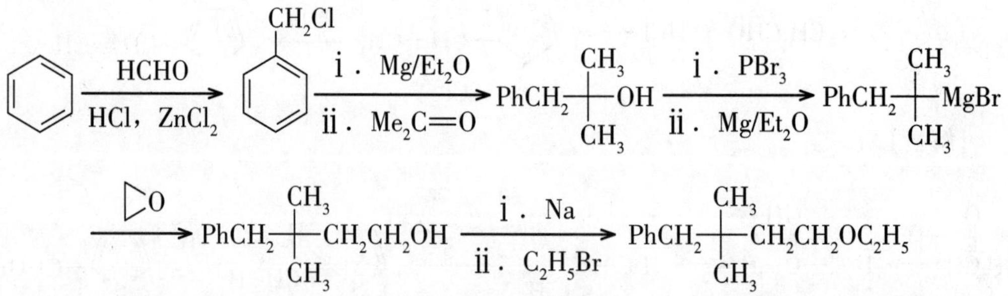

$$C_6H_6 \xrightarrow[HCl，ZnCl_2]{HCHO} C_6H_5CH_2Cl \xrightarrow[\text{ii. } Me_2C=O]{\text{i. } Mg/Et_2O} PhCH_2C(CH_3)_2OH \xrightarrow[\text{ii. } Mg/Et_2O]{\text{i. } PBr_3} PhCH_2C(CH_3)_2MgBr$$

$$\xrightarrow{\text{环氧乙烷}} PhCH_2C(CH_3)_2CH_2CH_2OH \xrightarrow[\text{ii. } C_2H_5Br]{\text{i. } Na} PhCH_2C(CH_3)_2CH_2CH_2OC_2H_5$$

苯与甲醛和氯化氢在无水氯化锌存在下发生亲电取代反应生成苄基氯，然后在乙醚中与金属镁反应得苄基溴化镁，再与丙酮发生亲核加成反应得2-苄基-2-丙醇，经三溴化磷溴化、乙醚中与金属镁反应得Grinard试剂，后者与环氧乙烷发生羟乙基化反应得到3,3-二甲基-4-苯基-1-丁醇，再与金属钠反应先形成醇钠，接着与溴乙烷进行Williamson反应得到目标化合物2,2-二甲基-1-苯基-4-乙氧基丁烷。

【例5】由指定原料合成

1. $C_6H_5CH_2Cl$ ⟶⟶ $p\text{-}HOC_6H_4CH(CH_3)CN$。（复旦大学，2006）

【解析】

$C_6H_5CH_2Cl \xrightarrow{KCN} C_6H_5CH_2CN \xrightarrow[\text{TBAB, NaOH}]{Me_2SO_4} C_6H_5CH(CH_3)CN \xrightarrow[H_2SO_4]{HNO_3} p\text{-}O_2NC_6H_4CH(CH_3)CN \xrightarrow[NH_4Cl]{Fe} p\text{-}H_2NC_6H_4CH(CH_3)CN$

$\xrightarrow[\text{(2) } H_2SO_4/H_2O\text{，回流}]{\text{(1) } NaNO_2\text{，}HCl\text{，}0\sim5°C} p\text{-}HOC_6H_4CH(CH_3)CN$

2. $C_6H_6 \longrightarrow Br\text{-}C_6H_4\text{-}CH{=}CH{-}CH_3$。（青岛科技大学，2003）

【解析】

$C_6H_6 \xrightarrow[AlCl_3]{CH_3Cl} C_6H_5\text{-}CH_3 \xrightarrow[h\nu]{Cl_2} C_6H_5\text{-}CH_2Cl \xrightarrow[\text{干醚}]{Mg} \xrightarrow[2.\ H_3O^+]{1.\ CH_3CHO} C_6H_5\text{-}CH_2CH(OH)CH_3$

$\xrightarrow{H^+} C_6H_5\text{-}CH{=}CHCH_3 \xrightarrow[Fe]{Br_2} Br\text{-}C_6H_4\text{-}CH{-}CHCH_3$

3. $C_6H_5OMe \longrightarrow p\text{-}MeOC_6H_4CH_2CO_2H$。（复旦大学，2008）

【解析】

$C_6H_5OMe \xrightarrow{HCHO/HCl} p\text{-}MeOC_6H_4CH_2Cl \xrightarrow{KCN} p\text{-}MeOC_6H_4CH_2CN \xrightarrow{H_3O^+} p\text{-}MeOC_6H_4CH_2COOH$

【例6】由苯为原料合成

1. $C_6H_5\text{-}CH_2\text{-}C_6H_4\text{-}CH_2OH$。

【解析】

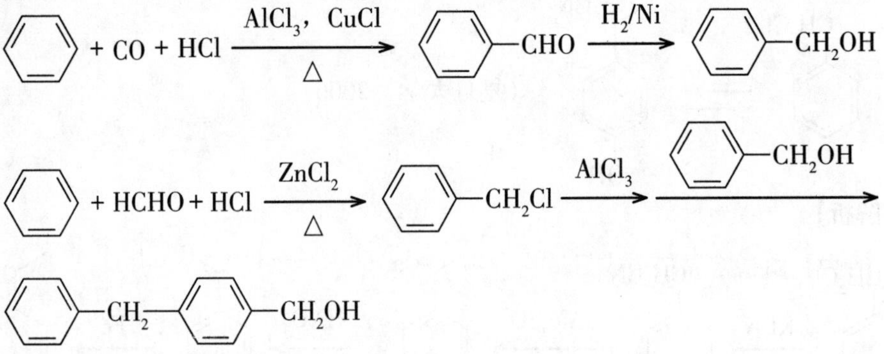

$$C_6H_6 + CO + HCl \xrightarrow[\triangle]{AlCl_3,\ CuCl} C_6H_5CHO \xrightarrow{H_2/Ni} C_6H_5CH_2OH$$

$$C_6H_6 + HCHO + HCl \xrightarrow[\triangle]{ZnCl_2} C_6H_5CH_2Cl \xrightarrow{AlCl_3} \xrightarrow{C_6H_5CH_2OH}$$

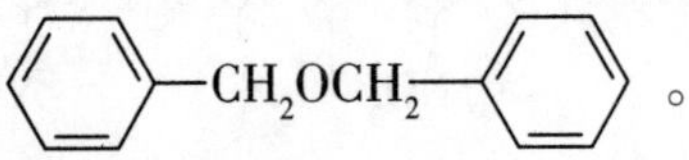

$$C_6H_5CH_2-C_6H_4-CH_2OH$$

2. $C_6H_5CH_2OCH_2C_6H_5$。

【解析】

$$C_6H_5CH_2OH + Na \longrightarrow C_6H_5CH_2ONa \xrightarrow{C_6H_5CH_2Cl} C_6H_5CH_2OCH_2C_6H_5$$

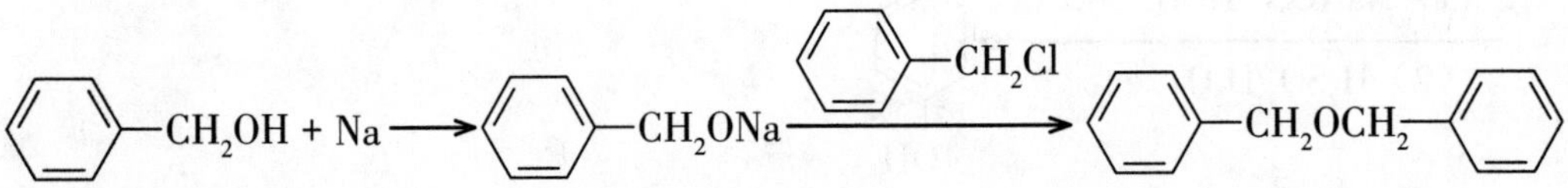

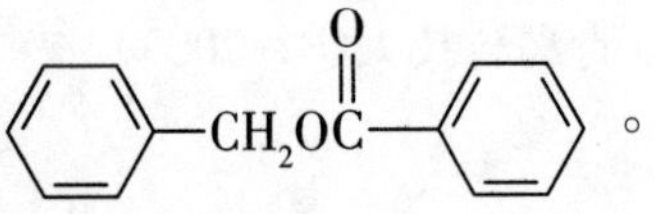

3. $C_6H_5CH_2OC(=O)C_6H_5$。

【解析】

$$C_6H_5CHO \xrightarrow[H^+]{KMnO_4} C_6H_5COOH \xrightarrow{NaOH} C_6H_5COONa \xrightarrow{C_6H_5CH_2Cl}$$

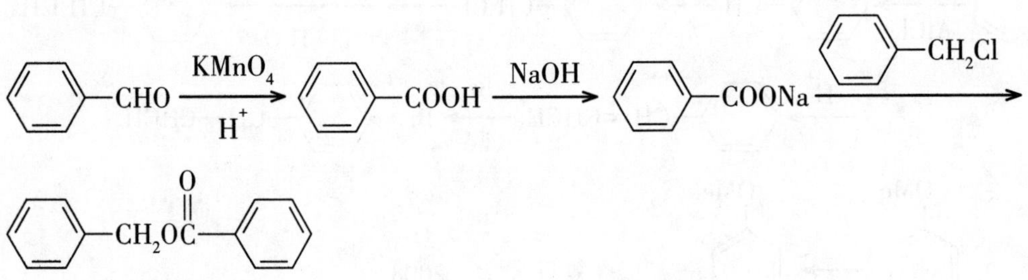

$$C_6H_5CH_2OC(=O)C_6H_5$$

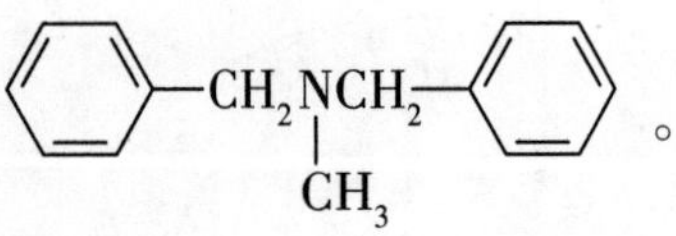

4. $C_6H_5CH_2N(CH_3)CH_2C_6H_5$。

【解析】

$$2\,C_6H_5CH_2Cl + CH_3NH_2 \longrightarrow C_6H_5CH_2N(CH_3)CH_2C_6H_5$$

5. $C_6H_5CH_2C(=O)OCH_2C_6H_5$。

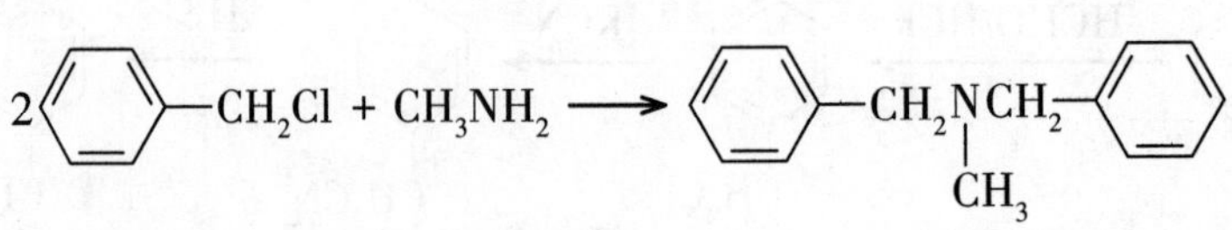

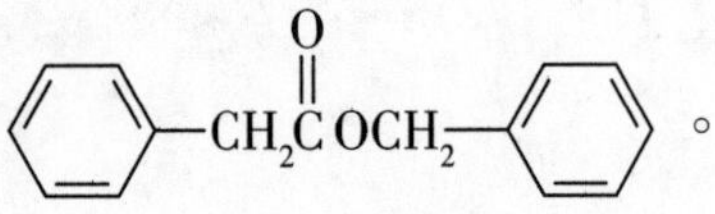

【解析】

$$C_6H_5CH_2Cl + NaCN \longrightarrow C_6H_5CH_2CN \xrightarrow[\triangle]{H_3O^+} C_6H_5CH_2COOH$$

$$\xrightarrow{NaOH} C_6H_5CH_2COONa \xrightarrow{C_6H_5CH_2Cl} C_6H_5CH_2COOCH_2C_6H_5$$

【例7】由指定原料合成目标化合物（江苏科技大学，2006）

$$\text{邻苯二酚（OH, OH）} \longrightarrow \text{(3,4-}H_3CO\text{)}_2C_6H_3CH_2NHC(=O)CH_2C_6H_3\text{(3,4-}OCH_3\text{)}_2$$

【解析】通过目标分子化学结构可以看出，只要合成出 $(H_3CO)_2C_6H_3CH_2NH_2$ 和 $(H_3CO)_2C_6H_3CH_2COOH$ 即可。

$$\text{邻苯二酚} \xrightarrow[2CH_3Br]{2NaOH} C_6H_4(OCH_3)_2 \xrightarrow[ZnCl_2]{HCHO+HCl} ClH_2C\text{—}C_6H_3(OCH_3)_2 \xrightarrow[(2)\ H_3O^+]{(1)\ NaCN}$$

$$(H_3CO)_2C_6H_3CH_2CO_2H \begin{cases} \xrightarrow{SOCl_2} (H_3CO)_2C_6H_3CH_2COCl \\ \xrightarrow{NH_3}\xrightarrow{NaOH+Br_2} (H_3CO)_2C_6H_3CH_2NH_2 \end{cases} \longrightarrow \text{T.M}$$

【例8】由指定原料出发合成，可用不大于3个碳的有机原料及任何无机试剂（郑州大学，2015）

$$C_6H_6 \longrightarrow C_6H_5CH_2\text{—}CH{=}CH\text{—}CH_3 \ (\text{H, H 同侧})$$

【解析】

$$C_6H_6 + HCHO + HCl \longrightarrow C_6H_5CH_2Cl$$

$$HC{\equiv}CCH_3 \xrightarrow{Na} \xrightarrow{C_6H_5CH_2Cl} \xrightarrow[\text{lindlar}]{H_2} C_6H_5CH_2\text{—}CH{=}CH\text{—}CH_3 \ (\text{H, H 同侧})$$

参考文献

[1] BLANC G. Preparation of aromatic chloromethylenic derivatives [J]. Bull Soc Chim Fr., 1923. 33: 313.

[2] 李杰. 有机人名反应及机理 [M]. 荣国斌，译. 上海：华东理工大学出版社，2003.

[3] 孔祥文. 有机化学 [M]. 北京：化学工业出版社，2010.

[4] 孔祥文. 有机化学反应和机理 [M]. 北京：中国石化出版社，2018.

4.2 Fischer吲哚合成

经典的Fischer吲哚合成的反应是以脂肪族醛、酮类及苯肼衍生物为原料，缩合成相应的苯腙衍生物，再在酸催化剂作用下重排环化，最后生成吲哚衍生物[2-3]。合成反应通式为：

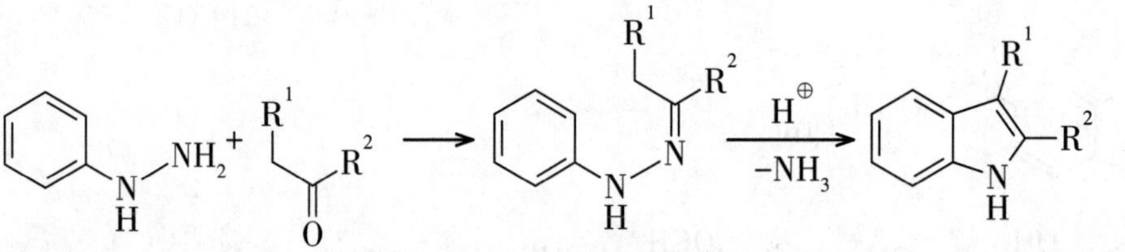

$H^{\oplus}$, $-NH_3$

因生成的中间产物腙在Fischer吲哚合成的酸性条件下不太稳定，大多数情况下，中间产物不经过分离提纯，一步反应生成吲哚[4]。

反应机理[5]：

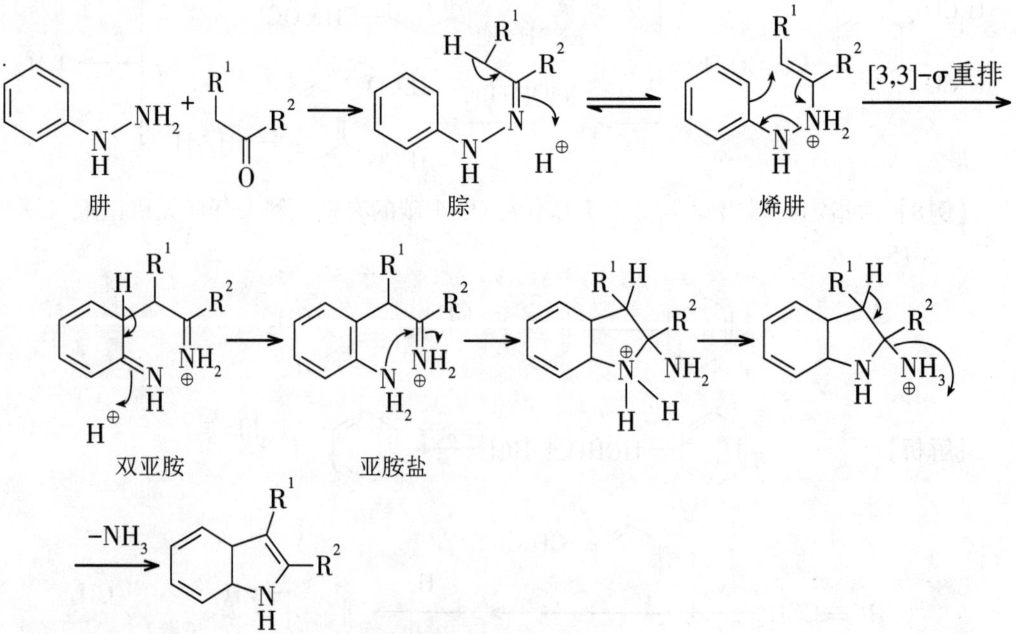

[3,3]-σ重排

肼 腙 烯肼

双亚胺 亚胺盐

$-NH_3$

苯肼与酮反应生成的腙在酸催化下异构为含有1，5-二烯结构的烯肼，经［3，

3］-σ重排成双亚胺，质子转移恢复为闭合共轭体系苯环的亚胺盐，然后苯环中邻位氨基进攻亚铵离子的碳正离子环合、H^+转移、消去一分子NH_3，芳构化为目标产物2，3-二取代吲哚衍生物。其中环合步骤为碳正离子的胺化反应。

例题解析

【例1】 由苯合成 5-氯-3-甲基-2-苯基吲哚（Cl，CH_3，C_6H_5，N-H）（浙江大学，2011）

【解析】

苯 $\xrightarrow[Cl_2]{Fe}$ 氯苯 $\xrightarrow[H_2SO_4]{HNO_3}$ 对氯硝基苯（NO_2，Cl） $\xrightarrow[HCl]{Fe}$ 对氯苯胺（NH_2，Cl）

$\xrightarrow[2.\ SnCl_2,\ HCl]{1.\ NaNO_2,\ HCl}$ 对氯苯肼（$NHNH_2$，Cl）

苯 $\xrightarrow[AlCl_3]{CH_3CH_2COCl}$ $C_6H_5COCH_2CH_3$ $\xrightarrow{\text{对氯苯肼 (NHNH}_2\text{, Cl)}}$

Cl-C_6H_4-NH—N=C(CH_2CH_3)(C_6H_5) $\xrightarrow{H^+}$ 5-氯-3-甲基-2-苯基吲哚（Cl，CH_3，C_6H_5，N-H）

【例2】 写出反应的主要产物

1. H_3C-C_6H_4-N(Boc)-NH_2 + H_3C-CO-CH_2CH_3 $\xrightarrow[EtOH，reflux，1h]{TsOH\cdot H_2O}$ （　　）。

【解析】 Fischer吲哚合成中，由于原料苯肼或其衍生物在空气中易氧化，一般使其与盐酸成盐[6]后保存。在某些反应中，也可以引入保护基团。例如Lim等[7]在肼基氮原子上引入Boc保护基团，以4位为不同取代基的芳肼为母体，与不同的酮反应。例如：

H_3C-C_6H_4-N(Boc)-NH_2 + H_3C-CO-CH_2CH_3 $\xrightarrow[EtOH，reflux，1h]{TsOH\cdot H_2O}$ 2,3,5-三甲基吲哚（H_3C，CH_3，CH_3，N-H）

将4–甲基–N–叔丁氧羰基苯肼和丁酮在对甲苯磺酸存在下加热回流得到2，3，5–三甲基吲哚，收率94%。

SO_2NHMe

2. 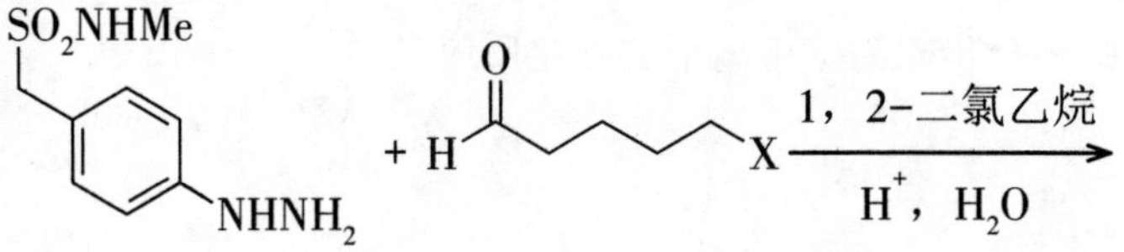 $NHNH_2$ + H O X $\xrightarrow[H^+，H_2O]{1，2–二氯乙烷}$ （　　） X＝OH，BrCl……

【解析】对于在酸性条件下易分解的吲哚衍生物，引入保护基避免其分解，但成本提高，操作烦琐。采用两相法合成可在一定程度上避免这些缺点。例如Wang[8]提出了两相法环合吲哚，反应液为不相溶的有机相1，2–二氯乙烷和强酸性的水相。吲哚一旦形成，就立刻把它从水溶液中萃取到1，2–二氯乙烷中，反应如下所示。

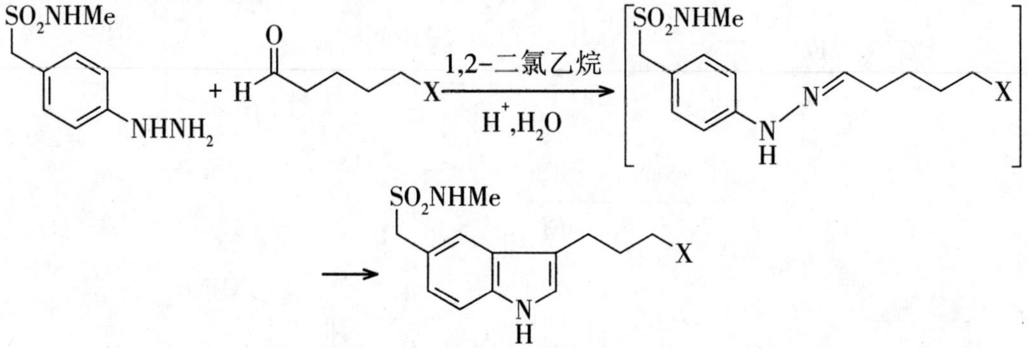

SO_2NHMe $NHNH_2$ + H O X $\xrightarrow[H^+,H_2O]{1,2–二氯乙烷}$ [SO_2NHMe N N H X]

→ SO_2NHMe X N H

3. 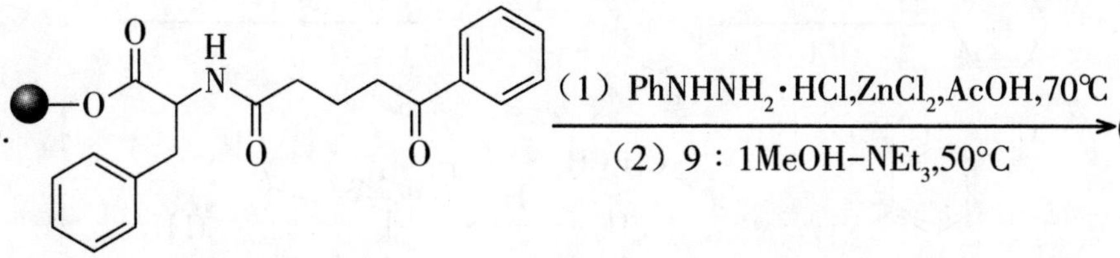 O O H N O O $\xrightarrow[（2）9：1MeOH–NEt_3,50°C]{（1）PhNHNH_2·HCl,ZnCl_2,AcOH,70℃}$ （　　）。

【解析】在经典的液相合成中，分离和纯化非常麻烦。固相合成法有其优势，固相法先将反应物绑定在各自的树脂上，再在同一液相中反应。例如：Hutchins[9]以PEG–PS为树脂载体，通过Fischer吲哚合成法制备了纯度比较高的2–芳基吲哚，其结构式为：

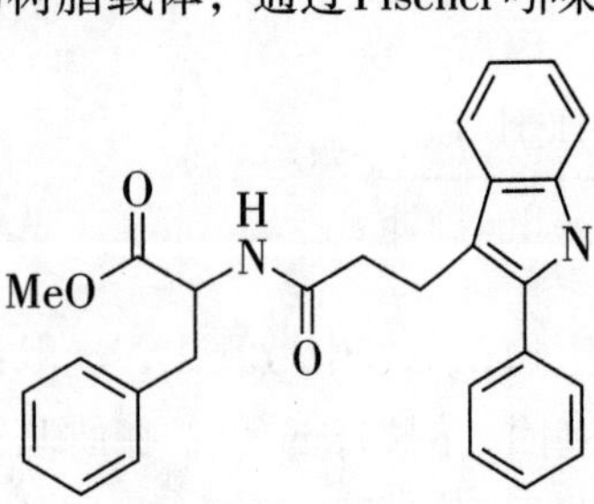

MeO O H N O NH。

4. 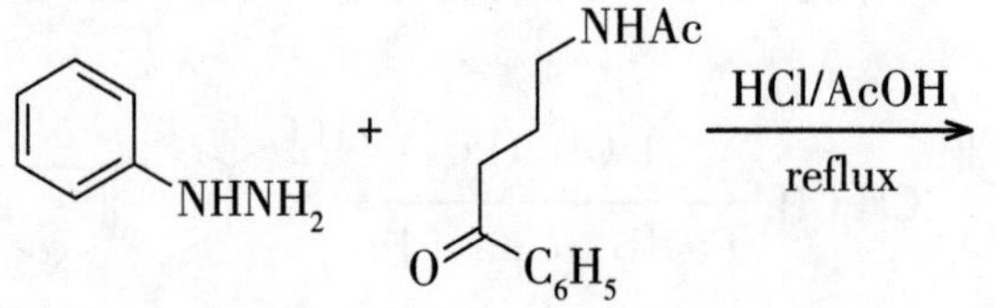 $NHNH_2$ + NHAc O C_6H_5 $\xrightarrow[reflux]{HCl/AcOH}$ （　　）。

【解析】有机反应通常是在溶液中进行的，而且溶剂对反应有显著的影响。将苯肼和4-乙酰氨基-1-苯基丁酮及盐酸和醋酸混合后一起加热、回流，一步合成了3-乙酰氨基乙基-2-苯基吲哚，收率93%[10]，其结构式为：NHAc N C_6H_5 H 。

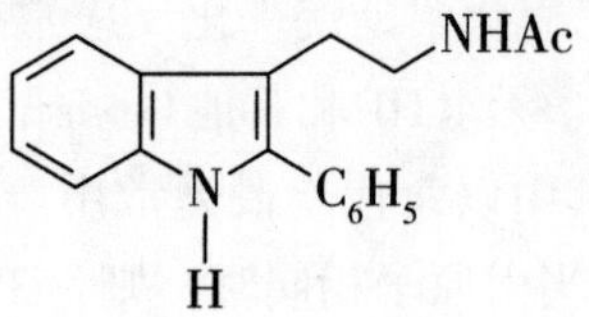

参考文献

[1] FISCHER E, JOURDAN F.Ueber die hydrazine der brenztraubensäure [J]. Ber. Dtsch. Chem. Ges., 1883, 16: 2241-2245.

[2] FISCHER E, HESS O.Synthese von indolderivaten [J]. Ber. Dtsch. Chem. Ges., 1884, 17: 559.

[3] 孔祥文.有机化学反应和机理 [M]. 北京：中国石化出版社，2018.

[4] 蒋金芝，王燕. Fischer 吲哚合成方法的研究进展 [J]. 有机化学，2006, 26 (8): 1025-1030.

[5] LI J J. Name reaction [M]. Berlin Heidelberg Springer-Verlag, 2009.

[6] CHEN C Y, SENANAYAKE C H, BILL T J, et al. Improved fischer indole reaction for the preparation of N, N-dimethyltryptamines: synthesis of L-695,894, a potent 5-HT1D receptor agonist [J]. J.Org. Chem, 1994, 59: 3738.

[7] LIM Y K, CHO C G. Expedient synthesis of indoles from N-Boc arylhydrazines [J]. Tetrahedron. Lett, 2004, 45: 1857.

[8] BRODFUEHRER P R, CHEN B C, SATTELBERG T R, et al. An efficient fischer indole synthesis of avitriptan, a potent 5-HT1Dreceptor agonist [J]. J. Org.Chem, 1997, 62: 91-92.

[9] HUTCHINS S M, CHAPMAN K T. Fischer indole synthesis on a solid support [J]. Tetrahedron Lett , 1996, 37: 4869.

[10] NEANJDENKO V G, ZAKURDAEV E P, PRUSOV E V, et al. Convenient synthesis of melatonin analogues: 2-and 3-substituted-N-acetylindolylalkylamines [J]. Tetrahedron, 2004, 60: 11719.

4.3 Friedel-Crafts反应

1877年，巴黎大学法-美化学家小组的C. Friedel和J. Crafts发现了在$AlCl_3$催化下，苯与卤代烷或酰氯等反应，可以合成烷基苯（PhR）和芳酮（ArCOR），该反应以两人的名字命名为Friedel-Crafts反应。反应相当于苯环上的氢原子被烷基或酰基所取代，所以又分别称为Friedel-Crafts烷基化（alkylation）反应和Friedel-Crafts酰基化（acylation）反应[1-3]。

4.3.1 Friedel-Crafts烷基化反应

无水三氯化铝是烷基化反应常用的催化剂，它的催化活性也是最高的。此外，如$FeCl_3$、BF_3、无水HF和其他Lewis酸都有催化作用。常用的烷基化试剂有卤代烷、烯烃和醇等，其中以卤代烷最为常用。卤代烷的反应活性是：当烷基相同时，RF > RCl > RBr > RI；当卤原子相同时，则是3°RX > 2°RX > 1°RX。工业上常用的烷基化试剂是烯烃，如乙烯、丙烯和异丁烯等。

反应机理：

芳烃烷基化反应需要在$AlCl_3$、$FeCl_3$、BF_3等Lewis酸或HF、H_2SO_4等质子酸催化，烷基化试剂在催化剂作用下产生碳正离子，它作为亲电试剂进攻苯环上的π电子云。其过程与硝化、磺化机理类似，形成σ络合物后，失去一个质子得到烷基苯。

$$RCl + AlCl_3 \longrightarrow R^+ + AlCl_4^-$$

$$C_6H_6 + R^+ \rightleftharpoons [C_6H_6R]^+ \xrightarrow{AlCl_4^-} C_6H_5R + AlCl_3 + HCl$$

在烷基化反应中有以下几点需要注意：

① 当使用含三个或三个以上碳原子的烷基化试剂时，会发生异构化现象。例如，苯与1-氯丙烷反应，得到的主要产物是异丙苯而不是正丙苯。

$$C_6H_6 + CH_3CH_2CH_2Cl \xrightarrow[\triangle]{AlCl_3} C_6H_5CH(CH_3)_2\ (65\%\sim69\%) + C_6H_5CH_2CH_2CH_3\ (31\%\sim35\%)$$

② 烷基化反应不容易停留在一取代阶段，通常在反应中有多烷基苯生成。这是因为取代的烷基使苯环上的电子云密度增大，增强了苯环的反应活性。

$$C_6H_6 \xrightarrow[AlCl_3]{CH_3Cl} C_6H_5CH_3 \xrightarrow[AlCl_3]{CH_3Cl} \left\{\begin{matrix} o\text{-}C_6H_4(CH_3)_2 \\ p\text{-}C_6H_4(CH_3)_2 \end{matrix}\right. \xrightarrow[AlCl_3]{CH_3Cl} 1,2,4\text{-}C_6H_3(CH_3)_3$$

如果在上述反应中使苯大大过量，可得到较多的一元取代物。

③ 由于烷基化反应是可逆的，故伴随有歧化反应，即一分子烷基苯脱烷基，另一分子则增加烷基。例如：

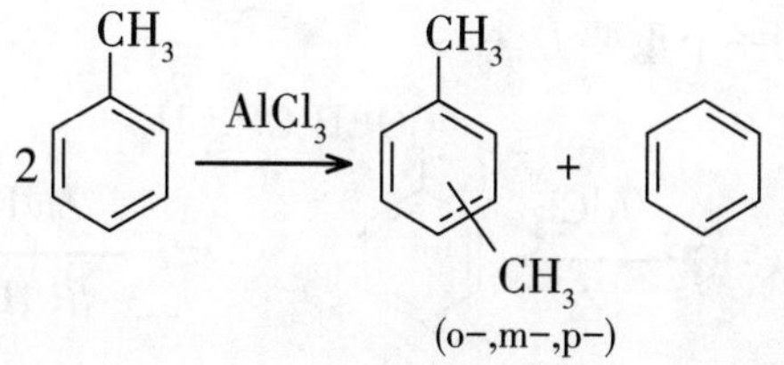

$$2\ C_6H_5CH_3 \xrightarrow{AlCl_3} CH_3C_6H_4CH_3\ (o-,m-,p-) + C_6H_6$$

④ 如果苯环上连有 $-NO_2$， $-\overset{+}{N}(CH_3)_3$，$-COOH$，$-COR$，$-CF_3$，$-SO_3H$ 等强吸电子取代基时，会使苯环上的电子云密度降低，使Friedel-Crafts反应无法进行。因此可以用硝基苯做烷基化反应的溶剂。

4.3.2 Friedel-Crafts酰基化反应

在$AlCl_3$催化下，酰氯、酸酐或羧酸等与苯可以发生亲电取代反应，在苯环上引入酰基，称作Friedel-Crafts酰基化反应。这是合成芳酮的重要手段。常用的酰基化试剂有酰卤、酸酐和羧酸，它们的活性次序是：酰卤 > 酸酐 > 羧酸。

由于酰基化试剂和酰化反应产物会与$AlCl_3$络合，所以进行酰基化反应时，催化剂的用量要比烷基化反应大。与烷基化反应相似，当苯环上含有吸电子基时，酰基化反应也无法进行。由于酰基是吸电子基团（酰基引入苯环后使苯环亲电取代反应活性降低），同时酰基化反应是不可逆的，所以该反应无歧化现象；另外，酰基化反应也无异构化现象。

反应机理：

酰基化试剂在催化剂作用下，产生酰基正离子，它作为亲电试剂进攻苯环上的π电子云，形成σ络合物后，再失去一个质子得到产物芳酮。

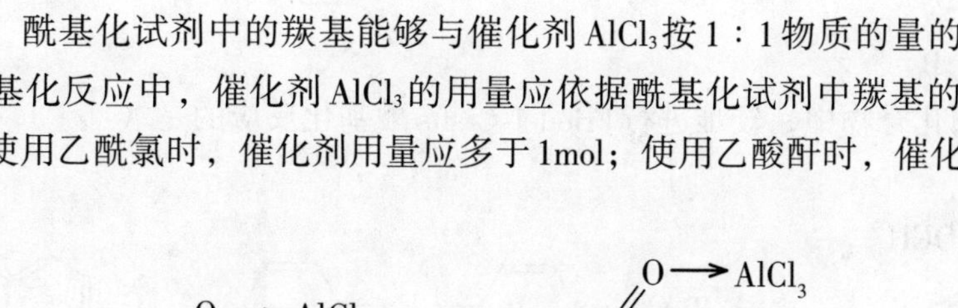

$$R\overset{O}{\overset{\|}{C}}Cl \xrightarrow{AlCl_3} R\overset{O}{\overset{\|}{C}}{}^+ + AlCl_4^-$$

$$C_6H_6 + R\overset{O}{\overset{\|}{C}}{}^+ \rightleftharpoons [C_6H_6(H)(COR)]^+ \underset{}{\overset{AlCl_4^-}{\rightleftharpoons}} C_6H_5COR + AlCl_3 + HCl$$

反应中，酰基化试剂中的羰基能够与催化剂$AlCl_3$按1∶1物质的量的比生成络合物，所以酰基化反应中，催化剂$AlCl_3$的用量应依据酰基化试剂中羰基的数目相应增加。例如：使用乙酰氯时，催化剂用量应多于1mol；使用乙酸酐时，催化剂用量应多于2mol。

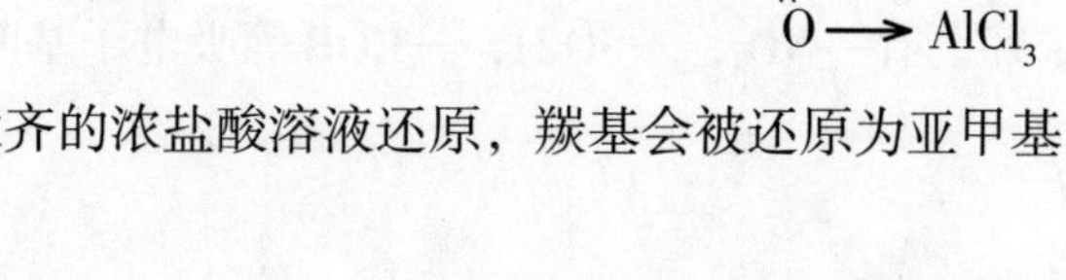

$$CH_3\overset{O\rightarrow AlCl_3}{\overset{\|}{C}}Cl \qquad (CH_3\overset{O\rightarrow AlCl_3}{\overset{\|}{C}})_2O$$

产物芳酮用锌汞齐的浓盐酸溶液还原，羰基会被还原为亚甲基。因此酰基化反应是在芳环上引入直链烷基的一个重要方法。

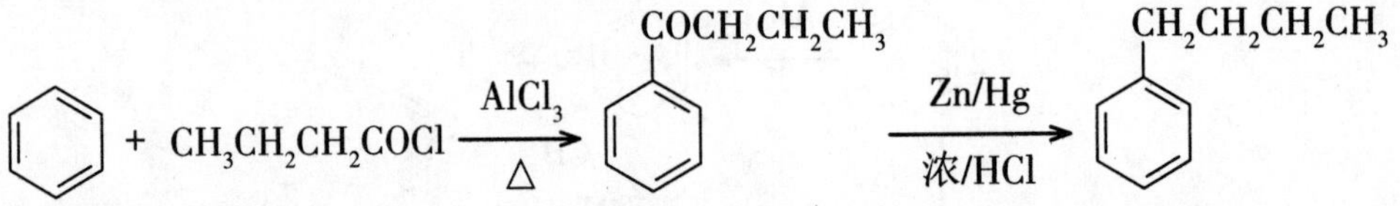

$$C_6H_6 + CH_3CH_2CH_2COCl \xrightarrow[\triangle]{AlCl_3} C_6H_5COCH_2CH_2CH_3 \xrightarrow[\text{浓/HCl}]{Zn/Hg} C_6H_5CH_2CH_2CH_2CH_3$$

甲酰氯很不稳定，极易分解，不能够直接与苯进行酰基化反应得到苯甲醛。制取苯甲醛可用CO和干燥的HCl，在无水三氯化铝和氯化亚铜（与CO配位结合）催化作用下反应，生成苯甲醛。

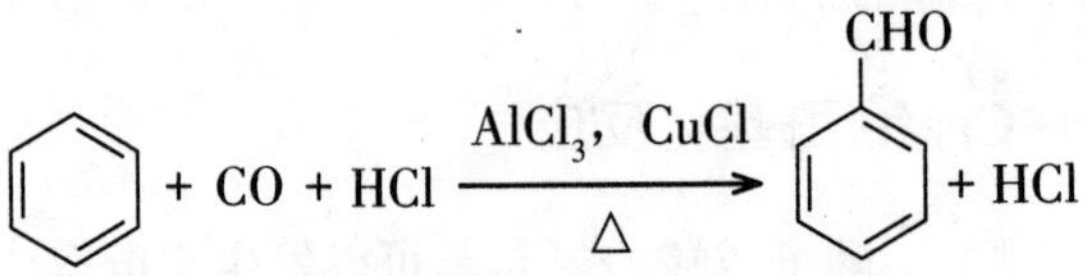

$$C_6H_6 + CO + HCl \xrightarrow[\triangle]{AlCl_3,\ CuCl} C_6H_5CHO + HCl$$

此反应称为Gattermann-Koch反应，主要用于苯或烷基苯的甲酰化。

例题解析

【例1】判断题

1. 硝基苯可进行付–克烷基化反应，但不能进行付–克酰基化反应（　　）。（四川大学，2013）

2. 邻位定位基使苯环电子云密度增大，亲电取代反应主要发生在定位基的邻、对位（　　）。（四川大学，2013）

【解析】1. ×　2. √

【例2】选择题

1. 下列化合物不能进行Friedel-Crafts酰基化反应的是（　　）。（华南理工大学，2016）

A. 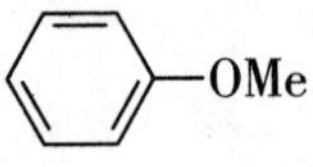 C_6H_5–OMe　　B. 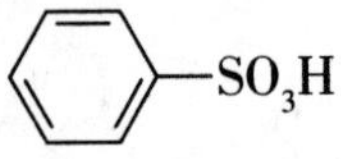 C_6H_5–SO_3H

C. 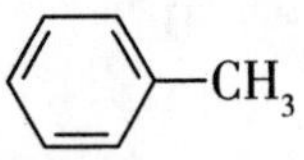 C_6H_5–CH_3　　D. 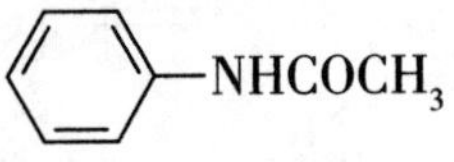 C_6H_5–$NHCOCH_3$

【解析】B

2. 下列化合物中，较难进行Friedel-Crafts酰基化反应的是（　　）。（大连理工大学，2004）

A. 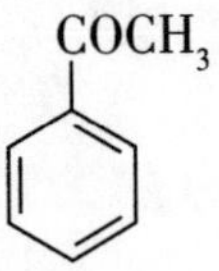 $C_6H_5COCH_3$　　B. 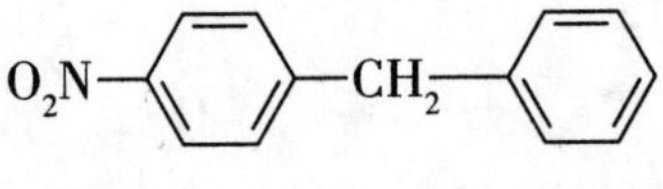 O_2N–C_6H_4–CH_2–C_6H_5　　C. 四氢萘

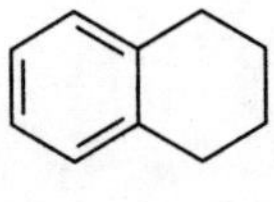

【解析】A。当苯环上有—NO_2，—SO_3H，—COR等吸电子基时，Friedel-Crafts反应难以进行。

【例3】 完成反应式（若产物有立体异构，需将立体结构写出，若反应不能进行需用“×”表示）（北京理工大学2007年）

1. 苯 $\xrightarrow[AlCl_3]{(CH_3)_2CHCOCl}$ (　　) $\xrightarrow{(\quad)}$ $C_6H_5CH_2CH(CH_3)_2$ $\xrightarrow{(\quad)}$ $p\text{-}CH_3COC_6H_4CH_2CH(CH_3)_2$ $\longrightarrow$ (　　)。

【解析】 第一步是芳烃的付-克酰基化反应，第二步是羰基还原成亚甲基，第三步又是芳烃的付-克酰基化反应。第四步为甲基酮的碘仿反应。故答案为 $C_6H_5COCH(CH_3)_2$；

Zn/HCl（或者 H_2NNH_2-NaOH/二缩乙二醇醚或者乙硫醇/H_2/Raney Ni）；$CH_3COCl/AlCl_3$；

$CHI_3 + NaOC(=O)\text{-}C_6H_4\text{-}CH_2CH(CH_3)_2$。

2. 苯 + $CH_3CH(CH_3)CH_2OH$ $\xrightarrow{H_2SO_4}$ (　　)。（四川大学，2013）

【解析】 苯与异丁醇在硫酸存在下发生Friedel-Crafts烷基化反应生成叔丁基苯，$C_6H_5C(CH_3)_3$。

【例4】 完成下列反应

1. 苯 + $(CH_3)_2C(Br)CH_2CH_2C(Br)(CH_3)_2$ $\xrightarrow{AlBr_3}$ (　　)。（西北大学，2011）

2. 苯甲醚（OMe） + $(CH_3CO)_2O$ $\xrightarrow{AlCl_3}$ (　　) $\xrightarrow[HCl]{Zn\text{-}Hg}$ (　　)。（暨南大学，2016）

3. 苯酚（OH） + 2,5-二甲基-1,5-己二烯 $\xrightarrow{H^+}$ (　　)。（陕西师范大学，2004；南开大学，2015）

4. 苯 + $CH_3CH_2CH_2Br$ $\xrightarrow{AlCl_3}$ (　　)。（南京大学，2014）

5. 苯 $\xrightarrow[AlCl_3]{(CH_3)_2CHCH_2Cl}$ (　　) $\xrightarrow[H_2SO_4]{HNO_3}$ (　　) $\xrightarrow[加热]{Fe/HCl}$ (　　) $\xrightarrow{CH_3COCl}$

（　　）（浙江工业大学，2014）

6. 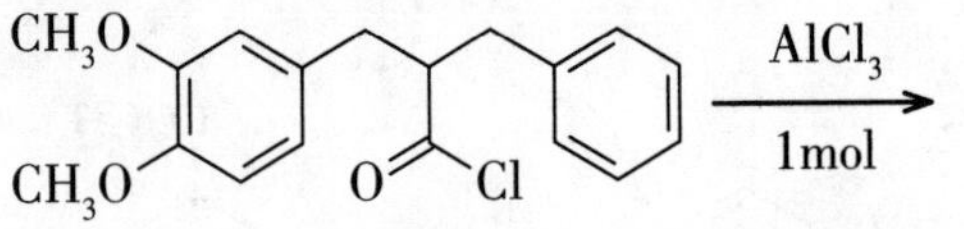 CH_3O, CH_3O-substituted acyl chloride (C(=O)Cl) $\xrightarrow[1mol]{AlCl_3}$（　　）。（华侨大学，2016）

7. 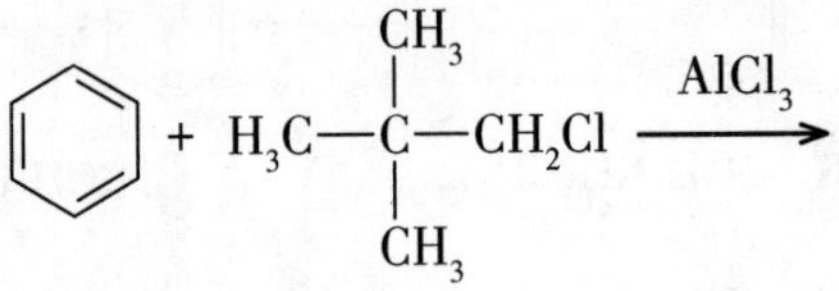 苯 + $H_3C-C(CH_3)_2-CH_2Cl$ $\xrightarrow{AlCl_3}$（　　　）（major）（　　　）（minor）。

（浙江工业大学，2014）

8. 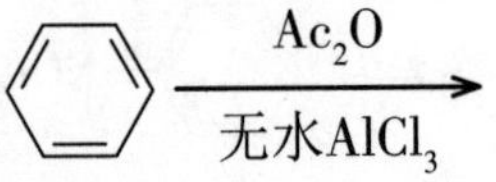 苯 $\xrightarrow[无水AlCl_3]{Ac_2O}$（　　）。（湘潭大学，2016）

9. 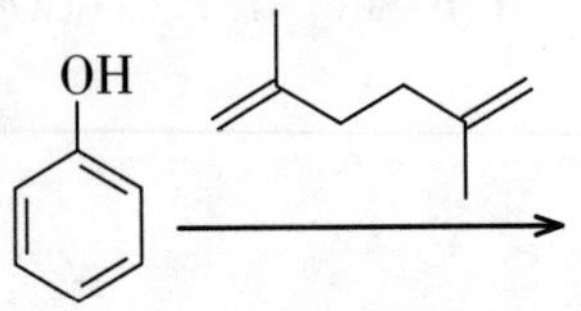 OH 苯酚 $\longrightarrow$（　　）。（湖南师范大学，2008）

10. 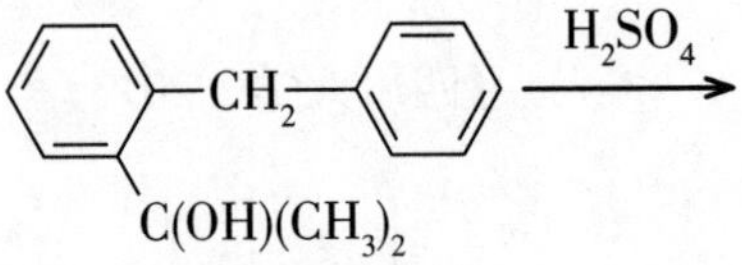 $-CH_2-$, $C(OH)(CH_3)_2$ $\xrightarrow{H_2SO_4}$（　　）。（湖南师范大学，2008；暨南大学，2016）

11. 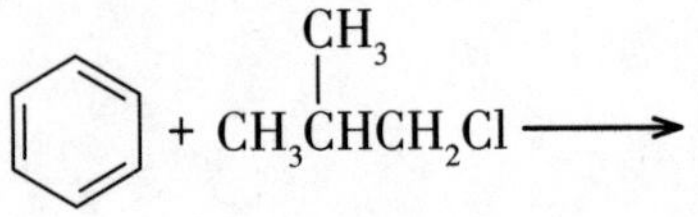 苯 + $CH_3CH(CH_3)CH_2Cl$ $\longrightarrow$（　　）$\xrightarrow[2)\ H^+]{1)\ KMnO_4}$（　　）。（兰州大学，2003）

12. 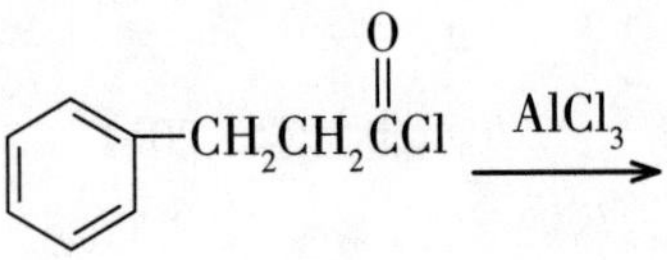 $-CH_2CH_2C(=O)Cl$ $\xrightarrow{AlCl_3}$（　　）。（郑州大学，2015）

13. 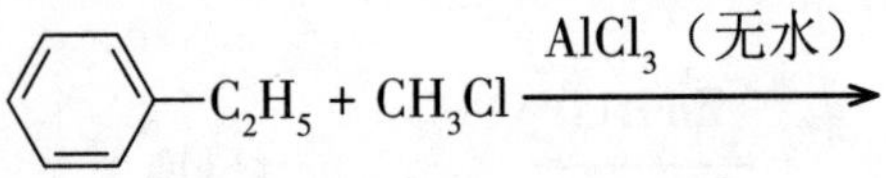 $-C_2H_5 + CH_3Cl$ $\xrightarrow{AlCl_3（无水）}$（　　）。（辽宁大学，2015）

【解析】

1. 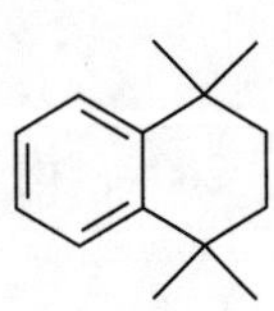 2. 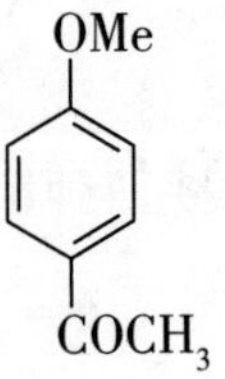 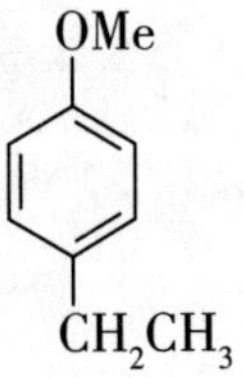 OMe, $COCH_3$　OMe, CH_2CH_3

3. OH　首先第一个烯烃双键形成叔碳正离子进攻羟基对位苯环碳原子，

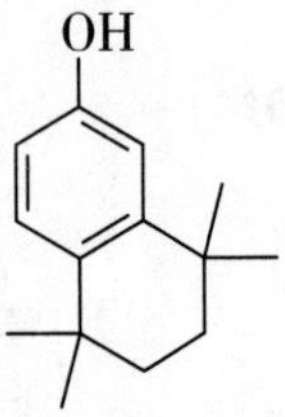

然后第二个双键形成的叔碳正离子进攻其邻位形成六元环。

4.

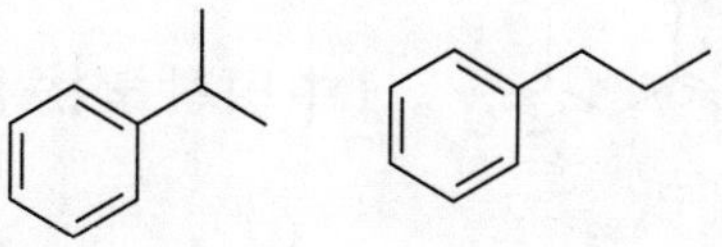

5. 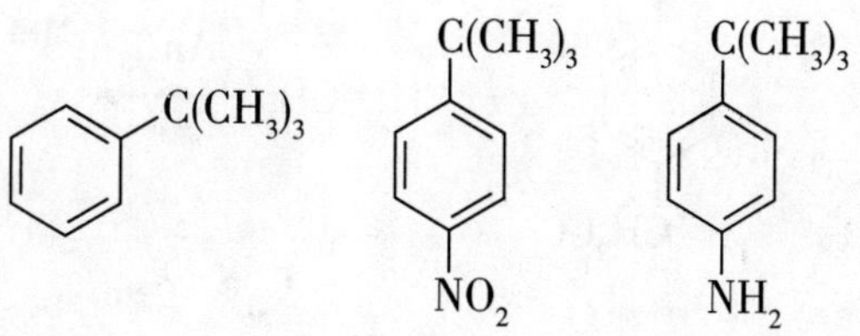 $C(CH_3)_3$ 　$C(CH_3)_3$ NO_2 　$C(CH_3)_3$ NH_2

$C(CH_3)_3$ NH $COCH_3$

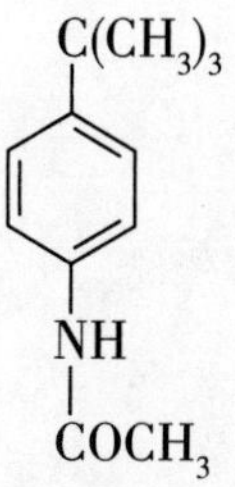

6. 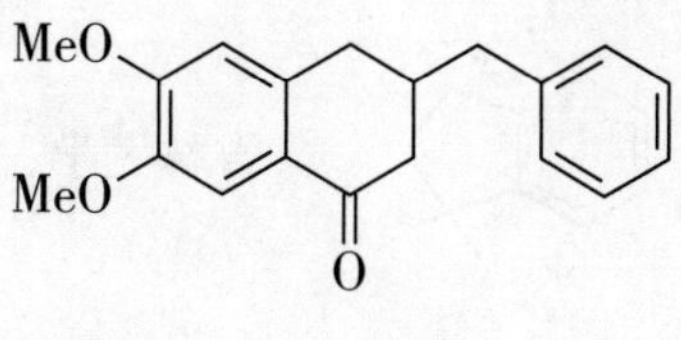 MeO MeO O

7. 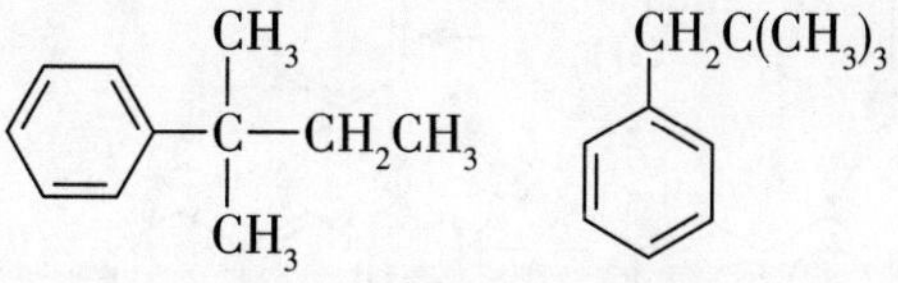 CH_3 $C—CH_2CH_3$ CH_3 　$CH_2C(CH_3)_3$

8. 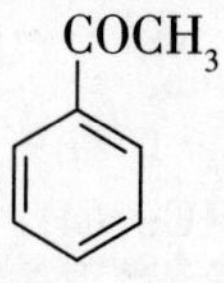 $COCH_3$

9. 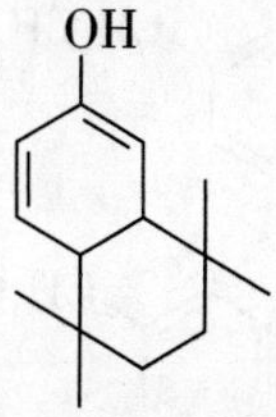 OH

10.

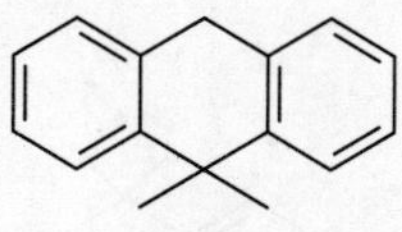

11. 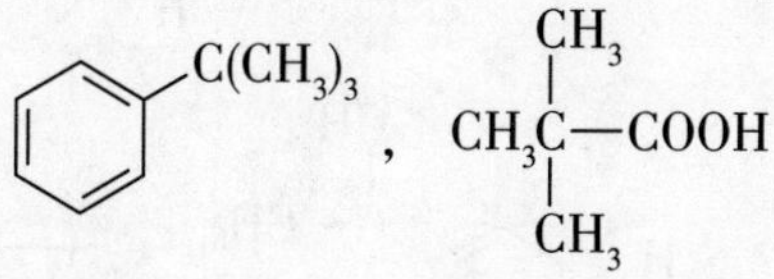 $C(CH_3)_3$，CH_3 $CH_3C—COOH$ CH_3

12. 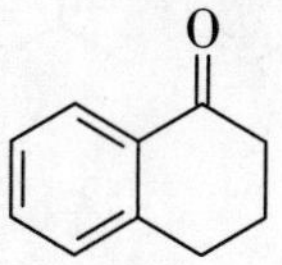 O

13. 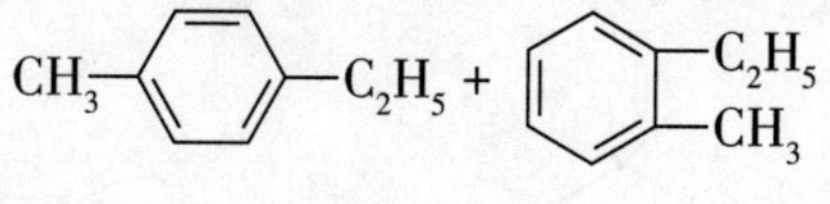 CH_3—⟨⟩—C_2H_5 + C_2H_5 CH_3

【例5】写出下列反应机理

1. 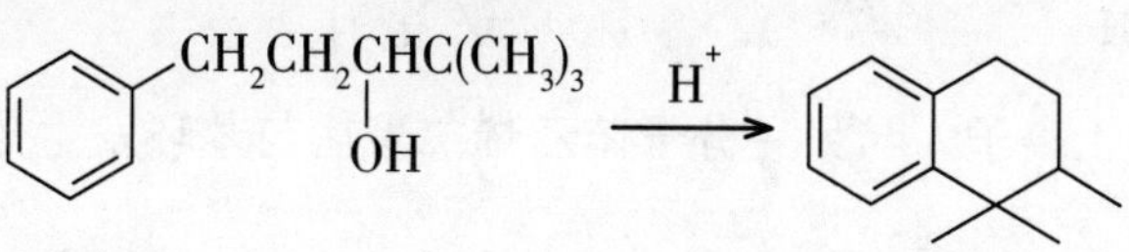 $CH_2CH_2CHC(CH_3)_3$ OH $\xrightarrow{H^+}$ 。（苏州大学，2015）

2. 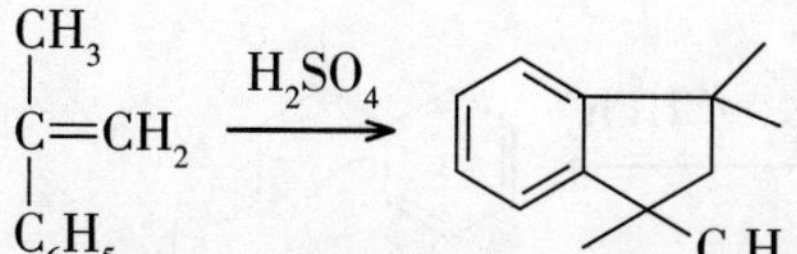 CH_3 $C=CH_2$ C_6H_5 $\xrightarrow{H_2SO_4}$ C_6H_5 。（青岛科技大学，2012；华东理工大学，2014；山东大学，2016）

3. 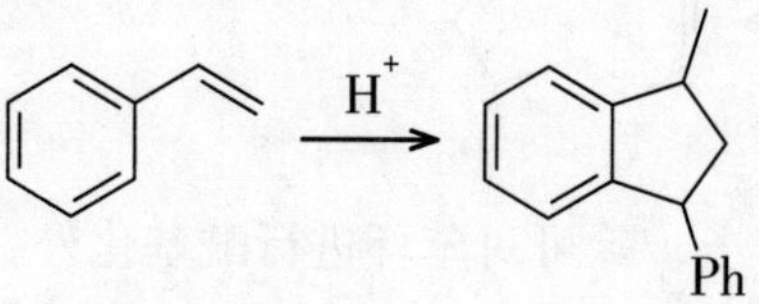 $\xrightarrow{H^+}$ Ph 。（华东师范大学，2006；南京大学，2014）

4. $p\text{-}MeOC_6H_4CH_2COCl$ + $CH_2{=}CH_2$ $\xrightarrow{AlCl_3}$ 6-甲氧基-2-四氢萘酮 。（中国科学技术大学，2002；中国石油大学，2004）

5. $C_6H_5CH_2CH_2C(CH_3){=}CH_2$ $\xrightarrow{H^+}$ 1,1-二甲基茚满 。（吉林大学，2006）

【解析】

1. $C_6H_5CH_2CH_2CH(OH)C(CH_3)_3$ $\xrightarrow{H^+}$ $C_6H_5CH_2CH_2CH(\overset{+}{O}H_2)C(CH_3)_3$ $\longrightarrow$ $C_6H_5CH_2CH_2\overset{+}{C}HC(CH_3)_3$

$C_6H_5CH_2CH_2CH(CH_3)\overset{+}{C}(CH_3)-CH_3$ $\longrightarrow$ (σ-络合物) $\xrightarrow{-H^+}$ 1,1,2-三甲基四氢萘

2. $C_6H_5C(CH_3){=}CH_2$ $\xrightarrow{H^+}$ $C_6H_5\overset{+}{C}(CH_3)-CH_3$ $\xrightarrow{C_6H_5-C(CH_3){=}CH_2}$ $C_6H_5C(CH_3)_2CH_2\overset{+}{C}(CH_3)C_6H_5$

(σ-络合物, C_6H_5) $\xrightarrow{-H^+}$ 1,1,3-三甲基-3-苯基茚满（C_6H_5）

3. 双键的亲电加成形成碳正离子、与另一分子苯乙烯二聚后与苯环发生分子内的亲电取代：

$C_6H_5CH{=}CH_2$ $\xrightarrow{H^+}$ $C_6H_5\overset{+}{C}HCH_3$ $\xrightarrow{CH_2{=}CHPh}$ $C_6H_5CH(CH_3)CH_2\overset{+}{C}HPh$

$\longrightarrow$ (σ-络合物, H, Ph) $\xrightarrow{-H^+}$ 1-甲基-3-苯基茚满（Ph）

4. 酰卤在无水 $AlCl_3$ 作用下生成酰基碳正离子，除可对苯环进行酰基化外，也可以

先对烯烃进行亲电加成，生成的碳正离子再对苯环进行亲电取代。

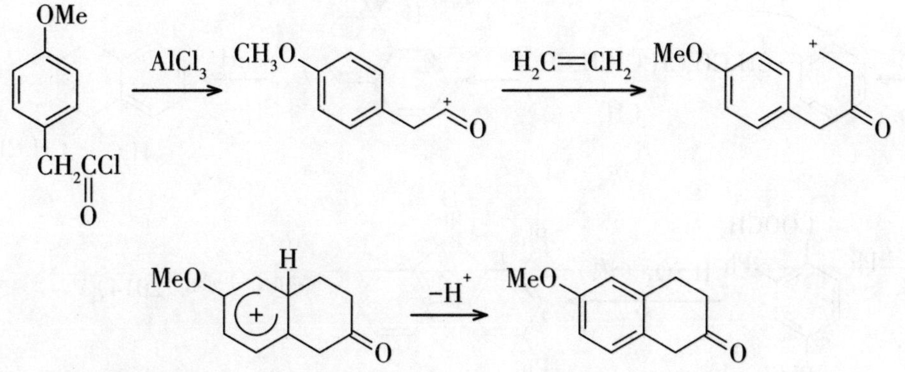

5. 芳烃的亲电取代

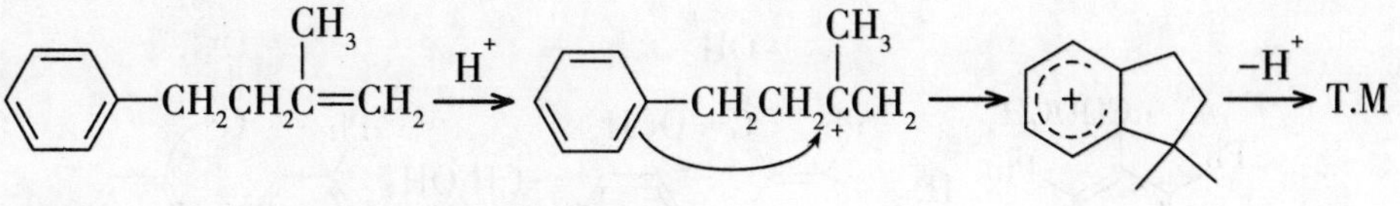

【例6】完成反应并提出合理的反应机理

1. 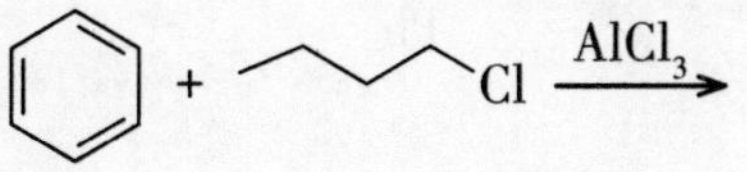 苯 + 1-氯丁烷 $\xrightarrow{AlCl_3}$ （　　）。（山东大学，2016）

【解析】$CH_3CH_2CH_2CH_2Cl + AlCl_3 \longrightarrow CH_3CH_2CH_2\overset{+}{C}H_2 + [AlCl_4]^-$

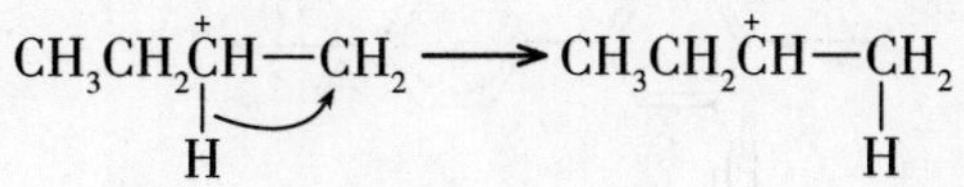

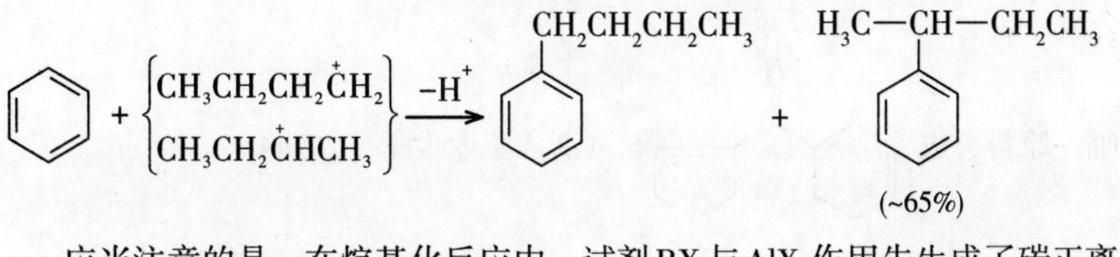

$CH_3CH_2\overset{+}{C}H-CH_2 \longrightarrow CH_3CH_2\overset{+}{C}H-CH_2$（H 迁移）

苯 + $\left\{\begin{matrix} CH_3CH_2CH_2\overset{+}{C}H_2 \\ CH_3CH_2\overset{+}{C}HCH_3 \end{matrix}\right\} \xrightarrow{-H^+}$ $CH_2CH_2CH_2CH_3$（苯基） + $H_3C-CH-CH_2CH_3$（苯基）(~65%)

应当注意的是，在烷基化反应中，试剂RX与AlX_3作用先生成了碳正离子，这个碳正离子可发生重排反应，所以在得到的烷基化产物中，烷基往往不保持原有的构造[4]。

2. 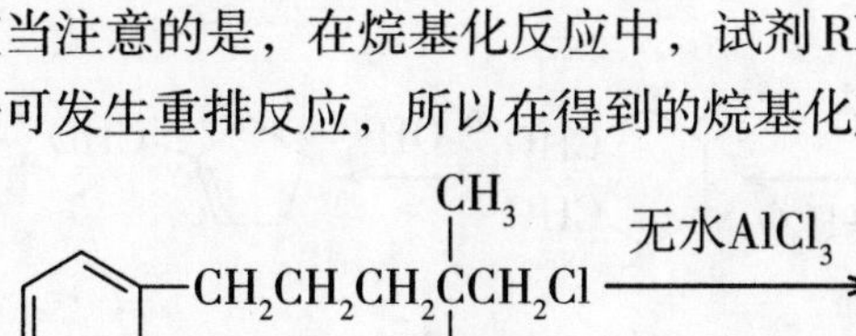 $C_6H_5-CH_2CH_2CH_2C(CH_3)_2CH_2Cl \xrightarrow{无水AlCl_3}$ （上海交通大学，2004）

【解析】此反应为芳环的烷基化反应，为亲电取代。反应首先应在无水$AlCl_3$作用下产生烷基碳正离子，生成的烷基碳正离子可能重排成更稳定的叔碳正离子。

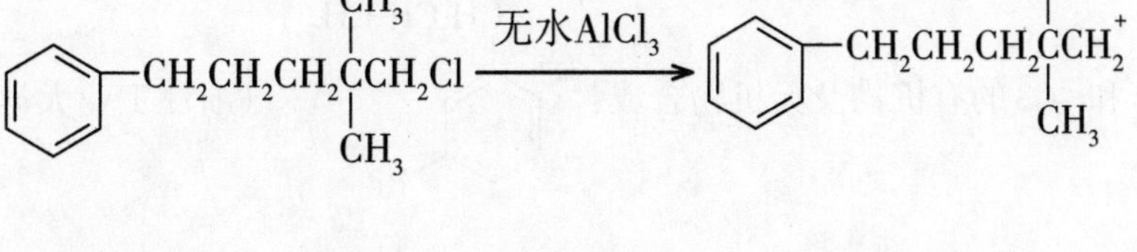

$C_6H_5-CH_2CH_2CH_2C(CH_3)_2CH_2Cl \xrightarrow{无水AlCl_3} C_6H_5-CH_2CH_2CH_2C(CH_3)_2\overset{+}{C}H_2$

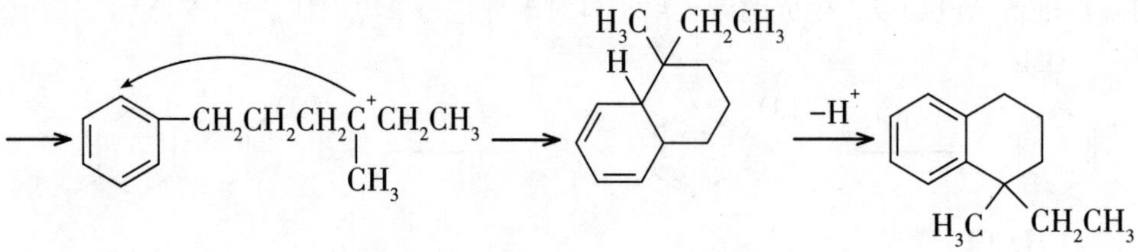

$\rightarrow$ $C_6H_5-CH_2CH_2CH_2\overset{+}{C}(CH_3)CH_2CH_3$ $\rightarrow$ (H, H_3C, CH_2CH_3) $\xrightarrow{-H^+}$ (H_3C, CH_2CH_3)

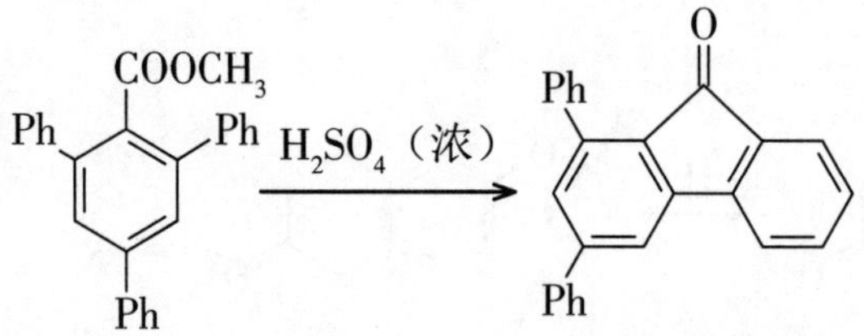

3. (Ph, Ph, Ph, $COOCH_3$) $\xrightarrow{H_2SO_4\text{（浓）}}$ (O, Ph, Ph)。（辽宁大学，2014）

【解析】

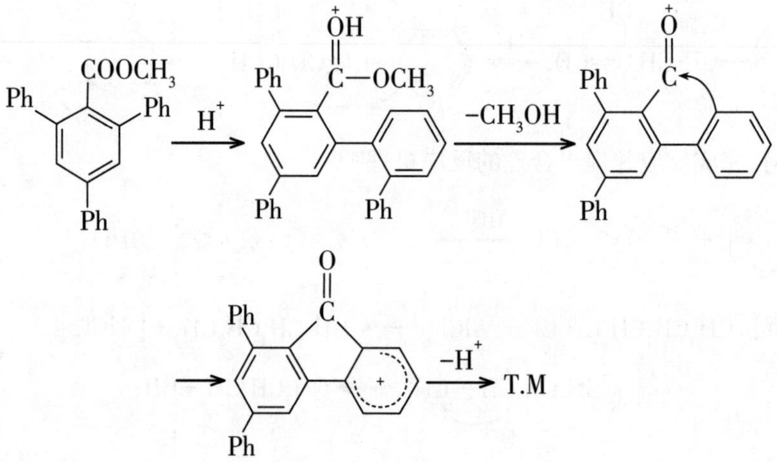

(Ph, Ph, Ph, $COOCH_3$) $\xrightarrow{H^+}$ ($\overset{+}{O}H$, $C-OCH_3$, Ph, Ph, Ph) $\xrightarrow{-CH_3OH}$ ($\overset{+}{O}$, C, Ph, Ph)

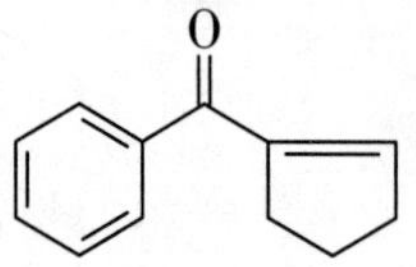

$\rightarrow$ (O, C, Ph, Ph, +) $\xrightarrow{-H^+}$ T.M

【例7】合成

1. 苯为唯一原料合成 (O)。（浙江工业大学，2014）

【解析】

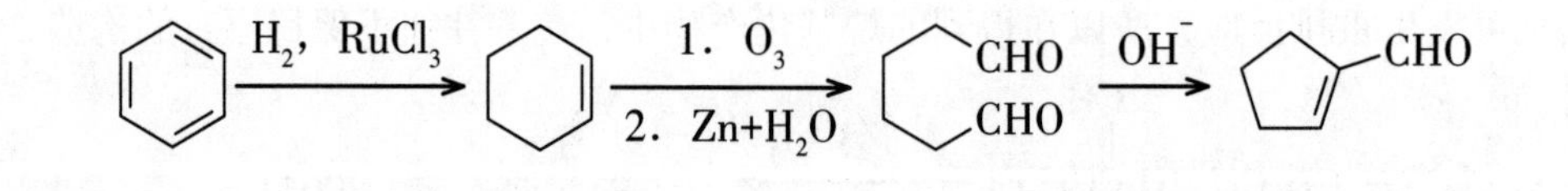

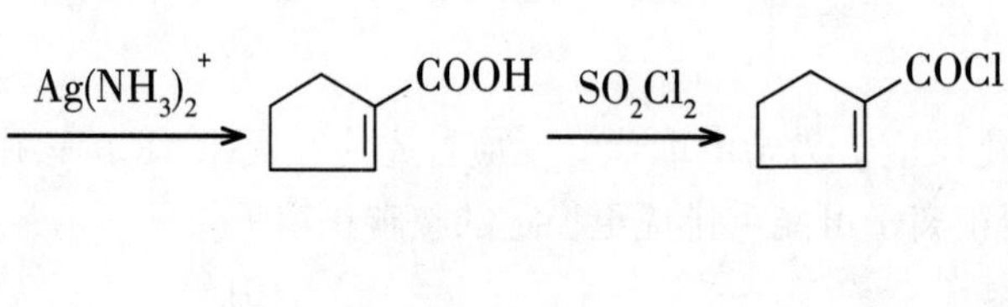

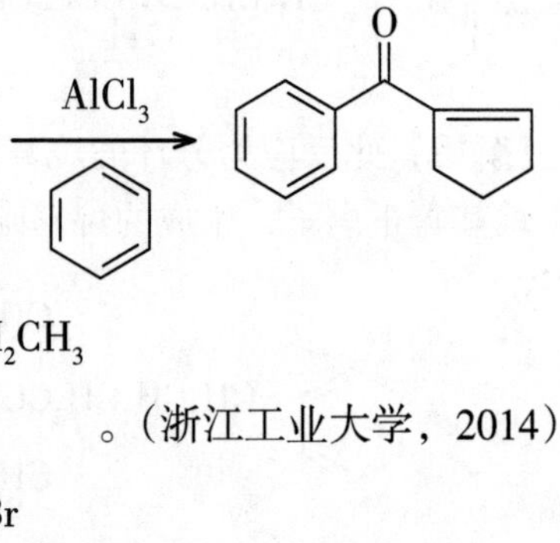

$\xrightarrow{H_2，RuCl_3}$ $\xrightarrow[2．Zn+H_2O]{1．O_3}$ (CHO, CHO) $\xrightarrow{OH^-}$ (CHO)

$\xrightarrow{Ag(NH_3)_2^+}$ (COOH) $\xrightarrow{SO_2Cl_2}$ (COCl) $\xrightarrow{AlCl_3}$ (O)

2. 以苯和≤C3的有机物及无机物合成：($CH_2CH_2CH_3$, Br)。（浙江工业大学，2014）

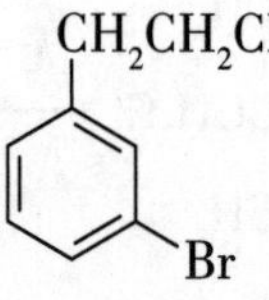

【解析】

$$C_6H_6 \xrightarrow[AlCl_3]{CH_3CH_2COCl} C_6H_5COCH_2CH_3 \xrightarrow[Br_2]{Fe} m\text{-}BrC_6H_4COCH_2CH_3 \xrightarrow[HCl]{Zn-Hg} m\text{-}BrC_6H_4CH_2CH_2CH_3$$

3. 以对溴苯甲醛和乙醇为原料，合成：$D-C_6H_4-CH(OH)-CH_2-CH_3$。(苏州大学，2015)

【解析】

$$CH_2CH_2OH \xrightarrow{HBr} CH_3CH_2Br \xrightarrow[Et_2O]{Mg} CH_3CH_2MgBr$$

$$Br-C_6H_4-CHO \xrightarrow[HCl]{HOCH_2CH_2OH} Br-C_6H_4-CH(OCH_2CH_2O) \xrightarrow[Et_2O]{Mg} BrMg-C_6H_4-CH(OCH_2CH_2O)$$

$$\xrightarrow{D_2O} D-C_6H_4-CHO \xrightarrow[2.\ H^+/H_2O]{1.\ CH_3CH_2MgBr} D-C_6H_4-CH(OH)CH_2CH_3$$

4. 以环戊烯和苯为原料合成：2-苯基-3-苄基环己-2-烯酮（O=C₆环，Ph，CH₂Ph）。（吉林大学，2015）

【解析】

$$\text{环戊烯} \xrightarrow[(2)\ Zn-H_2O]{(1)\ O_3} OHC(CH_2)_3CHO$$

$$C_6H_6 \xrightarrow[AlCl_3]{CH_3Cl} C_6H_5CH_3 \xrightarrow{NBS} C_6H_5CH_2Br \xrightarrow[Et_2O]{Mg} C_6H_5CH_2MgBr$$

$$\xrightarrow[H_3O^+]{(1)\ OHC(CH_2)_3CHO} PhCH_2CHOH(CH_2)_3CHOHCH_2Ph \xrightarrow{\text{莎瑞特试剂}}$$

$$PhCH_2CO(CH_2)_3COCH_2Ph \xrightarrow{OH^-} T.M$$

5. 从甲苯、苯及两个碳原子的有机试剂，通过乙酰乙酸乙酯合成：3,5-二苯基-6-乙氧羰基环己-2-烯酮（O，COOEt，Ph，Ph）。(苏州大学，2014)

【解析】

$$ArH \xrightarrow[AlCl_3]{CH_3COCl} ArCOCH_3$$

$$PhCH_3 \xrightarrow{CrO_3, Cl_2} PhCHO \xrightarrow[OH^-]{PhCOCH_3} PhHC{=}CH_2 \xrightarrow[NaOEt]{CH_3COCH_2COOEt} \xrightarrow{OH^-} T.M$$

【例8】由指定原料合成

1. $C_6H_6 \longrightarrow C_6H_5C(CH_3)(OH)CH_2CH_3$。（山东大学，2016）

【解析】

$$C_6H_6 \xrightarrow[AlCl_3]{CH_3COCl} C_6H_5COCH_3 \xrightarrow[Et_2O]{CH_3CH_2MgBr} C_6H_5C(CH_3)(OMgBr)CH_2CH_3 \xrightarrow{H^+/H_2O} C_6H_5C(CH_3)(OH)CH_2CH_3$$

2. $C_6H_6 \longrightarrow$ 3-Cl-$C_6H_4CH_2CH_2CH_2\overset{O}{\overset{\|}{C}}CH_3$。（暨南大学，2016）

【解析】

$$C_6H_6 \xrightarrow[AlCl_3]{CH_3COCl} C_6H_5COCH_3 \xrightarrow[Fe]{Cl_2} \text{3-Cl-}C_6H_4COCH_3 \xrightarrow[Al(OCH(CH_3)_2)_3]{CH_3CH(OH)CH_3} \text{3-Cl-}C_6H_4CH(OH)CH_3$$

$$\xrightarrow{H^+} \text{3-Cl-}C_6H_4CH{=}CH_2 \xrightarrow[RO_2R]{HBr} \text{3-Cl-}C_6H_4CH_2CH_2Br \xrightarrow[\text{2. }OH^-\text{ 3. H, }\triangle]{\text{1. }CH_3COCH_2CO_2Br} \text{3-Cl-}C_6H_4CH_2CH_2CH_2COCH_3$$

3. CH_3COCH_3 · $C_6H_6 \longrightarrow$ 3,3-二甲基-1-茚满酮。（复旦大学，2007）

【解析】

$$2\ CH_3COCH_3 \xrightarrow[\triangle]{Ba(OH)_2} (CH_3)_2C{=}CHCOCH_3 \xrightarrow{I_2/NaOH} (CH_3)_2C{=}CHCOOH \xrightarrow{SOCl_2} (CH_3)_2C{=}CHCOCl$$

$$\xrightarrow[AlCl_3]{C_6H_6} \left[C_6H_5COCH{=}C(CH_3)_2\right] \longrightarrow \text{3,3-二甲基-1-茚满酮}$$

4. 以苯、环己酮为主要原料合成6-苯基己酸。（辽宁大学，2015）

【解析】

$$\text{环己酮} \xrightarrow{NaBH_4} \text{环己醇(–OH)} \xrightarrow[\text{苯}]{H^+} \text{环己基–Ph} \xrightarrow{NBS} \text{1-Br-1-Ph-环己烷} \xrightarrow[EtOH]{KOH}$$

$$\text{1-苯基环己烯} \xrightarrow[(2)\ Zn-H_2O]{(1)\ O_3} PhCO(CH_2)_4CHO \xrightarrow[(2)\ H^+]{(1)\ Ag(NH_3)_2^+} PhCO(CH_2)_4CO_2H \xrightarrow[HCl]{Zn-Hg} T.M$$

参考文献

[1] FRIEDEL C, CRAFTS J M. Sur une nouvelle méthode généalede syn-these d'hydrocarbures, d'acétones, etc. [J]. Compt Rend，1877，84：1392-1395.

[2] LI J J. Name reaction [M]. 4th ed. Berlin Heidelberg: Springer-Verlag, 2009: 234-237.

[3] 孔祥文. 有机化学 [M]. 北京：化学工业出版社，2010：100-101.

[4] 陈宏博. 有机化学 [M]. 4版. 大连：大连理工大学出版社，2015.

[5] 妹尾鹿造，中川幸治. 环己烯法生产环己醇：一种安全的低成本的制造方法 [J]. 化学经济，1991，38（3）：40-45.

[6] KONO M. FUKUOKA Y, MITSUI O, et al. Liquid-phase hydration of cyclohexene with highly siliceous zeolites [J]. Nippon kagaku kaishi. 1989, 207（3）：521-527.

[7] VANDER S P J，SCHOLTEN J J F. Selectivity to cyclohexene in the gas phase hydrogenation of benzene over ruthenium as infiuenced by reaction modifies-I. adsorption of the reaction modifiers, water and ξ-Caprolactam, on Ruthenium [J]. Applied catalysis. 1990，58（2）：281-289.

4.4 Gattermann-Koch反应

甲酰氯很不稳定，极易分解，不能够直接与苯进行酰基化反应得到苯甲醛。制取苯甲醛可用CO和干燥的HCl，在无水三氯化铝和氯化亚铜（与CO配位结合）催化作用下反应，生成苯甲醛。此反应称为Gattermann-Koch反应[1]，主要用于苯或烷基苯的甲酰化[2]。反应机理[3]：

:C=O:

$$:\overset{\ominus}{C}\equiv\overset{\oplus}{O}: \longleftrightarrow :C=\ddot{O} \xrightarrow{AlCl_3} :C=\overset{\oplus}{O}-\overset{\ominus}{Al}Cl_3 \xrightarrow{HCl} :C=\overset{\oplus}{O}-\overset{\ominus}{Al}Cl_3 \longrightarrow Cl-\overset{\ominus}{C}(H^{\oplus})=\overset{\oplus}{O}-\overset{\ominus}{Al}Cl_3$$

$$\longrightarrow Cl-CH=\overset{\oplus}{O}-\overset{\ominus}{Al}Cl_3 \longleftrightarrow Cl_3\overset{\ominus}{Al}-\overset{\oplus}{Cl}-CH=O: \longrightarrow H-C\equiv\overset{\oplus}{O} + \overset{\ominus}{Al}Cl_4^- \longrightarrow \text{苯} + H-C\equiv\overset{\oplus}{O}$$

$$\longrightarrow \text{[苯鎓离子, CHO]}\ \overset{\ominus}{AlCl_4} \equiv \text{[H, CHO 苯鎓离子]}\ \overset{\ominus}{AlCl_4}\ (Cl^{\ominus}) \longrightarrow C_6H_5CHO + HCl + AlCl_3$$

例题解析

【例1】由适当原料合成

$$CH_3-C_6H_4-CH{=}CH-\overset{O}{\overset{\|}{C}}-C(CH_3)_3$$ （兰州大学，2001）

【解析】

$$C_6H_5CH_3 + CO + HCl \xrightarrow{ZnCl_2+AlCl_3} p\text{-}CH_3C_6H_4CHO$$

$$H_3C-\overset{O}{\overset{\|}{C}}-CH_3 \xrightarrow[2.\ H_3O^+]{1.\ Mg-Hg} H_3C-\underset{OH}{\overset{CH_3}{C}}-\underset{OH}{\overset{CH_3}{C}}-CH_3 \xrightarrow{H_2SO_4} H_3C-\underset{O}{\overset{\|}{C}}-\underset{CH_3}{\overset{CH_3}{C}}-CH_3$$

$$p\text{-}CH_3C_6H_4CHO + CH_3COC(CH_3)_3 \xrightarrow[OH^-]{\triangle} \text{T.M}$$ 。

【例2】以苯为起始原料合成

$$C_6H_5-CH_2-C_6H_4-CH_2OH$$

【解析】

$$C_6H_6 + CO + HCl \xrightarrow[\triangle]{AlCl_3,CuCl} C_6H_5-CHO \xrightarrow{H_2/Ni} C_6H_5-CH_2OH$$

$$C_6H_6 + HCHO + HCl \xrightarrow[\triangle]{ZnCl_2} C_6H_5-CH_2Cl \xrightarrow{AlCl_3} \xrightarrow{C_6H_5-CH_2OH}$$

$$C_6H_5-CH_2-C_6H_4-CH_2OH$$

上述合成反应的第1步中，苯在三氯化铝、氯化亚铜催化下与一氧化碳和氯化氢经Gattermann-Koch反应生成苯甲醛。

参考文献

[1] GATTERMANN L, KOCH J A. Eine synthese aromatischer aldehyde [J]. Ber. Dtsch. Chem. Ges., 1897, 30: 1622-1624.
[2] 孔祥文. 有机化学反应和机理 [M]. 北京: 中国石化出版社, 2018.
[3] LI J J. Name reaction [M]. 4th ed. Berlin Heidelberg: Springer-Verlag, 2009.

4.5 Haworth反应

芳烃和丁二酸酐发生Friedel-Crafts反应、羰基还原和分子内的Friedel-Crafts酰基化反应制备四氢萘酮（1-萘满酮）的反应为Haworth反应。Haworth反应是合成1-四氢萘酮的一个传统方法[1]。例如：

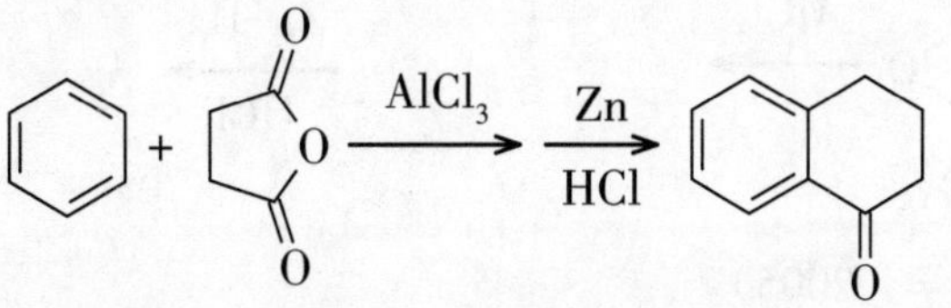

$AlCl_3$ Zn HCl

反应机理[2]：

$AlCl_3$ $\bar{A}lCl_3$ Frledet-Crafts 酰基化 OH Zn,HCl 还原 H_2SO_4 $\overset{+}{O}H_2$ 酰基正离子 Friedel-Crafts 酰基化 $-H^+$

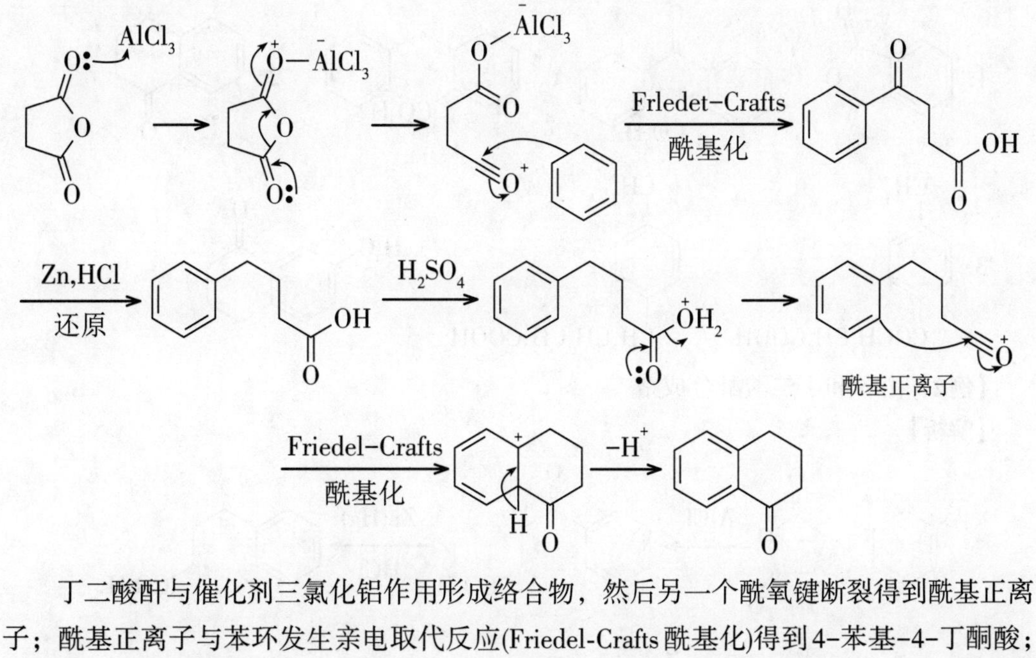

丁二酸酐与催化剂三氯化铝作用形成络合物，然后另一个酰氧键断裂得到酰基正离子；酰基正离子与苯环发生亲电取代反应(Friedel-Crafts酰基化)得到4-苯基-4-丁酮酸；4-苯基-4-丁酮酸经Clemmensen反应，分子中的酮羰基被还原为亚甲基，得到4-苯基丁酸；4-苯基丁酸在硫酸作用下首先形成鉡盐，再消去一分子水得到酰基正离子，酰基正离子进攻邻位的苯环碳原子形成σ-络合物，接着失去一个氢质子，完成第二次Friedel-Crafts酰基化反应，环合成环酮。环化步骤除硫酸外，磷酸、多聚磷酸、氢氟酸、三

氟乙酸酐等可用作催化剂。

例题解析

【例1】写出反应的主要产物

1. 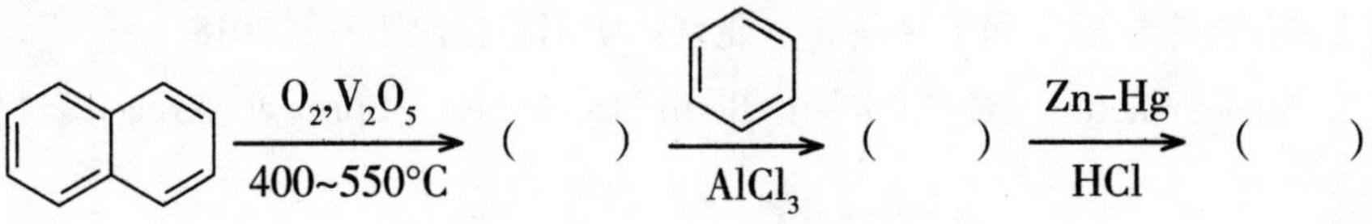 萘 $\xrightarrow[400\sim550°C]{O_2,V_2O_5}$ （　　）$\xrightarrow[AlCl_3]{苯}$ （　　）$\xrightarrow[HCl]{Zn-Hg}$ （　　）。（苏州大学，2015）

2. $PhCH_2CH_2CH_2CO_2H$ $\xrightarrow[2.\ AlCl_3]{1.\ SOCl_2}$ 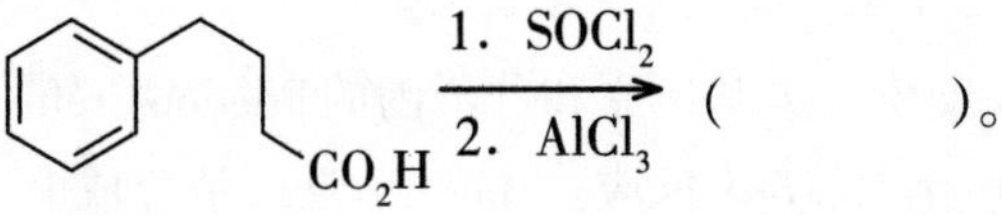 （　　）。（复旦大学，2010）

3. 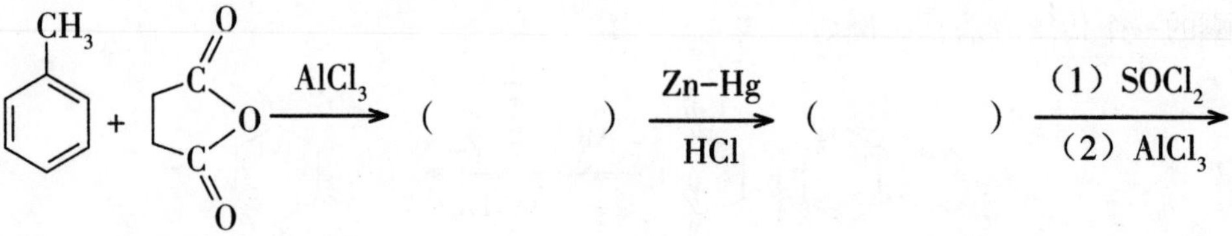 甲苯 + 丁二酸酐 $\xrightarrow{AlCl_3}$ （　　）$\xrightarrow[HCl]{Zn-Hg}$ （　　）$\xrightarrow[(2)\ AlCl_3]{(1)\ SOCl_2}$ （　　）。（四川大学，2005）

【解析】

1. 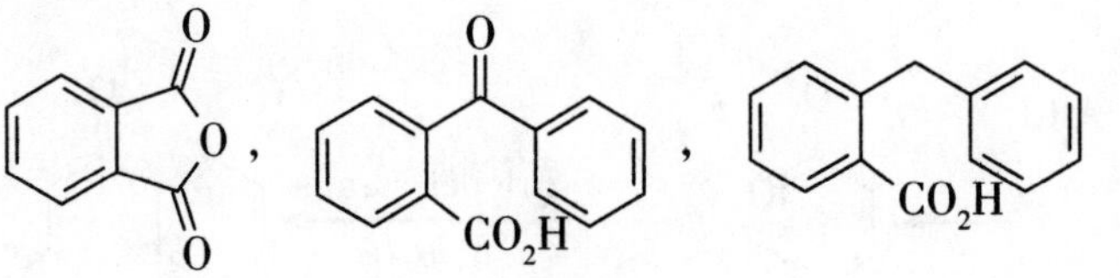 邻苯二甲酸酐，邻苯甲酰基苯甲酸（CO_2H），邻苄基苯甲酸（CO_2H）　2. 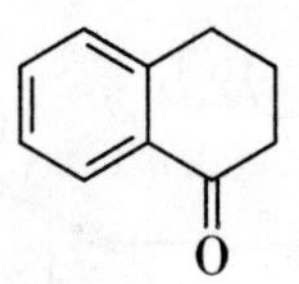 α-四氢萘酮

3. 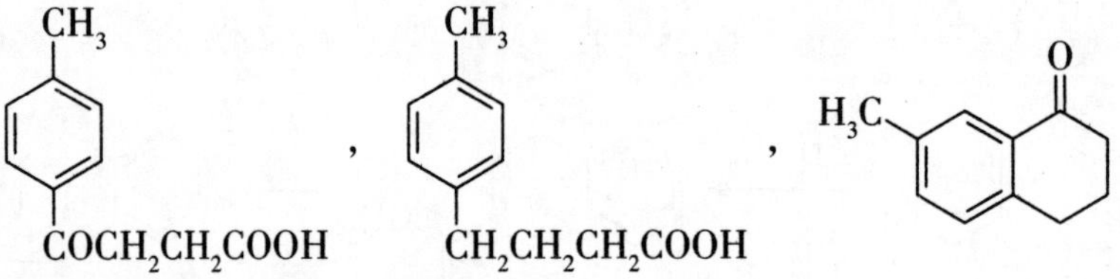 $p\text{-}CH_3C_6H_4COCH_2CH_2COOH$，$p\text{-}CH_3C_6H_4CH_2CH_2CH_2COOH$，7-甲基-α-四氢萘酮（$H_3C$）

【例2】由苯和丁二酸酐合成萘

【解析】

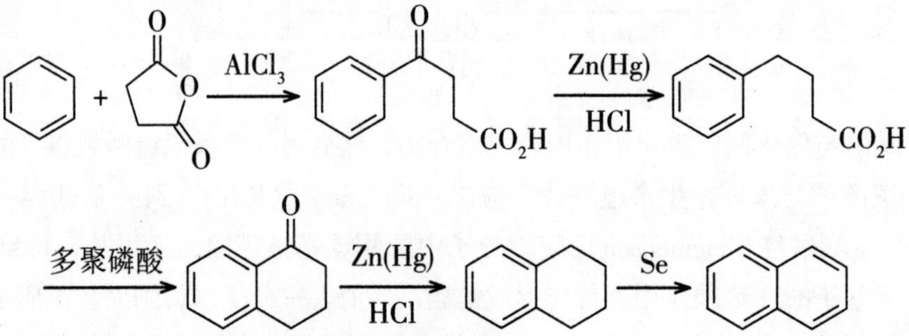

苯 + 丁二酸酐 $\xrightarrow{AlCl_3}$ $PhCOCH_2CH_2CO_2H$ $\xrightarrow[HCl]{Zn(Hg)}$ $PhCH_2CH_2CH_2CO_2H$

$\xrightarrow{多聚磷酸}$ α-四氢萘酮 $\xrightarrow[HCl]{Zn(Hg)}$ 四氢萘 $\xrightarrow{Se}$ 萘

最后一步芳构化反应也可用DDQ[3-4]。例如：

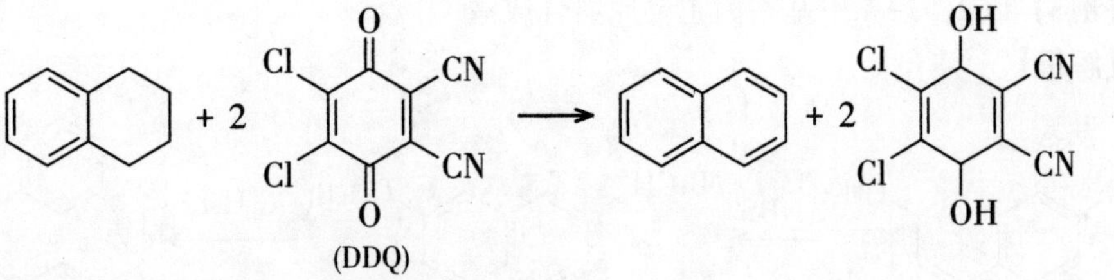

(DDQ)

【例3】以萘、丁二酸酐为主要原料合成菲

【解析】

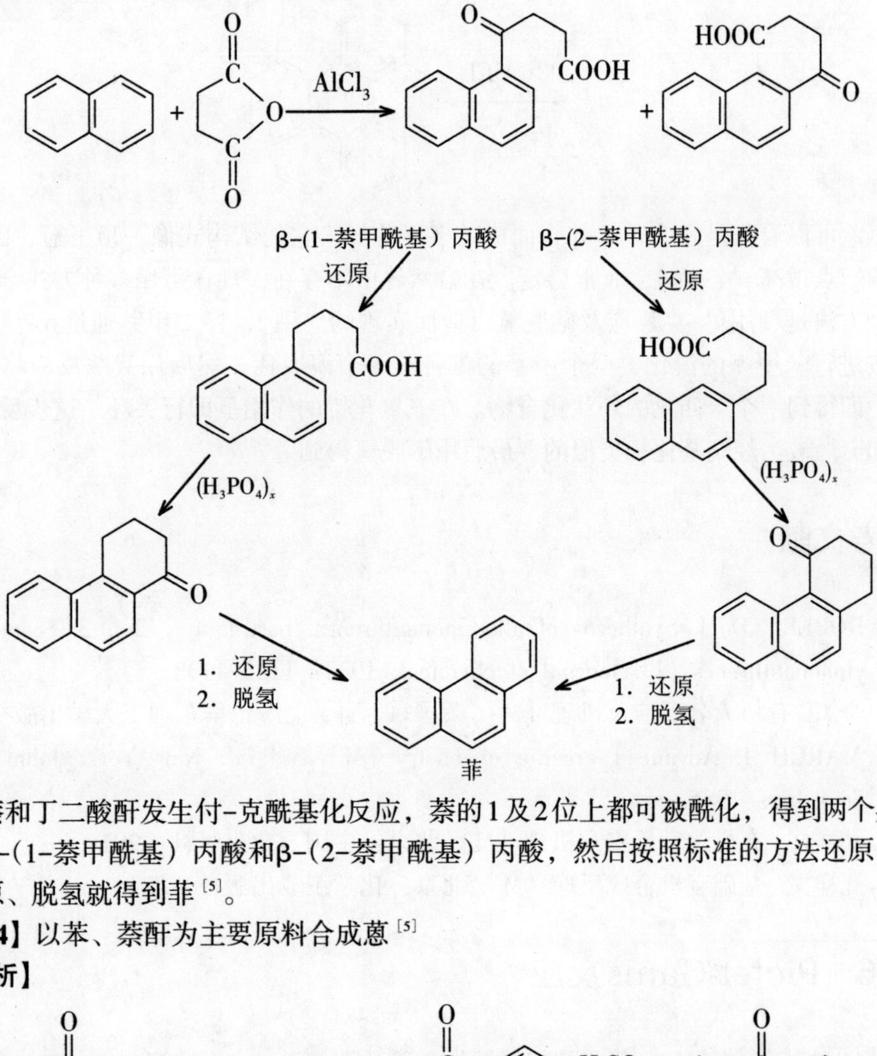

$AlCl_3$

β-(1-萘甲酰基)丙酸 β-(2-萘甲酰基)丙酸

还原 还原

$(H_3PO_4)_x$ $(H_3PO_4)_x$

1. 还原
2. 脱氢

1. 还原
2. 脱氢

菲

用萘和丁二酸酐发生付-克酰基化反应，萘的1及2位上都可被酰化，得到两个异构体，即β-(1-萘甲酰基)丙酸和β-(2-萘甲酰基)丙酸，然后按照标准的方法还原、关环、还原、脱氢就得到菲[5]。

【例4】以苯、萘酐为主要原料合成蒽[5]

【解析】

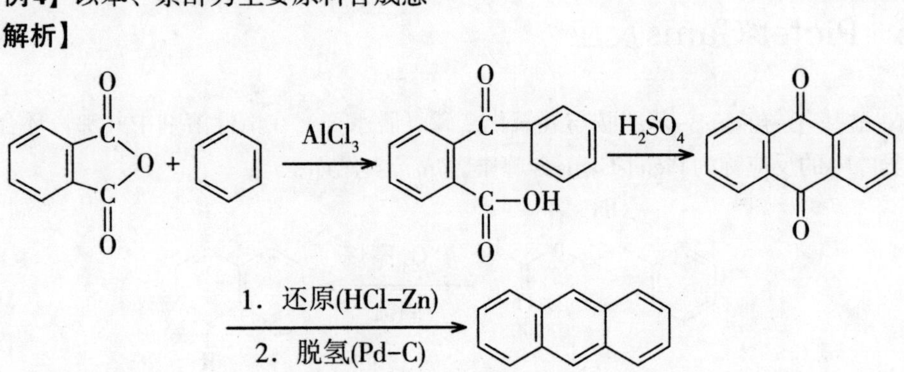

$AlCl_3$ H_2SO_4

1. 还原(HCl-Zn)
2. 脱氢(Pd-C)

【例5】以2，7-二甲基萘为主要原料合成蔻

【解析】

H_3C—(2,7-二甲基萘)—CH_3 $\xrightarrow{NBS}$ $BrCH_2$—(萘)—CH_2Br $\xrightarrow{C_6H_5Li}$ (环状化合物) $\xrightarrow[2.\ Se]{1.\ AlCl_3}$ (蔻)

蔻可以看作是六个苯环并合而成的多环芳烃，它的结构式像一顶王冠，因此得名。它的熔点很高（430℃），非常稳定。在自然界中不存在，现在可用多种方式合成。其中一个方法是利用付-克反应及硒脱氢反应而实现的。用2，7-二甲萘通过N-溴代丁二酰亚胺进行苯甲型的溴化，两个甲基的氢各被一个溴取代，然后用武兹反应将两分子缩合，即得到一个十四元的环状化合物。在三氯化铝的作用下即行关环。这步反应的过程是和芳烃被烯烃烷基化相类似的。最后用硒脱氢得到蔻[5]。

参考文献

［1］ROBERT D H. Syntheses of alkylphenanthrenes. part I. 1-，2-，3-，and 4-methylphenanthrenes［J］. Journal of chemical. 1932：1125-1133。

［2］李杰. 有机人名反应及机理［M］. 荣国斌，译. 上海：华东理工大学出版社，2003.

［3］MARCH J. Advanced organic chemistry［M］. 3rd ed. New York: Johm Wiley & Sons Inc., 1985.

［4］孔祥文. 有机化学反应和机理［M］. 北京：中国石化出版社，2018.

［5］孔祥文. 基础有机合成反应［M］. 北京：化学工业出版社，2014.

4.6 Pictet-Gams反应

N-酰基-β-羟基-β-苯乙胺与五氧化二磷（脱水剂）在惰性溶剂中共沸，环合脱水生成异喹啉的反应称为Pictet-Gams异喹啉合成[1]。例如：

$PhCH(OH)CH_2NHC(=O)R$ $\xrightarrow[回流]{P_2O_5,萘烷}$ 1-R-异喹啉

反应机理[2]：

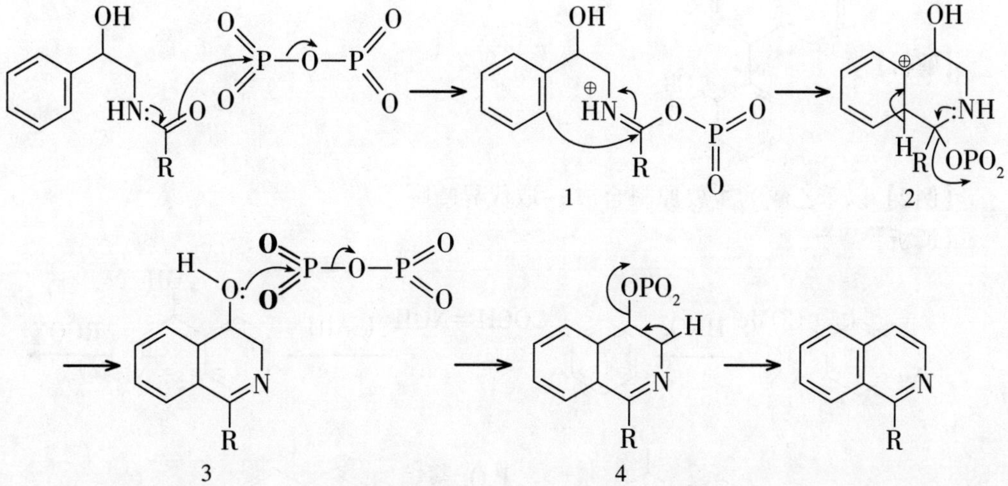

N-酰基-β-羟基-β-苯乙胺与五氧化二磷反应形成化合物（1），分子关环形成碳正离子（2），2 消去一分子亚磷酸得（3），3与五氧化二磷反应得（4），再消去一分子亚磷酸得目标产物异喹啉。

例题解析

【例1】写出反应的主要产物

1. 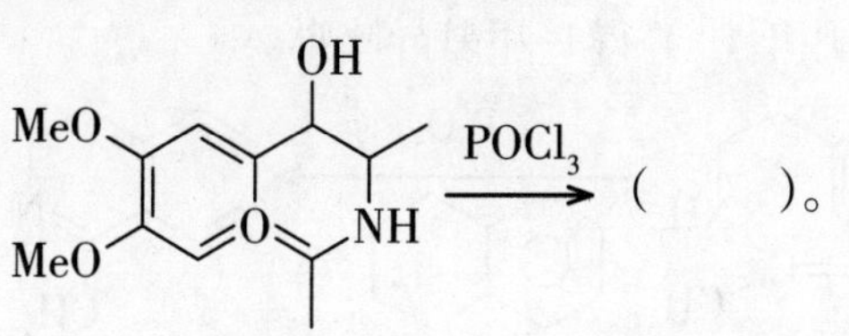 $\xrightarrow{POCl_3}$（　　）。

【解析】N-乙酰基-α-甲基-β-羟基-β-(3，4-二甲氧基苯基) 乙胺与三氯氧磷共热，可不经氧化或脱氢，直接得到1，3-二甲基-6，7-二甲氧基异喹啉，其结构式如下：

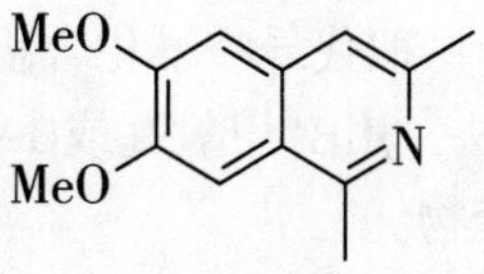

2. 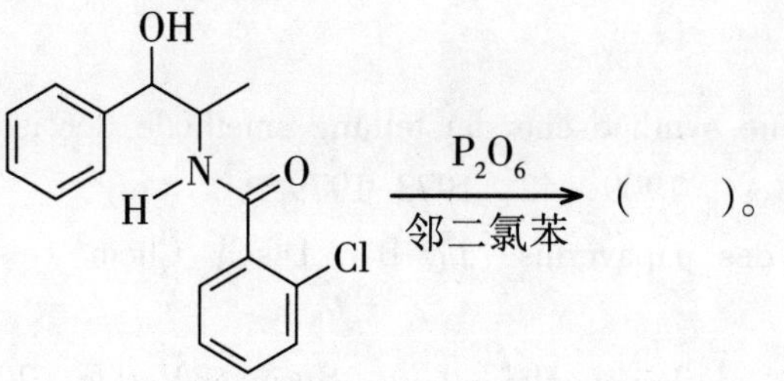 $\xrightarrow[\text{邻二氯苯}]{P_2O_6}$（　　）。

【解析】[3]

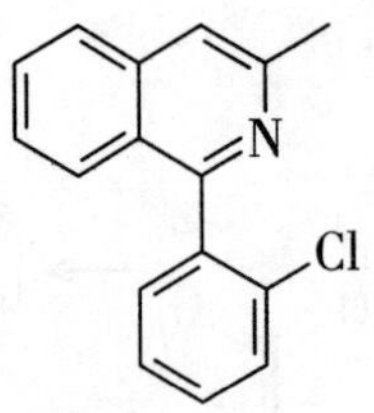

【例2】以苯乙酮为主要原料合成1-取代异喹啉

【解析】

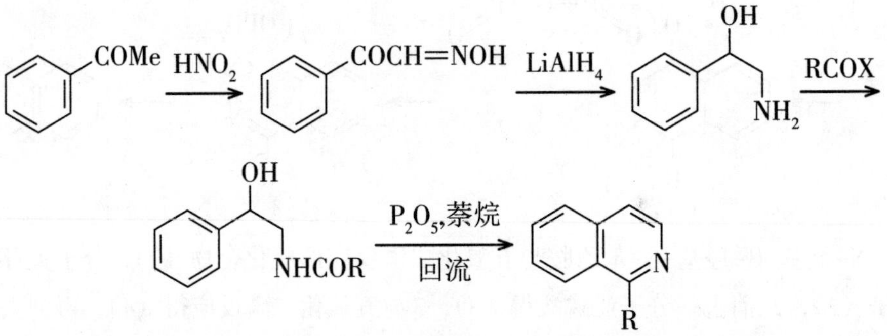

COMe HNO$_2$ → COCH=NOH LiAlH$_4$ → OH NH$_2$ RCOX → OH NHCOR P$_2$O$_5$,萘烷 回流 → N R

【例3】以$C_6H_5CH_2CH_2NH_2$和CH_3COCl为原料（无机试剂任选）合成1-甲基异喹啉。（华中科技大学，2003；大连理工大学，2011）

【解析】β-苯乙胺与酸酐或酰氯反应形成N-乙酰-β-苯乙胺，然后在脱水剂如五氧化二磷、三氯氧磷、五氯化磷等作用下，脱水关环，得1-甲基-3，4-二氢异喹啉，再脱氢（在Pd、硫或二苯基二硫化物的作用下[4]）得1-甲基异喹啉。

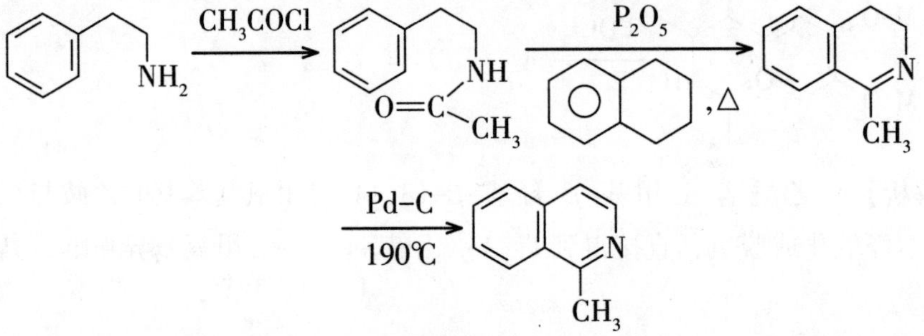

NH$_2$ CH_3COCl → NH O=C CH$_3$ P$_2$O$_5$,△ → N CH$_3$

Pd-C 190℃ → N CH$_3$

该反应为Bischler-Napieralski 二氢异喹啉合成法，是合成1-取代异喹啉化合物最常用的方法。Pictet-Gams反应是Bischler-Napieralski反应的改进法，用β-甲氧基或β-羟基芳乙胺为反应物，可不经氧化或脱氢，直接得到异喹啉类化合物。

参考文献

［1］PICTET A, KAY F W. Über eine synthetische darstellung smethode der isochinolinbasen［J］. Ber. Dtsch. Chem. Ges.，1909，42，1973-1979.

PICTET A，GAMS A. Synthese des papaverins［J］. Ber. Dtsch. Chem. Ges., 1909，42: 2943-2952.

［2］LI J J. Name reaction［M］. 4th ed. Berlin Heidelberg：Springer-Verlag，2009.

［3］MANNING H C，GOEBEL T，MARX J N，et al. Facile efficient conjugation of a tri-

functional lanthanide chelate to a peripheral henzodiazepine recaptor ligand [J]. Org. Lett, 2002, 4: 1075-1081.
[4] J. A. 焦耳，K. 米尔斯. 杂环化学 [M]. 由业诚，高大彬, 译. 北京：科学出版社，2004.

4.7 Schiemann 反应

芳香族重氮氟硼酸盐在加热时分解而生成芳基氟，该反应称为Schiemann反应[1]。反应通式为：

$$Ar—NH_2 + HNO_2 + +HBF_4 \longrightarrow ArN_2^{\oplus}\ BF_4^{\ominus} \xrightarrow{\triangle} Ar—F + N_2\uparrow + BF_3$$

反应机理[2]：

$$HO-N=O \xrightarrow{HBF_4} H_2O^{\oplus}-N=O: \longrightarrow H_2O + N\equiv O^{\oplus} \xrightarrow{HO-N=O} O=N-O-N=O$$

$$Ar-\ddot{N}H_2 + O=N-O-N=O \longrightarrow Ar-\ddot{N}H-N=O \longrightarrow Ar-N=N-OH \xrightarrow{H^{\oplus}} Ar-\ddot{N}=N-\overset{\oplus}{O}H_2$$

$$\longrightarrow H_2O + Ar-\overset{\oplus}{N}\equiv N \longleftrightarrow Ar\overset{\oplus}{N}_2BF_4^{\oplus} \xrightarrow{\triangle} N_2\uparrow + Ar^{\oplus} + F-BF_3^{\ominus} \longrightarrow Ar-F + BF_3$$

该反应是一个制备芳香族氟化物的好方法，一般先将氟硼酸（或氟硼酸钠）加入到重氮盐溶液中，反应完毕后重氮氟硼酸盐直接沉淀出来，过滤、干燥后，缓和加热，或在惰性溶剂中加热，即得到相应的氟化物[3-4]。

例题解析

【例1】 填空

1-萘胺 $\xrightarrow[0\sim5℃]{NaNO_2/OH}$ (　　) $\xrightarrow{HBF_4}$ $\xrightarrow{\triangle}$ (　　)（暨南大学，2016）

【解析】 1-萘胺经重氮化反应生成1-萘胺重氮盐（1-萘基-N_2^+），再与氟硼酸进行Schiemann反应得到1-氟化萘（1-氟萘）。

【例2】 由指定原料合成，其他试剂任用

1. 间二甲苯 $\longrightarrow$ 2-溴-6-甲基-4-甲基氟苯（1-溴-2-氟-3,5-二甲基苯）。（复旦大学，2012）

【解析】

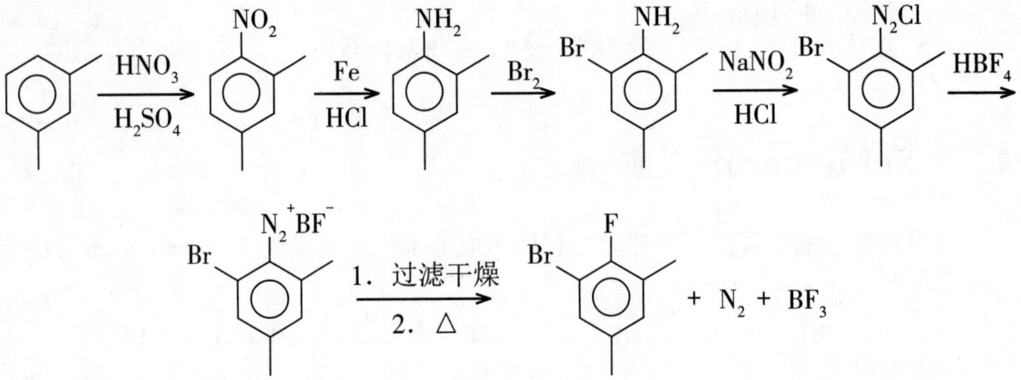

$$\text{间二甲苯} \xrightarrow[H_2SO_4]{HNO_3} (NO_2) \xrightarrow[HCl]{Fe} (NH_2) \xrightarrow{Br_2} (Br,\ NH_2) \xrightarrow[HCl]{NaNO_2} (Br,\ N_2Cl) \xrightarrow{HBF_4}$$

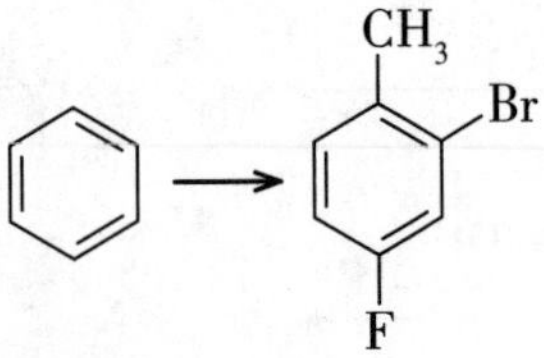

$$(Br,\ N_2^+BF^-) \xrightarrow[2.\ \triangle]{1.\ 过滤干燥} (Br,\ F) + N_2 + BF_3$$

2. 苯 $\longrightarrow$ (CH_3, Br, F)。（浙江工业大学，2014）

【解析】

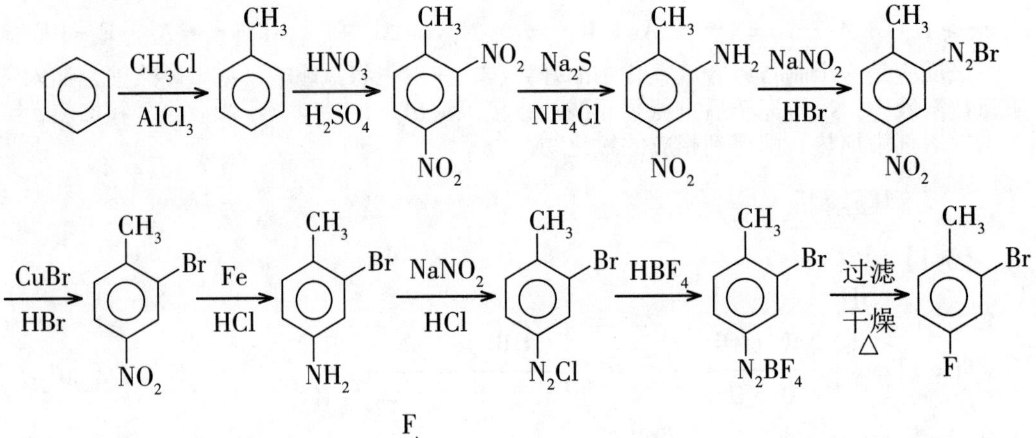

$$苯 \xrightarrow[AlCl_3]{CH_3Cl} (CH_3) \xrightarrow[H_2SO_4]{HNO_3} (CH_3,\ NO_2,\ NO_2) \xrightarrow[NH_4Cl]{Na_2S} (CH_3,\ NH_2,\ NO_2) \xrightarrow[HBr]{NaNO_2} (CH_3,\ N_2Br,\ NO_2)$$

$$\xrightarrow[HBr]{CuBr} (CH_3,\ Br,\ NO_2) \xrightarrow[HCl]{Fe} (CH_3,\ Br,\ NH_2) \xrightarrow[HCl]{NaNO_2} (CH_3,\ Br,\ N_2Cl) \xrightarrow{HBF_4} (CH_3,\ Br,\ N_2BF_4) \xrightarrow[干燥\ \triangle]{过滤} (CH_3,\ Br,\ F)$$

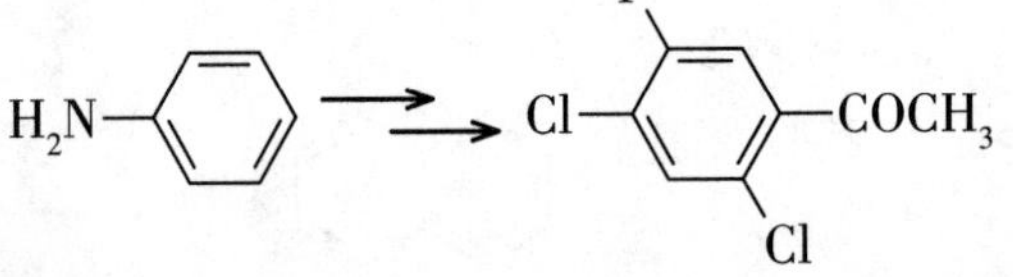

3. $H_2N-C_6H_5 \longrightarrow\longrightarrow Cl-C_6H_2(F)(Cl)-COCH_3$。（复旦大学，2007）

【解析】

$$H_2N-C_6H_5 \xrightarrow{Ac_2O} CH_3CONH-C_6H_5 \xrightarrow{Cl_2/HOAc} CH_3CONH-C_6H_3(Cl)-Cl \xrightarrow{55\%H_2SO_4}$$

$$H_2N-C_6H_3(Cl)-Cl \xrightarrow{(1)\ NaNO_2/HCl\ \ (2)\ HBF_4} F-C_6H_3(Cl)-Cl \xrightarrow[AlCl_3]{CH_3COCl} Cl-C_6H_2(F)(Cl)-COCH_3$$

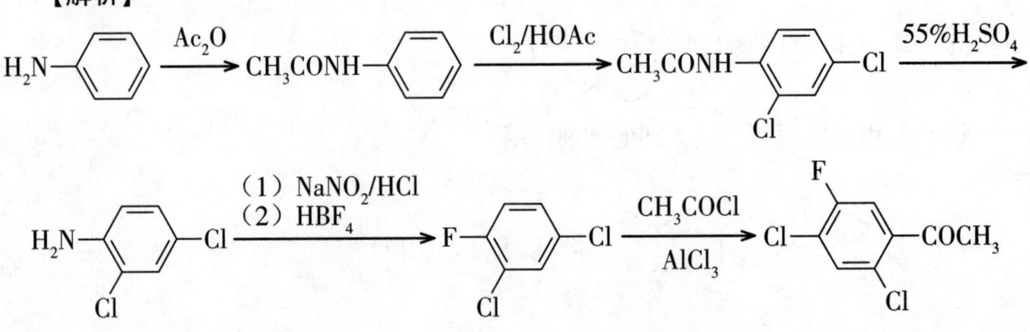

上述合成反应的第4步中，2，4-二氯苯胺经重氮化反应生成2，4-二氯苯基重氮盐，再与氟硼酸进行Schiemann反应得到2，4-二氯氟苯。

4. 由苯和不超过4碳的有机原料和必要试剂合成：

F—C₆H₄—CH(CH₃)—CH₂CH₂OH。（南开大学，2006）

【解析】

$$C_6H_6 \xrightarrow[AlCl_3]{CH_3COCl} C_6H_5COCH_3 \xrightarrow[HCl]{Zn,Hg} C_6H_5CH_2CH_3$$

$$C_6H_5CH_2CH_3 \xrightarrow[H_2SO_4]{HNO_3} \xrightarrow{H_2/Pt} p\text{-}H_2N\text{-}C_6H_4\text{-}CH_2CH_3 \xrightarrow[H_2SO_4]{NaNO_2} \xrightarrow{HBF_4}$$

$$\xrightarrow{\Delta} F\text{-}C_6H_4\text{-}CH_2CH_3 \xrightarrow[h\nu]{Cl_2} \xrightarrow[Et_2O]{Mg} F\text{-}C_6H_4\text{-}CH(CH_3)\text{-}MgCl \xrightarrow{\text{环氧乙烷}}$$

$$\xrightarrow[H_2O]{H^+} F\text{-}C_6H_4\text{-}CH(CH_3)\text{-}CH_2CH_2OH$$

参考文献

［1］BALZ G，SCHIEMANN G. Uber aromatische fluonverbindurger, I: ein neues verfahren zu ihrer darstellung［J］. Ber. Dtsch. Chem. Ges.，1972，60：1186-1190.

［2］LI J J. Name reaction［M］. 4th ed. Berlin Heidelberg：Springer-Verlag，2009.

［3］孔祥文. 有机化学［M］. 2版. 北京：化学工业出版社，2018.

［4］孔祥文. 有机化学反应和机理［M］. 北京：中国石化出版社，2018.

4.8 Skraup喹啉合成

苯胺（或其他芳胺）、甘油、硫酸和硝基苯（相应于所用芳胺）、五氧化二砷（As_2O_5）或三氯化铁等氧化剂一起反应，生成喹啉的反应即为Skraup喹啉合成[1]。例如：

$$C_6H_5NH_2 + HOCH_2CH(OH)CH_2OH \xrightarrow[PhNO_2]{H_2SO_4} \text{喹啉}$$

苯胺环上间位有供电子取代基时，主要在给电子取代基的对位关环，得7-取代喹啉；当苯胺环上间位有吸电子取代基团时，则主要在吸电子取代基团的邻位关环，得5-取代喹啉。

反应机理[2]：

HO OH (OH) $\xrightarrow{H^{\oplus}}$ HO (H) OH ($\overset{\oplus}{O}H_2$) ⟶ HO OH ≡ HO CHO

1　　2

$\xrightarrow{H^{\oplus}}$ $H_2\overset{\oplus}{O}$ CHO (H) ⟶ ($H^{\oplus}$) O H ($H_2\ddot{N}$) ⟶ $H^{\oplus}$ O H N H

3　　4　　5

⟶ O N H $\xrightarrow{H^{\oplus}}$ $\overset{\oplus}{O}$ H $\ddot{N}$ H ⟶ OH H $\overset{\oplus}{N}$ H ⟶ OH N H

6　　7　　8

$\xrightarrow{H^{\oplus}}$ $\overset{\oplus}{O}H_2$ H N H ⟶ N H $\xrightarrow[-H_2]{PhNO_2}$ N

9　　10

在酸催化下，丙三醇的仲醇羟基形成鎓盐（1），1脱水得β-羟基丙醛（2），2再次形成鎓盐（3）后脱水得到丙烯醛（4），苯胺的氨基进攻丙烯醛（4）的末端双键碳原子发生1，4-共轭加成反应生成β-苯基氨基-1-丙烯醇（5），5异构得β-苯基氨基丙醛（6），6在酸催化下分子中的羰基被质子化后形成的碳正离子与分子内氨基邻位的苯环碳原子进行环合反应形成四面体的亚胺离子（7），7消去一个质子后形成闭环共轭体系苯环结构（8），8在酸催化下分子中的羟基被质子化后得鎓盐（9），9脱水得1，2-二氢喹啉（10），10经硝基苯氧化后得到目标产物喹啉。最后一步在氧化剂作用下脱氢。尽管在少量的碘化钠存在下，硫酸也可以作为氧化剂，但通常使用硝基苯或砷酸。最好使用有选择性的氧化剂氯代对苯醌[3]。

例题解析

【例1】 填空

1. —OH —OH —OH（　　）$\xrightarrow[\text{C}_6\text{H}_5\text{-NO}_2,\ \triangle]{H_2SO_4}$ N OH。（浙江工业大学，2014）

2. NO_2/NO_2（　）→ NO_2/NH_2 $\xrightarrow[H_2SO_4,\triangle]{丙三醇}$（　）$\xrightarrow{C_6H_5NO_2}$（　）

$\xrightarrow[液NH_3]{NaNH_2}$（ 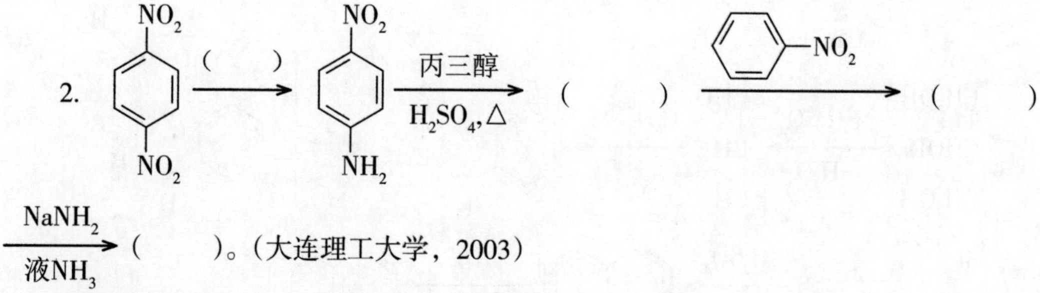　）。（大连理工大学，2003）

【解析】

1. 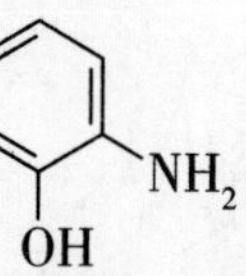 NH_2 OH

2. $(NH_4)_2S$，O_2N H N，O_2N N，O_2N N NH_2

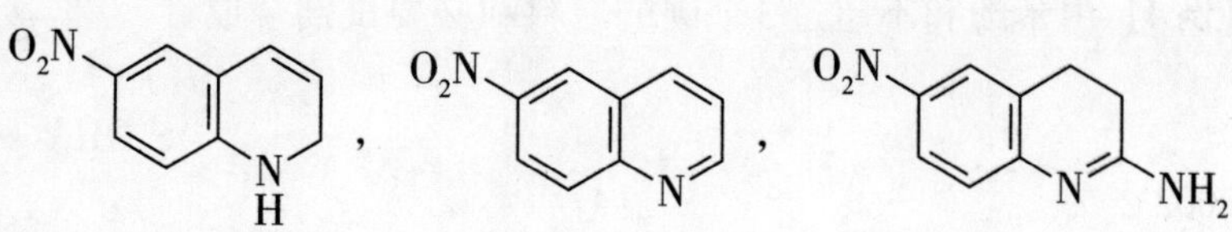

【例2】写出反应的主要产物

1. 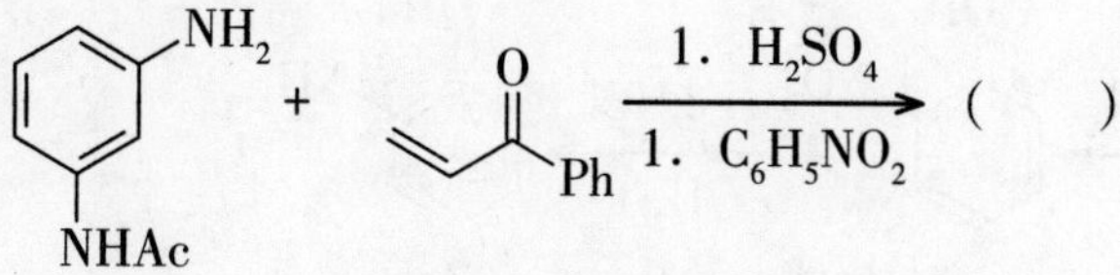 NH_2 NHAc + O Ph $\xrightarrow[1.\ C_6H_5NO_2]{1.\ H_2SO_4}$（　）。（南开大学，2013）

2. OCH_3 NH_3 + CH_2OH CHOH CH_2OH $\xrightarrow[H_2SO_4,\triangle]{O_2N-C_6H_4-NO_2}$（ 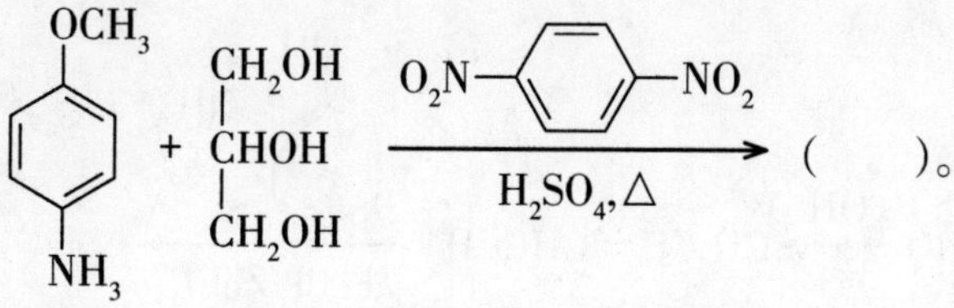　）。(武汉工程大学，2003)

【解析】

1. 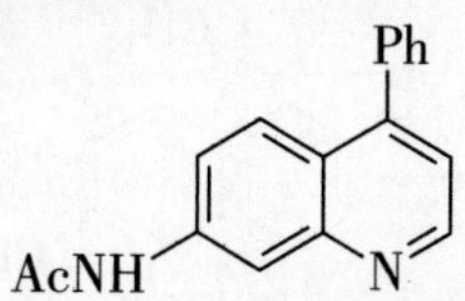 Ph AcNH N　2. 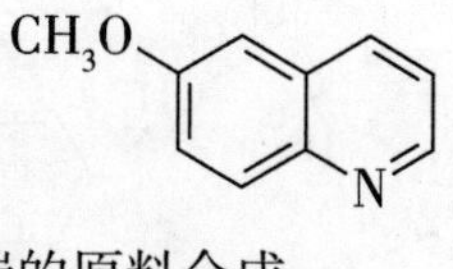 CH_3O N

【例3】由苯和不超过三个碳的原料合成

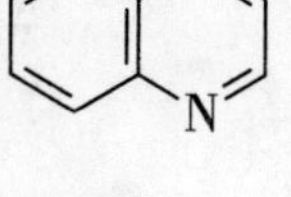

N（南开大学，2013）

【解析】

+ 浓NHO_3 $\xrightarrow{浓H_2SO_4}$ NO_2 $\xrightarrow{浓HCl,Zn}$ NH_2

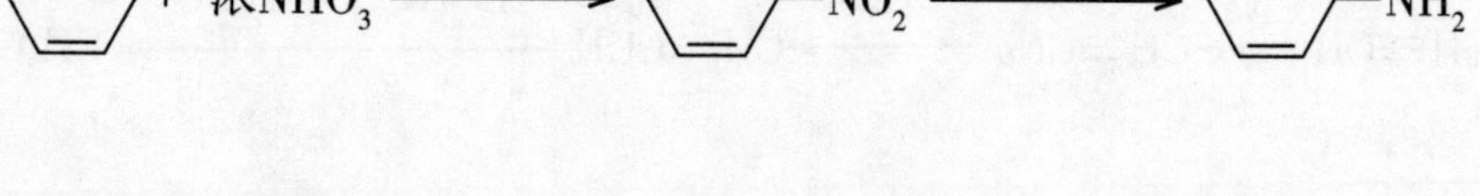

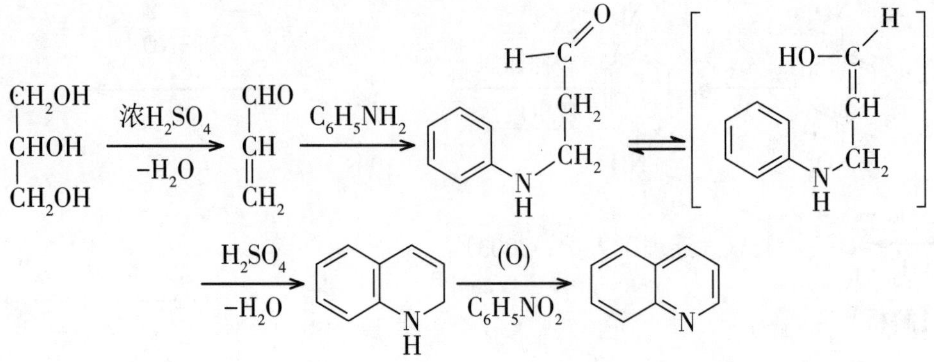

$$CH_2OH-CHOH-CH_2OH \xrightarrow[-H_2O]{浓H_2SO_4} CH_2=CH-CHO \xrightarrow{C_6H_5NH_2} C_6H_5NH-CH_2CH_2-CHO \rightleftharpoons [C_6H_5NH-CH_2-CH=CH-OH]$$

$$\xrightarrow[-H_2O]{H_2SO_4} 二氢喹啉 \xrightarrow[C_6H_5NO_2]{(O)} 喹啉$$

二氢喹啉　　喹啉

【例4】由苯酚和不超过3个碳的原料和必要试剂合成（8-羟基-2,4-二甲基喹啉）（南京大学，2002）

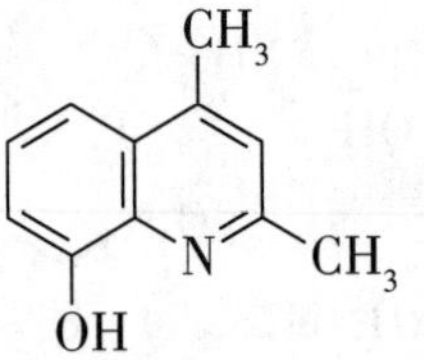

【解析】

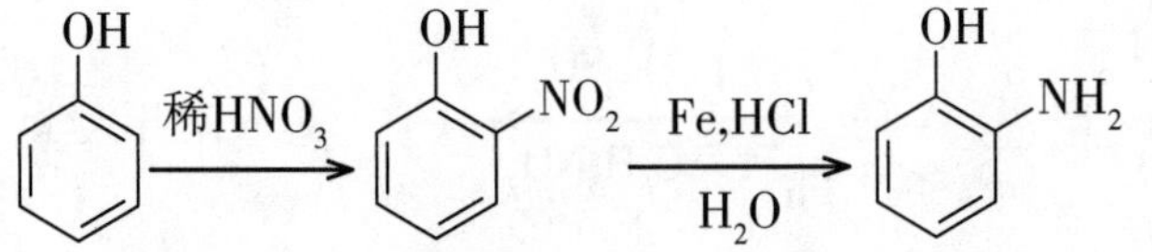

$$苯酚 \xrightarrow{稀HNO_3} 邻硝基苯酚 \xrightarrow[H_2O]{Fe,HCl} 邻氨基苯酚$$

与对位分离

$$CH_3\overset{O}{\overset{\|}{C}}CH_3 + CH_3CHO \xrightarrow{OH^-} CH_3CH=CH\overset{O}{\overset{\|}{C}}CH_3 \xrightarrow[FeCl_3,ZnCl_2]{邻氨基苯酚}$$

$$H_3C-\overset{O}{\overset{\|}{C}}-CH_2-CH(CH_3)-NH-C_6H_4OH \xrightarrow[-H_2O]{H^+} 8-羟基-2,4-二甲基-1,2-二氢喹啉 \xrightarrow[邻硝基苯酚]{-H_2} 8-羟基-2,4-二甲基喹啉$$

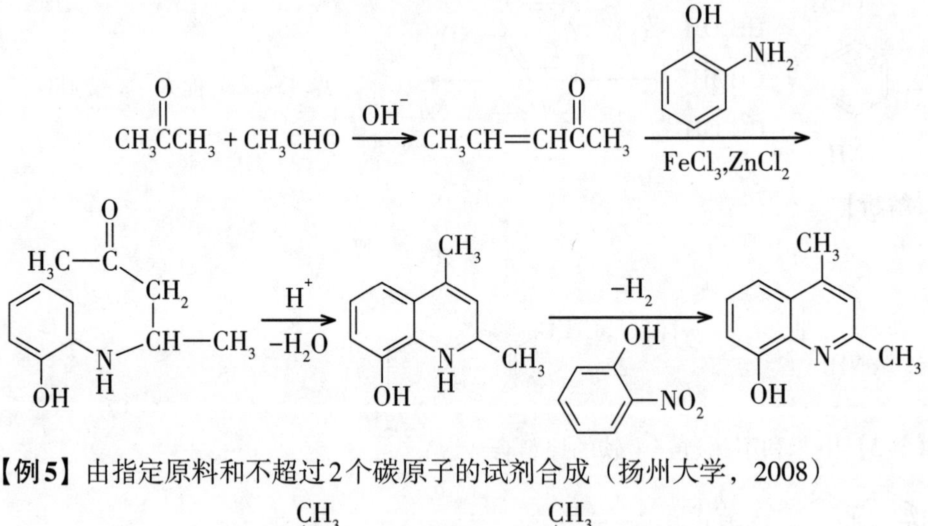

【例5】由指定原料和不超过2个碳原子的试剂合成（扬州大学，2008）

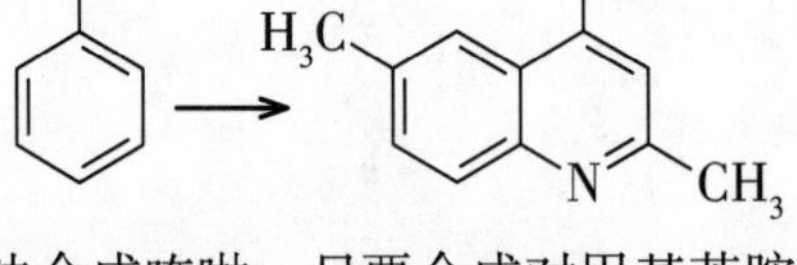

$$甲苯 \longrightarrow 2,4,6-三甲基喹啉$$

【解析】利用斯克劳普法合成喹啉，只要合成对甲基苯胺和3-甲基-3-丁烯酮即可。

$$CH\equiv CH \xrightarrow{Na} CH\equiv CNa \xrightarrow{CH_3Br} CH\equiv CCH_3 \xrightarrow{H_2O/HgSO_4-H_2SO_4} CH_3COCH_3$$

$$CH\equiv CH \xrightarrow{CH_3MgBr} BrMgC\equiv CH \xrightarrow{(1)CH_3COCH_3/(2)H_3O^+} \xrightarrow{H^+/\triangle} CH\equiv CC(CH_3)=CH_2$$

$$\xrightarrow{H_2O/HgSO_4-H_2SO_4} CH_3COC(CH_3)=CH_2$$

$$C_6H_5-CH_3 \xrightarrow[H_2SO_4]{HNO_3} O_2N-C_6H_4-CH_3 \xrightarrow[HCl]{Fe} H_2N-C_6H_4-CH_3 \xrightarrow[O_2N-C_6H_4-CH_3]{CH_3COC(CH_3)=CH_2} T.M$$

【例6】由甲苯及小于等于2C有机化合物为原料合成 6-甲基-4-苯基喹啉（H_3C、Ph、N 结构式）（吉林大学，2007）

【解析】这是一个利用Skraup法合成喹啉衍生物的试题，只要合成出对甲基苯胺和苯基丙烯基酮即可得到目标分子。

$$C_6H_5-CH_3 \xrightarrow{KMnO_4} C_6H_5-COOH \xrightarrow{SOCl_2} C_6H_5-COCl \xrightarrow{CH_3MgCl} C_6H_5-\overset{O}{\overset{\|}{C}}CH_3$$

$$\xrightarrow[OH^-/\triangle]{HCHO} C_6H_5-\overset{O}{\overset{\|}{C}}CH=CH_2$$

$$C_6H_5-CH_3 \xrightarrow[H_2SO_4]{HNO_3} O_2N-C_6H_4-CH_3 \xrightarrow[HCl]{Fe} H_2N-C_6H_4-CH_3$$

$$\xrightarrow[O_2N-C_6H_4-CH_3,\triangle]{C_6H_5-COCH=CH_2} T.M$$

【例7】以甲苯及小于等于3C的有机化合物为原料合成：

6-甲基-4-甲基-2-苯基喹啉（H_3C、CH_3、N、Ph 结构式）（吉林大学，2015）

【解析】

$$PhCH_3 \xrightarrow{CrO_3,Cl_2} PhCHO$$

$$CH_3COCH_3 + PhCHO \xrightarrow{OH^-} CH_3COCH=CHPh \quad (1)$$

$$C_6H_5CH_3 \xrightarrow[H_2SO_4]{HNO_3} p\text{-}O_2NC_6H_4CH_3 \xrightarrow[HCl]{Fe} p\text{-}H_2NC_6H_4CH_3 \xrightarrow{(1)}$$

$$p\text{-}CH_3C_6H_4NHCH(C_6H_5)CH_2COCH_3 \xrightarrow[O_2N\text{-}C_6H_4\text{-}CH_3]{H_2SO_4} T.M$$

参考文献

[1] SKRAUP Z H. Eine synthese des chinolins [J]. Monatsh. Chem, 1880, 1, 316.
SKRAUP Z. H. Eine synthese des chinolins [J]. Ber. Dtsch. Chem. Ges., 1880, 13: 2086.

[2] LI J J. Name reaction [M]. 4th ed. Berlin Heidelberg：Springer-Verlag，2009：509.

[3] SONG Z, MERTZMAN M, HUGHES D L J. Cheminform abstuact: improved synthesis of quinaldines by the skraup reaction [J]. Heterocycl. Chem, 1993，30：17.

4.9 Vilsmeier反应

这种芳烃、活泼烯烃化合物用二取代甲酰胺及三氯氧磷处理得到醛类化合物的反应称为Vilsmeier反应[1]，现指有Vilsmeier试剂参与的化学反应。

Vilsmeier试剂因1927年Vilsmeier等人首先用DMF和$POCl_3$将芳香胺甲酰化而得名，其中所用的DMF和$POCl_3$合称为Vilsmeier试剂（以下简称为VR）。现在，通常认为VR是由取代酰胺与卤化剂组成的复合试剂。取代酰胺可用通式$RCONR^1R^2$来表示（R为H、低烃基、取代苯基；R^1、R^2为低烃基、取代苯基；R^1R^2N为$O(CH_2CH_2)_2N$，$(CH_2)nN$（$n=4$，5等），常用的酰胺有N，N-二甲基甲酰胺（DMF）和N-甲基-N-苯基甲酰胺（MFA）。常用的卤化剂有$POCl_3$、$SOCl_2$、$COCl_2$、$(COCl)_2$，有时也用PCl_5、PCl_3、$POCl_3$、Cl_2、SO_2Cl_2、$P_2O_3Cl_4$或金属卤化物、酸酐[2]。这是目前在芳环上引入甲酰基的常用方法。反应通式如下：

$$ArH + RR'NCHO \xrightarrow{POCl_3} ArCHO + RR'NH$$

反应机理：

$$\underset{1}{HC(=O)\text{-}\ddot{N}RR' \longleftrightarrow HC(O^-)=\overset{+}{N}RR'} \xrightleftharpoons{\ Cl\text{-}P(=O)(Cl)\text{-}Cl\ (2)\ } \underset{3}{Cl\text{-}P(=O)(Cl)\text{-}OCH=\overset{+}{N}RR'\,Cl^-}$$

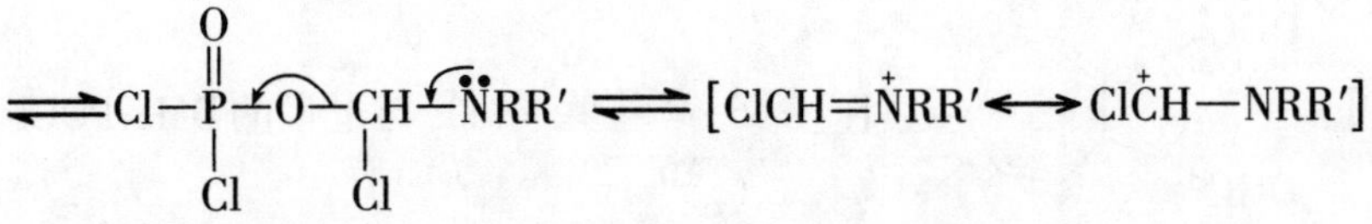

$$\rightleftharpoons Cl-\underset{Cl}{\overset{O}{\overset{\|}{P}}}-O-\underset{Cl}{CH}-\ddot{N}RR' \rightleftharpoons [ClCH=\overset{+}{N}RR' \longleftrightarrow Cl\overset{+}{C}H-NRR']$$

4　　　　　　　　5

$$\underset{\rightleftharpoons}{\overset{6}{\overset{ArH}{}}} Ar-CH(\ddot{N}RR')(Cl) \rightleftharpoons Ar-CH=\overset{+}{N}RR'Cl^- \overset{H_2O}{\rightleftharpoons} Ar-CH=O + RR'\overset{+}{N}H_2Cl^-$$

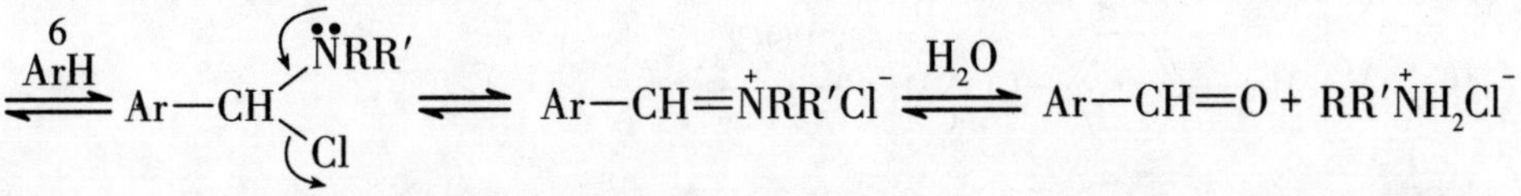

7　　　　8　　　　9　　　　10

首先二取代甲酰胺（1）与三氯氧磷（2）1∶1反应得到二氯磷酸酯的亚胺离子型结构（3），3 异构为二氯磷酸-α-二取代胺基氯甲酯（4），4经消去二氯磷酸后得亚胺离子即α-二取代胺基氯甲基碳正离子（5），5进攻6的芳环碳原子发生亲电取代反应形成α-二取代胺基氯甲基芳香化合物（7），7消去氯离子得亚胺离子（8），8经水解得芳甲醛（9），和铵盐（10）。

注：亚胺离子（iminium ion）是一类具有［$R^1R^2C=NR^3R^4$］$^+$通式的正离子，可看作亚胺的质子化或烷基化产物。亚胺离子很容易由胺与羰基化合物缩合生成，它实际上是一种掩蔽了的α-氨基碳正离子，即氨基烷基化试剂。

例题解析

【**例1**】写出下列反应的主要产物

1. 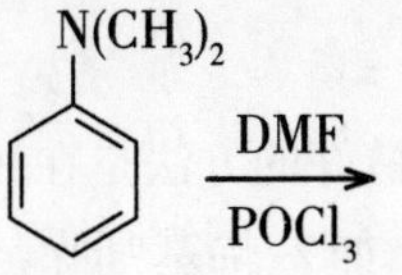 $C_6H_5N(CH_3)_2 \xrightarrow[POCl_3]{DMF}$（　　）。（扬州大学，2008；苏州大学，2015）

【**解析**】N，N-二甲基苯胺与N，N-二甲基甲酰胺（DMF）、三氯氧磷进行Vilsmeier反应，苯环中二甲氨基对位碳原子上的氢原子被甲酰基取代得到对二甲氨基苯甲醛，

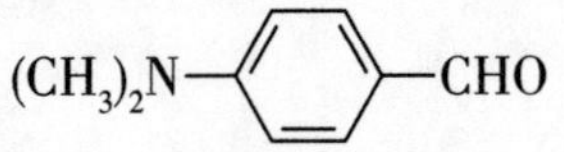

$(CH_3)_2N-C_6H_4-CHO$。

2. 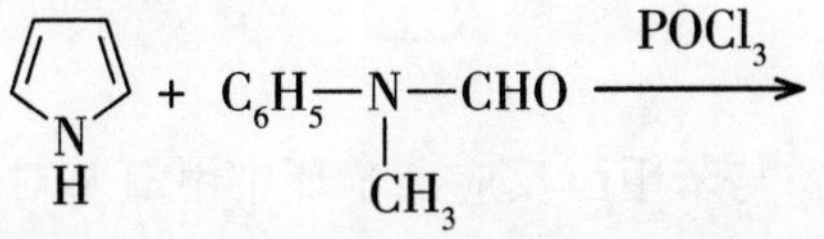 吡咯（NH）+ $C_6H_5-N(CH_3)-CHO \xrightarrow{POCl_3}$（　　）。

【**解析**】2-吡咯甲醛（吡咯-2-CHO）+ $C_6H_5NHCH_3$

3. 6-C_8H_{17}-薁 $\xrightarrow[(excess)]{DMF/POCl_3} \xrightarrow{OH^-,H_2O}$（　　）。

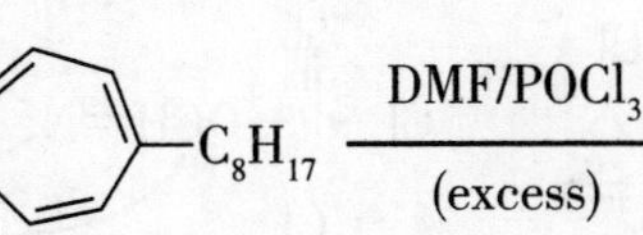

【解析】（1,3-二甲酰基-6-辛基薁，OHC、OHC、C_8H_{17}）。6-辛基薁（yu）与过量的DMF/$POCl_3$反应，然后碱性水解生成1，3-位二取代甲醛；若不过量，则生成1-位取代甲醛[3]。

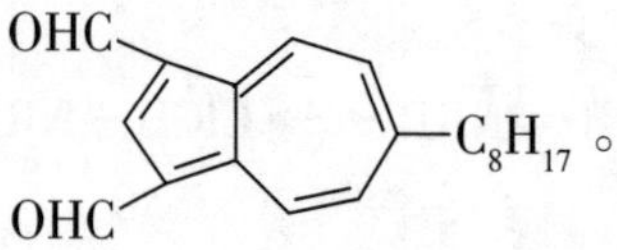

4. 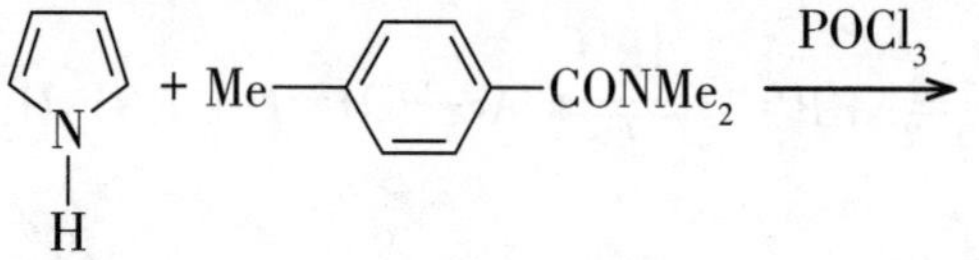 吡咯（N—H）+ Me—C_6H_4—$CONMe_2$ $\xrightarrow{POCl_3}$（　　）。

【解析】（2-(4-甲基苯甲酰基)吡咯，C=O，Me，N—H）。对于呋喃、噻吩和吡咯衍生物，酰基一般引在它们的2-或5-位，当2-或5-位被其他基团占据，酰基则引在3-或4-位。如吡咯衍生物与N,N-二甲基-4-甲基苯甲酰胺和$POCl_3$反应，生成2-位苯甲酰化产物（80%）[4]。

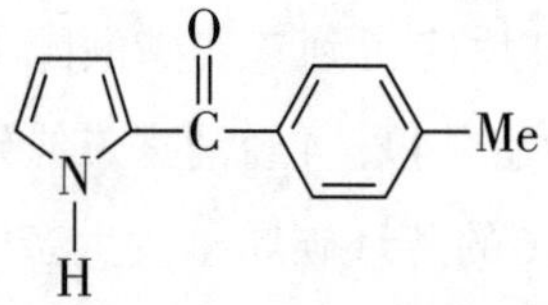

5. 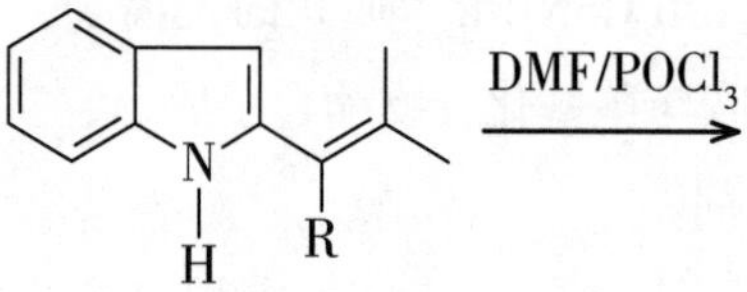 2-烯基吲哚（N—H，R）$\xrightarrow{DMF/POCl_3}$（　　）。

【解析】（3-CHO取代的2-烯基吲哚，CHO，N—H，R）。对于吲哚衍生物，酰基一般引在3-位，吲哚衍生物的3-位取代醛是一些生理活性物质的中间体。目前制备它们最好的方法是在$POCl_3$作用下，利用过量的DMF使吲哚衍生物甲酰化，产率通常较高。如2-烯基吲哚与VR反应，生成3-位取代甲醛（R = H，94%；R=Me，96%；R = Ph，98%；）[5-6]。

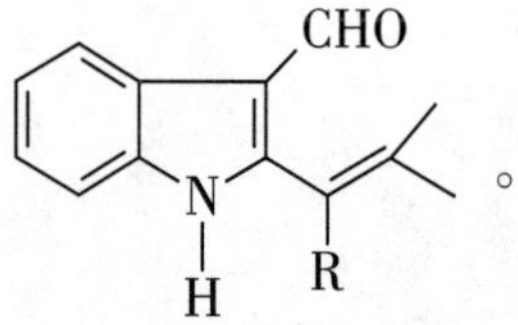

【例2】苯甲醚、N-甲基-N-苯基甲酰胺和三氯氧磷反应得到对甲氧基苯甲醛，写出其反应机理（南开大学，2012）

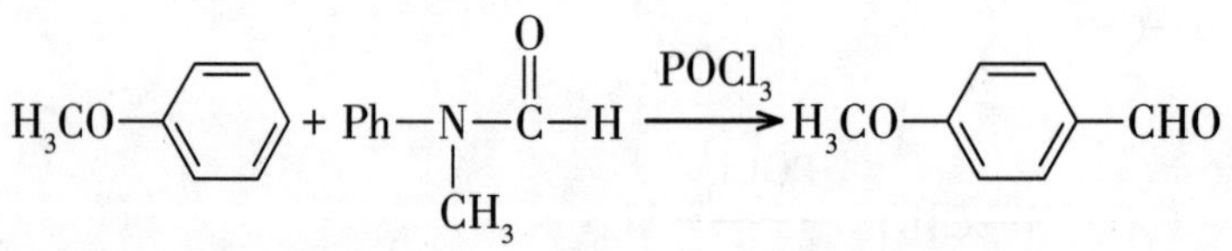

$$H_3CO-C_6H_5 + Ph-N(CH_3)-C(=O)-H \xrightarrow{POCl_3} H_3CO-C_6H_4-CHO$$

【解析】N-甲基-N-苯基甲酰胺、三氯氧磷与苯甲醚反应，苯环中甲氧基对位碳原子上的氢原子被甲酰基取代得到对甲氧基苯甲醛，其反应机理如下：

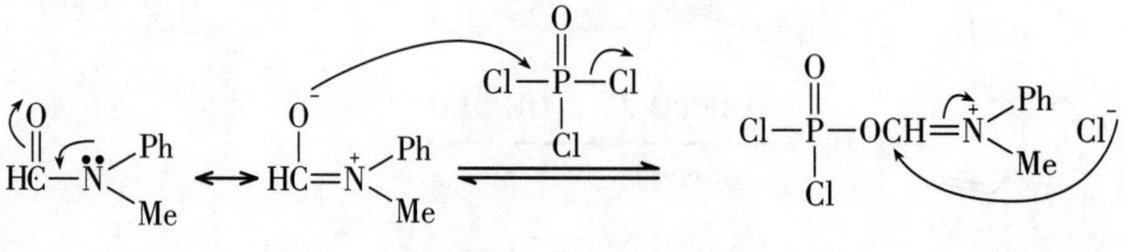

$$HC(=O)-\ddot{N}(Ph)(Me) \longleftrightarrow HC(-O^-)=\overset{+}{N}(Ph)(Me) \xrightleftharpoons{Cl-P(=O)(Cl)-Cl} Cl-P(=O)(Cl)-OCH=\overset{+}{N}(Ph)(Me)\ Cl^-$$

$$\rightleftharpoons Cl-\overset{O}{\overset{\|}{P}}(Cl)-O-CH(Cl)-\ddot{N}(Ph)(Me) \rightleftharpoons \left[ClCH=\overset{+}{N}(Ph)(Me) \longleftrightarrow Cl\overset{+}{C}H-N(Ph)(Me) \right]$$

$$\xrightarrow{\text{C}_6\text{H}_5\text{OMe}} Ar-CH(Cl)-\ddot{N}(Ph)(Me) \rightleftharpoons MeO-C_6H_4-CH=\overset{+}{N}(Ph)(Me)\ Cl^-$$

$$\xrightleftharpoons{H_2O} MeO-C_6H_4-CH=O + Ph(Me)\overset{+}{N}H_2Cl^-$$

【例3】由苯及C₄以下有机原料（包括C₄）和必要的无机试剂合成

$$CH_3O-C_6H_4-(3\text{-甲基环己-2-烯酮-5-基})$$

（兰州大学，2003）

【解析】

$$C_6H_6 \xrightarrow[\text{2. NaOH 熔融}]{\text{1. }H_2SO_4} \xrightarrow{H_3^+O} C_6H_5OH \xrightarrow{(CH_3)_2SO_4} \xrightarrow[POCl_3]{HCON(CH_3)_2} p\text{-}MeO-C_6H_4-CHO \xrightarrow[OH^-]{CH_3COCH_3}$$

$$CH_2O-C_6H_4-CH=CHCOCH_3 \xrightarrow[EtONa]{CH_3COCH_2COOEt} CH_3O-C_6H_4-CH(CH_2COCH_3)-CH(COOEt)(COCH_3)$$

$$\xrightarrow{OH^-} \xrightarrow{H_3^+O} \xrightarrow{\triangle} CH_3O-C_6H_4-(3\text{-甲基环己-2-烯酮-5-基})$$

参考文献

[1] VILSMEIER A, HAACK A. Über die einwirkung von halogenphosphor auf alkyl-formanilide. eine neue methode zur darstellung sekundärer und tertiärer p-alkylamino-benzaldehyde [J]. Ber. Dtsch. Chem. Ges., 1927, 60: 119-122.

[2] TEBBY J C, WILLETTS S E. Structure and reactivity of the vilsmeier formylating reagent [J]. Phosphorus sulfur, 1987, 30: 293.

[3] TACHIBANA Y, OBARA K, MASUYAMA Y. Jpn kokai tokkyo koho: preparation of 1,

3-diformylazulene derivatives as intermediates for drugs and sensitizers for electrophotographic photoconductors [J]. JP, 62198636: 1986,（C.A. 1988,109:230392c）.

[4] 孟繁浩，张守芳，高文方，等. 2-酰基吡咯的合成及Vilsmeier反应的研究 [J]. 精细化工, 1996, 13（1）:16.

[5] BERGNEN J, PELCMAN B. Synthesis of carbazoles related to carbazomycin, hyellazole and ellipticine [J]. Tetrahedron, 1988, 44: 5215.

4.10 磺化反应

芳环上的氢原子被磺酸基（$—SO_3H$）取代的反应称为磺化反应。

对于磺化反应机理的研究并不像卤化和硝化反应那样透彻，但可以大体确定它也经历一般芳烃亲电取代的过程。同时，已经知道磺化反应具有可逆性。苯用浓硫酸磺化，反应速度很慢。使用发烟硫酸对苯进行磺化，反应在室温下快速进行，反应速率与发烟硫酸中SO_3的含量有关。因此，一般认为磺化反应中的亲电试剂是三氧化硫。三氧化硫虽然不带有正电荷，但其硫原子周围只有六个电子，是缺电子体系，因此可以作为亲电试剂。它的结构用共振式可表示为：

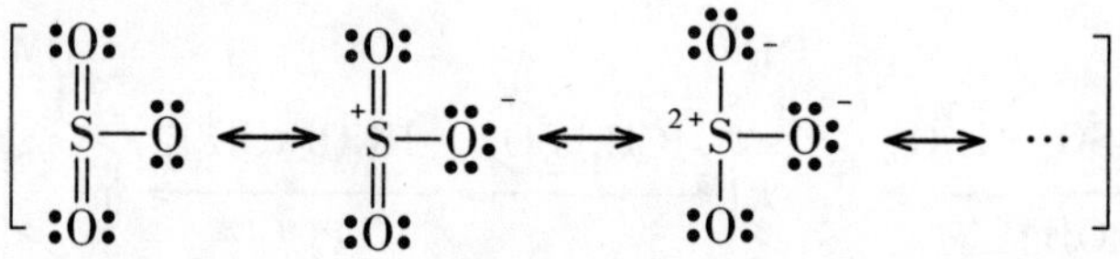

硫酸中可以产生三氧化硫，三氧化硫通过硫原子进攻苯环，反应机理如下[1]：

$$2H_2SO_4 \rightleftharpoons SO_3 + H_3O^+ + HSO_4^-$$

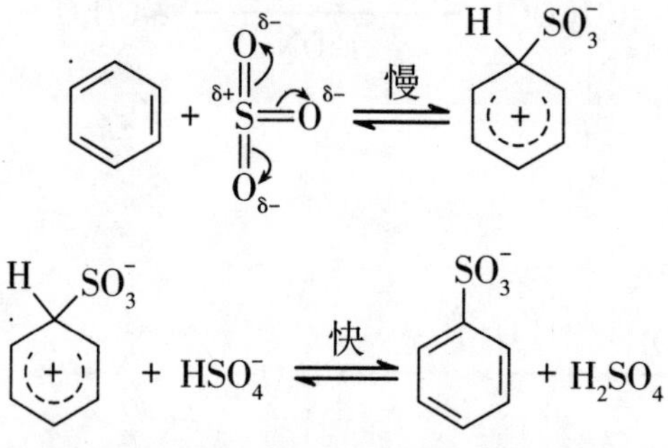

慢

快

有人认为含水硫酸对苯环的磺化反应是$H_3SO_4^+$（$H_3O^+ + SO_3$）作为进攻试剂。

例题解析

【例1】选择题

1. 下列化合物发生亲电取代反应活性最好的是（　　）。（浙江工业大学，2014）

A. 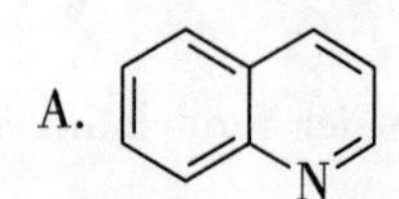　B. 　C. 　D.

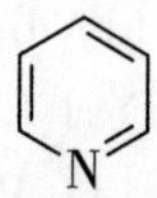

【解析】B. 呋喃、噻吩、吡咯都是五原子六电子的环状共轭体系，π电子云密度均

高于苯，所以它们比苯容易发生亲电取代反应。喹啉可发生亲电取代反应，但由于吡啶环而难以发生亲电取代反应。吡啶环中氮原子的电负性大于碳原子，所以环上的电子云密度因向氮原子转移而降低，亲电取代较苯难；环上氮原子具有与间位定位基硝基相仿的电子效应，钝化作用使环上亲电取代较苯困难，取代基进入β位[2]。

2. 下列化合物发生芳环上亲电取代反应活性最好的是（　　）。（浙江工业大学，2014）

A. 甲苯　　B. 苯甲醚　　C. 三氟甲基苯　　D. 苯甲醛

【解析】 B。邻、对位定位基（ortho-para directing group，又称第一类定位基）一般都能够活化苯环（卤素除外），使新引入的取代基主要进入其邻位和对位（邻位加对位产物的产量大于60%）。常见的邻、对位定位基按照定位能力由强到弱排序为：$—O^-$，$—NR_2$，—NHR，$—NH_2$，—OH，$—OCH_3$，$—NHCOCH_3$，$—OCOCH_3$，—R，$—C_6H_5$，—F，—Cl，—Br，—I等。其特点是定位基上与苯环直接相连的原子一般不含双键或三键，且多数带有负电荷或未共用电子对。

间位定位基（metaorientating group）又称第二类定位基，均钝化苯环，使新引入的取代基主要进入其间位（间位产物的产量大于40%）。常见的间位定位基按定位能力由强到弱排序为：$—\overset{+}{N}(CH_3)_3$，$—NO_2$，$—CF_3$，$—CCl_3$，—CN，$—SO_3H$，—CHO，—COR，—COOH，—COOR，$—COONH_2$，$—\overset{+}{N}H_3$ 等。其特点是定位基上与苯环直接相连的原子一般都含双键或三键，且多数带有正电荷[3]。

3. 室温条件下，除去少量噻吩的方法是加入浓硫酸，振荡，分离。其原因是（　　）。（暨南大学，2016）

A. 苯易溶于浓硫酸

B. 噻吩溶于浓硫酸

C. 噻吩比苯易磺化，生成的噻吩磺酸溶于浓硫酸

D. 苯比噻吩易磺化，生成的苯磺酸溶于浓硫酸

【解析】 C

【例2】 简答题

1. 甲苯进行磺化时，若要得以对位为主的产物，应在（　　）的温度下。（华侨大学，2016）

A. 较低　　B. 较高　　C. 0℃

【解析】 选B。甲苯在浓硫酸中温热，便可顺利地生成甲基苯磺酸，但反应温度对产物的异构体分布有明显影响。例如

磺化反应温度	邻甲基苯磺酸	间甲基苯磺酸	对甲基苯磺酸
0℃	43%	4%	53%
100℃	13%	8%	79%

可见间位磺化产物最少；邻位磺化产物少于对位磺化产物，但在较低温度下，邻位和对位的磺化产物的量相差不很大，而较高温度下却相差很大。这是因为磺化反应是可逆的，较大体积的磺酸基$—SO_3H$在$—CH_3$的邻位时，空间上拥挤，相互排斥。在较高温

度下，有利于反应的可逆性；在达到平衡时，没有空间阻碍，热力学稳定性最好的对位磺化产物为主产物。当然，磺酸基（—SO_3H）在最初选择—CH_3的邻位发生反应时，就会因空间位阻而不利[4]。

2. 苯甲醚发生亲电取代反应时生成更多的邻对位取代产物，间位取代产物较少，试用共振论内容解释甲氧基是邻对位定位基。（浙江工业大学，2014）

【解析】苯甲醚硝化主要得邻、对位产物，这可以从反应中间体碳正离子的极限式来分析[5]。

邻位进攻：

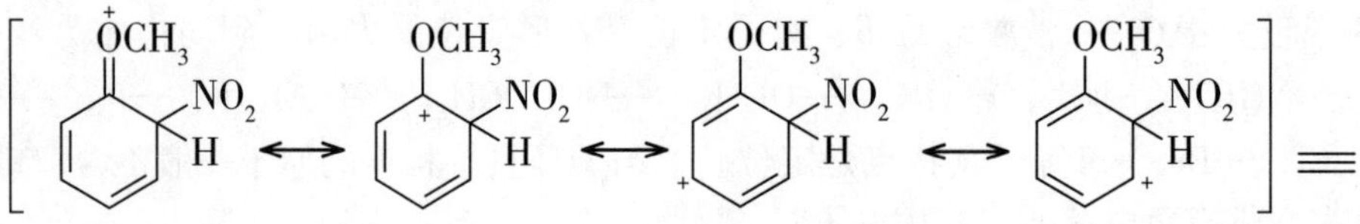

$\overset{+}{O}CH_3$ NO_2 H ⟷ OCH_3 NO_2 H ⟷ OCH_3 NO_2 H ⟷ OCH_3 NO_2 H ≡

（1） 较稳定　（2）　（3）　（4）

OCH_3 NO_2 H $\xrightarrow{-H^-}$ OCH_3 NO_2

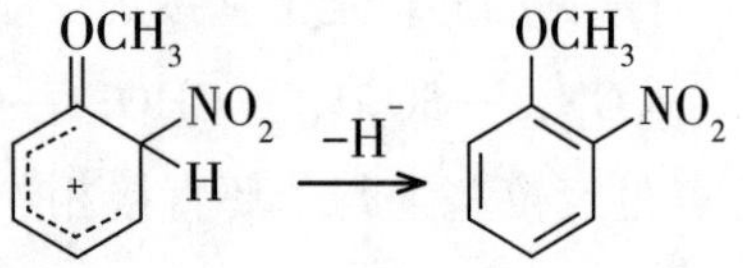

对位进攻：

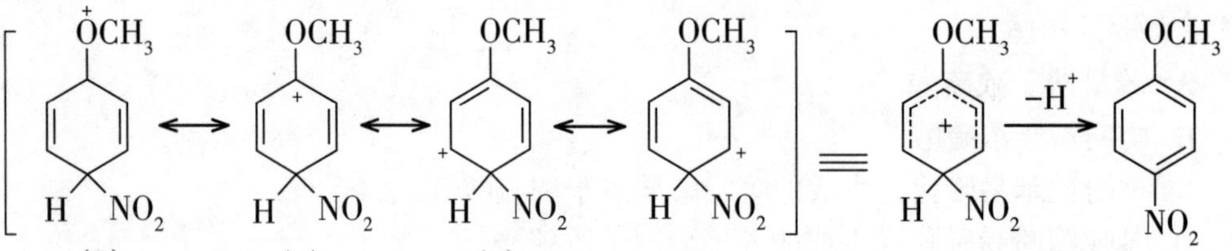

$\overset{+}{O}CH_3$ H NO_2 ⟷ OCH_3 H NO_2 ⟷ OCH_3 H NO_2 ⟷ OCH_3 H NO_2 ≡ OCH_3 H NO_2 $\xrightarrow{-H^+}$ OCH_3 NO_2

（5） 较稳定　（6）　（7）　（8）

间位进攻：

OCH_3 NO_2 H ⟷ OCH_3 NO_2 H ⟷ OCH_3 NO_2 H ≡ OCH_3 NO_2 H $\xrightarrow{-H^+}$ OCH_3 NO_2

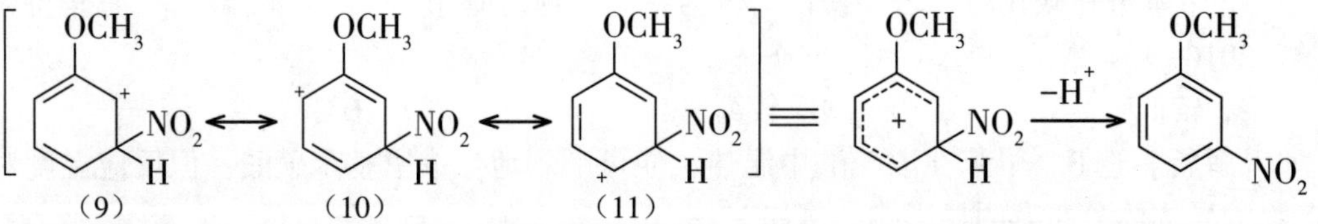

（9）　（10）　（11）

硝基正离子从乙氧基的邻、对位进攻苯环时，参与形成中间体碳正离子的极限结构（i），（v）中，所有的原子都满足八偶体结构，因此该极限结构能量相对较低，形成相应的碳正离子杂化体所需的过渡态势能也较低。而间位进攻时，没有这样的极限结构参与形成中间体碳正离子的共振，所以苯甲醚硝化时优先生成邻、对位取代产物。

3. 除去苯中少量的噻吩可以采用加入浓硫酸萃取的方法是因为________。（湖南师范大学，2013）

【解析】噻吩和浓硫酸发生亲电取代反应。噻吩比浓硫酸易磺化，生成的噻吩磺酸溶于浓硫酸。

4. 苯胺能与硫酸形成铵盐，$^{+}NH_3$是间位定位基团，但苯胺与硫酸长时间高温加热后并未得到间位产物，而得到高产率的对氨基苯磺酸，解释其原因。（湖南师范大学，2013）

【解析】因为磺化反应是可逆反应，对氨基苯磺酸是热力学稳定的产物，在长时间加热下，动力学产物间氨基苯磺酸最终转化为热力学稳定的对氨基苯磺酸。

5. 简述苯胺的磺化反应。

【解析】苯胺也可以磺化，磺化时硫酸首先与苯胺成盐，若用发烟硫酸为磺化试剂，在室温进行反应，主要得间位取代物，若用浓硫酸磺化，反应在长时间加热的条件下进行，则主要产物是对氨基苯磺酸。

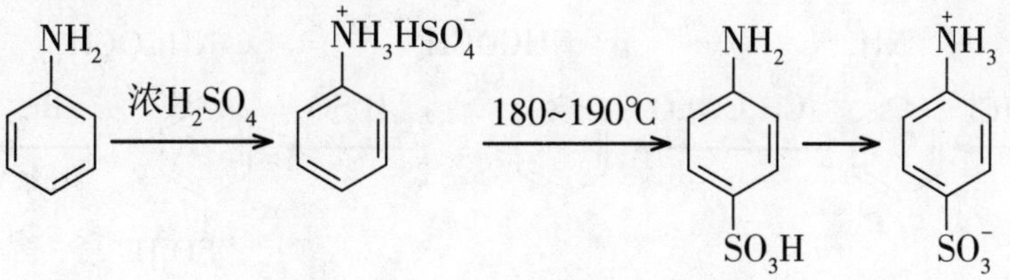

NH_2 ——浓H_2SO_4→ $\overset{+}{N}H_3HSO_4^-$ ——180~190℃→ NH_2 / SO_3H ——→ $\overset{+}{N}H_3$ / SO_3^-

N-取代苯胺也能发生类似的重排，主要生成对位重排产物，对位被占据时则生成邻位产物。

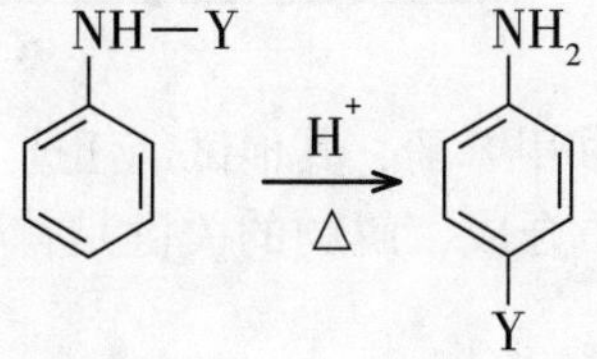

NH—Y ——H^+, △→ NH_2 / Y

【例3】请用不多于4个碳原子的有机化合物及简单芳香族化合物合成 COOH / OH（南京大学，2014）

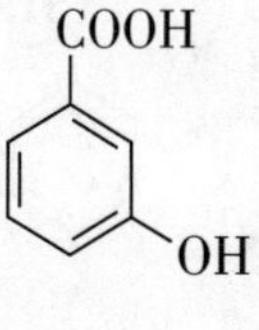

【解析】[6]

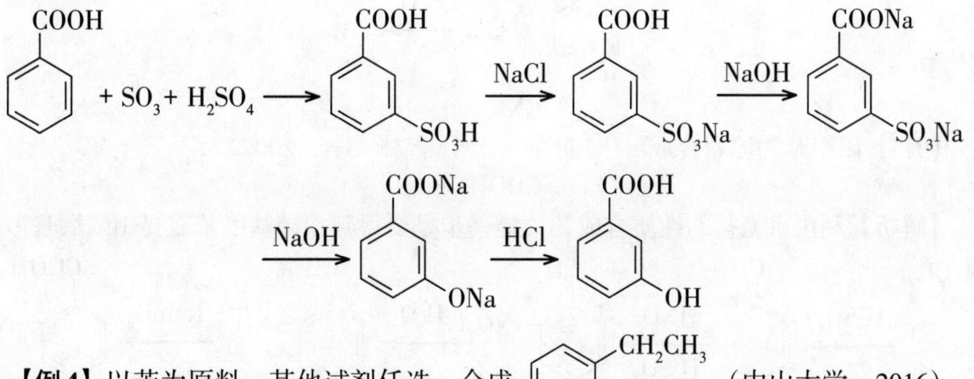

COOH + SO_3 + H_2SO_4 ——→ COOH / SO_3H ——NaCl→ COOH / SO_3Na ——NaOH→ COONa / SO_3Na

——NaOH→ COONa / ONa ——HCl→ COOH / OH

【例4】以苯为原料，其他试剂任选，合成 CH_2CH_3 / Cl （中山大学，2016）

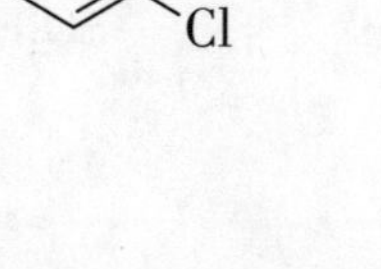

【解析】[7]

$\xrightarrow[AlCl_3]{C_2H_5Cl}$ C_2H_5 $\xrightarrow{H_2SO_4}$ (C_2H_5, SO_3H) $\xrightarrow[Fe]{Cl_2}$ (C_2H_5, Cl, SO_3H) $\xrightarrow[\triangle 稀H_2SO_4]{H_2O}$ (C_2H_5, Cl)

【例5】以指定原料，其他试剂任选，合成 $-NO_2 \longrightarrow$ (Br, $-CN$)（暨南大学，2016）

【解析】

NO_2 $\xrightarrow{Fe,HCl}$ NH_2 $\xrightarrow{(CH_3CO)_2O}$ $NHCOCH_3$ $\xrightarrow{H_2SO_4}$ ($NHCOCH_3$, SO_3H) $\xrightarrow[Fe]{Br_2}$ ($NHCOCH_3$, Br, SO_3H)

$\xrightarrow[\triangle]{H_2SO_4,H_2O}$ (NH_2, Br) $\xrightarrow{NaNO_2,H_2SO_4}$ $\xrightarrow{CuCN,KCN}$ (CN, Br)

【例6】由甲苯为原料合成邻甲苯酚，其他试剂任选（哈尔滨师范大学，2009）

【解析】利用重氮盐的性质合成，解题的关键是首先用磺酸基将甲基的对位占位，确保硝化时得到邻位产物。

CH_3 $\xrightarrow{H_2SO_4}$ $\xrightarrow[H_2SO_4]{HNO_3}$ (CH_3, NO_2, SO_3H) $\xrightarrow[\triangle]{稀H_2SO_4}$ (CH_3, NO_2) $\xrightarrow[HCl]{Fe}$ $\xrightarrow[低温]{O_2NNa-HCl}$

(CH_3, N_2Cl) $\xrightarrow[\triangle]{H_2O}$ T.M

【例7】以甲苯为原料合成 (CN, COOH)（吉林大学，2007）

【解析】利用重氮盐的性质合成，关键一步是要得到邻硝基甲苯需要用磺酸基占位。

CH_3 $\xrightarrow{H_2SO_4}$ (CH_3, SO_3H) $\xrightarrow[H_2SO_4]{HNO_3}$ (CH_3, NO_2, SO_3H) $\xrightarrow[\triangle]{H_3O^+}$ (CH_3, NO_2) $\xrightarrow{KMnO_4}$ (COOH, NO_2)

$\xrightarrow[HCl]{Fe}$ 邻氨基苯甲酸（COOH, NH_2） $\xrightarrow[低温]{NaNO_2/HCl}$ （COOH, N_2Cl） $\xrightarrow{CuCN/HCN}$ T.M

【例8】由指定原料出发合成，可用不大于3个碳的有机原料及任何无机试剂（郑州大学，2015）

苯酚（OH） ⟶ （COOH, $OCCH_3$, O）

【解析】

苯酚（OH） $\xrightarrow[CH_3Cl]{NaOH}$ （OCH_3） $\xrightarrow{H_2SO_4}$ （OCH_3, SO_3H） $\xrightarrow[H_2SO_4]{HNO_3}$ （OCH_3, NO_2, SO_3H） $\xrightarrow[\triangle]{H_3O^+}$ （OCH_3, NO_2）

$\xrightarrow[HCl]{Fe}$ $\xrightarrow{NaNO_2-HCl}$ （OH, N_2Cl） $\xrightarrow[（2）H_3O^+]{（1）KCN}$ （OH, CO_2H） $\xrightarrow{(CH_3CO)_2O}$ （COOH, $OCCH_3$, O）。

【例9】推测结构　某化合物分子式为$C_6H_5Br_2NO_3S$（Ⅰ），与亚硝酸钠和硫酸作用生成重氮盐，后者与乙醇共热，生成$C_6H_4Br_2O_3S$（Ⅱ）。（Ⅱ）在硫酸存在下，用过热水蒸气处理，生成间二溴苯。（Ⅰ）能够从对氨基苯磺酸经一步反应得到。推测（Ⅰ）的结构式并写出有关反应式（华侨大学，2016）

【解析】

（SO_3H, NH_2） $\xrightarrow[H_2O]{Br_2}$ （SO_3H, Br, Br, NH_2）（Ⅰ） $\xrightarrow[2.\ CH_3CH_2OH]{1.\ NaOH_2,H_2SO_4}$ （SO_3H, Br, Br）（Ⅱ） $\xrightarrow[\triangle]{H_2SO_4,H_2O}$ （Br, Br）

参考文献

[1] 孔祥文. 有机化学［M］. 北京：化学工业出版社，2010.
[2] 孔祥文. 基础有机合成反应［M］. 北京：化学工业出版社，2014.
[3] 孔祥文. 有机化学反应和机理［M］. 北京：中国石化出版社，2018.
[4] 陈宏博. 有机化学［M］. 4版. 大连：大连理工大学出版社，2015.
[5] 裴伟伟. 基础有机化学习题解析［M］. 北京：高等教育出版社，2006.
[6] 戴稼盛，罗文胜，宋水萍. 间羟基苯甲酸的合成［J］. 浙江化工，1996，27（4）：15.

[7] 李国青，李晨，高峰. 邻氯苯乙酮的合成［J］. 中国医药工业杂志，1995，26（9）：413.

4.11 六元杂环亲电取代反应

六元单杂环的结构以吡啶为例来说明。吡啶在结构上可看作苯环中的 —CH═ 被 —N═ 取代而成。5个碳原子和一个氮原子都是sp^2杂化状态，处于同一平面上，相互以σ键连接成环状结构。环上每一个原子各有一个电子在p轨道上，p轨道与环平面垂直，彼此"肩并肩"重叠交盖形成一个包括6个原子在内的，与苯相似的闭合共轭体系。所以，吡啶环也有芳香性，如图4-1所示。

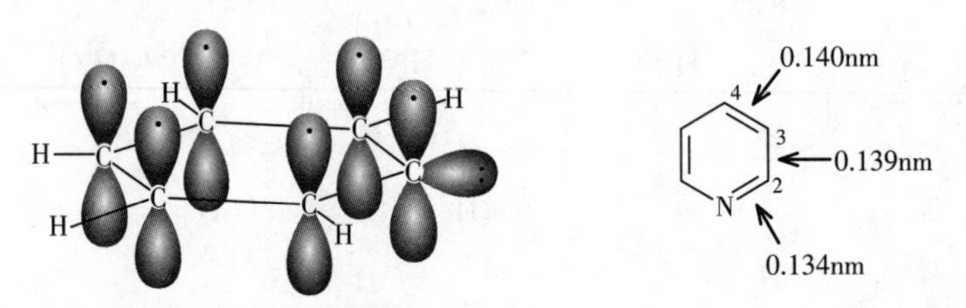

图4-1 吡啶的轨道结构

在核磁共振谱中，环上氢的δ值位于低场也标志着吡啶环具有芳香性。

α-H $\delta=8.50$　　β-H $\delta=6.98$　　γ-H $\delta=7.36$

氮原子上的一对未共用电子对，占据在sp^2杂化轨道上，它与环平面共平面，因而不参与环的共轭体系，不是6电子大π键体系的组成部分，而是以未共用电子对形式存在。

吡啶分子中的C—C键长（0.139~0.140nm）与苯分子中的C—C键长（0.140nm）相似；C—N键长（0.134nm）较一般的C—N键长（0.147nm）短，但比一般的C—N双键（0.128nm）长。这说明吡啶的键长发生平均化，但并不像苯一样是完全平均化的[1]。

吡啶的偶极矩比非芳香性的六氢吡啶高，这是因为吡啶环上诱导效应和共轭效应方向一致所致[2]：

吡啶环碳上的亲电取代反应如下。

然而又由于吡啶环中氮原子的电负性大于碳原子，所以环上的电子云密度因向氮原子转移而降低，亲电取代比苯难。环上氮原子具有与间位定位基硝基相仿的电子效应，钝化作用使环上亲电取代较苯困难，取代基进入β位，且收率偏低。但可以发生亲核取代反应，主要进入α位和γ位。

吡啶分子中，由于氮原子的电负性比碳原子大，所以氮原子附近电子密度较高，环上碳原子的电子密度有所降低。因此，吡啶与硝基苯相似，亲电取代反应较苯困难，并且主要发生在β位上，反应条件要求较高；不能发生Friedel-Crafts反应[3]。例如：

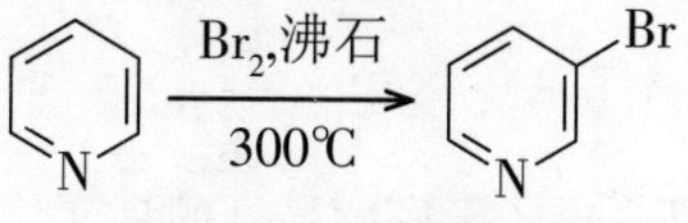
Br_2,沸石
300℃
Br
N

3-溴吡啶　39%

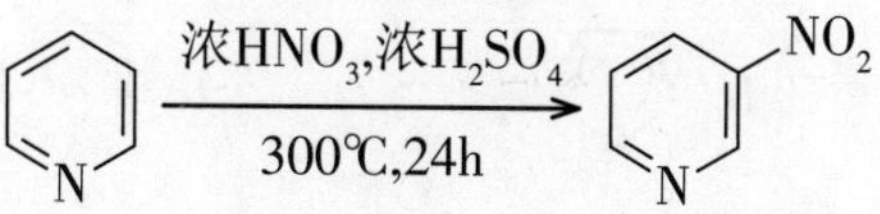
浓HNO_3,浓H_2SO_4
300℃,24h
NO_2
N

3-硝基吡啶　6%

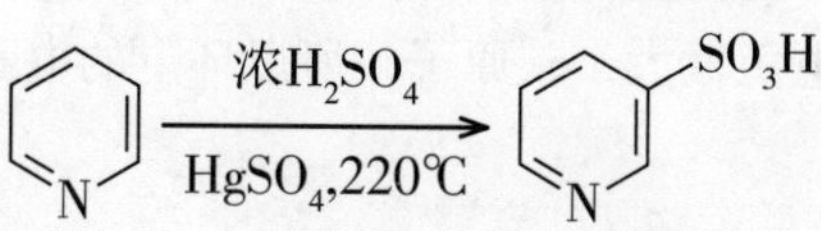
浓H_2SO_4
$HgSO_4$,220℃
SO_3H
N

3-吡啶磺酸　70%

当吡啶环上连有供电子基团时，将有利于亲电取代反应的发生；反之，就更加难以进行亲电取代反应。

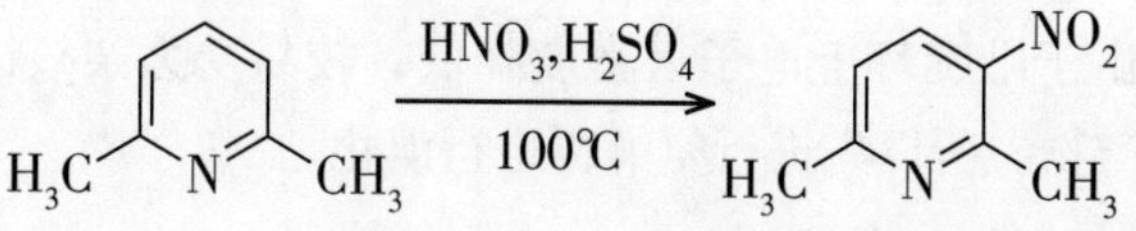
HNO_3,H_2SO_4
100℃
H_3C
CH_3
NO_2
N

2,6-二甲基-5-硝基吡啶　66%

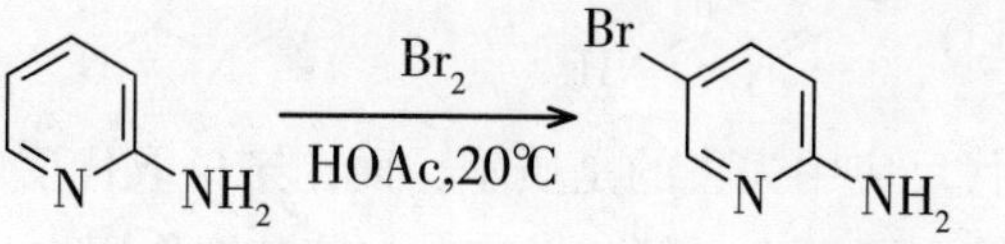
Br_2
HOAc,20℃
NH_2
Br
N

2-氨基-5-溴吡啶　90%

反应机理：

吡啶的亲电取代反应之所以发生在β-位，可从两个方面解释。其一是吡啶环上氮的吸电子诱导效应和共轭效应均使环上电子云密度降低，亲核性变弱。其二可以用中间体的稳定性加以说明。

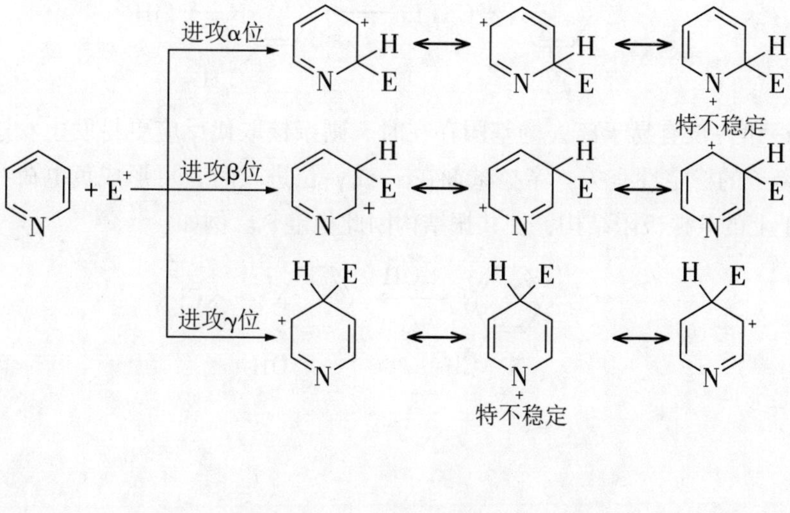
$+ E^+$
进攻α位
进攻β位
进攻γ位
特不稳定
特不稳定

可见亲电试剂进攻β-位比进攻α-、γ-位形成的中间体稳定，因为后者有六电子氮（极限式中正电荷位于氮原子上），与六电子碳相比，由于氮的电负性较大，含六电子氮的极限结构是不稳定的[4]。

例题解析

【例1】下列化合物中，环上电子云密度最低的是（　　）（西北大学，2011）

A. 吲哚（N-H）　B. 噻吩（S）　C. 吡啶（N）　D. 呋喃（O）

【解析】选C。呋喃、噻吩、吡咯都是五原子六电子的共轭体系，π电子云密度均高于苯，吡啶环中氮原子的电负性大于碳原子，所以环上的电子云密度因向氮原子转移而降低。

【例2】由指定原料合成　吡啶 ⟶ 2-溴吡啶（Br）　（复旦大学，2004）

【解析】题意是在吡啶环上的α-位完成溴代。若直接溴代为亲电取代，将在β-位进行，并非在α-位。由于吡啶环上电子云密度降低，较易受强亲核试剂的进攻，且主要生成α-和γ-位取代产物。所以先进行氨解再进行溴化。

$$\text{吡啶}\xrightarrow[\text{2. } H_2O]{\text{1. } NaNH_2,\triangle}\text{2-}NH_2\text{-吡啶}\xrightarrow{NaNO_2/H^+}\text{2-}N_2^+\text{-吡啶}\xrightarrow{CuBr}\text{2-Br-吡啶} + N_2$$

吡啶环在亲电取代反应中失去的是质子，而在亲核取代反应中失去的是负氢离子。例如，吡啶可与氨基钠作用生成α-氨基吡啶；与苯基锂作用生成α-苯基吡啶。

$$\text{吡啶}\xrightarrow{\overset{+}{Na}\overset{-}{N}H_2}\text{2-}\overset{-}{N}H\overset{+}{Na}\text{-吡啶}\xrightarrow{H_2O}\text{2-}NH_2\text{-吡啶}$$

$$\text{吡啶} + C_6H_5Li \longrightarrow \text{2-}C_6H_5\text{-吡啶} + LiH$$

当α-和γ-位有易于离去的基团存在时，则亲核取代反应更易发生。这与形成的中间体负离子的稳定性有关。亲核试剂在α-或γ-位进攻时，可形成负电荷在电负性较大的氮原子上的共振极限结构，使共振结构因此稳定[5]。例如：

$$\text{2-Cl-吡啶}\xrightarrow[\triangle]{KOH}\text{2-OH-吡啶} + KCl$$

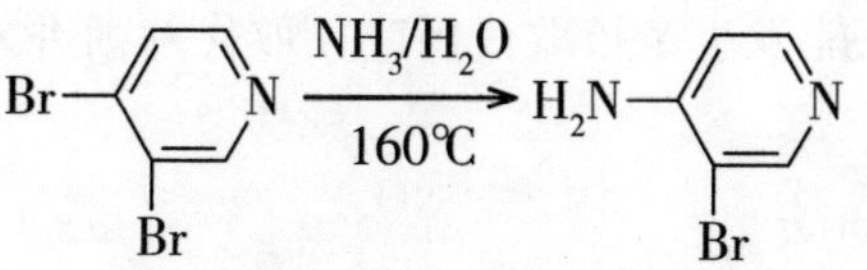

Br, Br-吡啶 $\xrightarrow[160℃]{NH_3/H_2O}$ H_2N-吡啶(Br)。

【例3】 (吡啶-吡咯，N-H) $\xrightarrow{C_6H_5N_2Cl}$ （　　）（南京工业大学，2005）

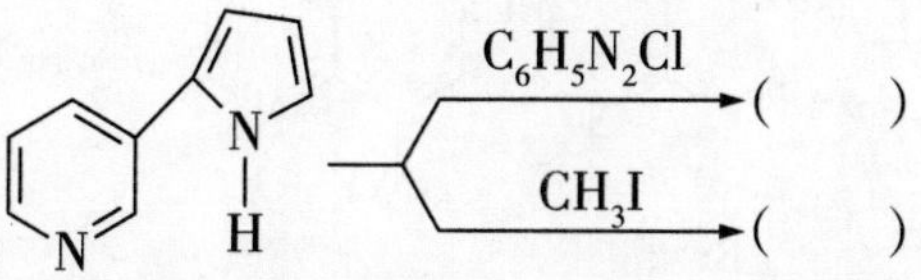

$\xrightarrow{CH_3I}$ （　　）

【解析】第一个反应为偶合反应，第二个反应为N上的烷基化反应，反应产物分别是：

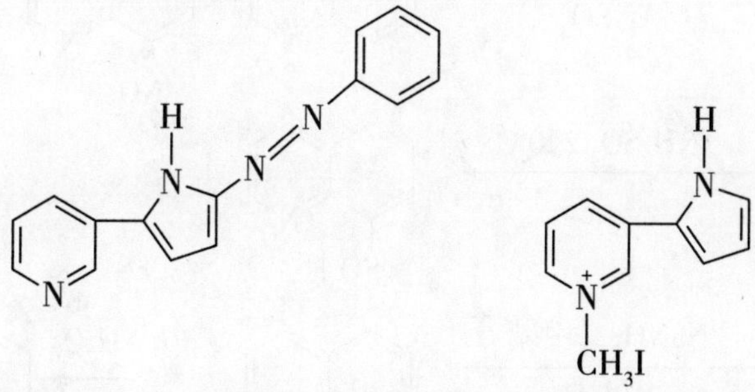

H N N=N (苯) N N+ CH_3I

吡咯的性质与酚的性质类似，吡咯的钠或钾“盐”与酚的钠或钾盐在反应性上也极为相似，如可以发生Reimer-Tiemann反应、Kolbe反应以及和重氮盐发生偶合反应，例如：

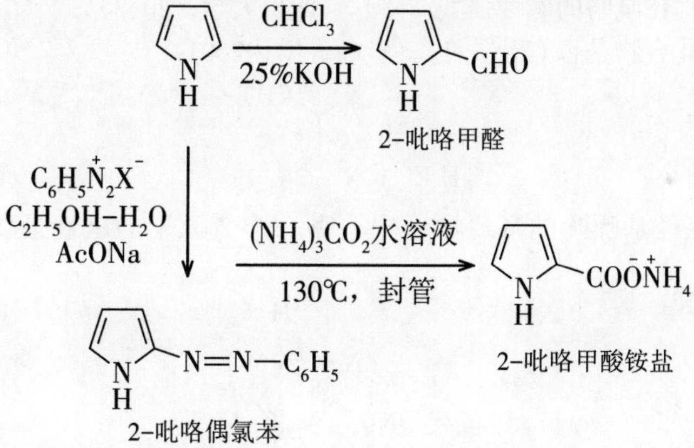

N H $\xrightarrow[25\%KOH]{CHCl_3}$ N H CHO

2-吡咯甲醛

$C_6H_5\overset{+}{N}_2X^-$
$C_2H_5OH-H_2O$
AcONa

$\xrightarrow[130℃，封管]{(NH_4)_3CO_2水溶液}$ N H $CO\overset{-}{O}\overset{+}{N}H_4$

N H $N{=}N-C_6H_5$

2-吡咯偶氯苯

2-吡咯甲酸铵盐

吡咯N上的孤对电子参与芳香共轭，难以和碘甲烷再配位，而吡啶N上的孤对电子不参与芳香共轭。

【例4】 (异喹啉，N) $\xrightarrow{Br_2/AlCl_3}$ （　　）。（南开大学，2013）

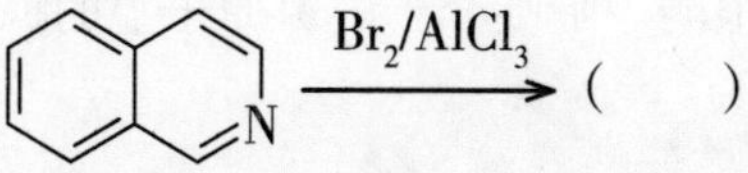

【解析】

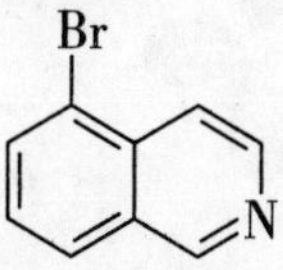

Br N 。异喹啉可发生亲电取代反应，但由于吡啶环难以发生亲电取代反应，所以取代基多进入苯环5位。喹啉的亲电取代反应，取代基多进入苯环（5或8

位）。喹啉与吡啶一样，也能发生亲核取代反应，取代基则进入吡啶环2或4位（2位为主），异喹啉在1位。

浓HNO_3+浓H_2SO_4，0℃ → 5-NO_2 + 8-NO_2

Br_2+浓H_2SO_4△，Ag_2SO_4 → 5-Br + 8-NO_2

浓H_2SO_4,220℃ → 8-SO_3H

$NaNH_2$二甲苯，100℃ → 2-NHNa，H_2O → 2-NH_2

【例5】判断题

1. 吡啶的碱性比吡咯的碱性强（　　）。（四川大学，2013）

2. 判断下列化合物是否有芳香性。（青岛大学，2001）

（2,5-二甲基吡嗪：N、CH_3、H_3C、N）

3. 判断在6-羟基嘌呤的环氮原子中，哪一个氮原子的碱性最弱？（中山大学，2005）

（6-羟基嘌呤，环原子编号1～9，9位N上连H，6位连OH）

【解析】1. 正确。吡咯分子中氮原子上的一对孤电子对参与形成五原子六电子的共轭π键，给出电子对的能力大大下降，碱性很弱。吡啶分子中氮原子上的孤电子对不参与共轭，碱性比吡咯强，如图4-2所示。

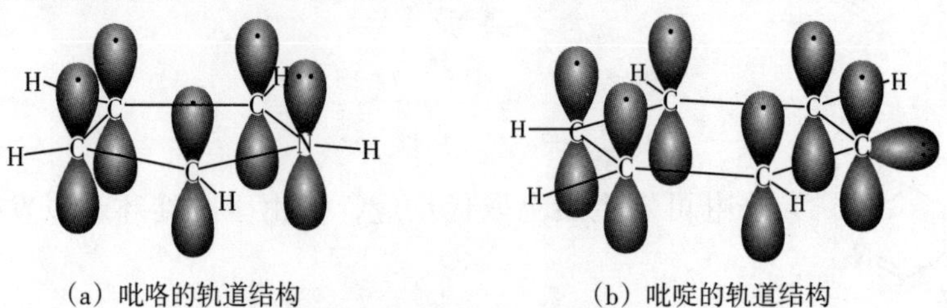

（a）吡咯的轨道结构　　（b）吡啶的轨道结构

图4-2　吡咯和吡啶的轨道结构比较

2. 有。3. 9-位氮原子碱性最弱，它参与芳香性电子共轭，电子云密度最低。

【例6】选择题

1. 吡啶硝化时，硝基主要进入（　　）。（华南理工大学，2005）

A. α位　　B. β位　　C. γ位　　D. 氮原子

2. 下列化合物进行亲电取代反应的次序是（　　）。（浙江大学，2002）

A. 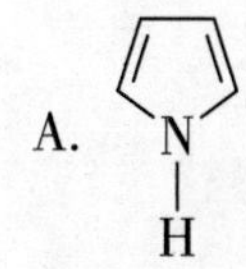

B. 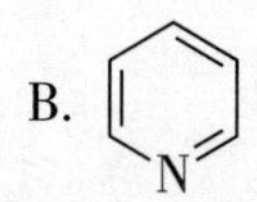

C. 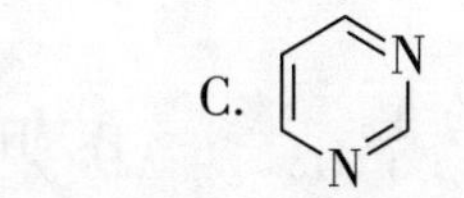

D.

A. A > B > C > D　B. A > D > B > C　C. A > C > B > D　D. A > D > C > B

3. N-氧化吡啶发生硝化反应时，硝基主要进入（　　）。（吉林大学，2005）

A. α位　　B. β位　　C. α，β位　　D. γ位

4. 下列化合物中，既能溶于酸又能溶于碱的是（　　）。（华中科技大学，2002）

A. 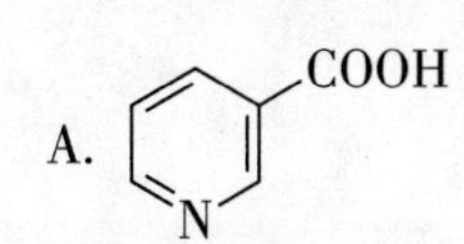

B. 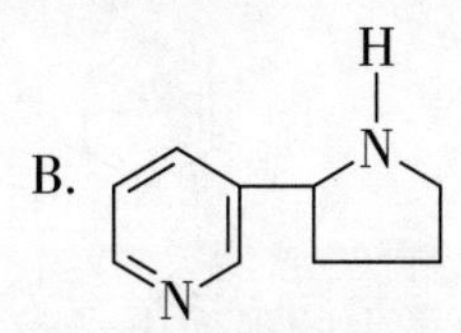

C. 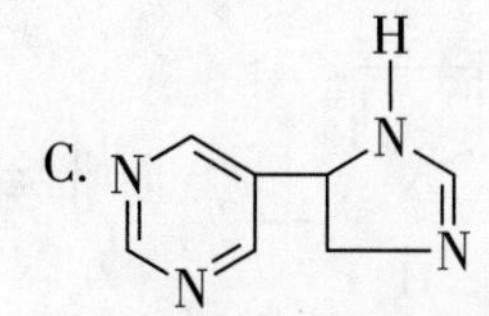

D.

5. 比较化合物中不同氮原子碱性，最强的是（　　），最弱的是（　　）。（云南大学，2003）

【解析】1. B　2. B　3. D　4. A，C　5. A，B

【例7】简答题

1. 解释吡啶和吡咯中N原子的杂化状态的不同。（华东理工大学，2003）

【解析】吡啶N原子的孤对电子处于sp^2杂化轨道，而吡咯N原子的孤对电子处于p轨道。

2. 吡啶氮上的孤对电子处于sp^2杂化轨道，而吡咯氮上的孤对电子处于p轨道。为什么六氢吡啶的碱性大于吡啶？（四川大学，2001）

【解析】吡啶氮上的孤对电子处于sp^2杂化轨道，而六氢吡啶氮上的孤对电子处于sp^3杂化轨道。s成分多轨道越接近球形，电子越靠近核，所以吡啶的氮较六氢吡啶的氮难结合质子。

3. 解释吡啶的N氧化物发生亲电取代在4-位而不是在3-位的原因。（华东理工大学，2014）

【解析】因为亲电试剂进攻吡啶N-氧化物4-位得到的碳正离子中间体，所有原子全部满足 8 电子构型的极限式1参与共振，比较稳定，对杂化体贡献最大，进攻3-位得到的碳正离子中间体没有这种稳定的极限式，所以吡啶N-氧化物亲电取代在4-位发生而不在3-位发生。

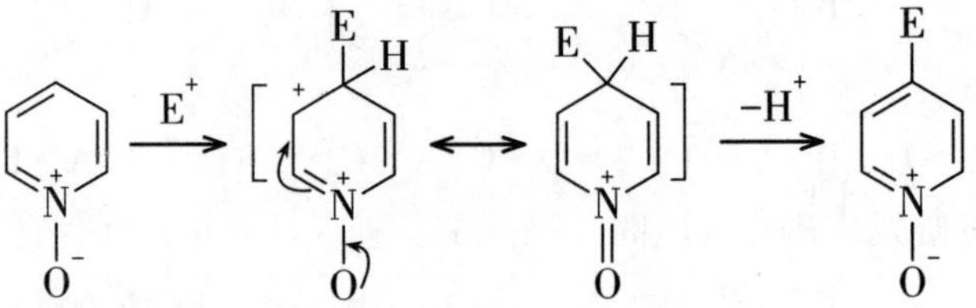

4. 指出下列化合物的偶极矩方向。（兰州大学，2001）

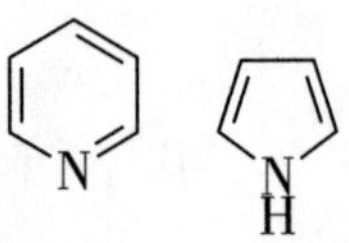

【解析】吡咯分子中氮原子上的孤对电子参与形成环上闭合共轭体系，且氮的给电子共轭效应远大于吸电子诱导效应，所以吡咯的偶极矩方向为 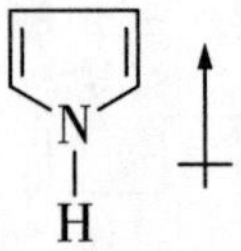 。而吡啶分子中氮原子上的孤对电子未参与形成环上闭合大π键，加上氮原子为电负性较大原子，所以吡啶的偶极矩方向为 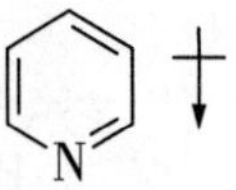 。

5. 比较咪唑与吡咯的碱性强弱，并给予合理解释。（中山大学，2002）

【解析】

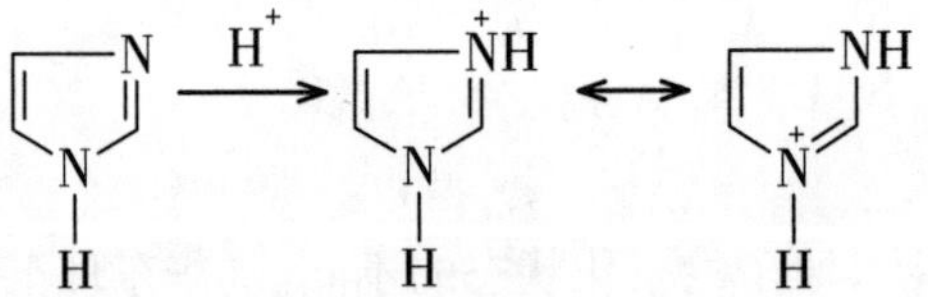

咪唑的共轭酸因共振而稳定，有两个能量相同的极限式，正电荷主要分布在两个氮上，但吡咯没有这种情况，所以咪唑的碱性比吡咯的强。

【例8】用化学方法分离下列化合物

1. 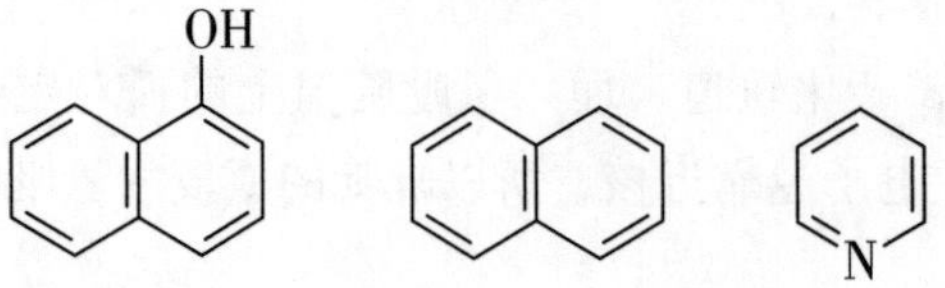 。（南京理工大学，2002）

【解析】

混合物 $\xrightarrow{H^+}$ 过滤 → 滤液 $\xrightarrow{NaOH}$ （吡啶）；滤饼 $\xrightarrow{NaOH}$ 过滤 → 滤液 $\xrightarrow{H^+}$ （1-萘酚，OH）；滤饼 [萘]

2. 吡啶与α-甲基吡啶。

【解析】用$KMnO_4$ 溶液鉴别，能使$KMnO_4$ 溶液褪色的为α-甲基吡啶；松片反应，吡咯显红色，而呋喃显绿色。

【例9】写出下列反应产物

1. （2-甲基吡啶）$\xrightarrow{H_2O_2}$ （ ） $\xrightarrow[H_2SO_4]{HNO_3}$ （ ） $\xrightarrow{PCl_3}$ （ ）。（暨南大学，2016）

2. （吡啶）$\xrightarrow[H_2SO_4]{HNO_3}$ （ ） $\xrightarrow{Fe/HCl}$ （ ） $\xrightarrow[HCl]{NaNO_2}$ （ ） $\xrightarrow[CH_3COONa]{H_3C-C_6H_4-NH_2}$

（ ）。（河北工业大学，2003）

3. （2-吡啶基）$CH{=}CH_2$ $\xrightarrow[EtONa]{CH_2(COOEt)_2}$ （ ）。（武汉大学，2005）

4. （2-溴吡啶，Br） + $\overset{\ominus}{Na}$ $^{\ominus}CH(CH_2Et)(CO_2Et)$ ⟶ （ ）。（复旦大学，2006）

5. （喹啉，N） $\xrightarrow[HNO_3]{浓H_2SO_4}$ （ ） + （ ）。（武汉大学，2006）

6. （4,7-二氯喹啉，Cl，Cl，N） + $C_6H_5CH_2CN$ $\xrightarrow{NaNH_2/NH_3}$ （ ）。（复旦大学，2003）

7. （异喹啉，N） $\xrightarrow{NaNH_2}$ （ ）。（南开大学，2003）

8. 吡啶 $\xrightarrow[CHCl_3]{SO_3}$（　　）。（浙江大学，2004）

9. 吡啶 $\xrightarrow[100\sim150℃]{NaNH_2}$（　　）。（华东师范大学，2006；辽宁大学，2015）

10. 3-(吡咯烷-2-基)吡啶 $\xrightarrow{HNO_3}$（　　）$\xrightarrow{SOCl_2}$（　　）$\xrightarrow{NH_3}\xrightarrow{Br_2/NaOH}$（　　）。

（四川大学，2007）

11. 喹啉 $\xrightarrow{[O]}$（　　）$\xrightarrow{加热}$（　　）。（大连理工大学，2004）

【解析】1. 吡啶-N-氧化物（N→O），4-硝基吡啶-N-氧化物（NO_2，N→O），4-硝基吡啶（NO_2） 2. 3-硝基吡啶（$-NO_2$），3-氨基吡啶（$-NH_2$），3-吡啶重氮盐（$-N_2Cl$），

3-吡啶基-N=N-（2-氨基-5-甲基苯基）（NH_2，CH_3） 3. 2-吡啶基-$CH_2CH_2CH(COOEt)_2$ 4. 2-吡啶基-CH(CO_2Et)(CO_2Et)

5. 5-硝基喹啉（NO_2），8-硝基喹啉（NO_2） 6. 7-氯-4-喹啉基-C(H)(C_6H_5)(CN) 7. 1-氨基异喹啉（NH_2）

8. 吡啶 $N^+SO_3^-$ 9. 2-氨基吡啶（NH_2）

10. 3-吡啶甲酸（-COOH），3-吡啶甲酰氯（-COCl），3-氨基吡啶（$-NH_2$）

11. 吡啶-2,3-二甲酸（COOH，COOH），3-吡啶甲酸（COOH）。喹啉分子中吡啶的电子云密度比苯环低，而氧化反应是失去电子的反应，所以发生氧化反应生成吡啶-2，3-二甲酸；在吡啶-2，3-二甲酸脱羧时涉及碳-碳键的异裂，吡啶环持有负电荷，负电荷处在α位能被电负性大的氮所分散，负电荷处在β位时则不能被有效分散，因此脱羧在α位。

参考文献

[1] 孔祥文. 有机化学反应和机理［M］. 北京：中国石化出版社，2018.
[2] 邢其毅，裴伟伟，徐瑞秋，等. 基础有机化学［M］. 2版. 北京：北京大学出版社，1994.
[3] 孔祥文. 有机化学［M］. 2版. 北京：化学工业出版社，2018.
[4] 高鸿宾. 有机化学［M］. 4版. 北京：高等教育出版社，2005.
[5] 陈宏博. 有机化学［M］. 4版. 大连：大连理工大学出版社，2015.

4.12 卤化反应

苯与卤素（主要是Cl_2或Br_2）在Lewis酸如三氯化铁、三氯化铝等的催化作用下，反应生成卤苯，此反应称为卤化反应（halogenating reaction）。也可以用铁粉代替三卤化铁，这是因为铁粉与Cl_2或Br_2反应生成$FeCl_3$或$FeBr_3$，然后催化反应进行。对于不同的卤素，与苯环发生取代反应的活性次序是：氟>氯>溴>碘。由于氟过于活泼，与苯直接反应将使苯环断裂。苯与二氟化氙在氟化氢催化下，可生成氟代苯。碘与苯的反应不仅较慢，同时生成的碘化氢是还原剂，从而使反应成为可逆反应，且以逆反应为主。

适当提高反应温度，卤苯可继续与卤素作用，生成二卤代苯，产物主要是邻位和对位取代物。烷基苯与卤素在相近的条件下作用，反应比苯更容易，也主要得到邻位和对位取代物。

苯与卤素如无催化剂作用时，它们之间的取代反应难以进行。所以，简单的将苯与溴的四氯化碳溶液混合，二者很难发生反应。而在催化剂（如FeX_3、$AlCl_3$等Lewis酸）作用下，苯可以很快与氯或溴反应，生成氯苯或溴苯。

催化剂在其中起到的作用是促使氯或溴分子的异裂，产生强的亲电试剂，然后亲电试剂再与苯发生取代反应。以溴与苯在$FeBr_3$催化下的反应为例，苯的卤化反应机理一般包含下面的过程：

（1）溴分子受$FeBr_3$的作用而发生异裂，产生亲电试剂Br^+和四溴化铁络离子。

$$Br : Br + FeBr_3 \longrightarrow Br^+ + [FeBr_4]^-$$

（2）Br^+作为亲电试剂进攻苯环，形成σ络合物。

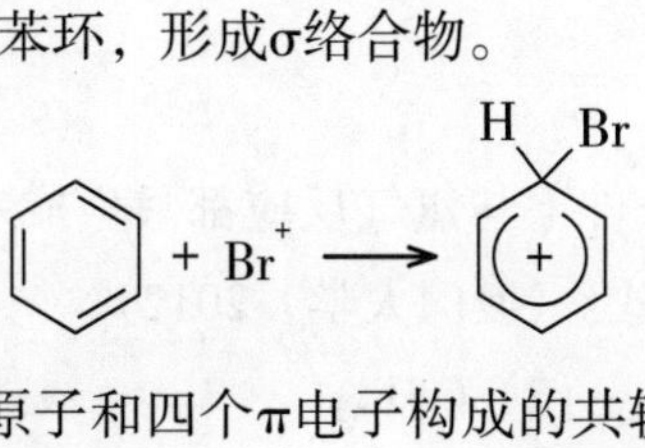

$$+ Br^+ \longrightarrow$$

H Br

σ络合物中含有由五个碳原子和四个π电子构成的共轭体系，它用共振式又可以表示为：

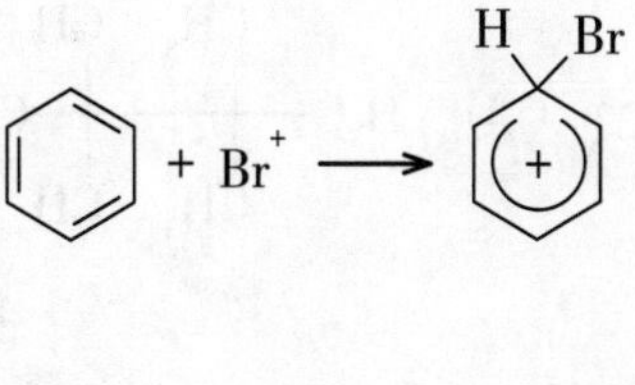

$$+ Br^+ \longrightarrow$$

H Br

该步反应是取代过程中速度慢的步骤，即：整个反应的决速步骤。

（3）中间体σ络合物能量高，不稳定，很快会失去一个质子，使体系重新成为稳定的环状闭合共轭体系。分解出的质子与四溴化铁络离子反应，再生成催化剂三溴化铁和溴化氢。

$$[FeBr_4]^- \longrightarrow + FeBr_3 + HBr$$

这是一步快反应。

例题解析

【例1】选择题

1. 苯环上的卤化反应属于（　　）。（华南理工大学，2016）

A. 亲电加成反应　　B. 亲核取代反应

C. 亲核加成反应　　D. 亲电取代反应

2. 下列化合物中溴代反应最快的是（　　）。（大连理工大学，2004）

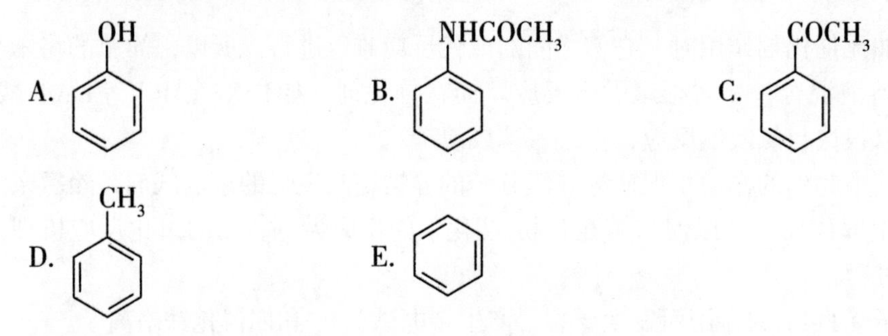

【解析】1. D　2. A.羟基氧原子上的孤电子对与苯环共轭，使苯环上电子云密度增加，亲电取代反应易于进行。

【例2】简答题

1. 下列烷烃分别在光照条件下与氯气反应都只生成一种一氯代产物，请写出这些烷烃及其一氯代产物的结构简式。（厦门大学，2012）

（1）C_5H_{10}　　（2）C_8H_{18}　　（3）C_5H_{12}

【解析】

（1）C_5H_{10}：　（2）C_8H_{18}：$H_3C-C(CH_3)_2-C(CH_3)_2-CH_2Cl$

（3） C_5H_{12}: $H_3C-C(CH_3)_2-CH_2Cl$

2. 简述芳环上取代基对芳香胺碱性强弱的影响。（山东大学，2016）

【解析】 芳胺的碱性一般呈以下规律：

	$(C_6H_5)_3N$	<	$C_6H_5-NH-C_6H_5$	<	$C_6H_5-NH_2$
pK_b	中性		13.8		9.30

	$C_6H_5N(CH_3)_2$	⩽	$C_6H_5NH(CH_3)$	<	$C_6H_5NH_2$
pK_b	9.62		9.60		9.30

由于氨基的未共用电子对与芳环的大π键形成p，π-共轭体系，使氨基上的电子云密度降低，接受质子的能力减弱，因此碱性比氨弱。以上顺序中前者有电子效应，同时有空间效应；而后者主要是空间效应的影响。氮上连有的取代基越多，空间位阻越大，质子越不容易与氮原子接近，胺的碱性也就越弱。

取代苯胺的碱性强弱主要与取代基的性质有关，取代基为供电子基团时，碱性增强；取代基为吸电子基团时，碱性减弱。

	2,4-二硝基苯胺（NH_2, NO_2, NO_2）	<	对硝基苯胺（NH_2, NO_2）	<	对氯苯胺（NH_2, Cl）	<	苯胺（NH_2）	<	对甲苯胺（NH_2, CH_3）	<	对羟基苯胺（NH_2, OH）
pK_b	13.8		13.0		10.0		9.30		8.90		8.50

3. 以正丁醇、溴化钠和硫酸为原料制备正溴丁烷时，实验中硫酸的作用是什么？硫酸的用量和浓度过大或过小有什么不好？（西北大学，2011）

【解析】 作用：反应物、催化剂。浓硫酸两个作用，其一是浓硫酸在此反应中除与NaBr作用生成氢溴酸外，浓硫酸也作为吸水剂可移去副产物水，同时又作为氢离子的来源以增加质子化醇的浓度，使不易离去的羟基转变为良好的离去基团H_2O。其二是用于洗涤阶段洗去副产物（正丁醚，1-丁烯），以及残余的正丁醇。浓硫酸的用量和浓度过大，反应加快，可通过吸水使平衡正向移动，但反应生成大量的HBr跑出，且易将溴离子氧化为溴单质，同时会加大副反应的进行，例如丁醇的氧化、碳化、消去反应增多（产生1-丁烯，重排2-丁烯，两者再与HBr加成得2-溴丁烷）。过小则不利于主反应发生（即氢溴酸的生成受阻），反应不完全。

【例3】 用化学方法鉴别化合物（西北大学，2011）

1. 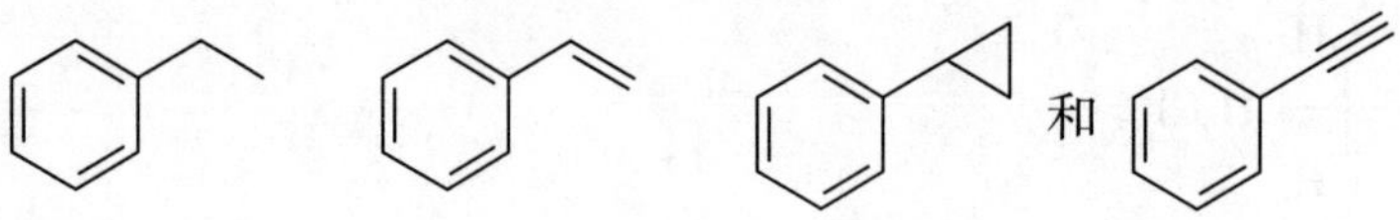 和

【解析】

$\xrightarrow[CCl_4]{Br_2}$ 不褪色 / 褪色 / 褪色 / 褪色 $\xrightarrow{Ag(NH_3)_2^+}$ × / × / 灰白色↓ ；× / × $\xrightarrow{KMnO_4}$ 褪色 / ×

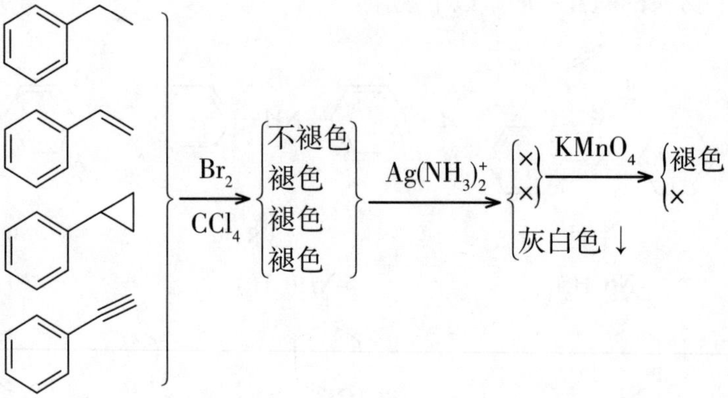

2. 苯胺，苯酚，环己醇，环己基胺 ，环己酮。（哈尔滨师范大学，2007）

【解析】

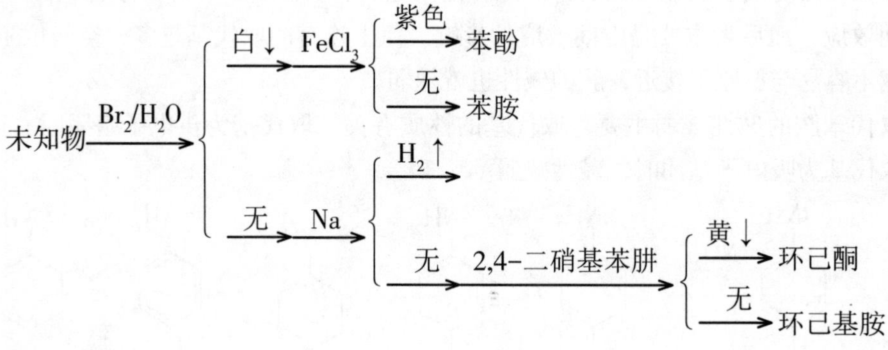

未知物 $\xrightarrow{Br_2/H_2O}$

- 白↓ $\xrightarrow{FeCl_3}$
  - $\xrightarrow{紫色}$ 苯酚
  - $\xrightarrow{无}$ 苯胺
- 无 $\xrightarrow{Na}$
  - $\xrightarrow{H_2\uparrow}$
  - $\xrightarrow{无}$ $\xrightarrow{2,4-二硝基苯肼}$
    - $\xrightarrow{黄\downarrow}$ 环己酮
    - $\xrightarrow{无}$ 环己基胺

【例4】完成下列反应

1. 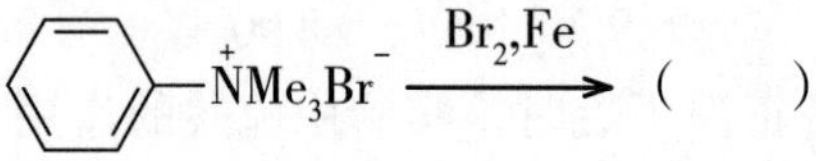 $C_6H_5-\overset{+}{N}Me_3Br^- \xrightarrow{Br_2,Fe}$ （　　）。（华东理工大学，2014）

【解析】三甲基苯基溴化铵在Fe催化下进行芳香族亲电取代反应——卤化反应生成三甲基-（3-溴代苯基）溴化铵，结构式为 $\overset{+}{N}(CH_3)_3Br^-$（苯环3位Br）。

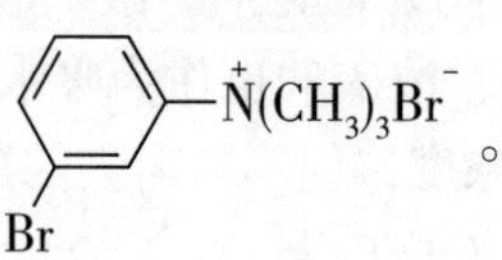

2. 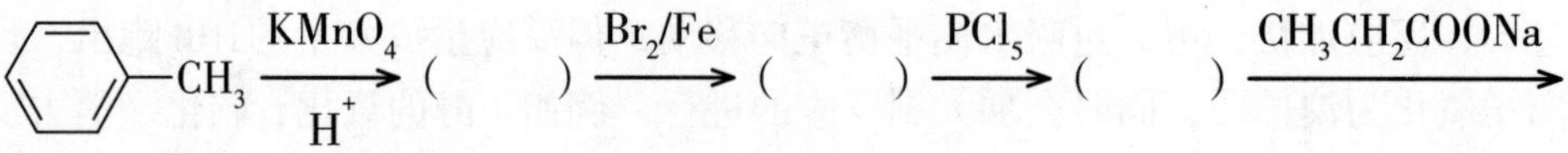 $C_6H_5-CH_3 \xrightarrow[H^+]{KMnO_4}$ （　　）$\xrightarrow{Br_2/Fe}$ （　　）$\xrightarrow{PCl_5}$ （　　）$\xrightarrow{CH_3CH_2COONa}$ （　　）。（北京化工大学，2008）

【解析】第一步为芳烃的侧链氧化反应；第二步为芳烃的亲电取代（连有间位定位

基)；第三步为羧酸成酰氯的反应；第四步为酰氯成酐的反应，故答案为：

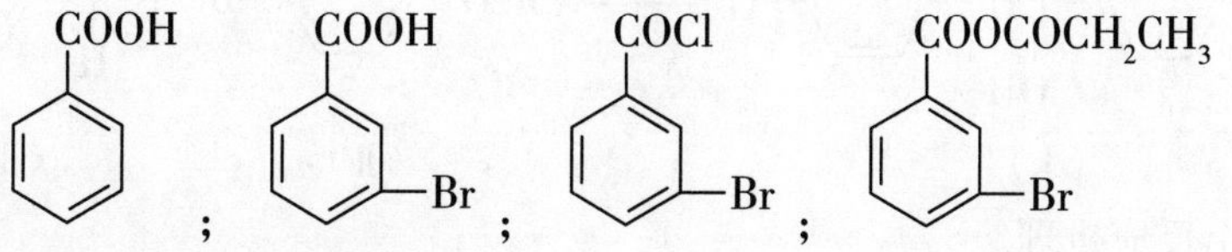

苯甲酸（COOH）；间溴苯甲酸（COOH，Br）；间溴苯甲酰氯（COCl，Br）；间溴苯甲酸丙酸酐（$COOCOCH_2CH_3$，Br）

【例5】写出下列反应的主要产物

1. 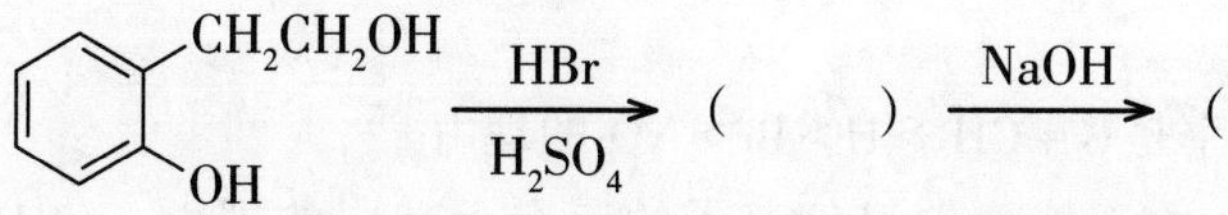 邻-(2-羟乙基)苯酚（CH_2CH_2OH，OH） $\xrightarrow[H_2SO_4]{HBr}$ （ ） $\xrightarrow{NaOH}$ （ ）。（青岛科技大学，2012）

2. 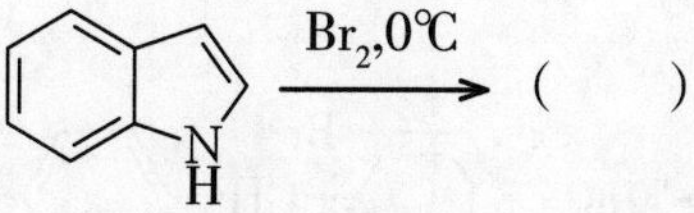 吲哚（N—H） $\xrightarrow{Br_2, 0℃}$ （ ）。（中国科学技术大学，2016）

3. 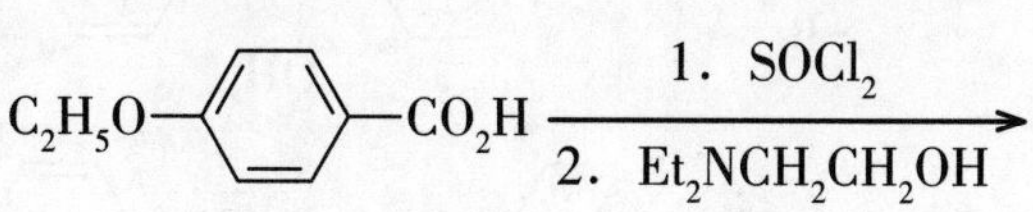 C_2H_5O—⟨苯环⟩—CO_2H $\xrightarrow[2.\ Et_2NCH_2CH_2OH]{1.\ SOCl_2}$ （ ）。（复旦大学，2010）

4. 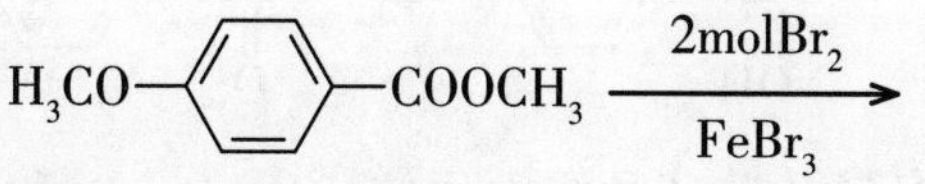 H_3CO—⟨苯环⟩—$COOCH_3$ $\xrightarrow[FeBr_3]{2molBr_2}$ （ ）。（郑州大学，2015）

【解析】

1. 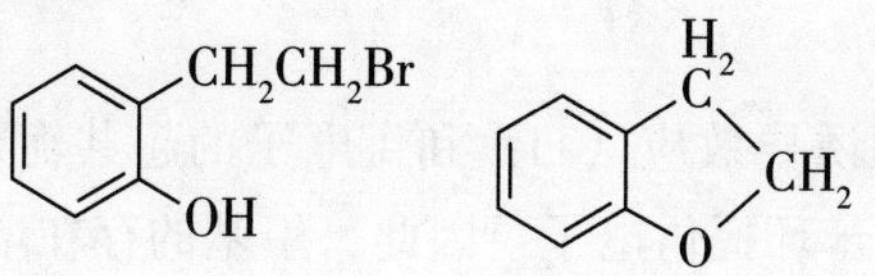 邻-(2-溴乙基)苯酚（CH_2CH_2Br，OH）；2,3-二氢苯并呋喃（H_2，CH_2，O）　2. 3-溴吲哚（Br，N—H）

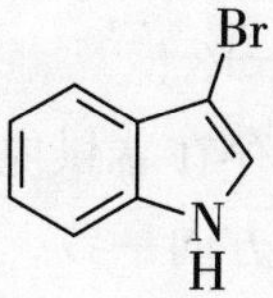

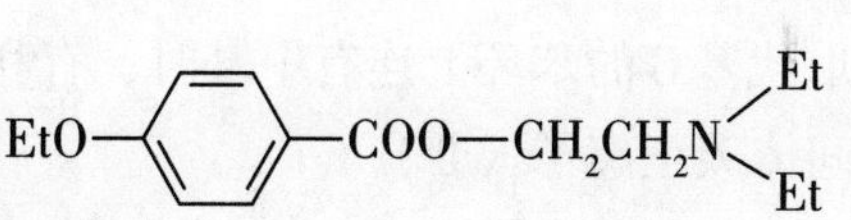

3. EtO—⟨苯环⟩—COO—$CH_2CH_2N(Et)_2$　4. 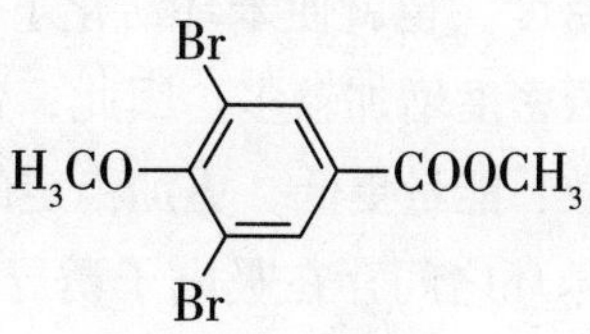 H_3CO—⟨苯环，两个Br位于H_3CO的邻位⟩—$COOCH_3$

【例6】写出反应机理

$$H_3C\text{—}C(CH_3)\text{=}CH_2 + Cl_2 \longrightarrow H_3C\text{—}C(CH_2Cl)\text{=}CH_2 + HCl$$

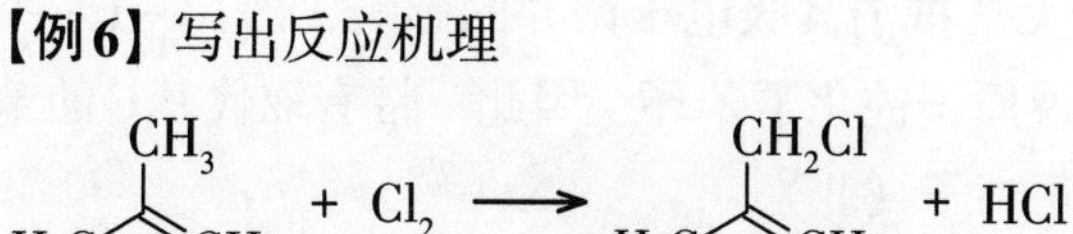

（福建师范大学，2008）

【解析】烯丙基位的自由基卤代：

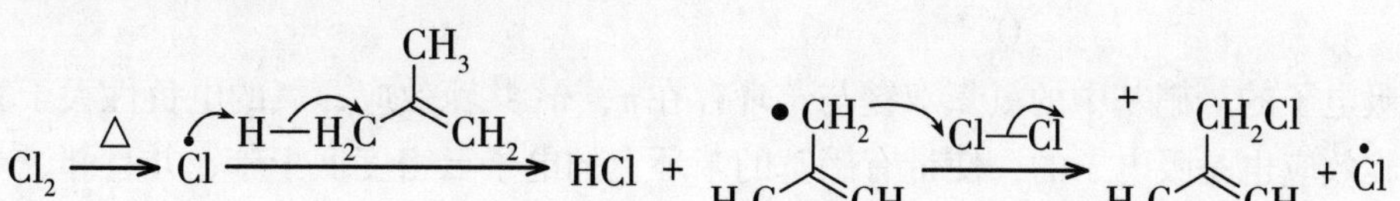

$$Cl_2 \xrightarrow{\triangle} Cl\cdot \xrightarrow{H\text{—}H_2C\text{—}C(CH_3)\text{=}CH_2} HCl + \cdot CH_2\text{—}C(CH_3)\text{=}CH_2 \xrightarrow{Cl\text{—}Cl} H_3C\text{—}C(CH_2Cl)\text{=}CH_2 + Cl\cdot$$

【例7】如下图所示，二芳香甲醇（Ⅰ）用溴处理时，转变为等物质的量的对甲氧基溴苯（Ⅱ）和醛（Ⅲ）：

$$\text{MeO}-\text{C}_6\text{H}_4-\text{CH(OH)}-\text{C}_6\text{H}_4-\text{G} \xrightarrow{Br_2} \text{MeO}-\text{C}_6\text{H}_4-\text{Br} + \text{H}-\text{C(=O)}-\text{C}_6\text{H}_4-\text{G}$$

（Ⅰ）　　　　　（Ⅱ）　　　　　（Ⅲ）

（1）写出反应机理。

（2）解释为什么取代基G无论是NO_2、H、Br或CH_3，溴总是加在带有甲氧基的苯环上?

（3）阐明上述反应的速率是G = CH_3 > H > Br > NO_2的理由。

（4）说明反应的速率会由于外加的溴负离子的存在而减弱的理由。（中山大学，2016）

【解析】

（1）

$$\text{MeO}-\text{C}_6\text{H}_4-\text{CH(OH)}-\text{C}_6\text{H}_4-\text{G} \xrightarrow[-Br^-]{Br-Br} \text{MeO}-\overset{+}{\text{C}_6\text{H}_4}(\text{Br})-\text{CH(OH)}-\text{C}_6\text{H}_4-\text{G} \longrightarrow$$

$$\text{MeO}-\text{C}_6\text{H}_4-\text{Br} + \overset{+}{\text{C}}\text{H(OH)}-\text{C}_6\text{H}_4-\text{G} \longrightarrow \text{CH(=}\overset{+}{\text{O}}\text{H)}-\text{C}_6\text{H}_4-\text{G} \longrightarrow \text{CH(=O)}-\text{C}_6\text{H}_4-\text{G}$$

（2）因为甲氧基为第一类定位基，且活化苯环的能力均较NO_2、H、Br和CH_3强，甲氧基取代的苯环电子云密度始终较G取代苯环高，有利于溴化的亲电取代反应，所以溴总是加在带有甲氧基的苯环上。

（3）甲基与苯环之间存在着供电子的诱导效应（+I）和供电子的超共轭效应（+C），两种电子效应的作用方向一致，均向苯环提供电子。因此，甲基的存在增大了苯环上电子云的密度，也就使苯环活化了。另外，苯环上电子云的分布受电子效应影响，邻、对位电子云密度增加较多。因此，带有取代基G的苯环上连有甲基时，有利于生成正电荷更加分散、能量更低、更加稳定的中间体碳正离子（Ⅱ）。

溴原子与苯环之间存在吸电子诱导效应（－I）和供电子的p，π-共轭效应（+C）。但溴原子共轭效应向苯环提供的电子无法抵消其吸电子诱导的影响，即：－I > +C。因此，溴苯亲电取代反应活性低于苯，溴原子钝化了苯环。因此，带有取代基G的苯环上连有溴原子时，不利于生成中间体碳正离子（Ⅱ）。

硝基的结构是 $-\text{N}(\rightarrow\text{O})=\text{O}$ ，氮原子的电负性大于苯环上的碳原子，对苯环的诱导效应是吸电子的。硝基中的氮氧双键与苯环存在π，π-共轭效应，氧的电负性大于氮，所以共轭效应也是吸电子的，使带有硝基的苯环上的电子云密度低于苯，并且邻、对位电子云密度降低更多。因此，硝基使苯环钝化，不利于生成中间体碳正离子（Ⅱ）。

取代基G活化苯环的能力次序为：CH_3 > H > Br > NO_2，因此上述取代反应速率顺序为：G = CH_3 > H > Br > NO_2。

（4）因为外加溴负离子的存在，将会减弱溴分子的异裂，不利于溴化的亲电取代反应，因此反应速率会由于外加的溴负离子的存在而减弱。

【例8】从 $CH\equiv CCH_2CH_2CH_2OH$ 合成 $CH_3\overset{\overset{O}{\|}}{C}CH_2CH_2\overset{\overset{O}{\|}}{C}(CH_2)_4CH_3$（西北大学，2011）

【解析】

$$CH\equiv CCH_2CH_2CH_2OH \xrightarrow[Ni]{H_2} CH_3CH_2CH_2CH_2CH_2OH \xrightarrow{PBr_3} CH_3(CH_2)_3CH_2Br$$

$$\xrightarrow[Et_2O]{Li} CH_3(CH_2)_3CH_2Li \xrightarrow{CuBr} CH_3(CH_2)_3CH_2Cu \xrightarrow{CH_3(CH_2)_3CH_2Li} (CH_3(CH_2)_3CH_2)_2CuLi$$

$$CH\equiv CCH_2CH_2CH_2OH \xrightarrow[CH_3COCH_3]{CrO_3\quad 无水H_2SO_4} CH\equiv CCH_2CH_2COOH \xrightarrow{SOCl_2} CH\equiv CCH_2CH_2COCl$$

$$\xrightarrow{(CH_3CH_2CH_2Ch_2CH_2)_2CuLi} CH\equiv CCH_2CH_2\overset{\overset{O}{\|}}{C}CH_2CH_2CH_2CH_2CH_3$$

$$\xrightarrow{Hg^{2+},H_2O} CH_3\overset{\overset{O}{\|}}{C}CH_2CH_2\overset{\overset{O}{\|}}{C}(CH_2)_4CH_3$$

【例9】设计由叔丁苯合成3-溴代叔丁苯（暨南大学，2016）

【解析】

$$\underset{\text{3-Br}}{C_6H_4C(CH_3)_3} \overset{FGA}{\Longrightarrow} \underset{\text{2-Br, 1-}NHCOCH_3}{C_6H_3C(CH_3)_3} \overset{dis}{\Longrightarrow} \underset{NH_2}{C_6H_4C(CH_3)_3} \overset{FGT}{\Longrightarrow} \underset{NO_2}{C_6H_4C(CH_3)_3} \overset{dis}{\Longrightarrow} C_6H_5C(CH_3)_3$$

合成：

$$C_6H_5C(CH_3)_3 \xrightarrow[H_2SO_4]{HNO_3} \underset{NO_2}{C_6H_4C(CH_3)_3} \xrightarrow[HCl]{Fe} \underset{NH_2}{C_6H_4C(CH_3)_3} \xrightarrow{CH_2COOH} \underset{NHCOCH_3}{C_6H_4C(CH_3)_3} \xrightarrow{Br_2} \underset{Br,\ NHCOCH_3}{C_6H_3C(CH_3)_3}$$

$$\xrightarrow[H_2O]{^-OH} \underset{Br,\ NH_2}{C_6H_3C(CH_3)_3} \xrightarrow[H_2SO_4]{NaNO_2} \xrightarrow{CH_3CH_2OH} \underset{Br}{C_6H_4C(CH_3)_3}$$

【例10】由苯及C_4以下有机原料（包括C_4）和必要的无机试剂合成

$$C_6H_5-CH_2CH_2\overset{OH}{\underset{CH_2CH_3}{C}}CH_2CH_2-C_6H_5$$ （兰州大学，2003）

【解析】

$$C_6H_6 \xrightarrow{Br_2} C_6H_5Br \xrightarrow[Et_2O]{Mg} C_6H_5MgBr \xrightarrow[2.\ HBr]{1.\ \text{环氧乙烷}} C_6H_5CH_2CH_2Br \xrightarrow[Et_2O]{Mg} C_6H_5CH_2CH_2MgBr$$

$$\xrightarrow{HCOOEt} \xrightarrow{H_2O} (C_6H_5CH_2CH_2)_2CHOH \xrightarrow{Na_2Cr_2O_7} C_6H_5-CH_2CH_2\overset{O}{\overset{\|}{C}}CH_2CH_2-C_6H_5$$

$$\xrightarrow{C_2H_5MgBr} \xrightarrow{H_2O} C_6H_5-CH_2CH_2\overset{OH}{\underset{CH_2CH_3}{C}}CH_2CH_2-C_6H_5$$

【例11】辣椒素是辣椒粉呈现辣味的主要成分，它的合成路线如下。写出辣椒素的结构和合成反应中的 A、B、C、D、E、F代表的试剂和中间体的结构

$$(CH_3)_2CHCH{=}CHCH_2CH_2CH_2CH_2OH \xrightarrow{A} B \xrightarrow{C} D \xrightarrow[2.\ H^+/\triangle]{1.\ OH^-/H_2O} (CH_3)_2CHCH{=}CH(CH_2)_4CO_2H$$

$$\xrightarrow{E} F(C_{10}H_{17}ClO) \xrightarrow{\text{HO-(MeO)}C_6H_3-CH_2NH_2} \text{辣椒素}(C_{18}H_{27}NO_3)$$ （苏州大学，2015）

【解析】

A. PBr_3

B. $(CH_3)_2CHCH{=}CH(CH_2)_4Br$

C. $CH_2(CO_2Et)_2$

D. $(CH_3)_2CHCH{=}CH(CH_2)_4CH(CO_2Et)_2$

E. $(CH_3)_2CHCH{=}CH(CH_2)_4COCl$

F. $(CH_3)_2CHCH{=}CH(CH_2)_4C(=O)NHCH_2-C_6H_3(OCH_3)(OH)$（辣椒素）

【例12】以乙烯为原料合成 $CH_3CH_2-\overset{CH_3}{\underset{CH_2CH_3}{C}}-COOC_2H_5$ （华东理工大学，2009）

【解析】

$$CH_3CH_2MgCl \xleftarrow[\text{乙醚}]{Mg} \xleftarrow[FeCl_3]{HCl} CH_2{=}CH_2 \xrightarrow{H_2O/H^+} CH_3CH_2OH \xrightarrow{CrO_3^-\text{吡啶}} CH_3CHO$$

$$CH_3CHO \xrightarrow[2.\ H_3O^+]{1.\ CH_3CH_2MgCl} CH_3CH_2CH(OH)CH_3 \xrightarrow{KMnO_4/H^+} CH_3CH_2C(=O)CH_3$$

$$\xrightarrow[2.\ H_3O^+]{1.\ CH_3CH_2MgCl} CH_3CH_2-C(CH_3)(CH_2CH_3)-OH \xrightarrow[\text{吡啶}]{PBr_3} CH_3CH_2-C(CH_3)(CH_2CH_3)-Br \xrightarrow[\text{乙醚}]{Mg}$$

$$\xrightarrow[2.\ H_3O^+]{1.\ CO_2} CH_3CH_2-C(CH_3)(CH_2CH_3)-COOH \xrightarrow{C_2H_5OH/H^+} CH_3CH_2-C(CH_3)(CH_2CH_3)-COOC_2H_5$$

【例13】由甲苯合成 3,5-二溴苯胺（结构式：苯环上 1-NH_2，3,5-Br），其他试剂任选（哈尔滨师范大学，2009）

【解析】

$$\text{甲苯} \xrightarrow{KMnO_4} \text{苯甲酸(COOH)} \xrightarrow[Fe]{2Br_2} \text{3,5-二溴苯甲酸} \xrightarrow[\triangle]{NH_3} \text{3,5-二溴苯甲酰胺}(CONH_2) \xrightarrow[NaOH]{Br_2} T.M$$

【例14】由指定原料出发合成，可用不大于3个碳的有机原料及任何无机试剂（郑州大学，2015）

$$\text{苯} + \text{丙酮} \longrightarrow \text{3,3-二甲基-1-茚酮}$$

【解析】

$$2\ \text{丙酮} \xrightarrow[\triangle]{OH^-} CH_3COCH{=}C(CH_3)_2$$

$$\text{苯} \xrightarrow[FeBr_3]{Br_2} \text{溴苯(Br)} \xrightarrow[Et_2O]{Mg} \text{苯基溴化镁(MgBr)} \xrightarrow{CH_3COCH=C(CH_3)_2} PhC(CH_3)_2CH_2COCH_3$$

$$\xrightarrow[NaOH]{I_2} \text{PhC(CH}_3)_2\text{CH}_2\text{COOH} \xrightarrow{PPA} \text{3,3-二甲基-1-茚酮}$$

【例15】从间硝基甲苯合成 2,4,6-三溴甲苯（苏州大学，2014）

【解析】

$$\text{间硝基甲苯} \xrightarrow[HCl]{Fe} \xrightarrow{Br_2} \text{2,4,6-三溴-3-氨基甲苯} \xrightarrow[\text{低温}]{NaNO_2\text{-}HCl} \xrightarrow{H_2PO_3} \text{T.M}$$

参考文献

[1] LI J J.Name reaction [M]. 4th ed. Berlin Heidelberg：Springer-Verlag，2009.

[2] 孔祥文. 有机化学 [M]. 北京：化学工业出版社，2010.

[3] 邢其毅，裴伟伟，徐瑞秋，等. 基础有机化学 [M]. 3版. 北京：高等教育出版社，2005.

4.13 偶合反应

重氮盐与芳环、杂环或具有活泼亚甲基的化合物反应生成偶氮化合物的反应即为重氮盐的偶合反应或偶联反应。重氮盐正离子进攻芳环上氨基（或羟基）的邻、对位碳原子发生亲电取代反应生成偶氮化合物。

反应机理：

$$Ar-N=\overset{+}{N} + C_6H_5NH_2 \rightleftharpoons Ar-N=N-C_6H_5(H)=\overset{+}{N}H_2$$

$$Ar-N=N-C_6H_5(H\cdots B)=\overset{+}{N}H_2 \longrightarrow Ar-N=N-C_6H_4-NH_2 + HB$$

偶合反应是一个芳环亲电取代反应，重氮盐阳离子和游离胺、酚或活泼亚甲基化合物的阴离子。在反应过程中，第一步是重氮盐阳离子和偶合组分结合形成一个中间产物；第二步是这个中间产物 释放质子给质子接受体，而生成偶氮化合物。

重氮盐正离子的结构与酰基正离子相似，可以作为亲电试剂使用，但其亲电性很弱，只能与活泼的芳香化合物如酚和胺进行芳香亲电取代反应生成偶氮化合物[1-2]。

$$Ar-N_2^+ + C_6H_5X \longrightarrow Ar-N=N-C_6H_5(H)^+-X \xrightarrow{-H^+} Ar-N=N-C_6H_4-X$$

X = OH，NH₂，NHR，NR₂

参与反应的酚或芳胺等称为偶合组分，重氮盐称为重氮组分。电子效应和空间效应的影响使反应主要在羟基或氨基对位进行。若对位已被占据，则在邻位偶合，但绝不发生在间位。如：

$$o\text{-}CH_3C_6H_4N_2^+Cl^- + m\text{-}CH_3C_6H_4OH \xrightarrow[2.\ H^+]{1.\ NaOH, H_2O, 0℃} o\text{-}CH_3C_6H_4-N=N-C_6H_3(CH_3)OH$$

$$C_6H_5N_2^+Cl^- + C_6H_5N(CH_3)_2 \xrightarrow[0℃]{CH_3COONa, H_2O} C_6H_5-N=N-C_6H_4-N(CH_3)_2$$

$$C_6H_5N_2^+Cl^- + p\text{-}CH_3C_6H_4OH \xrightarrow[H_2O]{NaOH} C_6H_5-N=N-C_6H_3(OH)CH_3$$

酚是弱酸性物质，在碱性条件下以酚盐负离子的形式存在，该结构有利于重氮正离子的进攻。但是，如果碱性太强（pH值大于10），重氮盐会因受到碱的进攻而变成重氮酸或重氮酸盐离子致使偶合反应不能发生。因此，通常重氮盐和酚的偶合在弱碱性（pH值为8~10）溶液中进行。

$$Ar-N_2^+ \xrightarrow{NaOH} Ar-N=N-OH \xrightarrow{NaOH} Ar-N=N-O^-Na^+$$

重氮盐，能偶合　　重氮酸，不能偶合　　重氮酸盐，不能偶合

重氮盐与芳香族胺的偶合反应则要在弱酸性（pH值为5~7）溶液中进行，这是因为胺在碱性溶液中不溶解，而在弱酸性条件下重氮正离子的浓度最大，且胺可以形成铵盐，使其溶解度增加，有利于偶合反应的发生。

$$C_6H_5N(CH_3)_2 + CH_3COOH \rightleftharpoons C_6H_5\overset{+}{N}H(CH_3)_2 + CH_3COO^-$$

但是酸性也不能太强，因为胺在强酸性溶液中会成盐，而铵基是吸电基，使苯环失去活性，从而不利于重氮离子的进攻。

当重氮盐与萘酚或萘胺类化合物发生反应时，羟基或氨基会使所在的苯环活化，因而偶合反应在同环发生。α-萘酚或α-萘胺，偶合反应在4位发生，如果4位被占据，则在2位发生。而β-萘酚或β-萘胺，偶合反应在1位发生，如果1位被占据，则不发生。

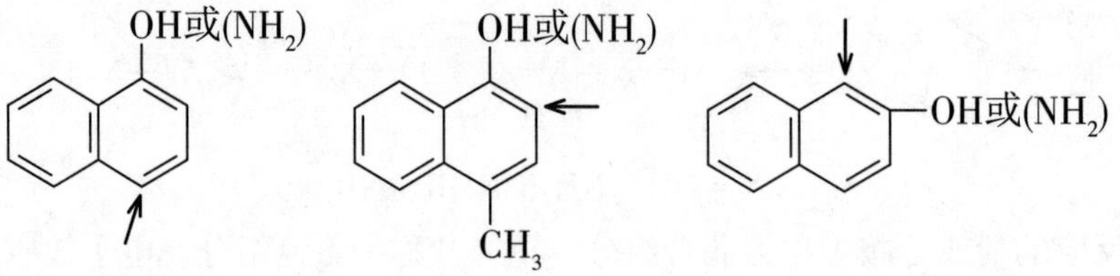

OH或(NH_2)　　OH或(NH_2)　　OH或(NH_2)

CH_3

如：

$$O_2N-C_6H_4-\overset{+}{N_2}Cl^- + \text{1-萘酚} \xrightarrow{<10℃} O_2N-C_6H_4-N{=}N-C_{10}H_6-OH$$

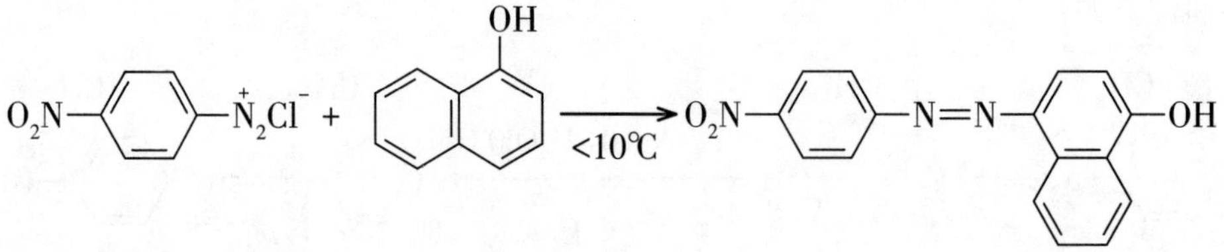

对位红（或红颜料PR-1）

偶合反应最重要的用途是合成偶氮染料。如用作酸碱指示剂的甲基橙可通过偶合反应得到：

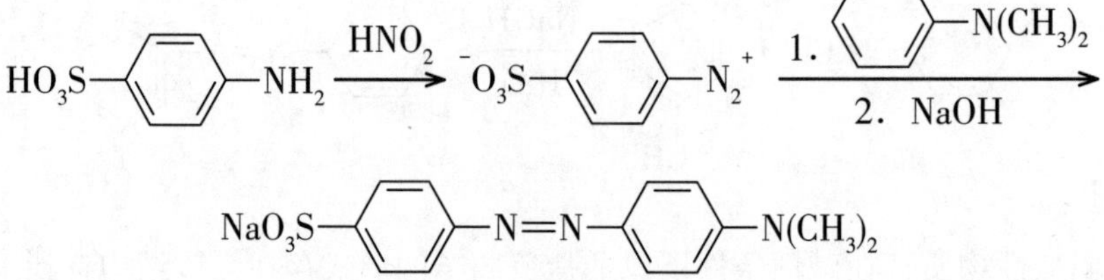

$$HO_3S-C_6H_4-NH_2 \xrightarrow{HNO_2} {}^-O_3S-C_6H_4-N_2^+ \xrightarrow[2.\ NaOH]{1.\ C_6H_5-N(CH_3)_2}$$

$$NaO_3S-C_6H_4-N{=}N-C_6H_4-N(CH_3)_2$$

甲基橙

含有活泼亚甲基的化合物也可作为偶合组分，例如：

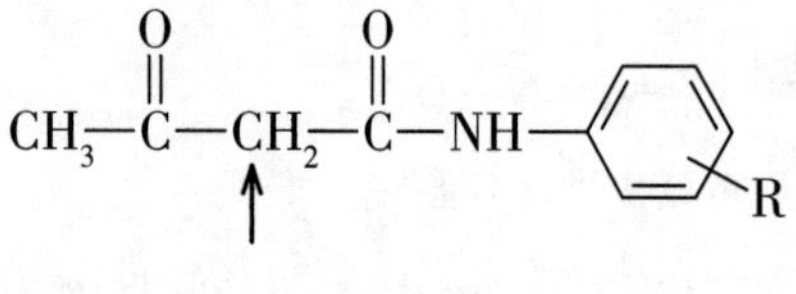

$CH_3-\overset{O}{\overset{\|}{C}}-CH_2-\overset{O}{\overset{\|}{C}}-NH-C_6H_4-R$　　CH_2-C-CH_3，O=C，N，N　　CH_3，$CONH_2$，HO，N，OH

乙酰乙酰芳胺 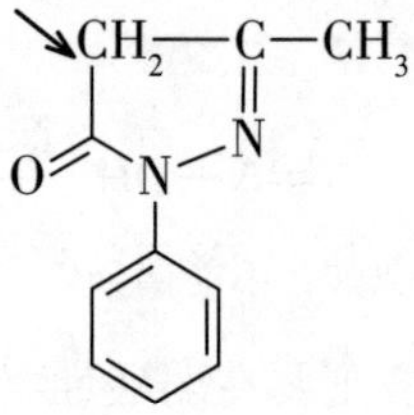　　吡唑酮衍生物 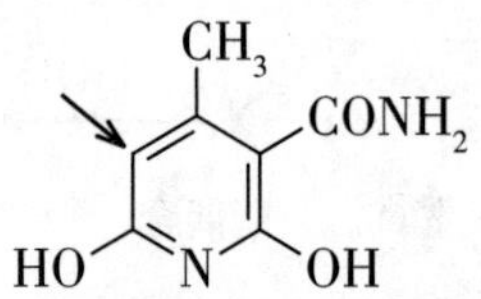　　吡啶酮衍生物

【例1】选择题

1. 下列偶合组分与 $O_2N-C_6H_4-\overset{+}{N}{\equiv}NCl^-$ 进行偶合反应的活性次序是（　　）。（大连理工大学，2005）

A. $(CH_3CH_2)_2N-C_6H_4-OH$　　B. $MeO-C_6H_4-CH_3$　　C. $C_6H_5-N(CH_3)_2$

2. 下列化合物在弱酸性条件下，能与 $C_6H_5-\overset{+}{N_2}Cl^-$ 发生偶联（合）反应的是

（　　），在弱碱性情况下能与 $C_6H_5-\overset{+}{N}_2Cl^-$ 发生偶联反应的是（　　）。（四川大学，2003）

A. $C_6H_5-NHCOCH_3$　B. $C_6H_5-NH_2$（苯胺）　C. 邻甲基苯酚（OH，CH_3）　D. 2,4,6-三硝基苯酚（OH，O_2N，NO_2，NO_2）

3. 下列重氮离子进行偶合反应，（　　）的活性最大。（大连理工大学，2004）

A. $O_2N-C_6H_4-\overset{+}{N}\equiv N$　　B. $MeO-C_6H_4-\overset{+}{N}\equiv N$

C. $C_6H_5-\overset{+}{N}\equiv N$

4. 下列重氮离子进行偶合反应，（　　）的活性最大。（大连理工大学 ，2003）

A. $N\equiv\overset{+}{N}-C_6H_4-N(CH_3)_2$　　B. $N\equiv\overset{+}{N}-C_6H_4-NO_2$

C. $N\equiv\overset{+}{N}-C_6H_4-OMe$　　D. $N\equiv\overset{+}{N}-C_6H_4-SO_3H$

【解析】1. A > C > B。这是一个亲电取代反应，芳环上的电子密度越大，偶合反应的活性越大。

2. B，C　3. A　4. D

【例2】写出通过重氮盐法制备苯酚时使用的重氮盐的结构（西北大学，2011）

【解析】重氮盐的酸性水溶液一般并不稳定，受热后有氮气放出，同时重氮基被羟基取代得到酚，因此该反应又称为重氮盐的水解。通过该反应制酚的路线比较长，产率也不高。但是当环上存在卤素或硝基等取代基时，不能用碱熔法制酚，则可以通过重氮盐水解的方法制得酚。

$$\text{Cl}-C_6H_4-\text{Cl} \xrightarrow[\triangle]{HNO_3,H_2SO_4} \text{Cl}-C_6H_3(NO_2)-\text{Cl} \xrightarrow{Fe,HCl} \text{Cl}-C_6H_3(NH_2)-\text{Cl} \xrightarrow[0\sim5^\circ C]{NaNO_2,H_2SO_4}$$

$$\text{Cl}-C_6H_3(\overset{+}{N}_2HSO_4^-)-\text{Cl} \xrightarrow[\triangle]{\text{浓}H_2SO_4} \text{Cl}-C_6H_3(OH)-\text{Cl}$$

氮盐水解制酚最好使用硫酸盐，在强酸性的热硫酸溶液中进行。这是因为硫酸氢根的亲核性很弱，而其他重氮盐，如盐酸盐或硝酸盐等还容易生成重氮基被卤素或硝基取代的副反应。同时，强酸性条件也很重要，因为如果酸性不够，产生的酚会和未反应的重氮盐发生偶合反应而得到偶联产物。强酸性的硫酸溶液不仅可最大限度地避免偶合反应的发生，而且还可以提高分解反应的温度，使水解进行得更为迅速、彻底。

【例3】 填空题

1. OH NH$_2$ HO$_3$S SO$_3$H $\xrightarrow[\text{pH=5~7}]{O_2N-C_6H_4-\overset{+}{N}_2Cl^-}$（　　）。（大连理工大学，2005）

【解析】 8-氨基-1-羟基萘-3，6-二磺酸（H酸）与对硝基苯胺重氮盐在pH值为5~7条件下反应得到氨基邻位偶合的产物,其结构为：OH NH$_2$ —N=N—C$_6$H$_4$—NO$_2$ HO$_3$S SO$_3$H 。

H酸在不同pH介质中偶合位置如下[3]：

pH=5~7 NH$_2$ OH pH=8~10 HO$_3$S SO$_3$H

2. C$_6$H$_5$—NH$_2$ $\xrightarrow[\text{HCl,H}_2\text{O,0~5℃}]{\text{NaNO}_2}$ $\xrightarrow[\text{NaOH/H}_2\text{O}]{\text{4-Methylphenol}}$（　　）。（浙江大学，2005；厦门大学，2012）

【解析】 苯胺在0~5℃下与亚硝酸发生重氮化反应得到氯化重氮苯，后者在碱性条件下与4-甲基苯酚进行偶合反应生成5-甲基-2-羟基偶氮苯 C$_6$H$_5$—N=N—C$_6$H$_3$(CH$_3$)(OH) 。

这是因为在弱碱性介质中，酚类以氧负离子形式参与反应，对偶合反应有利：

$$C_6H_5-OH \underset{H^+}{\overset{OH^-}{\rightleftharpoons}} C_6H_5-O^- + H_2O$$

而胺类在弱酸性（pH值为5～7）或中性介质中主要以游离胺的形式参与反应，也对偶合反应有利。

如在强酸介质中，则芳胺成铵盐，不利于偶合：

$$ArNH_2 + H^+ \rightleftharpoons Ar\overset{+}{N}H_3$$

若在强碱介质中，则重氮盐转变成重氮碱及其盐，就不能起偶合反应了：

$$Ar-\overset{+}{N}\equiv NCl^- \xrightarrow{KOH} Ar-N=N-OH \longrightarrow Ar-N=N-OK$$

上述反应中对硝基苯胺重氮盐正离子进攻芳环上氨基邻位碳原子发生亲电取代反应

生成偶氮化合物，该反应称为重氮盐的偶合反应或偶联反应（coupling reaction）。

【例4】完成下列反应

1. $C_6H_5CH_2CH(NH_3^+)COO^-$ $\xrightarrow[H_2SO_4]{NaNO_2}$（ ）。（复旦大学，2012）

2. $C_6H_5\overset{+}{N_2}Cl^-$ + $C_6H_5N(CH_3)_2$ $\xrightarrow[0℃]{CH_3COONa,H_2O}$（ ）。（华侨大学，2016）

3. 对溴苯胺（Br、NH_2） $\xrightarrow{NaNO_2+HCl}$（ ） $\xrightarrow[HO^-]{\text{2-萘酚（OH）}}$（ ）。（浙江工业大学，2014）

4. $HO-\underset{O}{\overset{O}{S}}-C_6H_4-NH_2$ $\xrightarrow{NaNO_2/H_2SO_4(aq)}$（ ） $\xrightarrow[HOAc]{(H_3C)_2N-C_6H_5}$（ ）。（湘潭大学，2016）

5. 8-氨基-1-萘酚（NH_2、OH） + $C_6H_5\overset{+}{N_2}Cl^-$ $\xrightarrow{pH=8}$（ ）。（南开大学，2003）

6. $H_3C-C_6H_4-\overset{+}{N_2}Cl^-$ + 4-甲基-1-萘酚（OH、CH_3） $\longrightarrow$（ ）。（华南理工大学，2005；福建师范大学，2008）

7. $C_6H_5-CH_2OH$ $\xrightarrow{KMnO_4/H^+}$（ ） $\xrightarrow{NH_3}$（ ） $\xrightarrow{(\quad)}$ $C_6H_5-NH_2$ $\xrightarrow[HCl,0\sim5℃]{NaNO_2}$（ ） $\xrightarrow{(\quad)}$ C_6H_5-OH。（华东理工大学，2009）

8. 间溴苯胺（NH_2、Br） $\xrightarrow[HCl,0\sim5℃]{NaNO_2}$（ ） $\xrightarrow[HOAc,H_2O,0℃]{C_6H_5-N(CH_3)_2}$（ ）。（中山大学，2005）

9. 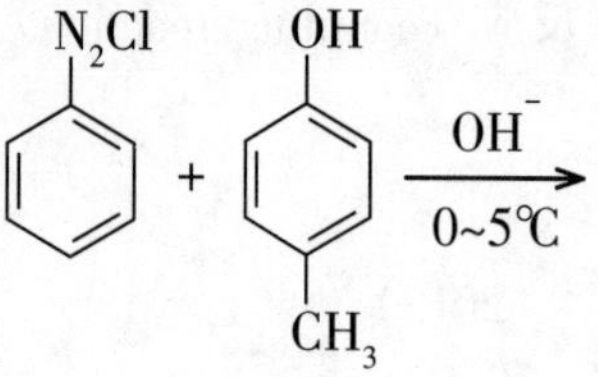 N_2Cl + OH $\xrightarrow[0\sim5℃]{OH^-}$ （　　）。（浙江大学，2005）
CH_3

10. 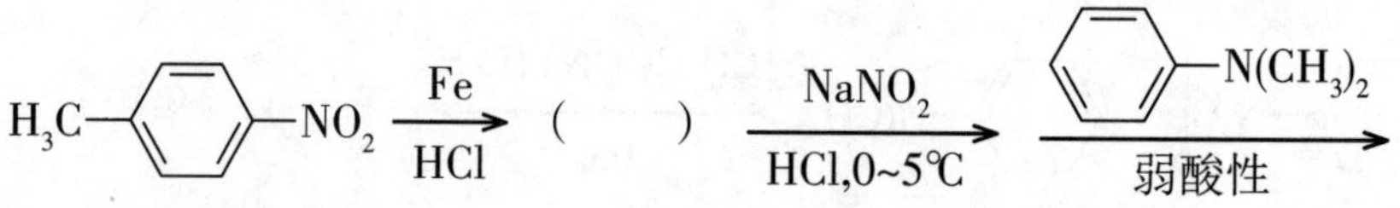 H_3C—NO_2 $\xrightarrow[HCl]{Fe}$ （　　） $\xrightarrow[HCl,0\sim5℃]{NaNO_2}$ $\xrightarrow[弱酸性]{-N(CH_3)_2}$ （　　）。（武汉化工学院，2003）

11. 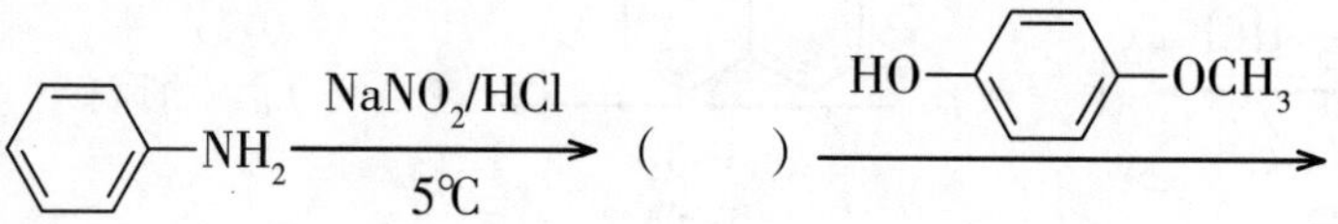 NH_2 $\xrightarrow[5℃]{NaNO_2/HCl}$ （　　） $\xrightarrow{HO—\quad—OCH_3}$ （　　）。（武汉科技大学，2008）

【解析】

1. 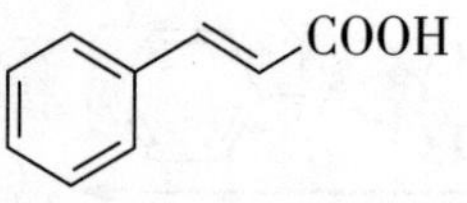 COOH ，COOH N=N

2. N=N— —$N(CH_3)_2$

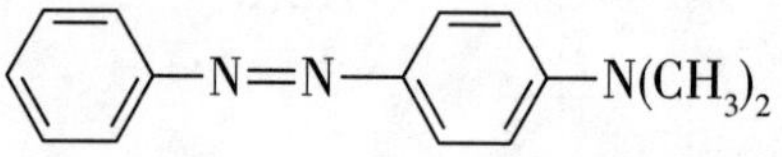

3. 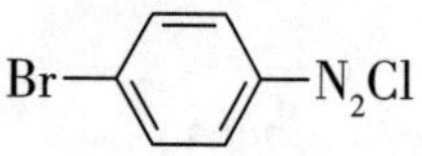 Br— —N_2Cl ， Br— —N=N— HO

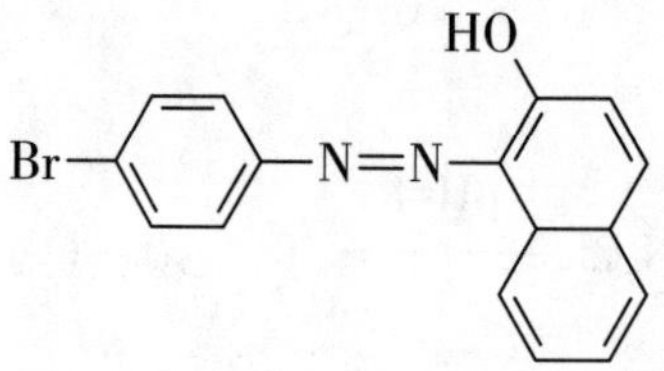

4. 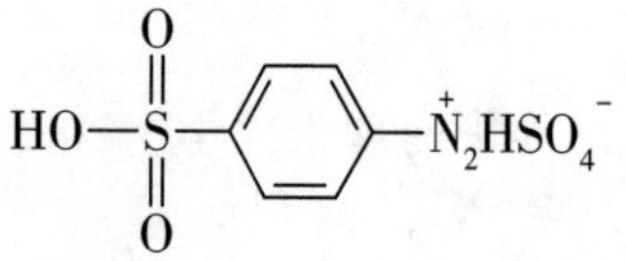 HO—S(O)(O)— —$\overset{+}{N_2}HSO_4^-$ ， HO—S(O)(O)— —N=N— —N(CH_3)(CH_3)

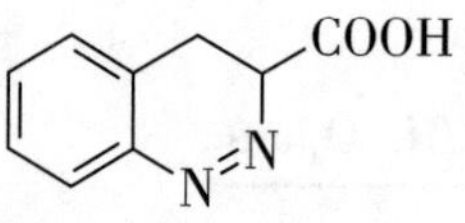

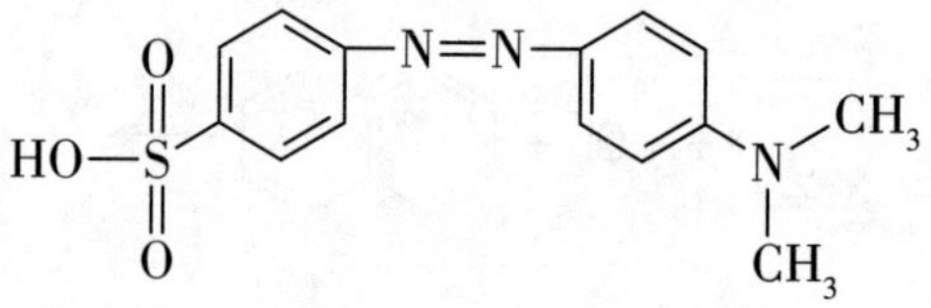

5. 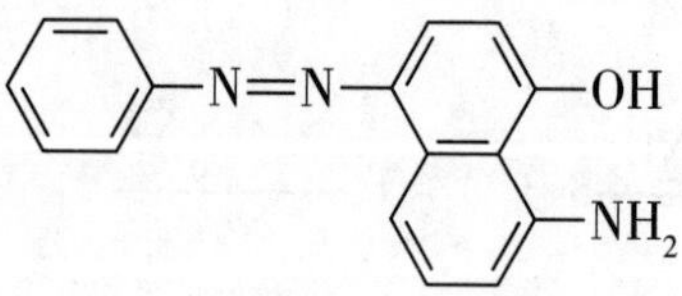 N=N— —OH NH_2　6. 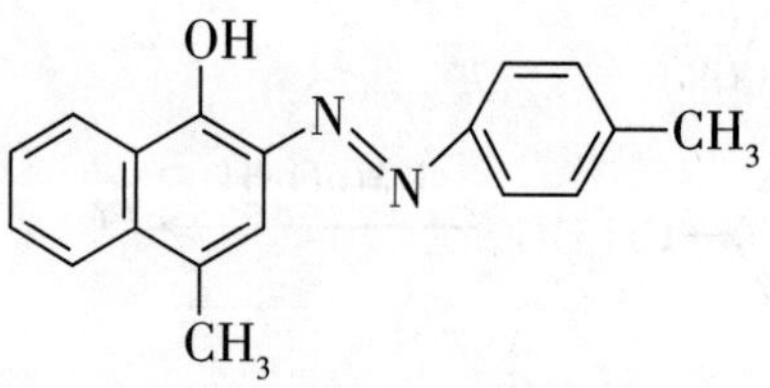 OH N=N— —CH_3 CH_3

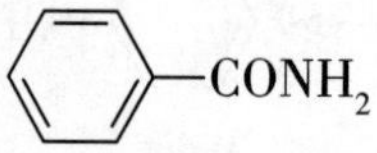

7. 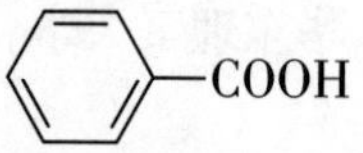 —COOH ， —$CONH_2$　$NaOH/Br_2$ ， —N_2Cl ， H_2O

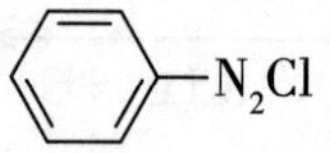

8. 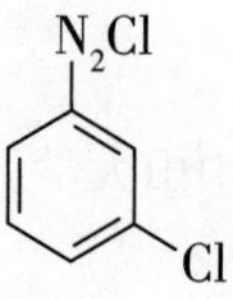 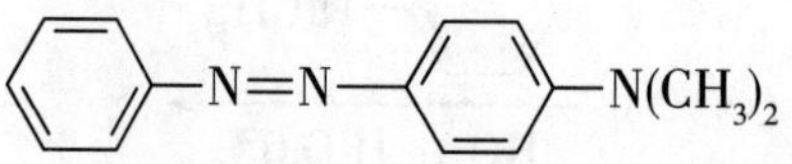 N_2Cl Cl　 —N=N— —$N(CH_3)_2$

9. 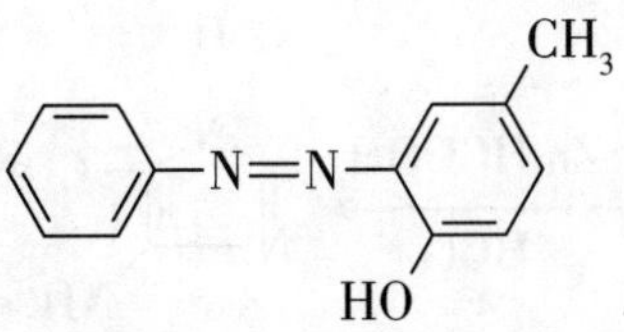 2-羟基-4-甲基偶氮苯结构（Ph—N=N—，邻位 HO，对位 CH_3） 重氮盐和酚类发生偶合反应，在酚羟基邻位生成偶氮化合物

10. 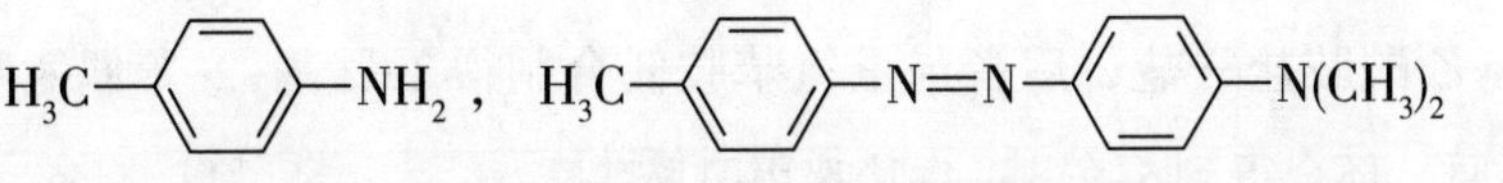 H_3C—C_6H_4—NH_2， H_3C—C_6H_4—N=N—C_6H_4—$N(CH_3)_2$

11. 该反应中第一步为重氮化反应，第二步为联偶反应，故答案为

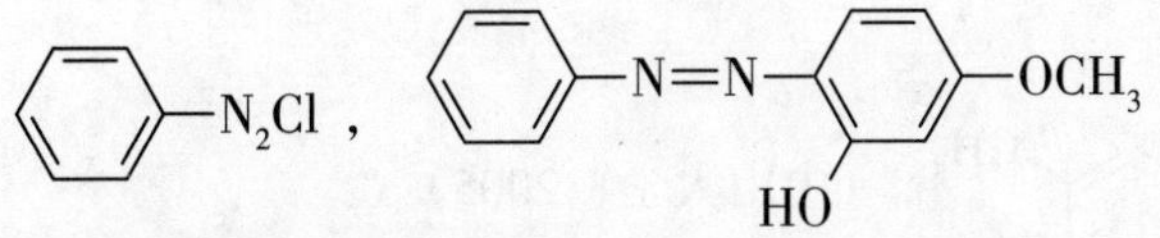

C_6H_5—N_2Cl， C_6H_5—N=N—C_6H_3(HO)—OCH_3

【例5】设计合成

达卡巴嗪作为细胞非特异性药物有着广谱的抗癌活性，能够抑制肉瘤S180、白血病L1210及腺癌755，一直以来是临床上用于治疗恶性黑色素瘤的首选药物。其工业合成路线中，中间体5-氨基-4-咪唑甲酰胺的获得是合成路线成功的关键。试以3个碳以下的有机化合物为原料，设计合成5-氨基-4-咪唑甲酰胺。（暨南大学，2016）

【解析】5-氨基-4-咪唑甲酰胺的结构式为：（咪唑环，4位 H_2N—C(=O)—，5位 H_2N，1位 N—H）。

H_2NOC-咪唑-$HCl\cdot H_2N$ $\xRightarrow{dis}$ $HCl\cdot H_2N$—C(=HN)—CH(NH_2)—$CONH_2$ + HCOOH $\xRightarrow{FGI}$ $HCl\cdot H_2N$—C(=HN)—CH(N=N—Ph)—$CONH_2$ $\xRightarrow{dis}$

$HCl\cdot H_2N$—C(=HN)—CH_2—$CONH_2$ + PhN_2Cl $\xRightarrow[NH_3]{FGI}$ $HCl\cdot H_2N$—C(=HN)—CH_2—COOEt $\xRightarrow[NH_3]{FGI}$ $HCl\cdot H_2N$—C(EtO)—CH_2—COOEt $\xRightarrow[EtOH]{dis}$

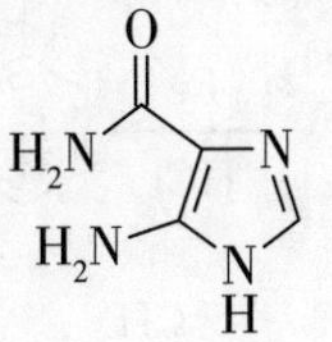

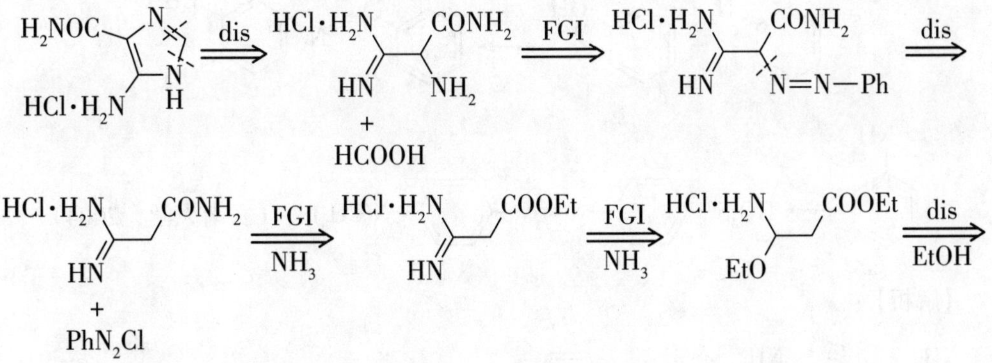

CN—CH_2CO_2Et $\xRightarrow{dis}$ $ClCH_2CO_2H$ + NaCN + EtOH

合成：

$ClCH_2COOH \xrightarrow[EtOH]{NaCN} NCCH_2COOC_2H_5 \xrightarrow[Et_2O,HCl]{EtOH} C_2H_5OC(=NH\cdot HCl)CH_2COOC_2H_5 \xrightarrow{NH_3}$

$$HN{=}C(NH_2\cdot HCl)CH_2CONH_2 \xrightarrow{C_6H_5N_2Cl} HN{=}C(NH_2\cdot HCl)CH(N{=}N{-}C_6H_5)CONH_2 \xrightarrow[HCl]{Zn,HCOOH} \text{(5-氨基-4-咪唑甲酰胺, }NH_2\cdot HCl\text{)}$$

用氰乙酸乙酯与乙醇加成，生成β-亚氨基-β-乙氧基丙酸乙酯盐酸盐，然后通氨胺化得α-脒基乙酰胺盐酸盐，后者与重氮苯胺偶合制得2-脒基-2-苯偶氮基乙酰胺盐酸盐，再经还原、环合得到5-氨基-4-咪唑甲酰胺[4]。

【例6】由指定原料（其他试剂任选）合成下列化合物

1. 由甲苯合成 (2-$CH_3C_6H_4$)$-N{=}N-$(3-CH_3-4-OH-C_6H_3)。（中山大学，2005）

【解析】这是个偶氮化合物，由 2-$CH_3C_6H_4N_2^+$ 和 2-$CH_3C_6H_4OH$ 偶合而成。

$$C_6H_5CH_3 \xrightarrow{\text{混酸}} o\text{-}CH_3C_6H_4NO_2 \xrightarrow[HCl]{Fe} o\text{-}CH_3C_6H_4NH_2 \xrightarrow{NHO_2} o\text{-}CH_3C_6H_4N_2^+ \xrightarrow[\triangle]{H_2O,H^+} o\text{-}CH_3C_6H_4OH$$

$$o\text{-}CH_3C_6H_4N_2^+ + o\text{-}CH_3C_6H_4OH \longrightarrow (2\text{-}CH_3C_6H_4)N{=}N(3\text{-}CH_3\text{-}4\text{-}OH\text{-}C_6H_3)$$

2. $C_6H_5NH_2 \longrightarrow HO_3S-C_6H_4-N{=}N-C_6H_4-N(CH_3)_2$。（云南大学，2004）

【解析】

$$C_6H_5NH_2 \xrightarrow[\triangle]{H_2SO_4} p\text{-}NH_2C_6H_4SO_3H \xrightarrow{HNO_2} \xrightarrow[pH=5\sim7]{C_6H_5NMe_2} HO_3S-C_6H_4-N{=}N-C_6H_4-N(CH_3)_2$$

3. 由苯和碘甲烷合成 $C_6H_5-N{=}N-C_6H_4-N(CH_3)_2$。（华南理工大学，2005）

【解析】

$$C_6H_6 \xrightarrow{\text{混酸}} C_6H_5NO_2 \xrightarrow{[H]} C_6H_5NH_2 \xrightarrow{CH_3I} C_6H_5N(CH_3)_2$$

$$C_6H_5NH_2 \xrightarrow{HNO_2} C_6H_5N_2^+ \xrightarrow[H^+]{C_6H_5N(CH_3)_2} C_6H_5{-}N{=}N{-}C_6H_4{-}N(CH_3)_2$$

【例7】推断结构（南开大学，2006）

化合物A($C_9H_9NO_4$）经下列反应得化合物B。

$$A(C_9H_9NO_4) \xrightarrow{H_2/Pt} \xrightarrow{HNO_2/HCl} \xrightarrow{\beta\text{-萘酚}/pH=8} B\text{（红色物质）}$$

A的红外光谱在3400～2500cm^{-1}、1720cm^{-1}和840cm^{-1}有特征吸收。A的^{1}HNMR谱图如下（谱图略，用以下数据表示）：δ1.5（d，3H），δ3.8（q，1H），δ7.5、8.2（dd，4H），δ10.2（d，3H），写出A、B的结构。

【解析】A不饱和度Ω=6，说明分子中可能含有苯环，红外光谱数据说明分子中有—OH、C=O、苯环的二取代为对位取代。^{1}H NMR谱数据说明分子中有4种不同类型的氢，且有二取代苯存在［δ7.5，8.2（dd，4H）］，而且分子中含有—COOH［δ10.2(d，3H)］。结合化学性质，综合分析得出如下结论。

A. $O_2N{-}C_6H_4{-}CH(CH_3)COOH$　　B. 2-羟基-1-萘基$-N{=}N{-}C_6H_4{-}CH(CH_3)COOH$

参考文献

［1］孔祥文. 有机化学［M］. 北京：化学工业出版社，2010.

［2］高鸿宾. 有机化学［M］. 4版. 北京：高等教育出版社，2005：520.

［3］袁履冰. 有机化学［M］. 北京：高等教育出版社，1999.

［4］庞华，张君仁，帅翔，等. 4-氨基-5-咪唑甲酰胺盐酸盐的合成［J］. 中国医药工业杂志，1999，30（8）：375-376.

4.14　五元杂环取代反应

呋喃、噻吩、吡咯都是五原子六电子的共轭体系，π电子云密度均高于苯，所以它们比苯容易发生亲电取代反应。反应活性：吡咯>呋喃>噻吩>苯。三种杂环化合物的亲电取代活性由于杂原子的不同而不同，因为从吸电子的诱导效应看，O(3.5) > N(3.0)>S (2.6)，从共轭效应看，它们均有给电子的共轭效应，其给电子能力为N > O > S（因为硫的3p轨道与碳的2p轨道共轭相对较差），两种电子效应共同作用的结果是N对环的给电子能力最大，硫最小。

五元杂环化合物亲电取代反应的定位规律：[1]

（1）五元杂环化合物的α位和β位的亲电取代活性不同，α位 > β位。因为亲电试剂进攻α位所形成的共振杂化体比进攻β位的稳定；进攻α位，正电荷可在三个原子上离域，电子离域范围广；而进攻β位，正电荷只能在两个原子上离域。

进攻α位　E　H　⟷　E　H　⟷　E　H

Z　+ E^+

Z=NH、O、S

进攻β位　E　H　⟷　E　H

（2）α-位上有取代基。

X = *o*、*p* - 定位基　　Y = *m* - 定位基

（次）3　5　Z　X　（主）　　（主）4　（次）5　Z　Y

X = *o*、*p* - 定位基　　Y = *m* - 定位基

（次）3　5　Z　X　（主）　　（主）4　（次）5　Z　Y

2-取代的噻吩、吡咯，若已有取代基是邻对位定位基，反应主要发生在5位；若已有取代基是间位定位基，反应主要发生在4位。需要注意的是：2-取代呋喃不管取代基是邻对位定位基还是间位定位基，第二基团均优先进入5位，说明呋喃α位的反应性强于噻吩、吡咯。但当其α位上有间位定位基—CHO、—COOH时，新引入基团进入的位置与反应试剂有关。如：

4　5　O　CHO　—Cl_2→　Cl　5　O　CHO

—$(CH_3)_2CHCl$ / $AlCl_3$→　$(CH_3)_2CH$　4　O　CHO

（3）β-位上有取代基。

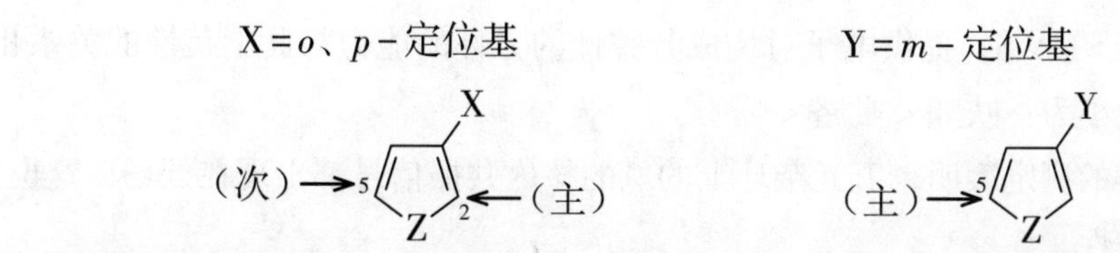

3-取代的噻吩、吡咯、呋喃，第二基团进入α位，若已有取代基是邻对位定位基，反应主要发生在2位；若已有取代基是间位定位基，反应主要发生在5位，若5位被占，则进入4位，而不进入2位。

例题解析

【例1】 比较芳香性大小（吉林大学，2005）

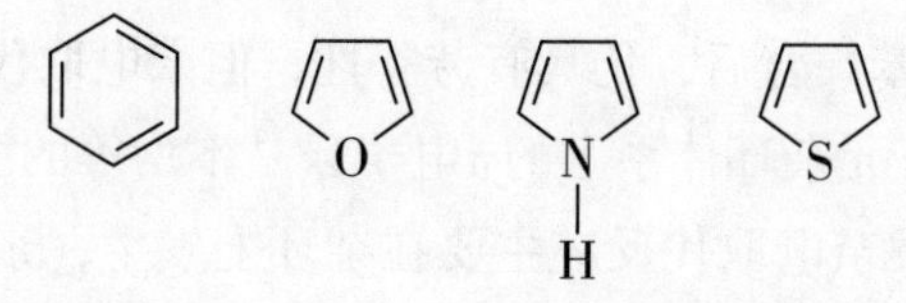

【解析】 五元杂环化合物呋喃、噻吩、吡咯的结构和苯相类似。构成环的四个碳原子和杂原子（O，S，N）均为sp^2杂化状态，它们以σ键相连形成一个五元环平面。每个碳原子余下的一个p轨道上有一个电子，杂原子（O，S，N）的p轨道上有一对未共用电子对。这五个p轨道都垂直于五元环的平面，相互平行重叠，构成一个闭合共轭体系，即组成杂环的原子都在同一平面内，而p电子云则分布在环平面的上下方。

呋喃、噻吩、吡咯的结构和苯结构相似，其π电子数符合休克尔规则（π电子数 = $4n+2$），都是6电子闭合共轭体系，因此，它们都具有一定的芳香性，即不易氧化，不易进行加成反应，而易发生亲电取代反应。由于共轭体系中的6个π电子分散在5个原子上，使整个环的π电子云密度较苯大，比苯容易发生亲电取代，相当于苯环上连接—OH、—SH、—NH_2时的活性。同时，α位上的电子云密度较大，因而，亲电取代反应一般发生在此位置上，如果两个α位已有取代基，则发生在β位。

呋喃、噻吩、吡咯分子中各原子间的键长并不完全相等，因此芳香性比苯差。

0.144nm　0.135nm　O　0.137nm

0.142nm　0.137nm　S　0.171nm

0.143nm　0.137nm　S　0.138nm　H

已知典型的键长数据为：

C—C	0.154nm	C—O	0.143nm	C—S	0.182nm	C—N	0.147nm
C═C	0.134nm	C═O	0.122nm	C═S	0.160nm	C═N	0.128nm

由此可见：五元杂环化合物分子中的键长有一定程度的平均化，但不像苯环那样完全平均化，噻吩、吡咯、呋喃的离域能分别为$117kJ\cdot mol^{-1}$，$88kJ\cdot mol^{-1}$，$67kJ\cdot mol^{-1}$，因此芳香性较苯环差，有一定程度的不饱和性和不稳定性。如呋喃就表现出某些共轭二烯烃的性质，可以进行双烯合成。芳香性由大到小的次序为：苯 > 噻吩 > 吡咯 > 呋喃。

又由于电负性O > N > S，提供电子对构成芳香性的芳环的能力与此电负性的关系相反，因此，芳香性大小为：呋喃 < 吡咯 < 噻吩。

核磁共振谱的测定表明，五元杂环上的氢的核磁共振信号都出现在低场，这也标志着它们具有芳香性。

呋喃	α–H　δ=7.42	β–H　δ=6.37
噻吩	α–H　δ=7.30	β–H　δ=7.10
吡咯	α–H　δ=6.68	β–H　δ=6.22

【例2】当吲哚和单质溴在二氧六环中反应时，反应的主要产物是3–溴代吲哚，而不是2–溴代吲哚，请用亲电取代反应中间体的稳定性图示解释说明该反应的区域选择性（南开大学，2013）

【解析】五元杂环与苯并合后，仍具有芳香性，但亲电取代反应活性比单环五元杂环低，比苯高[2]。苯并五元杂环体系上的π电子云是不均等的。杂环上的π电子云密度比苯环上的高，因此芳香亲电取代反应主要在杂环上发生，亲电试剂可以进攻杂环的C–2位和C–3位，但一般讲，反应主要中C–3位上发生。例如：

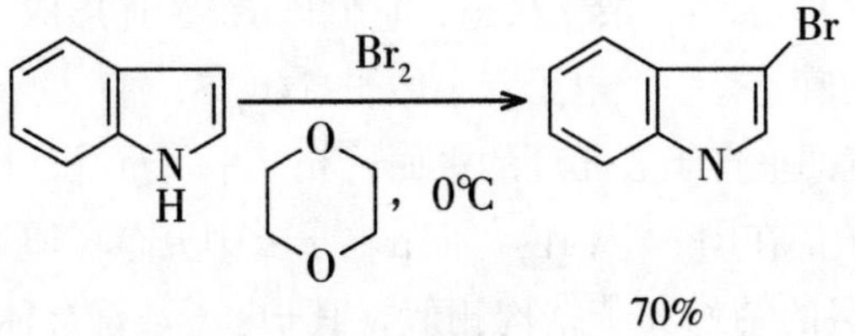

70%

上述定位规律与反应中间体正离子的稳定性有关。亲电试剂在C–2位进攻，带有完整苯环的稳定极限式只有一个；而在C–3位进攻，带有完整苯环的稳定极限式有两个。而参与共轭的稳定极限式越多，共振杂化体越稳定。

在C–2位进攻

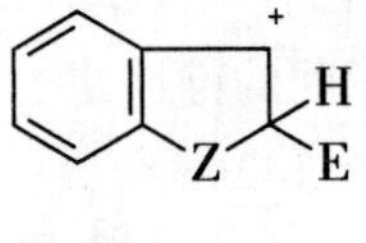

在C–3位进攻

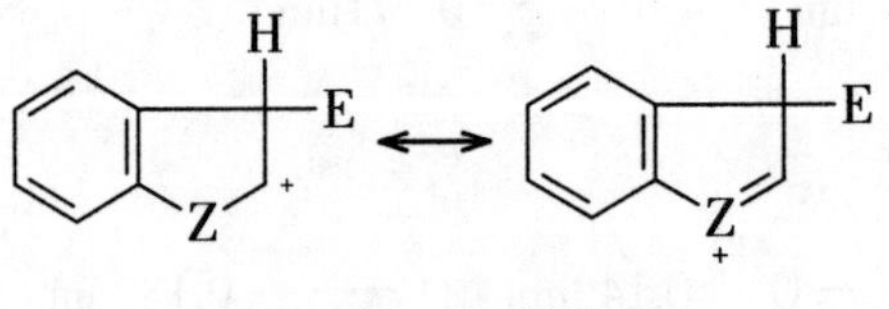

Z = O，S，NH

中间体正离子的稳定性除与参与共振的稳定极限式的多少有关外，还与正电荷所在原子的电负性大小有关。在苯并呋喃的环系中，由于氧原子电负性大，氧原子带正电荷很不稳定，与氧原子相邻的碳原子上带正电荷也不太稳定，因此，苯并呋喃的芳香亲电取代反应主要在C–2位发生。

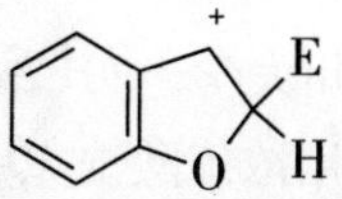

在C-2位进攻形成的中间体正离子比较稳定，因为正电荷与苯环共轭，离氧相对较远

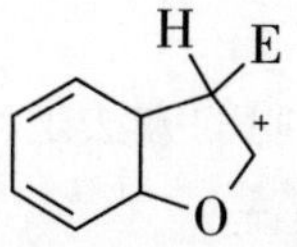

在C-2位进攻形成的中间体正离子不稳定，因为正电荷与电负性大的氧原子相邻

【例3】 写出反应的主要产物，并说明原因

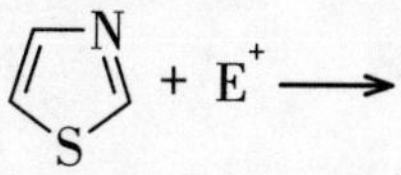

$+ E^+ \longrightarrow$ （　　）（南开大学，2015）

【解析】 唑可以发生亲电取代反应，与呋喃、噻吩、吡咯比较，唑环上增加了一个氮原子（少一个碳），这个氮原子p轨道中一个电子参与共轭，由于氮的电负性较碳大，因此环上的电子云密度与呋喃、噻吩、吡咯比较，相对较低，亲电取代的反应性较呋喃、噻吩、吡咯弱[3]。唑的亲电取代反应的活性如下所示：

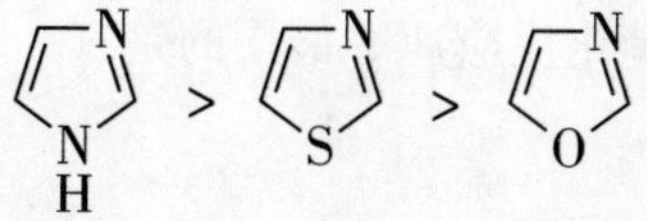

\> >

唑的亲电取代反应主要在C-4、C-5位发生，这同样可以从反应中间体正离子的稳定性来分析：

在C-2位进攻

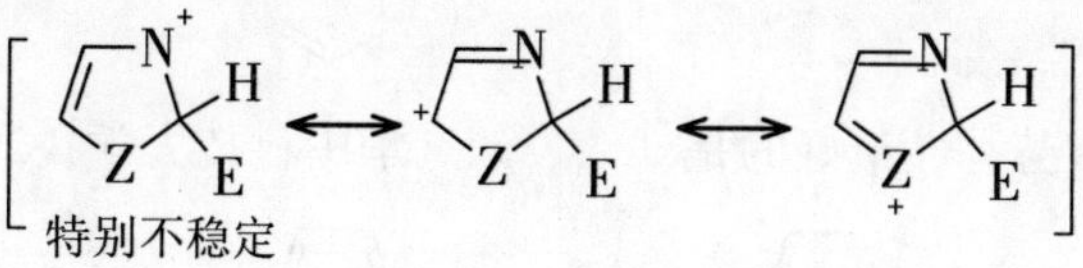

特别不稳定

在C-4位进攻

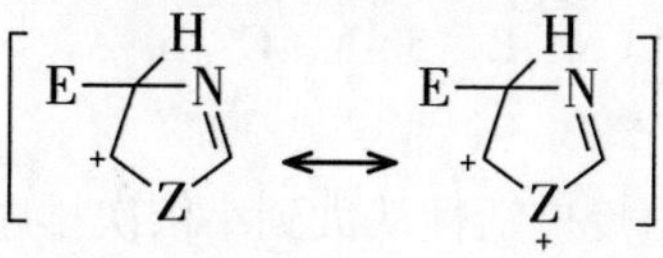

在C-5位进攻

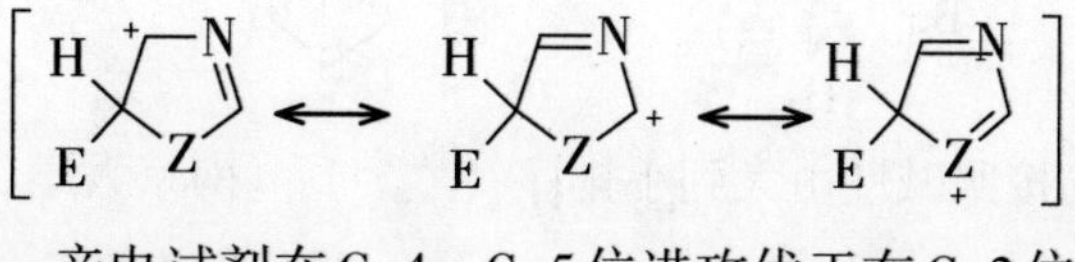

上面的式子表明：亲电试剂在C-4、C-5位进攻优于在C-2位进攻，因为在C-2位进攻产生的中间体有特别不稳定的极限式。

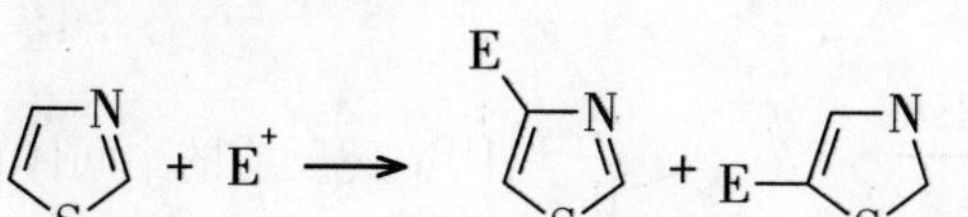

$+ E^+ \longrightarrow$

【例4】选择题

1. 除去苯中少量噻吩的方法是（　　）。（苏州大学，2015）

A. 用氢氧化钠溶液洗　　B. 用浓硫酸洗

C. 直接蒸馏　　D. 用盐酸洗

2. 下列化合物中，亲核取代反应活性最大的是（　　）。（浙江工业大学，2014）

A. 呋喃　　B. 吡咯　　C. 吡啶　　D. 苯

3. 下列说法正确的是（　　）。（武汉大学，2006）

A. 环戊二烯负离子具有芳香性

B. NBS是常用的硫化剂

C. 吡咯的酸性比醇强，比酚弱，和氨相当

D. 吡啶容易发生硝化反应

4. 下列化合物发生亲电取代反应活性最大的是（　　）。（武汉大学，2005）

A. 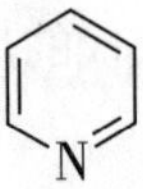 N　　B.  O　　C.  S　　D.

5. 比较下列化合物发生硝化反应速率最快的是（　　），最慢的是（　　）。(云南大学，2003）

A.  O　　B.

C. 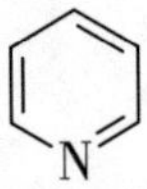 N　　D. 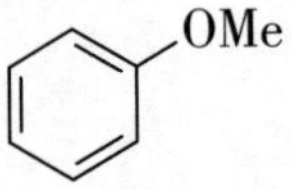 OMe

6. 下列化合物中芳香性最好的是（　　）。（华中科技大学，2003）

A.  S　　B.  Se　　C.  Te　　D.  O

【解析】1. B　2. B　3. A　4. B　5. A，C　6. A

【例5】填空题

1. 将下列化合物按照亲电反应活性从大到小依次排序（　　）。（兰州大学，2003）

A. 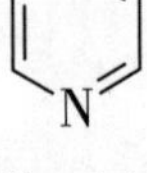 N　　B. 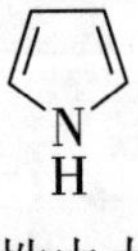 N H　　C. 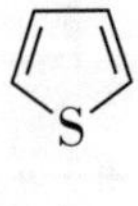 S　　D.

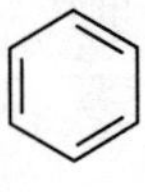

2. 将下列化合物按照碱性由大到小排序（　　）。（南京大学，2005）

A. 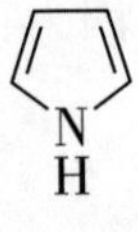 N H　　B. 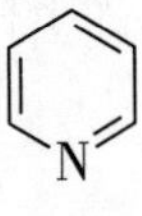 N　　C. 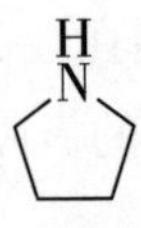 H N　　D. 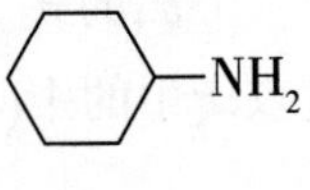 NH_2

3. 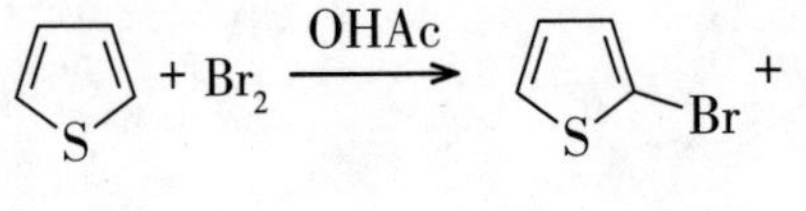 S $+ Br_2 \xrightarrow{OHAc}$ S Br + HBr 此反应的中间体正离子结构式是（　　），

它可能有三个共振式参与共振，可表示为：（　　）⟶（　　）⟶（　　）（南京工业大学，2005年）

【解析】1. B > C > D > A　2. C > D > B > A

3. 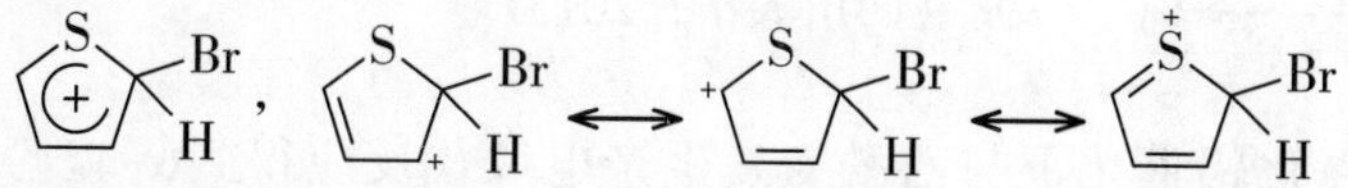 （结构式略）

【例6】简答题

1. 如何除去苯中含有的少量噻吩？（青岛科技大学，2002）

【解析】向混合物中加入少量的浓硫酸，振荡，生成的2-噻吩磺酸溶于下层的硫酸中得以分离。

2. 比较吡啶和吡咯产生芳香性的原因。（华东理工大学，2002）

【解析】吡啶和吡咯分子中的氮原子都是sp^2杂化，组成环的所有原子位于同一平面上，彼此以σ键相连。在吡啶分子中，环上由$4n+2$（$n=1$）个p电子构成芳香π体系，氮原子上还有一对未共用电子处在未参与共轭的sp^2杂化轨道上，并不与π体系发生作用。而在吡咯分子中，杂原子的未共用电子对在p轨道上，6个π电子（碳原子4个，氮原子2个）组成了$4n+2$（$n=1$）个π电子的离域体系而且具有芳香性。

3.（1）为何咪唑是芳香性杂环？（2）解释咪唑既是一个质子接受体，又是质子供体，因而在生物体内可以发挥质子传递作用。（3）组胺是一种造成许多过敏反应的物质，请预测其中三个氮原子的碱性顺序。

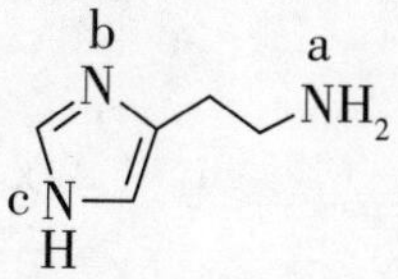

b　a　NH_2　c N H

组胺（复旦大学，2007）

【解析】（1）咪唑环有两种类型的氮原子。其中，1为“吡啶”型氮，sp^2杂化，孤电子对占据sp^2杂化轨道，提供一个电子（p轨道中的电子）给π-体系。2为“吡咯”型氮，sp^2杂化，故电子对占据p轨道并作为π-体系的一部分。两个氮原子与环上另外三个C原子（各提供一个π电子）构成6π共轭体系，符合Hückel规则，具有一定的芳香性。

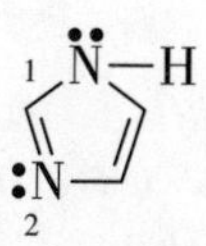

1 N—H　N 2

（2）咪唑环中既有酸性的“吡咯”型氮，可以提供质子，又有碱性的“吡啶”型氮，可作为质子接受体。因此，它既是一个弱酸，又是一个弱碱，是pK_a值接近生理pH值（7.35）的唯一氨基酸，在生理环境中，它既能接受质子，又能解离质子。具有在环的一端接受质子。而在环的另一端给出质子的功能，从而起到质子传递的作用。

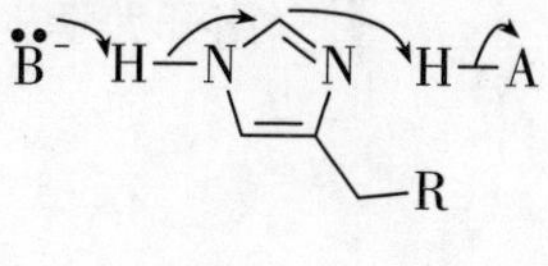

B^-　H—N　N　H—A　R

（3）脂肪族的伯胺氮原子（a）>"吡啶"型氮原子（b）>"吡咯"型氮原子（c）。

【例7】 完成反应

噻吩 + $CH_3COCl \xrightarrow{AlCl_3}$（ ）。（四川大学，2013）

【解析】 噻吩在三氯化铝催化下与乙酰氯发生亲电取代反应得到α-噻吩乙酮，

2-噻吩基$-COCH_3$。

【例8】 写出下列反应的主要产物

1. 吡咯 $\xrightarrow{CH_3COONO_2}$（ ）。（浙江工业大学，2014）

2. 噻吩 $\xrightarrow[(CH_3CO)_2O]{HNO_3}$（ ）。（暨南大学，2016）

3. O_2N-噻吩-CH_3 $\xrightarrow[(CH_3CO)_2O]{HNO_3}$（ ）。（武汉化工学院，2003）

4. 呋喃-CHO $\xrightarrow{Cl_2}$（ ）$\xrightarrow[EtOH]{浓NaOH}$（ ）+（ ）。（武汉大学，2005）

5. 吡咯 $\xrightarrow{KNH_2}$（ ）$\xrightarrow[2.\ H^+/H_2O]{1.\ CO_2,H_2O}$（ ）。（武汉大学，2005）

6. H_3C-呋喃-CO_2CH_3 $\xrightarrow[ZnCl_2]{HCHO\quad HCl}$（ ）。（中国科技大学，2002）

7. 呋喃 + $(CH_3CO)_2O \xrightarrow{BF_3}$（ ）$\xrightarrow{NaOCl}$（ ）。（中国科学技术大学，2008）

8. 噻吩 + $EtO-\underset{O}{\underset{\|}{C}}-\underset{O}{\underset{\|}{C}}-Cl \xrightarrow{AlCl_3}$（ ）。（复旦大学，2008）

9. 噻吩 + $(CH_3CO)_2O \xrightarrow{SnCl_4}$（ ）。（复旦大学，2007）

10. 2-苯基噻吩 $\xrightarrow[室温]{H_2SO_4}$（ ）。（南开大学，2002）

11. 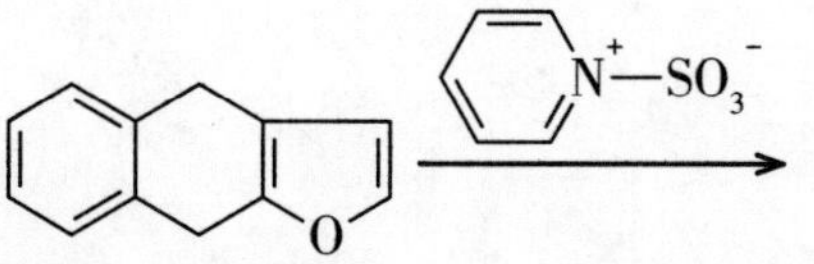 （反应式：4,9-二氢萘并[2,3-b]呋喃与吡啶-SO_3 反应）→（ ）。（南开大学，2003）

【解析】

1. 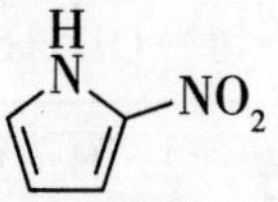 2-硝基吡咯（NO_2） 2. 2-硝基噻吩（NO_2） 3. 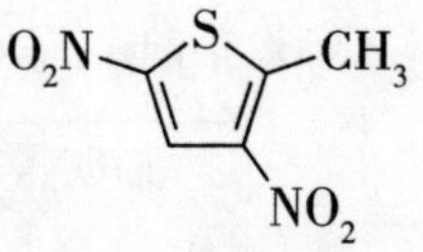 O_2N、CH_3、NO_2 取代噻吩

4. 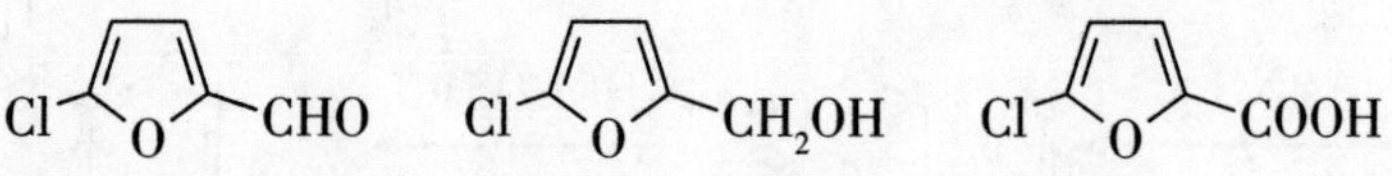 Cl-呋喃-CHO　Cl-呋喃-CH_2OH　Cl-呋喃-COOH

5. 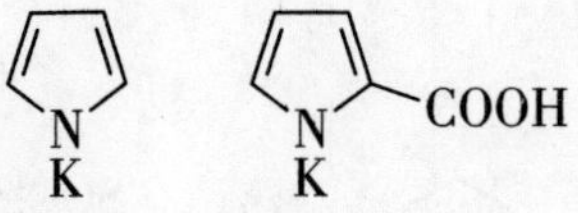 吡咯钾（N-K）　N-K 吡咯-COOH　6. 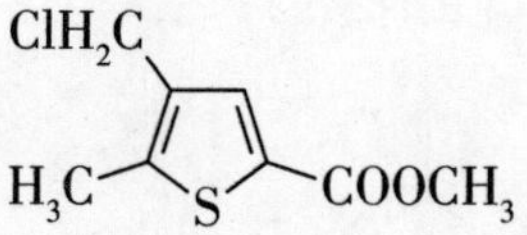 ClH_2C、H_3C、$COOCH_3$ 取代噻吩

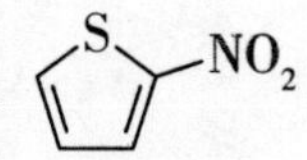

7. 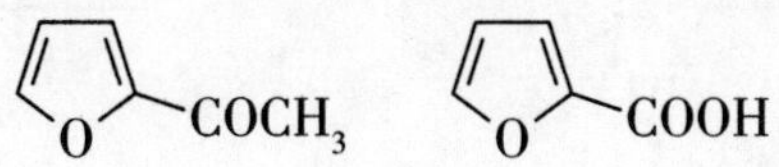 呋喃-$COCH_3$　呋喃-COOH　8. 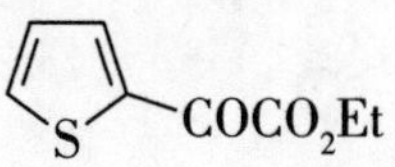 噻吩-$COCO_2Et$　9. 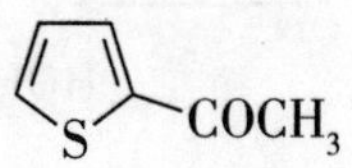 噻吩-$COCH_3$

10. 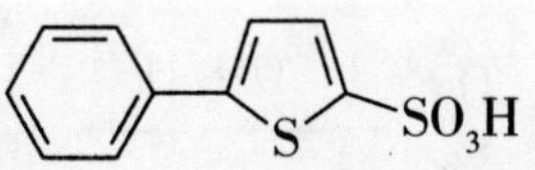 苯基噻吩-SO_3H　11. 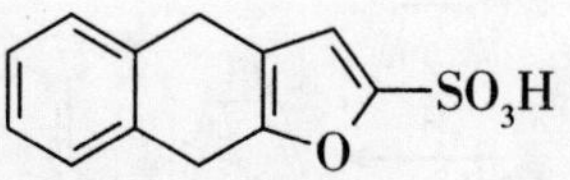 二氢萘并呋喃-SO_3H

【例9】由指定原料合成，其他试剂任选（复旦大学，2012）

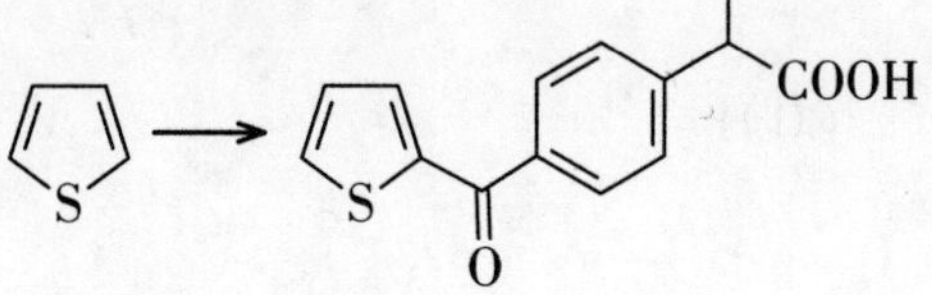

噻吩 → 2-噻吩基（4-(1-羧乙基)苯基）甲酮（COOH）

【解析】

方法一：

苯 $\xrightarrow[CH_3COCl]{AlCl_3}$ 苯-CCH_3（C=O） $\xrightarrow[EtONa]{ClCH_2CO_2Et}$ 环氧化物-CO_2Et $\xrightarrow[2.\ H^+/\triangle]{1.\ OH^-,H_2O}$

苯-CH(CH_3)-CHO $\xrightarrow[2.\ H^+/H_2O]{1.\ Ag(NH_3)_2^+}$ 苯-CH(CH_3)-COOH $\xrightarrow[AlCl_3]{噻吩-CH_2Cl}$ 噻吩-CH_2-苯-CH(CH_3)-COOH

$\xrightarrow{SeO_2}$ 噻吩-C(=O)-苯-CH(CH_3)-COOH

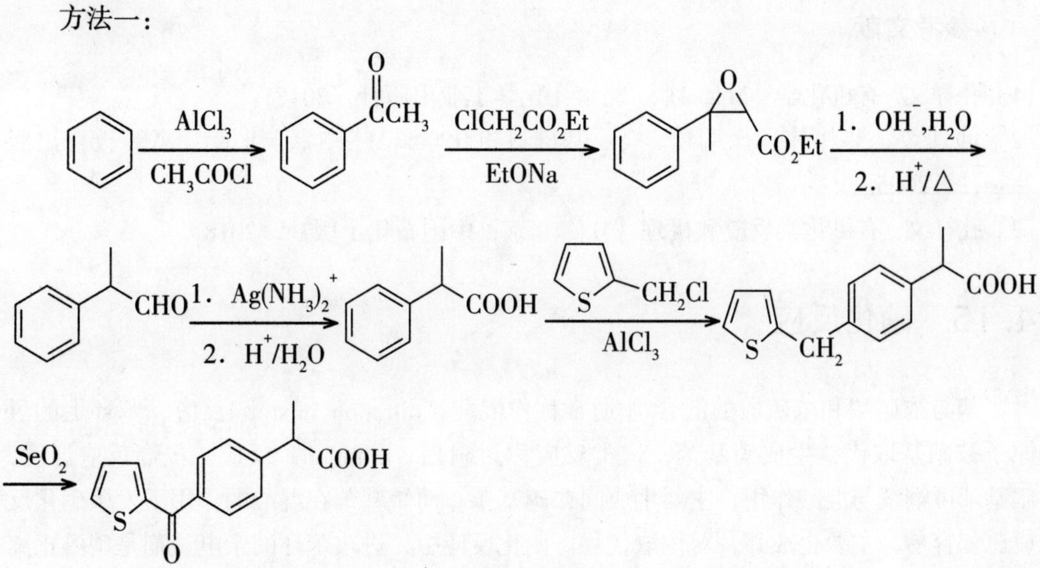

方法二：

$$\text{thiophene} \xrightarrow[ZnCl_2]{CH_2O,HCl} \text{2-}(CH_2Cl)\text{thiophene}$$

$$\text{benzene} \xrightarrow[CH_3COCl]{AlCl_3} PhCOCH_3 \xrightarrow[EtONa]{ClCH_2CO_2Et} \text{epoxy ester (}CO_2Et\text{)} \xrightarrow[2.\ H^+/\triangle]{1.\ OH^-,H_2O} PhCH(CH_3)CHO$$

$$PhCH(CH_3)CHO \xrightarrow[2.\ H^+,H_2O\quad EtOH]{1.\ Ag(NH_3)_2^+} PhCH(CH_3)CO_2Et \xrightarrow[ZnCl_2]{HCHO,HCl} p\text{-}ClCH_2C_6H_4CH(CH_3)CO_2Et$$

$$\xrightarrow{OH^-,H_2O} p\text{-}HOH_2CC_6H_4CH(CH_3)CO_2Et \xrightarrow{\text{Jones试剂}} p\text{-}HO_2CC_6H_4CH(CH_3)CO_2Et \xrightarrow{SOCl_2}$$

$$p\text{-}ClOCC_6H_4CH(CH_3)CO_2Et \xrightarrow{\text{thiophene}} p\text{-(2-thienyl-CO)}C_6H_4CH(CH_3)CO_2Et \xrightarrow[2.\ H^+/H_2O]{1.\ OH^-,H_2O}$$

$$p\text{-(2-thienyl-CO)}C_6H_4CH(CH_3)CO_2H$$

参考文献

［1］孔祥文. 有机化学［M］. 2版. 北京：化学工业出版社，2018.

［2］邢其毅，裴伟伟，徐瑞秋，等. 基础有机化学［M］. 3版. 北京：高等教育出版社，2005.

［3］孔祥文. 有机化学反应和机理［M］. 北京：中国石化出版社，2018.

4.15 硝化反应

苯与浓硝酸和浓硫酸的混合物(通常称作混酸，nitration mixture)反应，苯环上的氢原子被硝基取代，生成硝基苯，这类反应称为硝化（nitration）反应。提高反应温度，硝基苯可继续与混酸作用，主要生成间二硝基苯。而烷基苯在混酸的作用下发生硝化反应比苯容易，主要生成邻、对位取代物。硝化反应中，进攻苯环的亲电试剂是硝酰正离子，它呈线形结构，具有很强的亲电能力。

$$:\ddot{O}=\overset{+}{N}=\ddot{O}:$$

无水硝酸中即含有浓度很低的硝酰正离子。使用混酸作为硝化反应试剂的目的是：硝酸（作为碱）在强酸（浓硫酸）作用下，硝酸质子化后失水，产生硝酰正离子。

$$H-O-NO_2 + HOSO_3H \rightleftharpoons H-\overset{+}{\ddot{O}}(H)-NO_2 + HSO_4^-$$

$$H-\overset{+}{\ddot{O}}(H)-NO_2 + HOSO_3H \rightleftharpoons \overset{+}{N}O_2 + H_3\overset{+}{O} + HSO_4^-$$

$$HO-NO_2 + 2HOSO_3H \rightleftharpoons NO_2^+ + 2HSO_4^- + H_3O^+$$

通过混酸溶液的冰点降低实验及拉曼光谱分析，已经证明了硝酰正离子的存在。反应过程中，首先是硝酰正离子进攻苯环的π电子云，形成σ络合物，然后失去一个质子得到硝基苯。

$$C_6H_6 + NO_2^+ \xrightarrow{\text{慢}} [C_6H_6NO_2]^+$$

$$[C_6H_6NO_2]^+ + HSO_4^- \xrightarrow{\text{快}} C_6H_5NO_2 + H_2SO_4$$

例题解析

【例1】 选择题

1. 化合物（a）$C_6H_5NHCOCH_3$、（b）$C_6H_5COCH_3$、（c）C_6H_5Cl 硝化反应的难易次序为（　　）。（山东大学，2016）

A.（a）>（b）>（c）　　B.（c）>（b）>（a）　　C.（a）>（c）>（b）

2.下列化合物进行硝化反应时，反应速率最快的是（　　）。（暨南大学，2016）

A. 茴香醚　　B. 硫代茴香醚　　C. 甲苯　　D. 氯苯

3.下列芳烃在苯环上起亲电取代反应时，反应速度最快的是（　　）。（苏州大学，2015）

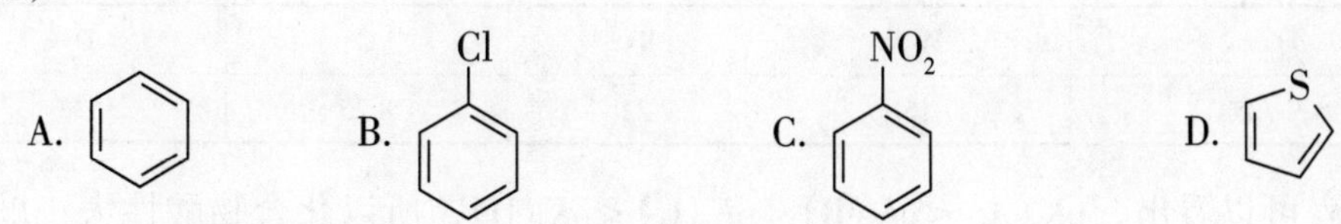

4. 下列化合物进行硝化反应时速率最快的是（　　）。（湘潭大学，2016）

A. $C_6H_5-CF_3$　　B. $C_6H_5-CH_3$

C. Cl　　D.

5.下列化合物进行硝化反应的活性顺序是（　　）。（华中师范大学，2008）

a. 甲苯　b. 苯酚　c. 苯磺酸　d. 萘

A. b > a > d > c　　B. c> b > a > d

C. a > b > c > d　　D. d > b > c > a

6. 苯酚用稀硝酸硝化可生成邻硝基苯酚和对硝基苯酚，分离这两个产物的方法是（　　）。（苏州大学，2014）

A. 过滤　　B. 分馏　　C. 水蒸气蒸馏　　D. 萃取分离

7. 下列酚类化合物中，酸性最强的是（　　）。（苏州大学，2014）

A.
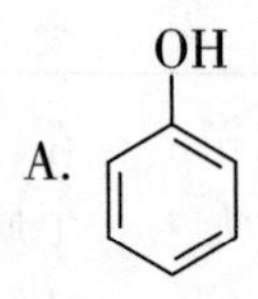
B. OH NO_2　　C. OH NO_2　　D. OH CH_3

【解析】1. C　2. B　3. D　4. B　5. —OH和CH_3是活化苯环的，且—OH活化苯环的能力大于CH_3，—SO_3H是钝化苯环的，萘的硝化反应活性小于甲苯，故答案为A。6. C　7. C

【例2】简答题

1. 比较下列化合物酸性大小。（广东工业大学，2002；南开大学，2015）

A. NO_2 OH　　B. NO_2 H_3C CH_3 OH

C. NO_2 H_3C CH_3 OH　　D. Cl OH

【解析】

酚	A	B	C	D
pK_a（水中/25℃）	7.15	7.22	8.25	9.38

从上表可以看出，pK_a(A) < pK_a(B) < pK_a(C) < pK_a(D)，所以化合物酸性大小顺序为：A > B > C > D。当苯酚的苯环上连有吸电子（如硝基）取代基时，取代苯酚的酸性比苯酚强。由于硝基具有吸电子诱导效应和吸电子共轭效应，并可使负电荷离域到硝基的氧上，从而使硝基苯酚盐负离子更加稳定。因此硝基位于羟基的邻位或对位时能显著

增强苯酚酸性；而当硝基位于间位时，不能通过共轭效应使负电荷离域到硝基的氧上，只有吸电子诱导效应产生影响。因此，间硝基苯酚的酸性虽也比苯酚的强，但对酚的酸性影响远不如硝基在邻或对位的大。当卤原子连在苯酚的苯环时，由于卤原子具有吸电子诱导效应，又具有弱的给电子共轭效应（2p-3p共轭），其净结果是吸电子效应，所以卤原子分别位于苯酚羟基的邻位、间位和对位都能增强其酸性。但由于吸电子诱导效应随着距离的增长而迅速减弱，所以氯原子分别位于苯酚羟基的邻位、间位和对位的酸性逐渐减弱，但都比苯酚酸性强。当苯环上有供电子取代基（如甲基）时，酚的酸性比苯酚弱，这主要是由于供电子基增加了苯环上的电子云密度，负电荷较难离域到苯环上，使得酚盐负离子不稳定，即酚羟基不易离解放出质子，所以酸性比苯酚的弱。在2，6-二甲基-4-硝基苯酚（B）分子中，两个甲基对其酸性影响不大，但3，5-二甲基-4-硝基苯酚（C）分子中，两个甲基的位阻使—NO_2偏离苯环，难于和苯环共轭，对酸性影响较大，故取代苯酚的酸性减弱。

2. 试对下面的现象给予合理的解释：乙酰苯胺进行硝化时，硝基主要进入乙酰胺基的4-位，而2，6-二甲基乙酰苯胺进行硝化时，硝基主要进入乙酰胺基的3-位。（浙江工业大学，2014）

【解析】在化合物乙酰苯胺分子中，乙酰胺基是一个中等强度的第一类定位基团，进行硝化反应时，硝基主要进入乙酰胺基的4-位。在2，6-二甲基乙酰苯胺分子中，由于邻位的两个甲基取代基的空间阻碍，导致乙酰胺基氮原子的未共用电子对与苯环π轨道难以形成共轭体系，仅具有吸电子的诱导效应，成为第二类定位基团，因此硝化时，硝基进入第一类定位基的邻位，即乙酰胺基的3-位。

3. 写出下列化合物发生硝化反应所得主要产物的结构简式。（厦门大学，2012）

（1） 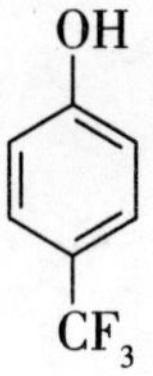 OH, CF_3　（2） CN, SO_3H　（3） OMe, NO_2

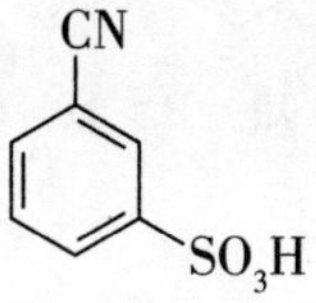

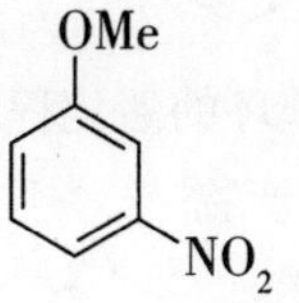

【解析】（1） 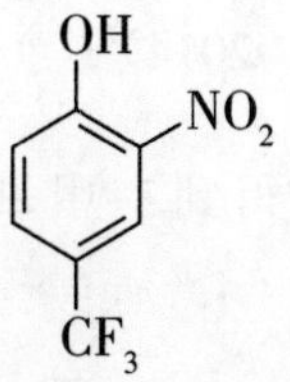 OH, NO_2, CF_3　（2） CN, O_2N, SO_3H

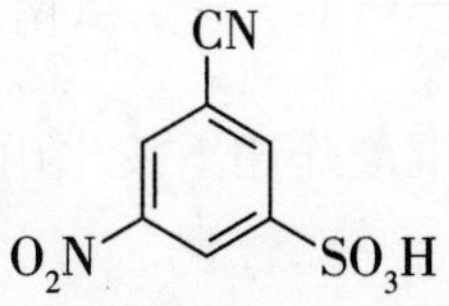

（3） OMe, O_2N, NO_2　　OMe, NO_2, NO_2

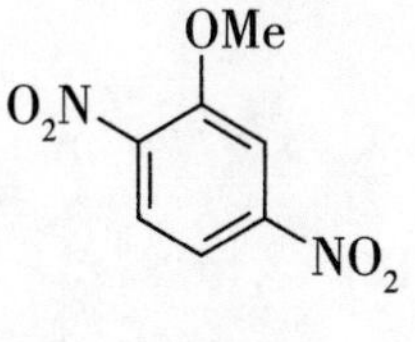

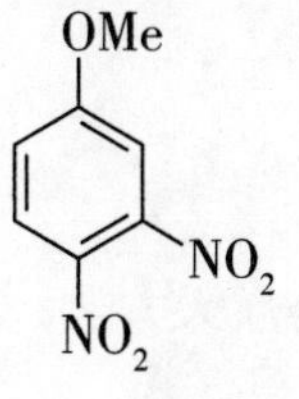

4. 用箭头标出下列化合物硝化反应主要的位置。（兰州大学，2003）

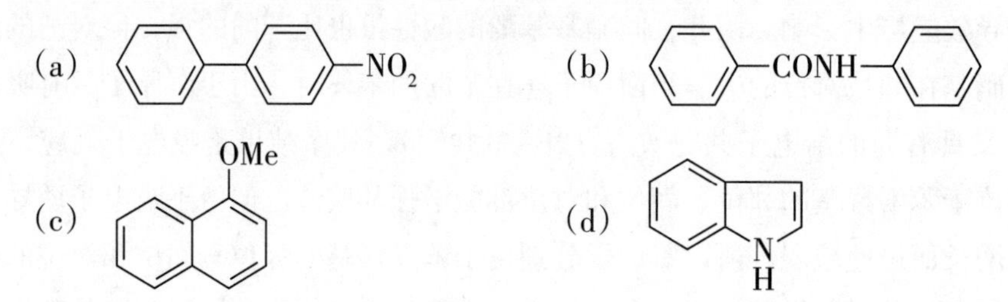

【解析】

(a) 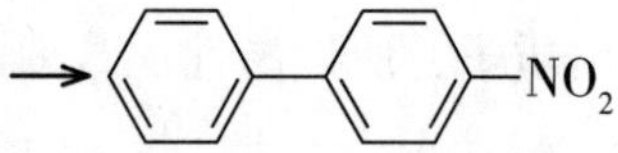 $-NO_2$　　(b) 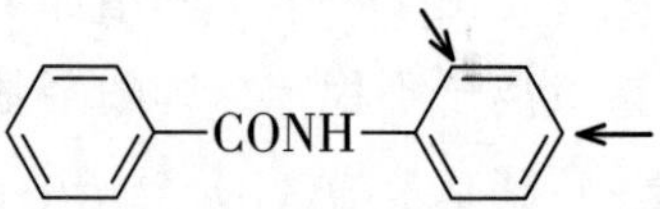 $-CONH-$

(c) 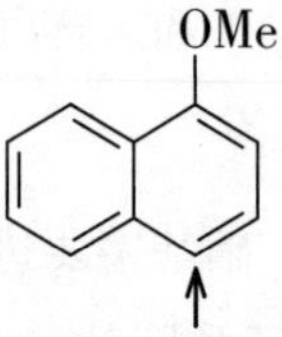 OMe　　(d) 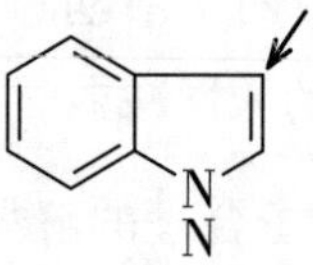 N N

5. 比较下列化合物与硝酸发生硝化反应的速度（　　）。

（1）苯　（2）甲苯　（3）蒽醌　（4）硝基苯　（5）氯代苯（北京理工大学，2006）

【解析】（2）>（1）>（5）>（3）>（4）。蒽醌中苯环上电子云密度较低；氯、硝基的取代使苯环上电子云密度降低，且硝基的影响最大。甲基的超共轭效应使苯环上电子云密度增加。

6. 将下列化合物按硝化反应的速率由快至慢排列（　　）。（辽宁大学，2015）

A. 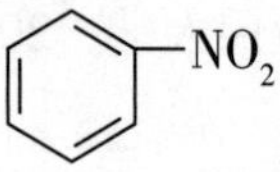 $-NO_2$　B. 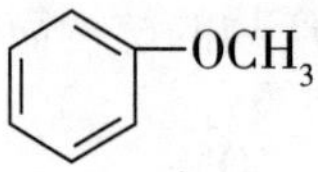 $-OCH_3$　C. 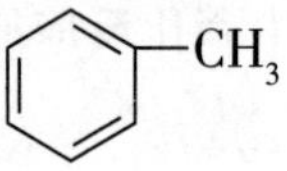 $-CH_3$　D. 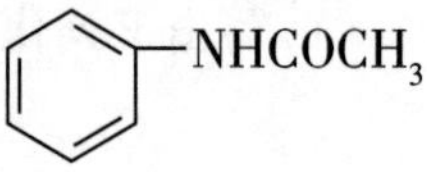 $-NHCOCH_3$

【解析】根据取代基对苯环的活化程度判断可知：B > D > C > A

【例3】写出反应的主要产物

1. 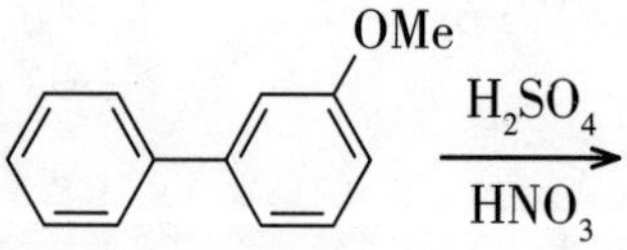 OMe $\xrightarrow[HNO_3]{H_2SO_4}$（　　）。（南京大学，2014）

【解析】3-甲氧基联苯在混酸作用下发生硝化反应得到3-甲氧基-4-硝基联苯，

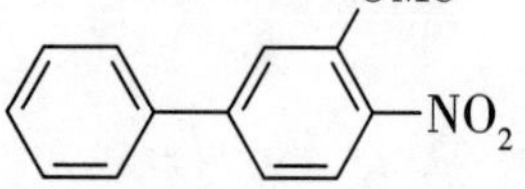

OMe $-NO_2$。

2. CH_3 $\xrightarrow{HNO_3}$（　　）。（南京航空航天大学，2012）

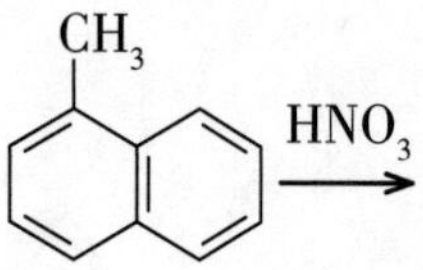

【解析】1-甲基萘在硝酸作用下发生氧化反应得到1-萘甲酸（COOH取代的萘结构），若在混酸作用下则发生硝化反应。

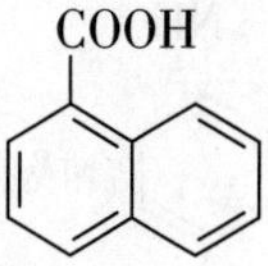

【例4】完成下列反应

1. 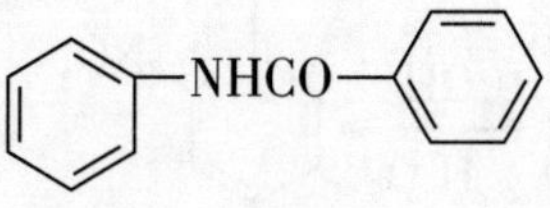 C_6H_5—NHCO—C_6H_5 $\xrightarrow{HNO_3,H_2SO_4}$ （　　）。（湖南师范大学，2013）

2. 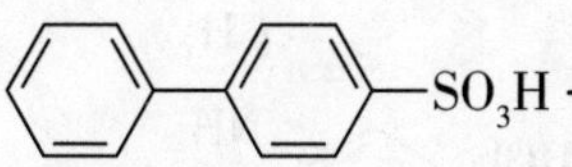 C_6H_5—C_6H_4—SO_3H $\xrightarrow[H_2SO_4]{HNO_3}$ （　　）。（暨南大学，2016）

3. 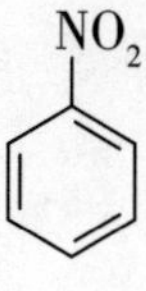 $C_6H_5NO_2$ $\xrightarrow[EtOH]{Zn,KOH}$ （　　）。（陕西师范大学，2004）

4. 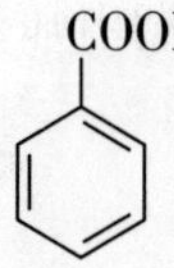 C_6H_5COOH $\xrightarrow[H_2SO_4]{HNO_3}$ （　　） $\xrightarrow[NaOH]{Zn}$ （　　） $\xrightarrow{H_2SO_4}$ （　　）

$\xrightarrow[(2)\ HBr]{(1)\ HNO_3}$ （　　）。（苏州大学，2014）

【解析】

1. 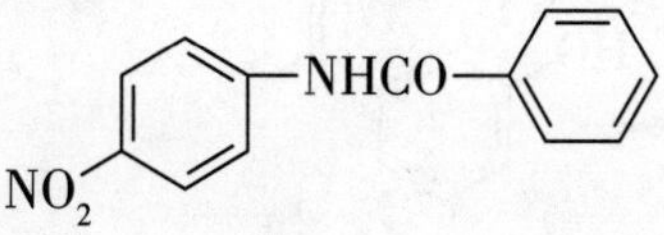 4-O_2N—C_6H_4—NHCO—C_6H_5　2. O_2N—C_6H_4—C_6H_4—SO_3H

3. C_6H_5—NHNH—C_6H_5

4. 3-O_2N—C_6H_4—COOH，3-HOOC—C_6H_4—NHNH—C_6H_4—COOH-3，H_2N—C_6H_3(COOH)—C_6H_3(COOH)—NH_2（4,4'-二氨基联苯-2,2'-二甲酸）

Br—C_6H_3(COOH)—C_6H_3(COOH)—Br（4,4'-二溴联苯-2,2'-二甲酸）

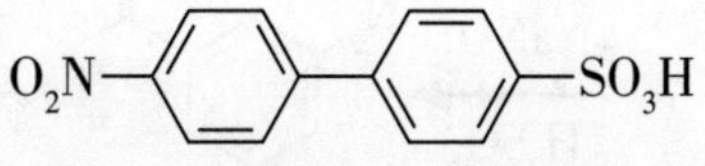

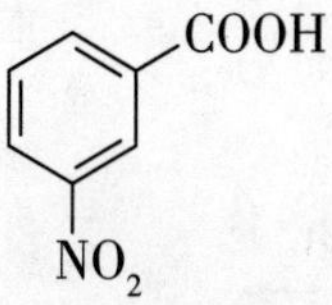

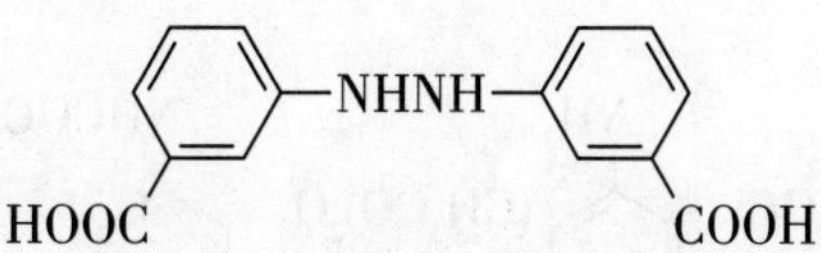

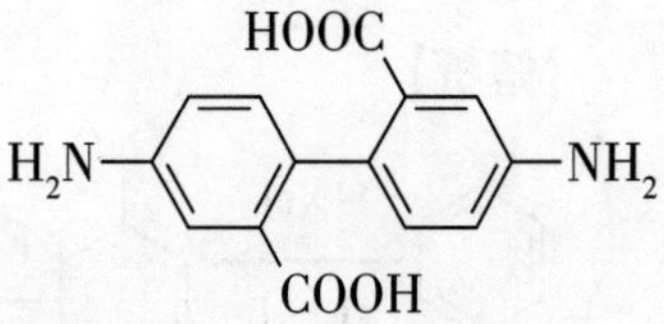

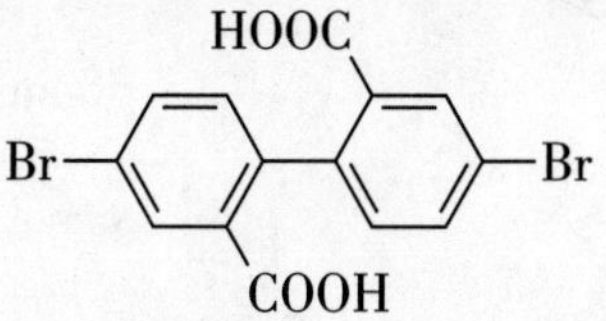

【例5】由指定原料和其他必要的有机及无机试剂任选合成

1. 由 对甲苯胺（NH_2，CH_3）合成 间甲苯胺（NH_2，CH_3）。（西北大学，2011）

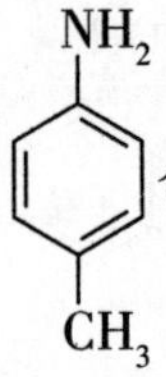

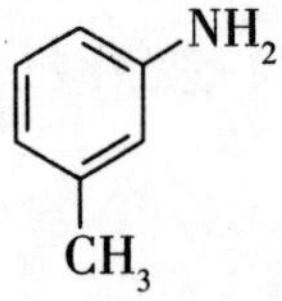

【解析】

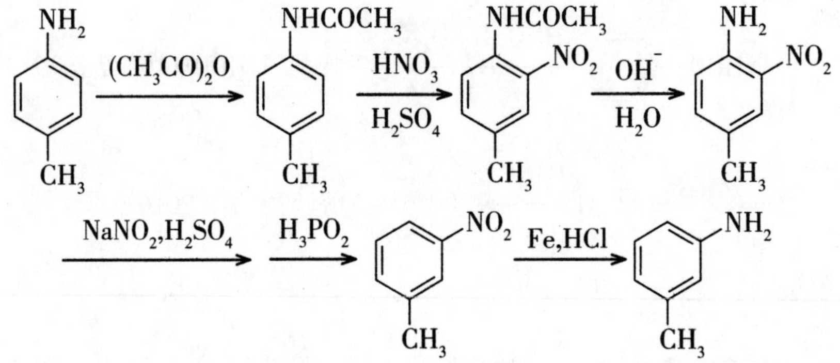

$$\text{对甲苯胺} \xrightarrow{(CH_3CO)_2O} \text{(NHCOCH}_3\text{, CH}_3) \xrightarrow[H_2SO_4]{HNO_3} \text{(NHCOCH}_3\text{, NO}_2\text{, CH}_3) \xrightarrow[H_2O]{OH^-} \text{(NH}_2\text{, NO}_2\text{, CH}_3)$$

$$\xrightarrow{NaNO_2, H_2SO_4} \xrightarrow{H_3PO_2} \text{(NO}_2\text{, CH}_3) \xrightarrow{Fe, HCl} \text{(NH}_2\text{, CH}_3)$$

2. 由 苯 合成 间羟基苯乙酮（HO）。（中国科学技术大学，2007；湖南师范大学，2013）

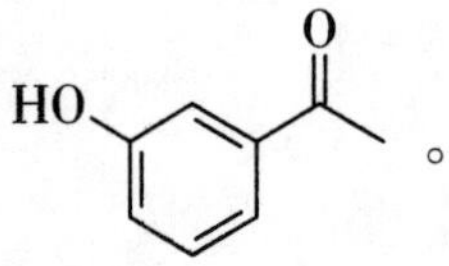

【解析】

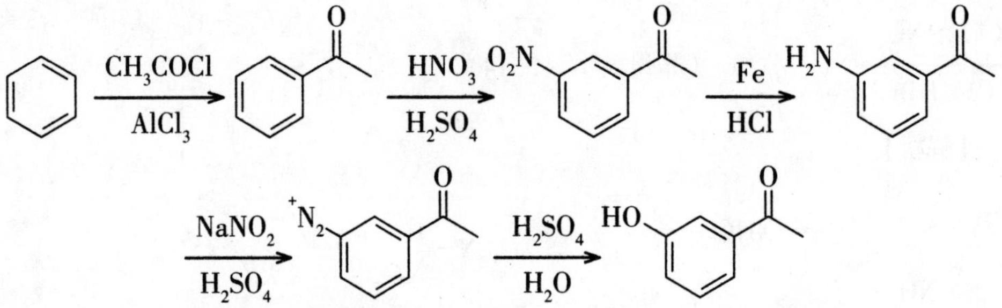

$$\text{苯} \xrightarrow[AlCl_3]{CH_3COCl} \text{苯乙酮} \xrightarrow[H_2SO_4]{HNO_3} \text{(O}_2\text{N)} \xrightarrow[HCl]{Fe} \text{(H}_2\text{N)}$$

$$\xrightarrow[H_2SO_4]{NaNO_2} \text{(}\overset{+}{N_2}\text{)} \xrightarrow[H_2O]{H_2SO_4} \text{(HO)}$$

【例6】由苯和不超过四个碳原子的有机试剂，无机试剂任选，合成目标化合物 Br—C₆H₄—NH_2（湘潭大学，2016）

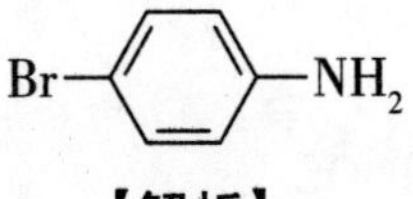

【解析】

$$\text{苯} \xrightarrow[H_2SO_4]{HNO_3} \text{(NO}_2) \xrightarrow{Fe, HCl} \text{(NH}_2) \xrightarrow{(CH_3CO)_2O} \text{(NHCOCH}_2) \xrightarrow[Fe]{Br_2}$$

$$\text{(NHCOCH}_3\text{, Br)} \xrightarrow[H_2O]{OH^-} \text{(NH}_2\text{, Br)}$$

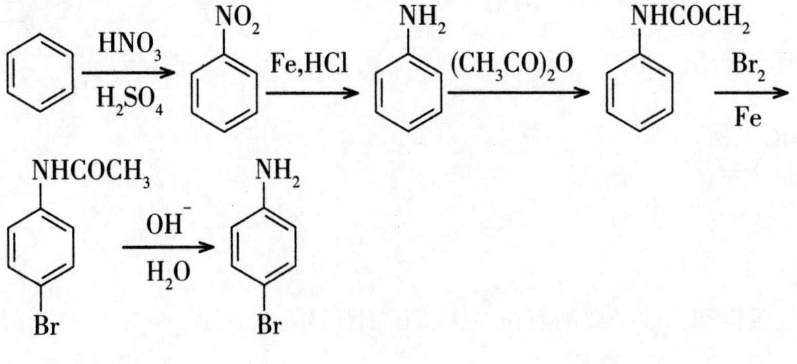

【例7】以C_2到C_4的烯烃、苯、甲苯以及必要的无机试剂为原料，合成下列化合物（北京化工大学，2008）

1. 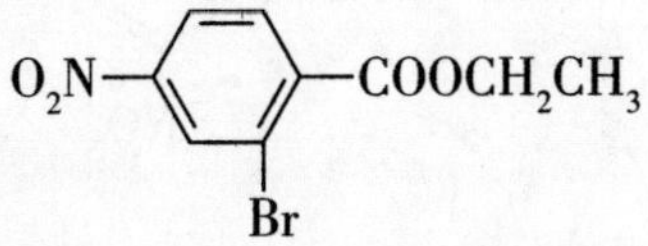 O_2N—(苯环，Br)—$COOCH_2CH_3$。

【解析】芳烃定位效应的应用。

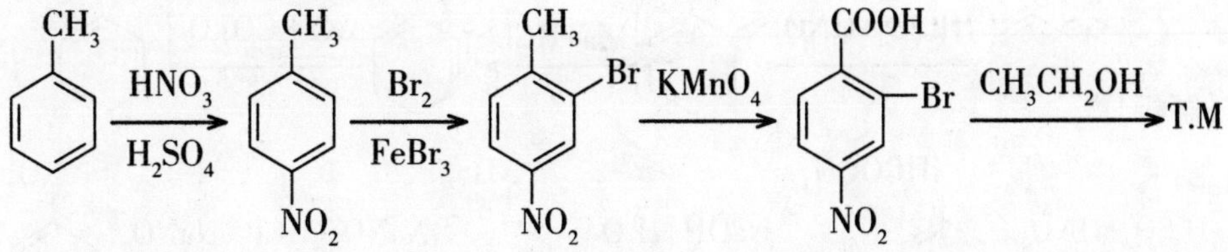

CH_3 → (HNO_3 / H_2SO_4) → CH_3, NO_2 → (Br_2 / $FeBr_3$) → CH_3, Br, NO_2 → ($KMnO_4$) → COOH, Br, NO_2 → (CH_3CH_2OH) → T.M

2. I—(苯环，Br，Br)—CH_3。

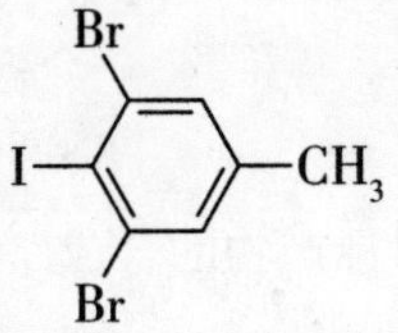

【解析】利用重氮盐的性质进行合成。

CH_3 → (HNO_3 / H_2SO_4) → CH_3, NO_2 → (Fe / HCl) → CH_3, NH_2 → (Br_2) → CH_3, Br, Br, NH_2 → ($NaNO_2$−HCl / 低温) →

CH_3, Br, Br, N_2Cl → (KI) → T.M.

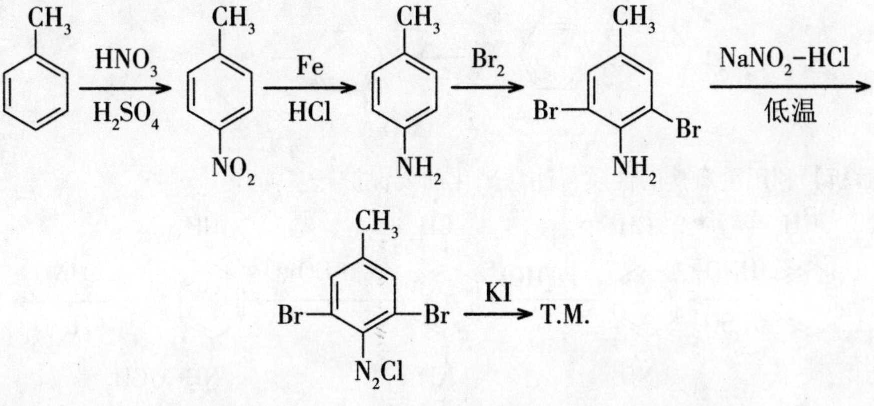

【例8】化合物1用混酸（HNO_3-H_2SO_4）硝化所得主要产物化合物2（$C_8H_8N_2O_2$）的^1H NMR数据如下：δ3.04（2H，t，J=7Hz），3.68（2H，t，J=7Hz），6.45（1H，d，J=8Hz），7.28（1H，broad s），7.81（1H，d，J=1Hz），7.90（1H，dd，J=8.1Hz）。请写出化合物2的结构简式（厦门大学，2012）

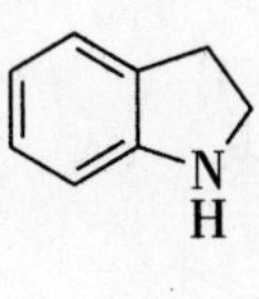

N
H 化合物1

【解析】

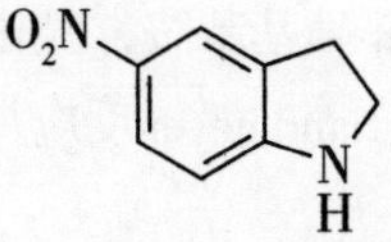

O_2N
N
H 化合物2

【例9】由苯及C₄以下有机原料（包括C₄）和必要的无机试剂合成 对二硝基苯（NO_2/NO_2 对位）（兰州大学，2003；华中科技大学，2003）

【解析】

苯 $\xrightarrow{H_2SO_4+HNO_3}$ 硝基苯（NO_2）$\xrightarrow{Zn+HCl}$ 苯胺（NH_2）$\xrightarrow{(CH_3CO)_2O}$ 乙酰苯胺（$NHCOCH_3$）$\xrightarrow{H_2SO_4+HNO_3}$ 对硝基乙酰苯胺（$NHCOCH_3$，NO_2）$\xrightarrow{NaOH+H_2O}$ 对硝基苯胺（NH_2，NO_2）$\xrightarrow[0\sim5℃]{NaNO_2+HCl}$ $\xrightarrow{NaNO_2}$ 对二硝基苯（NO_2，NO_2）

【例10】由指定化合物为起始原料，任选其他试剂，设计目标产物的合成路线，用化学方程式表达（苏州大学，2009、2010）

甲苯 ⟶ 3,5-二硝基甲苯（NO_2，O_2N）

【解析】利用重氮盐的性质，注意硝化前要保护氨基。

甲苯（CH_3）$\xrightarrow[H_2SO_4]{HNO_3}$ 对硝基甲苯（CH_3，NO_2）$\xrightarrow{Fe/HCl}$ 对甲苯胺（CH_3，NH_2）$\xrightarrow{(CH_3CO)_2O}$（$CH_3$，$NHCOCH_3$）$\xrightarrow[H_2SO_4]{HNO_3}$

（CH_3，O_2N，NO_2，$NHCOCH_3$）$\xrightarrow{H_3O^+}$（CH_3，O_2N，NO_2，NH_2）$\xrightarrow[低温]{NaNO_2/HCl}$（$CH_3$，$O_2N$，$NO_2$，$N_2Cl$）$\xrightarrow{H_3PO_2}$ T.M

【例11】以甲苯为原料合成：2-甲基-4-硝基苯甲腈（CH_3，CN，O_2N）（吉林大学，2015）

【解析】先磺化占位、硝化、去磺酸基得邻硝基甲苯，还原为邻硝基苯胺，酰化保护氨基，硝化、去酰基得对硝基邻甲苯胺，利用重氮盐的性质，经Sandmeyer反应得到产物。

$$\text{C}_6\text{H}_5\text{CH}_3 \xrightarrow{H_2SO_4} \text{CH}_3\text{C}_6\text{H}_4\text{SO}_3\text{H} \xrightarrow[H_2SO_4]{HNO_3} \text{CH}_3(\text{NO}_2)\text{C}_6\text{H}_3\text{SO}_3\text{H} \xrightarrow[\triangle]{H_3O^+}$$

$$\text{CH}_3\text{C}_6\text{H}_4\text{NO}_2 \xrightarrow[HCl]{Fe} \text{CH}_3\text{C}_6\text{H}_4\text{NH}_2 \xrightarrow{(CH_3CO)_2O} \text{CH}_3\text{C}_6\text{H}_4\text{NHCOCH}_3$$

$$\xrightarrow[H_2SO_4]{HNO_3} \xrightarrow{H_3O^+} \text{CH}_3(\text{O}_2\text{N})\text{C}_6\text{H}_3\text{NH}_2 \xrightarrow[\text{HCl/低温}]{NaNO_2} \xrightarrow[CuCN]{KCN} \text{T.M}$$

参考文献

[1] 孔祥文. 有机化学［M］. 北京：化学工业出版社，2010.

[2] 邢其毅，裴伟伟，徐瑞秋，等.基础有机化学［M］. 3版. 北京：高等教育出版社，2005.

[2] 陈宏博. 有机化学［M］. 4版.大连：大连理工大学出版社，2015.

[3] 高鸿宾. 有机化学［M］. 4版.北京：高等教育出版社，2015.

4.16 亚硝化反应

脂肪族伯胺与亚硝酸反应，生成极不稳定的脂肪族重氮盐（aliphatic diazonium salt）。该重氮盐即使在低温下也会自动分解生成碳正离子和氮气。碳正离子可发生各种反应，最终得到醇、烯烃、卤代烃等混合物，在合成上没有价值。但放出的氮气是定量的，可用于氨基的定性和定量分析。芳香族伯胺与亚硝酸在低温下（一般在5℃以下）及强酸水溶液中反应，生成重氮盐，此反应称为重氮化反应。芳香族重氮盐在低温和强酸水溶液中是稳定的，升高温度则分解成酚和氮气[1]。

脂肪族和芳香族仲胺与亚硝酸反应，都生成N-亚硝基胺。N-亚硝基胺为不溶于水的黄色油状液体或固体，有强烈的致癌作用，能引发多种器官或组织的肿瘤。N-亚硝基胺与稀酸共热，可分解为原来的胺，因此可用此反应来鉴别、分离或提纯仲胺。

脂肪族叔胺因氮原子上没有氢原子，因此一般不发生与上述相类似的反应，只能与亚硝酸形成不稳定的盐。生成的盐很容易水解，加碱后可重新得到游离的叔胺。

酚和芳叔胺类化合物与亚硝酸作用，在芳环上发生亲电取代反应导入亚硝基（—NO），这种向有机物分子的碳原子上引入亚硝基，生成C—NO键的反应称为亚硝化（nitrosation）反应。通常亚硝基主要进入芳环上羟基或叔氨基的对位，对位被占据后则进入邻位。亚硝化反应也可在其他具有电子云密度较大的碳原子上进行，例如丙二酸酯。仲胺在亚硝化时，亚硝基优先进入氮原子上。

反应机理：亚硝化反应是双分子亲电取代反应，亚硝酸在反应中能离解产生亚硝酰离子，向芳环或其他具有电子云密度较大的碳原子进攻。

$$HNO_2 \rightleftharpoons NO^+ + OH^-$$

R-C6H5 + NO^+ ⇌ [σ-络合物 (H, NO)] ⟶ p-R-C6H4-NO + H^+

【例1】完成如下转变（福建师范大学，2008）

C6H6 ⟶ H_2N-C6H4-NMe_2 (p)

【解析】苯转变为二甲基苯胺后与亚硝酸亚硝化后还原为氨基[2]。

$$C_6H_6 \xrightarrow[H_2SO_4]{HNO_3} C_6H_5NO_2 \xrightarrow{Fe/HCl} C_6H_5NH_2 \xrightarrow[PPA]{CH_3OH} C_6H_5NMe_2$$

$$\xrightarrow{HNO_2} p\text{-}Me_2N\text{-}C_6H_4\text{-}NO \xrightarrow{LiAlH_4} p\text{-}Me_2N\text{-}C_6H_4\text{-}NH_2$$

【例2】用丙二酸酯和不超过两个碳的有机原料合成(±)-丙氨酸（华东师范大学，2006）

【解析】首先要将丙二酸酯经亚硝化、还原和酰化转变为重要的中间体——乙酰氨基丙二酸酯，而后引入一个任意的所需基团（此处为甲基），再水解就得到所要的氨基酸。合成反应方程式如下所示。

$$CH_2(CO_2Et)_2 \xrightarrow{HNO_2} O{=}NCH(CO_2Et)_2 \xrightarrow[HOAc]{H_2/Ni} AcNHCH(CO_2Et)_2$$

$$\xrightarrow[2.\ MeI]{1.\ EtONa} AcNHC(Me)(CO_2Et)_2 \xrightarrow[2.\ H^+,\Delta]{1.\ OH^-(aq)} NH_2CHCOOH$$

参考文献

[1] 孔祥文. 有机化学［M］. 2版. 北京：化学工业出版社，2018.

[2] 孔祥文. 有机化学反应和机理［M］. 北京：中国石化出版社，2018.

5 消除反应

5.1 卤代烷的消除反应

一般情况下，卤代烷的β-消除反应机理有两种：一种是双分子消除反应机理（简写为E2），指在碱的作用下α—C—X和β—C—H同时断裂，脱去HX生成烯烃；另一种称单分子消除反应机理（简写为E1），指α—C—X键首先断裂，生成活性中间体碳正离子，然后在碱的作用下，β-C-H键断裂生成烯烃。

5.1.1 E1机理

$$H_3C-\underset{CH_3}{\overset{CH_3}{C}}-X \left[CH_3-\underset{CH_3}{\overset{CH_3}{C^{\delta+}}}\cdots\overset{\delta-}{X} \right] \xrightarrow{-X^-} CH_3-\underset{CH_3}{\overset{CH_3}{C^+}}$$

$$\xrightarrow{OH^-} \left[CH_3-\underset{\underset{CH_2\cdots H\cdots \overset{\delta-}{O}H}{\|}}{\overset{CH_3}{C^{\delta+}}} \right] \xrightarrow{-H_2O} \begin{matrix} H_3C \\ H_3C \end{matrix}\!\!>C=CH_2$$

E1反应是分两步进行的，第一步是卤代烷在碱性溶液中解离为碳正离子，为慢步骤；第二步是OH⁻进攻β－氢发生消除反应生成烯烃，为快步骤。反应速率取决于卤代烷的浓度，故此反应称为单分子消除反应。与S_N1相似，也有重排反应发生，例如：

$$H_3C-\underset{CH_3}{\overset{CH_3}{C}}-\underset{Br}{CH}-CH_3 \xrightarrow{-Br^-} H_3C-\underset{CH_3}{\overset{CH_3}{C}}-\overset{+}{C}H-CH_3 \xrightarrow{—CH_3迁移} H_2\underset{H}{C}-\overset{CH_3}{\underset{+}{C}}-\underset{CH_3}{\overset{H}{C}}-CH_3$$

$$\longrightarrow H_2C-\overset{CH_3}{C}=\underset{CH_3}{C}-CH_3 \qquad H_2C=\overset{CH_3}{C}-\underset{CH_3}{CH}-CH_3$$

在E1反应过程中，卤代烷首先解离为碳正离子，因中心碳原子为sp^2杂化，呈平面构型，消除β－氢时，无立体选择性，既可按照顺式也可按照反式进行，两种构型的烯烃几乎相等，其他情况下取决于卤代烷结构和溶剂等影响因素。

E1和S_N1常相伴而生，当OH^-进攻正离子生成醇时，即为S_N1反应；若OH^-进攻β-

氢发生消除反应生成烯烃则为E1反应。例如：

$$CH_3-\underset{CH_3}{\overset{CH_3}{C}}-Cl \xrightarrow[H_2O,慢]{80\%乙醇} CH_3-\underset{CH_3}{\overset{CH_3}{C^+}} \xrightarrow{OH^-} \begin{cases} \xrightarrow{S_N1} CH_3-\underset{CH_3}{\overset{CH_3}{C}}-OH & 83\% \\ \xrightarrow{E1} CH_3-\underset{CH_3}{C}=CH_2 & 17\% \end{cases}$$

5.1.2 E1反应的特点

（1）两步反应，与S_N1互为竞争反应；

（2）反应要在浓的强碱条件下进行，反应速率仅与卤代烷的浓度成正比；

（3）有碳正离子中间体生成，有重排反应发生；

（4）顺式或反式消除。

5.2 醇的消除反应

醇在催化剂如质子酸（浓硫酸、浓磷酸）或Lewis酸（Al_2O_3等）的作用下，加热可以进行分子内脱水得到烯烃，也可以发生分子间脱水得到醚。以哪种脱水方式为主，决定于醇的结构和反应条件。

醇在较高温度（400～800℃），直接加热脱水生成烯烃。若有催化剂如H_2SO_4、Al_2O_3存在，则脱水可以在较低温度下进行。一般在酸的作用下，仲醇和叔醇的分子内脱水是按E1机理进行。伯醇在浓H_2SO_4作用下发生的分子内脱水主要按E2机理进行。β-碳上含有支链的伯醇有时按E1机理脱水。

5.3 醇的消除反应机理（酸催化、E1机理）

$$-\underset{H}{\overset{|}{C}}-\underset{OH}{\overset{|}{C}}- \underset{\substack{质子化\\（快）}}{\overset{H^+}{\rightleftharpoons}} -\underset{H}{\overset{|}{C}}-\underset{\overset{+}{O}H_2}{\overset{|}{C}}- \xrightarrow[\substack{-H_2O\\（慢）}]{E_1} -\underset{H}{\overset{|}{C}}-\overset{|}{\underset{+}{C}}- \xrightarrow[（快）]{-H^+} \rangle C=C\langle$$

在酸的作用下，醇的氧原子与氢离子结合成𬭩盐（$R\overset{+}{O}H_2$），离去基团由强碱（OH^-）转变为弱碱（H_2O），使得碳氧键易于断裂，离去基团H_2O易于离去。当H_2O离开中心碳原子后，碳正离子去掉一个β-H而完成消除反应，得到烯烃。在上述过程中，碳氧键异裂形成碳正离子一步是速控步，由于碳正离子的稳定性是$3°C^+ > 2°C^+ > 1°C^+$，因此该反应的速率为$3°ROH > 2°ROH > 1°ROH$。例如：

$$CH_3CH_2CH_2CH_2OH \xrightarrow[140℃]{75\%H_2SO_4} CH_3CH_2CH=CH_2 + H_2O$$

$$CH_3CH_2\underset{\displaystyle OH}{\underset{|}{C}}HCH_3 \xrightarrow[100℃]{65\%H_2SO_4} CH_3CH{=}CHCH_3 + H_2O$$

$$H_3C-\underset{\displaystyle OH}{\underset{|}{\overset{\displaystyle CH_3}{\overset{|}{C}}}}-CH_3 \xrightarrow[85\sim90℃]{46\%H_2SO_4} H_3C-\overset{\displaystyle CH_3}{\overset{|}{C}}{=}CH_2 + H_2O$$

当醇有两种或三种β-氢原子时，消除反应遵循Saytzeff规则。例如：

$$CH_3CH_2-\underset{\displaystyle OH}{\underset{|}{\overset{\displaystyle CH_3}{\overset{|}{C}}}}-CH_3 \xrightarrow[87℃]{46\%H_2SO_4} \underset{(84\%)}{CH_3CH{=}\overset{\displaystyle CH_3}{\overset{|}{C}}-CH_3} + \underset{(16\%)}{CH_3CH_2-\overset{\displaystyle CH_3}{\overset{|}{C}}{=}CH_2}$$

醇按E1机理进行脱水反应时，由于有碳正离子中间体生成，有可能发生重排，形成更稳定的碳正离子，然后按照Saytzeff规则脱去一个β-氢原子而形成烯烃。例如：

$$CH_3CH_2-\overset{\displaystyle CH_3}{\overset{|}{C}}H-CH_2OH \xrightarrow{H^+} \underset{\text{伯碳正离子}}{CH_3CH_2-\overset{\displaystyle CH_3}{\overset{|}{C}}H-\overset{+}{C}H_2} \xrightarrow[\text{重排}]{1,2\text{-氢迁移}} \underset{\text{叔碳正离子（更稳定）}}{CH_3CH_2-\underset{+}{\overset{\displaystyle CH_3}{\overset{|}{C}}}-CH_3}$$

$$\text{伯碳正离子} \xrightarrow{-H^+} CH_3CH_2-\overset{\displaystyle CH_3}{\overset{|}{C}}{=}CH_2$$

$$\text{叔碳正离子} \xrightarrow{-H^+} \underset{\text{主要产物}}{CH_3CH{=}\overset{\displaystyle CH_3}{\overset{|}{C}}-CH_3}$$

工业上，醇脱水通常在氧化铝或硅酸盐的催化下于350~400℃进行，此反应不发生重排，常用来制备共轭二烯烃。

$$H_3C-\underset{\displaystyle CH_3}{\underset{|}{\overset{\displaystyle CH_2CH_3}{\overset{|}{C}}}}-\underset{\displaystyle OH}{\underset{|}{C}}HCH_3 \xrightarrow[\sim375℃]{Al_2O_3} H_3C-\underset{\displaystyle CH_3}{\underset{|}{\overset{\displaystyle CH_2CH_3}{\overset{|}{C}}}}-CH{=}CH_2 \quad \text{（不发生重排）}$$

$$H_3C-\underset{\displaystyle OH}{\underset{|}{\overset{\displaystyle CH_2CH_3}{\overset{|}{C}}}}-\underset{\displaystyle OH}{\underset{|}{C}}HCH_3 \xrightarrow[\sim400℃]{Al_2O_3} H_2C{=}\overset{\displaystyle CH_3}{\overset{|}{C}}-\overset{\displaystyle CH_3}{\overset{|}{C}}{=}CH_2$$

例题解析

【例1】 写出反应的主要产物

1. （Br、H、H_3C 连于左侧碳；C_2H_5、H、CH_3 连于右侧碳的立体结构式）$\xrightarrow{C_2H_5ONa}$（　）。（郑州大学，2015）

【解析】消除立体化学要求反式消除，故答案为 H_3C, C_2H_5, C=C, H, CH_3 。

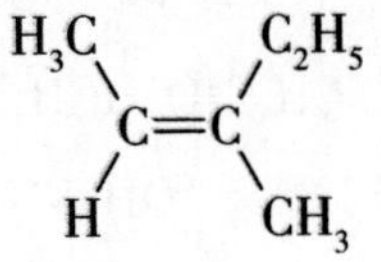

2. 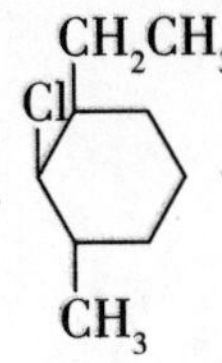 CH_2CH_3, Cl, CH_3 $\xrightarrow{NaOH/EtOH}$ （　　）。（北京理工大学，2007）

【解析】消除立体化学要求反式消除，故答案为 CH_2CH_3, CH_3 。

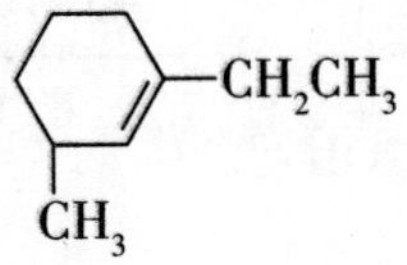

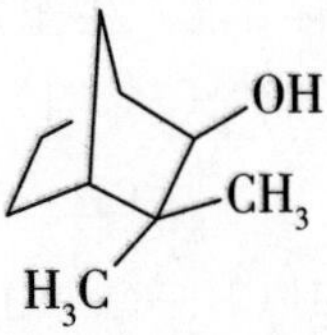

3. OH, CH_3, H_3C $\xrightarrow[170℃]{KHSO_3}$ （　　） $\xrightarrow[2.\ Zn,H_2O]{1.\ O_3}$ （　　）。（兰州大学，2001）

【解析】 CH_3, CH_3 ， 。第一步为E1反应历程，反应过程中发生碳正离子重排， CH_3, H_3C, + $\xrightarrow[迁移]{-CH_3}$ CH_3, +, CH_3 ，生成较为稳定的消除产物。

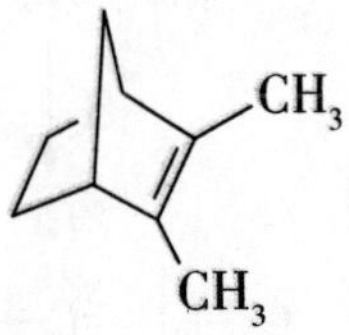

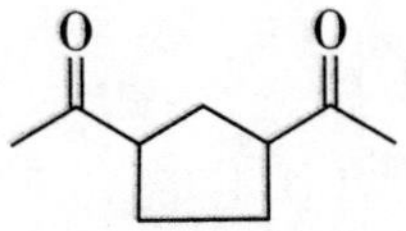

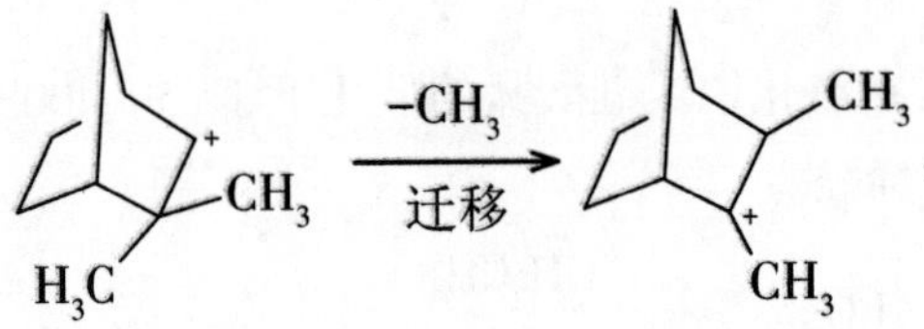

4. 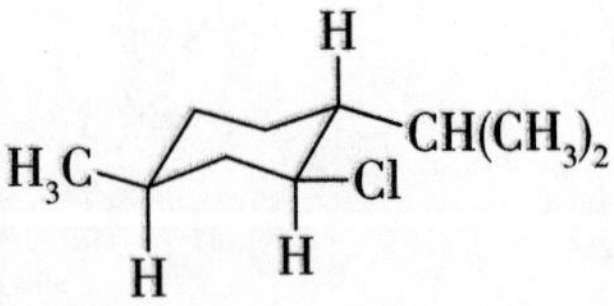 H, H_3C, $CH(CH_3)_2$, Cl, H, H $\xrightarrow[C_2H_5OH]{C_2H_5ONa}$ （　　）。（苏州大学，2014）

【解析】消除立体化学要求反式消除，故答案为 $CH(CH_3)_2$。

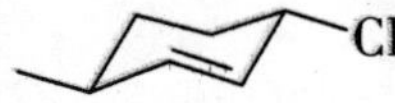

5. 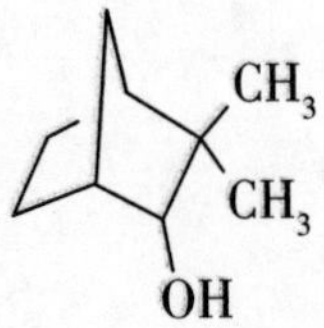 CH_3, CH_3, OH $\xrightarrow{H_2SO_4}$ （　　） $\xrightarrow[2.\ Zn/H_2O]{1.\ O_3}$ （　　）。（苏州大学，2014）

【解析】第一步在酸催化下脱水得烯烃 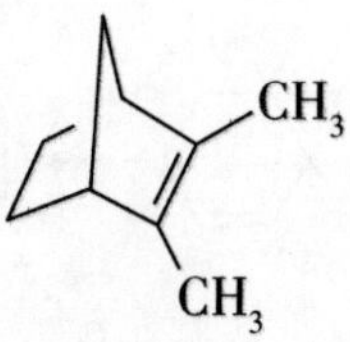，然后臭氧氧化-还原得到羰基化合物 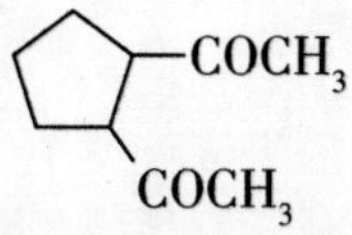。

【例2】写出反应机理

1. 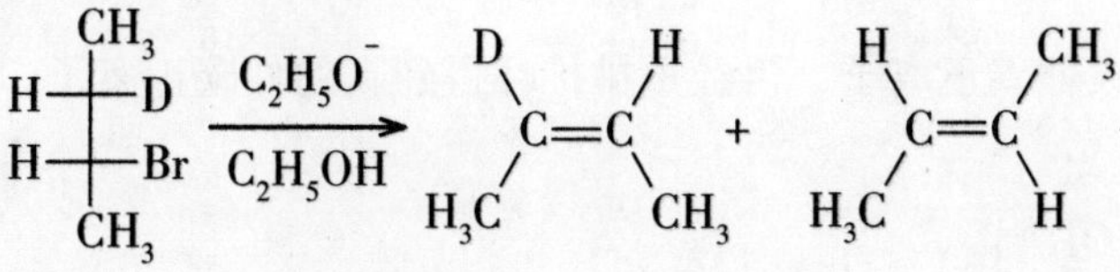 + $CH_3CHDCH{=}CH_2$
（少量）

但不生成 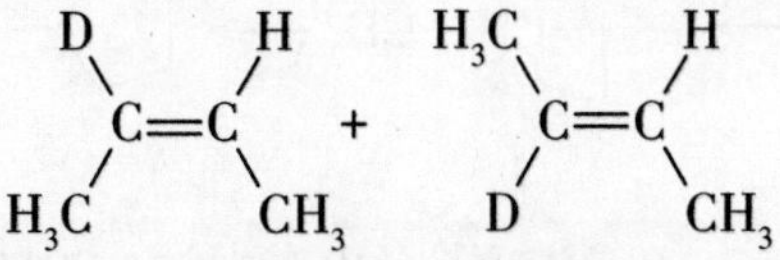。（郑州大学，2015）

【解析】此反应为E2消除，立体化学为反式消除，消除反应取向遵循扎依采夫规则，故只有少量的 $CH_2{=}CHCHDCH_3$，但不生成 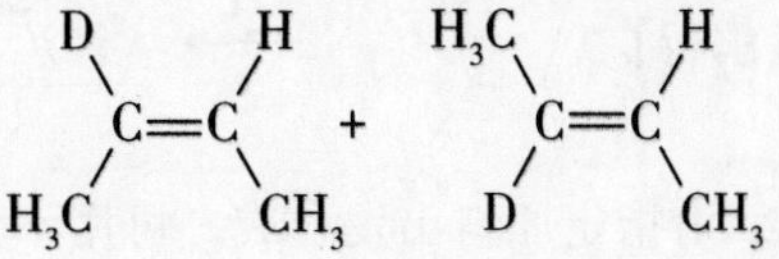，而主要产物如下：

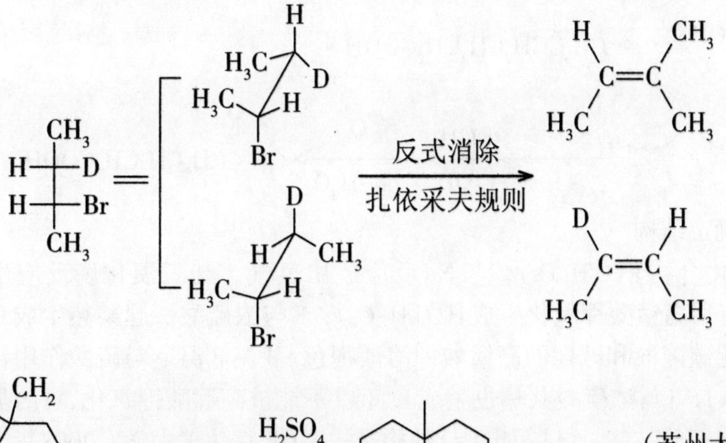

2. 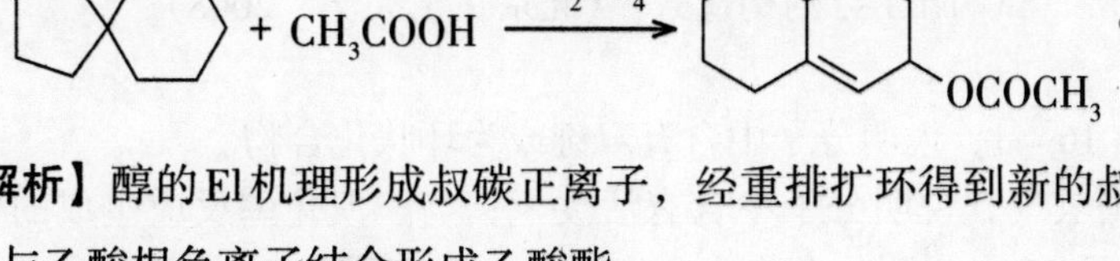。（苏州大学，2014）

【解析】醇的E1机理形成叔碳正离子，经重排扩环得到新的叔碳正离子，即共振杂化体，与乙酸根负离子结合形成乙酸酯。

$$\text{1-甲基螺[4.5]癸-1-醇} \xrightarrow[-H_2O]{H^+} \text{碳正离子} \longrightarrow \text{重排碳正离子} \longleftrightarrow \text{烯丙基碳正离子} \xrightarrow{CH_3COO^-} \text{产物}-OCOCH_3$$

3. $\square\!-\!CH(OH)-CH_3 \xrightarrow{H^+}$ 1-甲基环戊烯 $-CH_3 + H_2O$。（浙江工业大学，2006）

【解析】醇的El机理形成仲碳正离子，再经重排扩环得到新的仲碳正离子，消除一个β-H形成1-甲基环戊烯。

$$\square\!-\!CH(OH)-CH_3 \xrightarrow{H^+} \square\!-\!CH(\overset{+}{O}H_2)-CH_3 \xrightarrow{-H_2O} \square\!-\!\overset{+}{C}H-CH_3 \longrightarrow \overset{+}{\text{环戊基}}-CH_3 \xrightarrow{-H^+} T.M$$

【例3】合成题

1. 由1，2-二甲基环戊醇为原料合成2，6-庚二酮。（山东大学，2016）

【解析】 1,2-二甲基环戊醇 $\xrightarrow[\triangle]{H^+}$ 1,2-二甲基环戊烯 $\xrightarrow[2.\ Zn/H_2O]{1.\ O_3}$ $CH_3COCH_2CH_2CH_2COCH_3$

2. 由指定原料出发合成，可用不大于3个碳的有机原料及任何无机试剂。（郑州大学，2015）

$$\text{环戊基}-CH_3 \longrightarrow CH_3\overset{O}{\overset{\|}{C}}CH_2CH_2CH_2COOH$$

【解析】 $\text{环戊基}-CH_3 \xrightarrow[h\nu]{Cl_2} \xrightarrow[EtOH]{KOH} \xrightarrow[Zn-H_2O]{O_3} CH_3\overset{O}{\overset{\|}{C}}CH_2CH_2CH_2COOH$

【例4】确定结构

1. 中性化合物F（$C_8H_{16}O_2$），与Na反应放出氢气，与三溴化磷反应生成化合物G（$C_8H_{14}Br_2$），F用高锰酸钾氧化生成H（$C_8H_{12}O_2$），F与浓硫酸一起共热生成I（C_8H_{12}），I可使溴的四氯化碳溶液和碱性的高锰酸钾溶液褪色。I在低温下与硫酸作用再水解，可生成F的异构体J，J与浓硫酸共热也生成I，但J不能被高锰酸钾氧化，I的臭氧化的产物为2，5-己二酮和乙二醛，试写出F~J的构造式。（北京化工大学，2008）

【解析】

①$\Omega = 8 + 1 - 0.5 \times 16 = 1$，说明分子中含有双键或为环状化合物。

②F与Na反应放出氢气，说明分子中含有活泼氢；与三溴化磷反应生成的化合物G与F相比得知Br取代了OH，说明化合物为含有两个羟基的环状化合物。

③F与浓硫酸一起共热生成I（C_8H_{12}）为烯烃，故可使溴的四氯化碳溶液和碱性的高

锰酸钾液褪色，进一步证明化合物为含有两个羟基的环状化合物。

④I在低温下与硫酸作用再水解，可生成F的异构体J，但J不能被高锰酸钾氧化，说明J为三级醇。

⑤解题的突破口为I的臭氧化产物为2，5-已二酮和乙二醛，将2，5-已二酮和乙二醛中的 C═O 用 C═C 双键连接上即为I的结构。

综合上述分析，得出F、J的结构分别为

F. 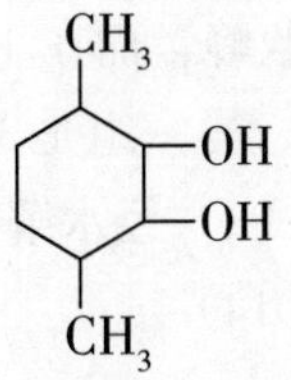 CH_3 OH OH CH_3　G. 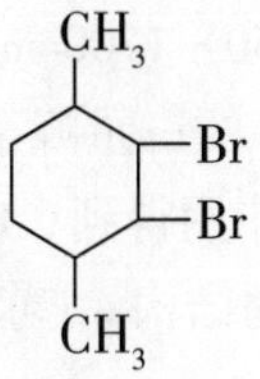 CH_3 Br Br CH_3　H. 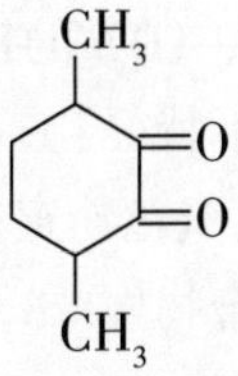 CH_3 O O CH_3

I. 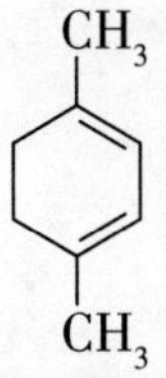 CH_3 CH_3　J. 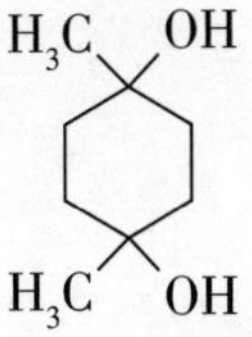 H_3C OH H_3C OH

2. 化合物A($C_7H_{12}O$) 与2，4-二硝基苯肼作用生成沉淀物，与苯基溴化镁反应，水解后生成醇B($C_{13}H_{18}O$)，B脱水生成C($C_{13}H_{16}$)，该烯脱氢为4-甲基联苯。试推断A、B、C结构式。(哈尔滨师范大学，2007)

【**解析**】A能与2，4-二硝基苯肼作用生成沉淀物，说明分子中具有羰基，C脱氢为4-甲基联苯，说明A为六元环，且羰基与甲基处在对位。

A. 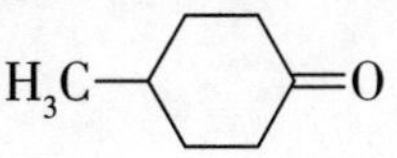 H_3C—　═O　B. 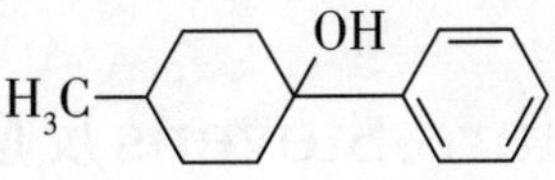 H_3C—　OH

C. 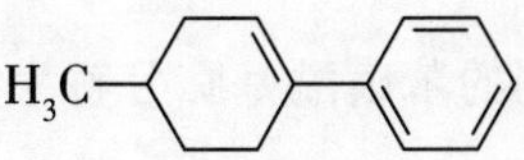 H_3C—

3. 某化合物A(C_6H_{12}) 可与Cl_2加成得到B($C_6H_{12}Cl_2$)，B与KOH-EtOH溶液作用得到两个分子式均为C_6H_{10}的异构体C和D。用酸性高锰酸钾氧化A和D得到E($C_3H_6O_2$)，而D氧化只得到一种有机物F($C_2H_4O_2$)，D与马来酸酐反应得G($C_{10}H_{12}O_3$)，G水解可得一个二元羧酸H，试写出A～H的构造式。(大连理工大学，2005)

【**解析**】A的不饱和度1，且可与Cl_2加成，说明A是烯烃；B与KOH-EtOH溶液作用有两种消除方式：一是消除Cl_2得炔烃C；二是消除2分子HCl得到共轭二烯烃D（D与马来酸酐反应）。故A～H的构造式为

A. $CH_3CH_2CH{=}CHCH_2CH_3$　B. $CH_3CH_2CHClCHClCH_2CH_3$

C. $CH_3CH_2C{\equiv}CCH_2CH_3$　D. $CH_3CH{=}CHCH{=}CHCH_3$

E. CH_3CH_2COOH　F. CH_3COOH

G. 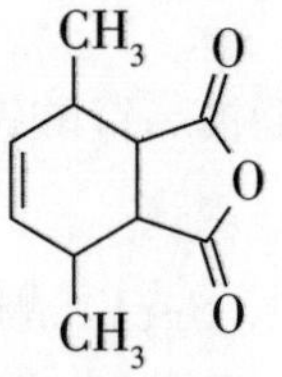　　　　H.

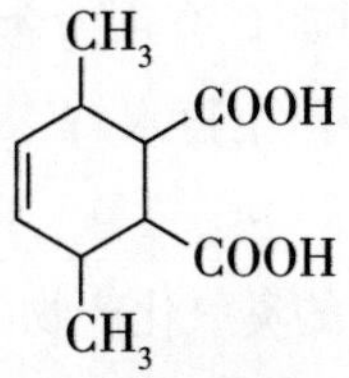

4. 某化合物分子式$C_8H_{16}O$，（A）不与金属钠、NaOH及$KMnO_4$反应，而能与浓氢碘酸作用生成化合物$C_7H_{14}O$，（B）B与浓H_2SO_4共热生成化合物$C_7H_{12}O$(C)，（C）经与O_3作用后水解产物$C_7H_{12}O$(D)，（D）的IR图上在1750～1700cm^{-1}处有强吸收峰，而在^1H NMR谱图中有两组峰具有如下特征：一组为（1H）的三重峰（δ值为10），另一组是3H的单峰（δ值为2），（C）在过氧化物存在下与HBr作用得到$C_7H_{13}Br$（E），（E）经水解得到化合物（B）。试推测出化合物A，B，C，D，E的结构。（苏州大学，2014）

【解析】

A. 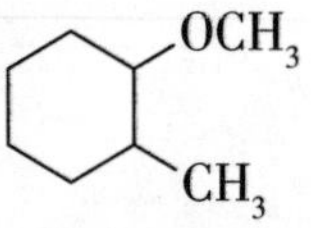　　B. 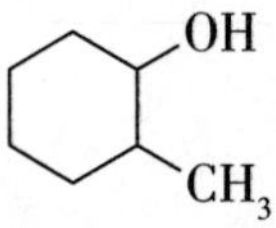　　C.

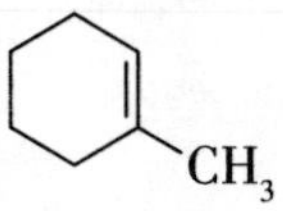

D. $CH_3\underset{\underset{O}{\|}}{C}CH_2CH_2CH_2CH_2CHO$　　E.

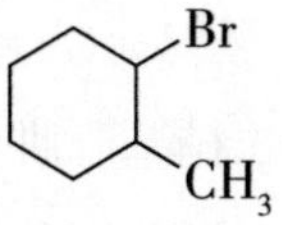

参考文献

［1］孔祥文. 有机化学［M］. 2版. 北京：化学工业出版社，2018.

［2］孔祥文. 有机化学反应和机理［M］. 北京：中国石化出版社，2018.

5.4 Bamford-Stevens反应

在碱（Na、NaOMe、LiH、NaH、$NaNH_2$）催化下醛酮的苯磺酰基腙分解生成烯的反应称为Bamford-Stevens反应[1-3]。

反应通式：

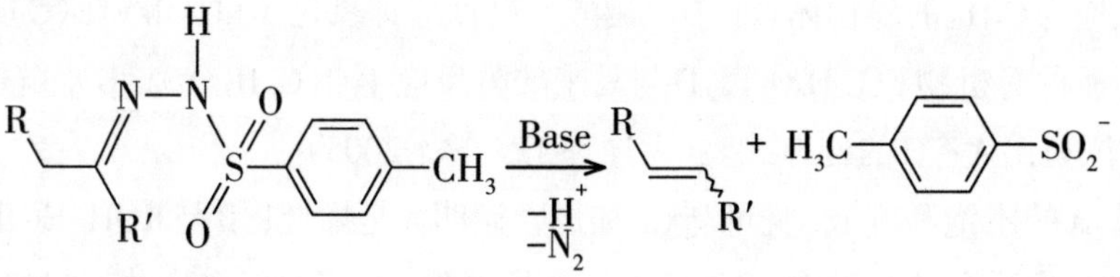

$\xrightarrow[-H^+ \; -N_2]{Base}$ + $H_3C-C_6H_4-SO_2^-$

反应机理：

$\xrightarrow{CH_3O^-}$

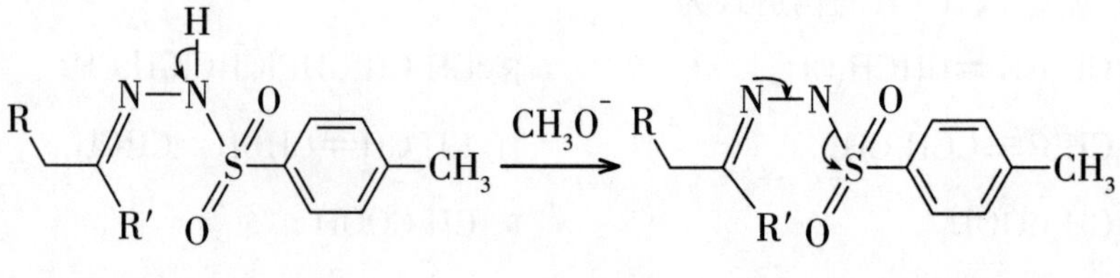

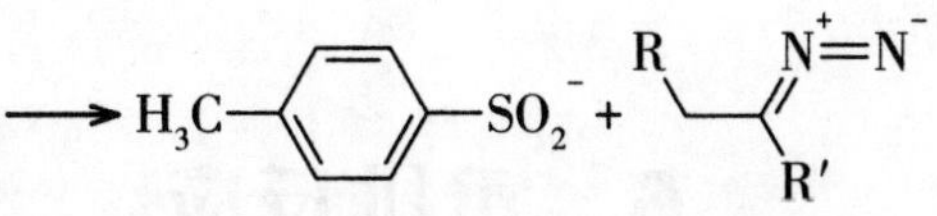

在质子性溶剂中：

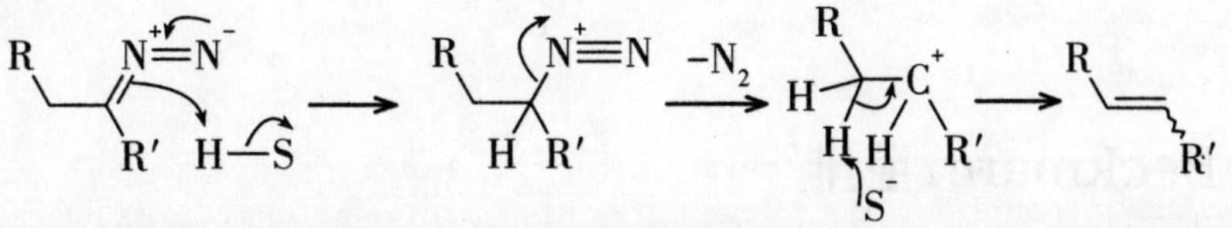

甲苯磺酰基腙在质子性溶剂中，强碱（通常是醇碱）反应生成重氮化合物（一些情况下可以分离），失去一分子氮气后，形成碳正离子，或进行Wagner-Meerwein重排形成更稳定的碳正离子，再失去一个β-H后得到烯烃。

在非质子溶剂中：

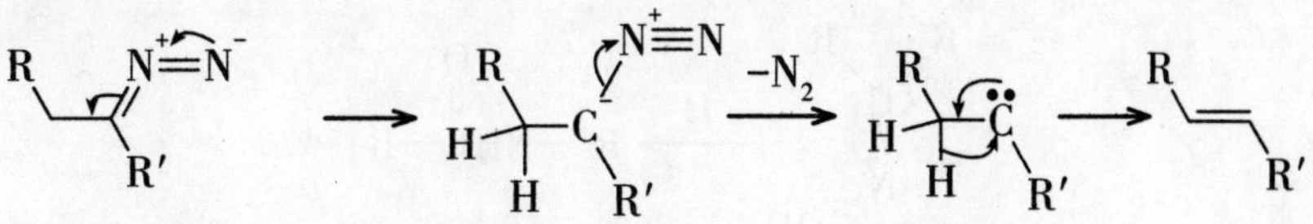

当在非质子性条件下，形成的重氮化合物失去一分子氮气生成卡宾，进而能发生[1,2]-H迁移形成烯烃或卡宾插入反应。

当使用有机锂、有机镁试剂作为碱时发生的反应被叫作Shapiro反应，其产物为动力学控制的取代基较少的烯烃。而Bamford-Stevens反应产物为热力学控制的取代基较多的烯烃。

参考文献

[1] BAMFORD, W R, STEVENS T S. The decomposition of toluene-sulphonylhydrazones by alkali [J]. J. Chem. Soc, 1952: 4735-4740.

[2] LI J J. Name reaction [M]. 4th ed. Berlin Heidelberg: Springer-Verlag, 2009: 16-17.

[3] LI J J. 有机人名反应：机理及应用 [M]. 4版. 荣国斌，译. 北京：科学出版社，2011: 19.

6 重排反应

6.1 Beckmann重排

酮与羟胺反应生成的产物酮肟（ketoxime），在酸性催化剂（如硫酸、多聚磷酸及可以产生强酸的五氯化磷、三氯化磷、苯磺酰氯和亚硫酰氯等）作用下，酮肟重排成酰胺的反应称为Beckmann重排[1]。其特点是不对称的酮肟分子中与羟基处于反位的基团重排到氮原子上。

$$R'(R)C{=}N{-}OH \xrightarrow{H^+} R'{-}NH{-}\overset{O}{\overset{\|}{C}}{-}R$$

反应历程[2-3]如下:

$$R'(R)C{=}N{-}OH + H^+ \rightleftharpoons R'(R)C{=}N{-}\overset{+}{O}H_2 \longrightarrow [R'{-}N{=}\overset{+}{C}{-}R \longleftrightarrow R'{-}\overset{+}{N}{\equiv}C{-}R]$$

$$\xrightarrow{H_2O} R'{-}N{=}\overset{\overset{+}{O}H_2}{\overset{|}{C}}{-}R \overset{-H^+}{\rightleftharpoons} R'{-}N{=}\overset{OH}{\overset{|}{C}}{-}R \rightleftharpoons R'{-}NH\overset{O}{\overset{\|}{C}}{-}R$$

酮肟在酸性催化剂作用下形成鎓盐，然后失去一分子水，同时羟基反位的R′基团带着一对电子转移到氮原子上，形成一个碳正离子，再与水结合成鎓盐，失去质子得α-羟基亚胺，最后异构化为取代酰胺[4]。

Beckmann重排反应的特点是：①是酸催化的，帮助离去；②离去基团与迁移基团处于反式，这是根据产物推断的；③基团的离去与基团的迁移是同步的，如果不是同步，羟基以水的形式先离开，形成氮正离子，这时相邻碳上两个基团均可迁移，得到混合物，但实际结果只有一种产物，因此反应是同步的；④迁移基团在迁移前后构型不变。

通过Beckmann重排反应，可以由环己酮肟重排生成己内酰胺（caprolactam）。内酰胺（lactam）是分子内的羧基和胺(氨)基失水的产物。己内酰胺在硫酸或三氯化磷等作用下可开环聚合得到尼龙-6（Nylon 6），又称锦纶，这是一种优良的合成纤维。

$$\text{环己酮} \xrightarrow[H^+]{NH_2OH} \text{环己酮肟} \xrightarrow{H^+} \underset{\text{己内酰胺}}{\text{己内酰胺}} \longrightarrow \underset{\text{尼龙-6}}{\left[\overset{O}{\overset{\|}{C}}{-}(CH_2)_5{-}NH\right]_n}$$

传统上用Brϕnsted酸，如H_2SO_4，PPA（多聚磷酸），需要苛刻条件（如在120℃下）。近年发现，Lewis酸（如$AlCl_3$，$InCl_3$）或TCT（2，4，6-三氯-1，3，5-三嗪）等可提高烃基离去能力的试剂均可使反应在非常温和的条件下进行（如下式）。在微波促进下，蒙脱土K10，有机铑试剂也可催化贝克曼重排反应。

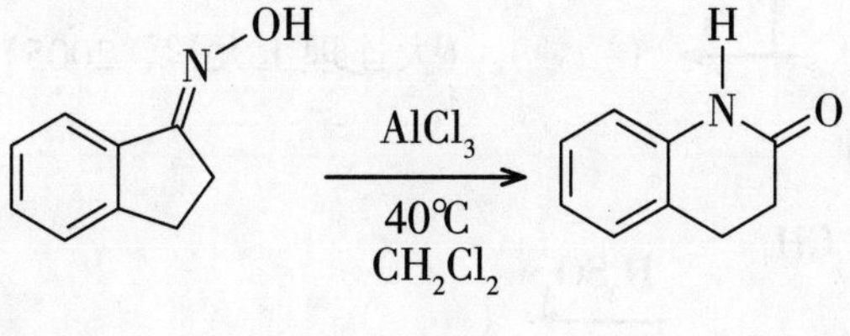

N—OH $\xrightarrow[40℃,\ CH_2Cl_2]{AlCl_3}$ H—N—O

【例1】完成反应方程式

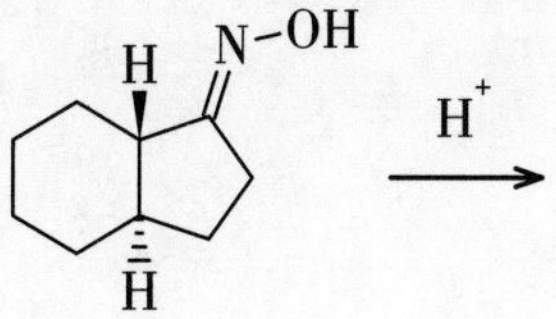

H N—OH H $\xrightarrow{H^+}$（ ）。（兰州大学，2005；中国科学技术大学，2008）

【解析】二环［4.3.0］壬-2-酮肟在PCl_5作用下发生重排生成 H H N O H ，分子中的不对称碳原子构型在反应前后不变。

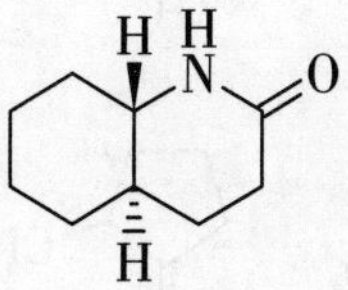

【例2】写出下列反应的主要产物

1. 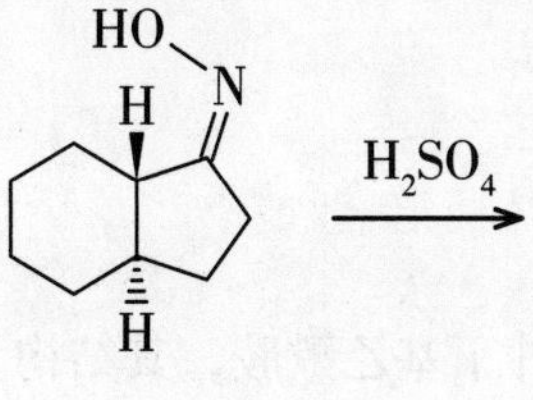 HO N H H $\xrightarrow{H_2SO_4}$（ ）。（苏州大学，2015）

2. 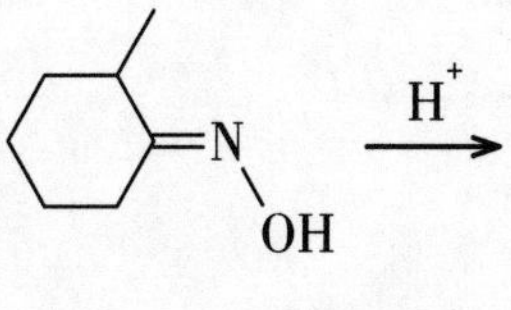 =N OH $\xrightarrow{H^+}$（ ）。（华东理工大学，2014）

3. 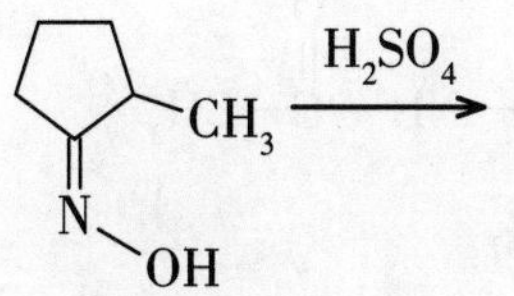 CH_3 N OH $\xrightarrow{H_2SO_4}$（ ）。（湖南师范大学，2013）

4. 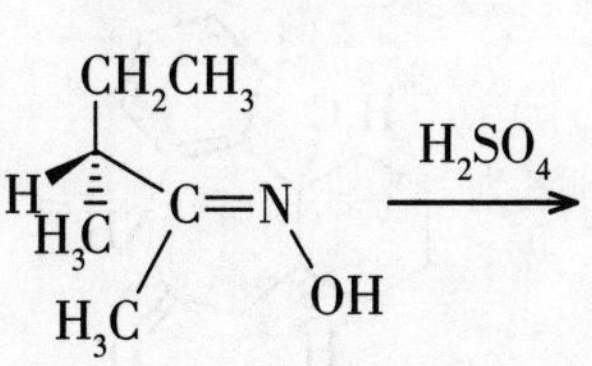 CH_2CH_3 H H_3C C=N OH H_3C $\xrightarrow{H_2SO_4}$（ ）。（兰州理工大学，2010）

5. （2,6-二甲基环己酮肟）$\xrightarrow{PCl_5}$（ 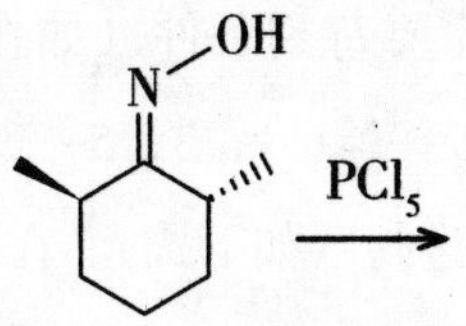　　）。（南开大学，2009）

6. 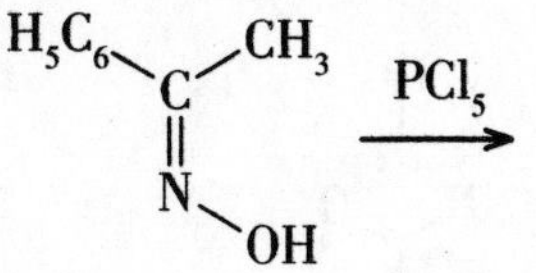 $H_5C_6C(=NOH)CH_3$ $\xrightarrow{PCl_5}$（　　）。（大连理工大学，2005）

7. 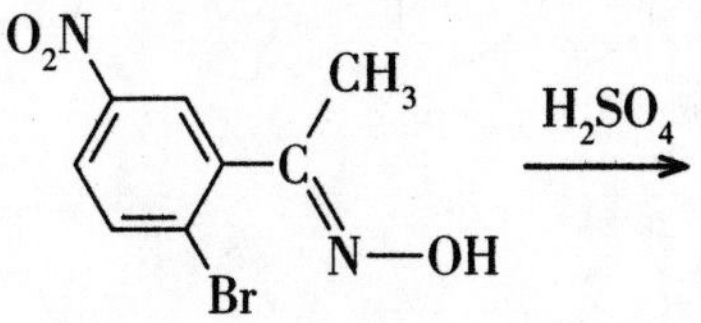 （2-溴-5-硝基苯乙酮肟）$\xrightarrow{H_2SO_4}$（　　）。

8. 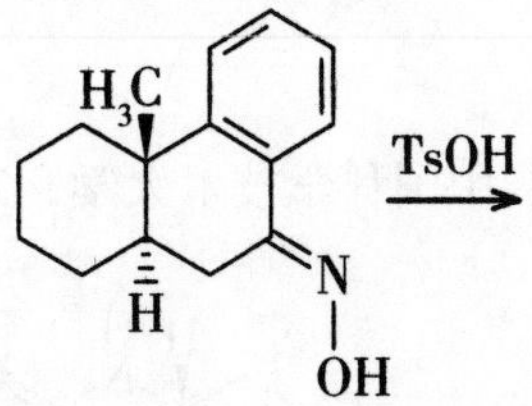 （肟）$\xrightarrow{TsOH}$（　　）。（扬州大学，2008）

9. 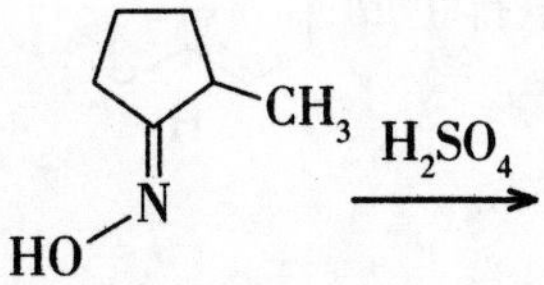 （2-甲基环戊酮肟）$\xrightarrow{H_2SO_4}$（　　）。（苏州大学，2014）

【解析】

1. 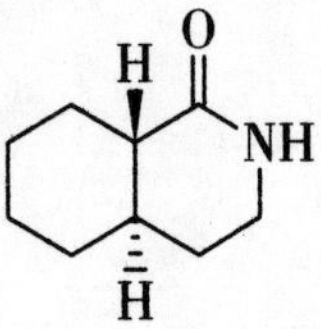 2. 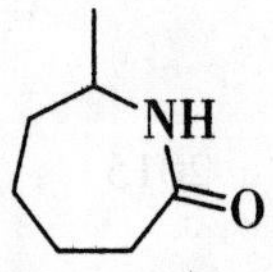 3.

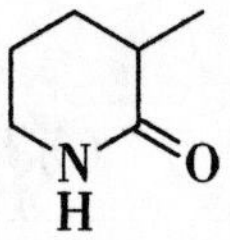

4. (*R*)-3-甲基-2-戊酮肟在硫酸作用下得到 (*R*)-N-仲丁基乙酰胺，其结构为：CH_2CH_3、H、CH_3、$NHCCH_3$（C=O）。

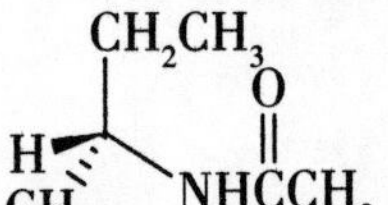

5. 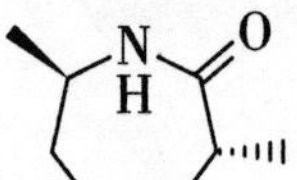 6. 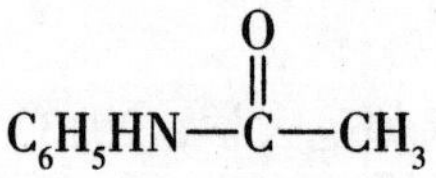 $C_6H_5HN—\overset{O}{\overset{\|}{C}}—CH_3$ 7. 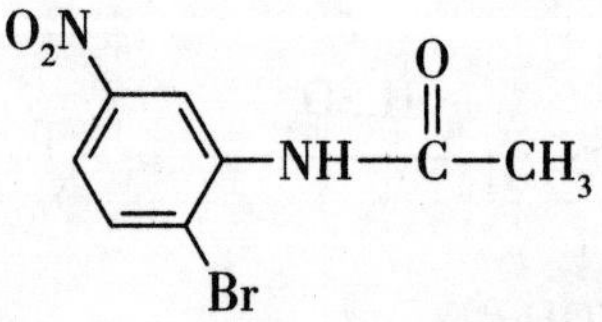 O_2N、$NH—\overset{O}{\overset{\|}{C}}—CH_3$、Br

8. 贝克曼重排，迁移基团与离去基团处在反式，故答案为 H_3C、NH、H、O。

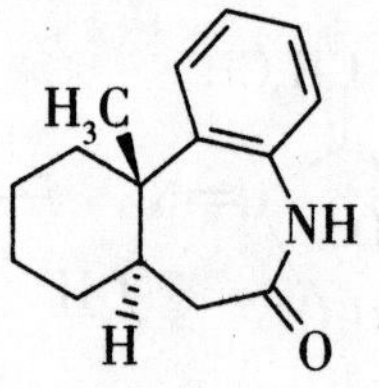

9. (2-哌啶酮，6-位甲基：$O=C$ 环 NH，CH_3)

【例3】 填空

2-甲基环己酮 $\xrightarrow{NH_2OH}$ (　　) $\xrightarrow{H_2SO_4}$ (　　) $\xrightarrow[\Delta]{OH^-}$ (　　)。(四川大学，2003)

【解析】

2-甲基环己酮肟（$=N-OH$），7-甲基己内酰胺（含 CH_3、N、O），$NH_2-CH(CH_3)CH_2CH_2CH_2CH_2COO^-$

肟与亚硝基化合物能互变异构，存在下列平衡：

$$R_2CHNO \rightleftharpoons R_2C=N-OH$$

亚硝基化合物　　　　肟

亚硝基化合物只在没有α氢时是稳定的，如果有α氢，平衡有利于肟。

肟有Z，E异构体，但经常得到一种异构体。Z构型一般不稳定，容易变成E构型，例如苯甲醛肟，有两个异构体，一个Z构型的熔点为35℃，溶于醇后加一点酸，就可变为E构型的，熔点为132℃。

$$C_6H_5CHO \xrightarrow[Na_2CO_3]{NH_2OH \cdot HCl} C_6H_5CH=N-OH\ (Z) \underset{苯,hv}{\overset{HCl}{\rightleftharpoons}} C_6H_5CH=N-OH\ (E)$$

(Z)-苯甲醛肟　mp 35℃　　(E)-苯甲醛肟　mp 132℃

(E)-苯甲醛肟不能用化学试剂转化为Z构型的，只有在光的作用下，才能转为(Z)-苯甲醛肟。

【例4】 写出采用PCl_5为催化剂的Beckmann重排反应机理

【解析】

$$R^1R^2C=N-OH \xrightarrow{PCl_5} R^1-NH-C(=O)-R^2$$

$$R^1R^2C=N-\ddot{O}H + Cl-PCl_4 \xrightarrow{-HCl} R^1R^2C=N-OPCl_4 \longrightarrow R^1-\ddot{N}=C^{\oplus}-R^2 \longleftrightarrow R^1-N^{\oplus}\equiv C-R^2 \quad (:OH_2)$$

$$\longrightarrow R^2C(=NR^1)\overset{\oplus}{O}H_2 \xrightarrow{-H^{\oplus}} R^2C(=NR^1)OH \longrightarrow R^2C(=O)NHR^1$$

【例5】写出下列反应机理

1. $(CH_3)(C_2H_5)C{=}N{-}OH \xrightarrow{H^+} CH_3\overset{O}{\overset{\|}{C}}NHC_2H_5$。（山东大学，2016）

2. 环己酮肟 $\xrightarrow{H_2SO_4}$ 己内酰胺。（中国科学技术大学，2016）

3. 2-甲基环己酮 $\xrightarrow[H_2SO_4]{NaN_3}$ 7-甲基己内酰胺（CH_3）。（湖南师范大学，2013）

4. 4-(3,4-亚甲二氧基苯基)-2-丁酮 $\xrightarrow[2.\ H_2SO_4,\triangle]{1.\ NH_2OH/HCl}$ A（N-乙酰基胺，$NHC(=O)CH_3$）、B（N-甲基酰胺，$C(=O)NHCH_3$）、C（1-甲基-3,4-二氢异喹啉，CH_3）。

（中国科学技术大学、中科院合肥所，2009）

【解析】

1. $(H_2C_5)(CH_3)C{=}N{-}OH + H^+ \rightleftharpoons (H_2C_5)(CH_3)C{=}N{-}\overset{+}{O}H_2 \longrightarrow [C_2H_5{-}N{=}\overset{+}{C}{-}CH_3 \longleftrightarrow C_2H_5{-}\overset{+}{N}{\equiv}C{-}CH_3]$

$$\xrightarrow{H_2O} C_2H_5{-}N{=}C(\overset{+}{O}H_2){-}CH_3 \overset{-H^+}{\rightleftharpoons} C_2H_5{-}N{=}C(OH){-}CH_3 \rightleftharpoons C_2H_5{-}NH\overset{O}{\overset{\|}{C}}{-}CH_3$$

2. 环己酮肟 $\xrightarrow{H^+}$ $C{=}N{-}\overset{+}{O}H_2$ $\xrightarrow{-H_2O}$ 环状亚氨醇（$N{=}C{-}OH$）$\xrightarrow{20\%NH_4OH}$ 己内酰胺（NH, =O）

3. $\xrightarrow{N_3^-}$ $\xrightarrow{2H^+}$ $\xrightarrow{-N_2}$ $\xrightarrow{-H^+}$

4. $\xrightarrow[HCl]{NH_2OH}$

$\xrightarrow{H_2SO_4}$ $\xrightarrow{H_2O/H_3O^+}$ A

$\xrightarrow{H_2SO_4}$ $\xrightarrow{H_2O/H_3O^+}$ B

$\xrightarrow{H_2SO_4}$ $\xrightarrow{-H_2O}$ $\longrightarrow$ C

参考文献

［1］BECKMANN，E. Zur kenntniss der isonitro soverbindungen［J］. Chem. Ber. 1886，89：988.

［2］LI J J. Name reaction［M］. 4th ed. Berlin Heidelberg：Springer-Verlag，2009.

［3］李杰. 有机人名反应及机理［M］. 荣国斌，译. 上海：华东理工大学出版社，2003：28.

［4］孔祥文. 有机化学［M］. 北京：化学工业出版社，2010.

6.2 Demjanov重排

伯氨基脂环化合物重氮化后，失去氮而形成相应的碳正离子，而后发生重排，得到扩环或缩环的醇，该反应称为Demjanov重排[1]。

脂肪环碳上形成的碳正离子可发生缩环重排，例如。

$$\text{NH}_2 \xrightarrow{HNO_2} \text{OH} + \text{OH}$$

而伯碳正离子可发生扩环重排，例如。

$$\text{NH}_2 \xrightarrow{NHO_2} \text{OH} + \text{OH}$$

反应机理[2-3]：

$$2HO{-}N{=}O \xrightarrow{H^{\oplus}} H{-}O{-}N{=}O,\ H_2O^{\oplus}{-}N{=}O \xrightarrow{-H_2O} O{=}N{-}O{-}N{=}O$$

$$\text{NH}_2 + O{=}N{-}O{-}N{=}O \xrightarrow{-HNO_2} N(H){-}N{=}O \rightleftharpoons N{=}N{-}OH$$

$$\xrightarrow{H^{\oplus}} N{=}N{-}OH_2^{\oplus} \xrightarrow{-H_2O} N^{\oplus}{\equiv}N$$

$$N^{\oplus}{\equiv}N \xrightarrow{-N_2} \oplus,\ H{-}O{-}H \xrightarrow{-H^{\oplus}} \text{OH 或}$$

$$H{-}O{-}H,\ N^{\oplus}{\equiv}N \xrightarrow[-H^{\oplus}]{-N_2} \text{OH}$$

环丁基甲胺与三氧化二氮(亚硝酸的酸酐)反应形成N-亚硝基环丁基甲胺，同时消去一分子亚硝酸；N-亚硝基环丁基甲胺异构为环丁基甲基重氮酸，经质子化、脱水形成环丁基甲胺重氮盐；重氮盐放出氮气、扩环生成环戊基碳正离子，再与水反应、脱去质子得到环戊醇。

若水分子进攻重氮盐α-碳原子、放出氮气、脱质子则得到环丁基甲醇。

例题解析

【例1】 写出反应的主要产物

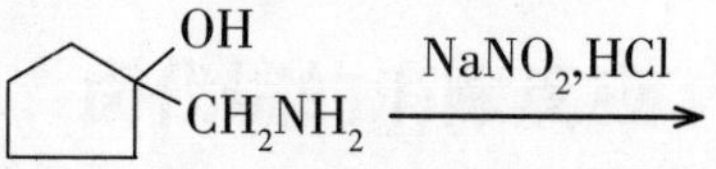

1-羟基-1-氨甲基环戊烷（OH，CH_2NH_2） $\xrightarrow{NaNO_2,HCl}$ （　　　　）。（大连理工大学，2005；南开大学，2013）

【解析】 环己酮（=O）。脂肪族伯胺与亚硝酸钠、盐酸作用，通常得到醇、烯、卤代烃的多种产物的混合物，合成上无实用价值。但β-氨基醇与亚硝酸作用可主要得到酮[4]。这种扩环反应在合成7～9元环状化合物时，特别有用。思考：(1) 这种扩环反应与何种重排反应相似？(2) 试由环己酮合成环庚酮。

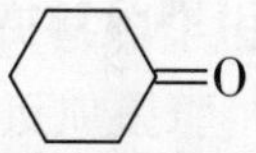

该扩环反应与频哪醇重排相似。重排后的产物更稳定。由环己酮合成环庚酮的反应如下：

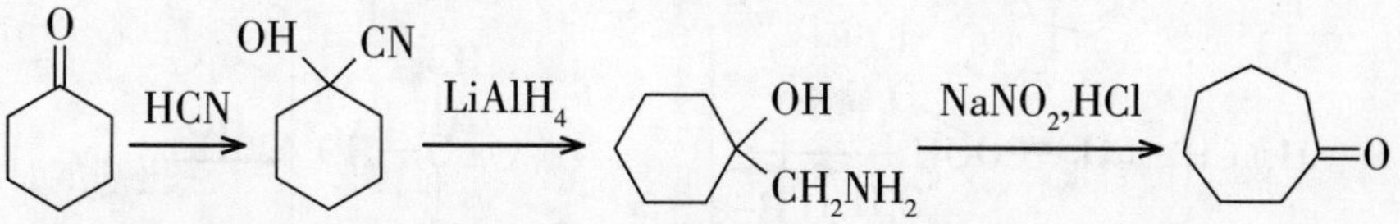

环己酮 $\xrightarrow{HCN}$ 1-羟基环己基甲腈（OH，CN） $\xrightarrow{LiAlH_4}$ 1-羟基-1-氨甲基环己烷（OH，CH_2NH_2） $\xrightarrow{NaNO_2,HCl}$ 环庚酮（=O）

β-氨基醇类化合物重氮化后发生扩环重排得到环酮，该反应称为Tiffeneau-Demjanov扩环，类似于Demjanov重排，用于C_4～C_8元环的扩环，收率较单纯的Demjanov扩环好[5]。

【例2】 完成反应

1. 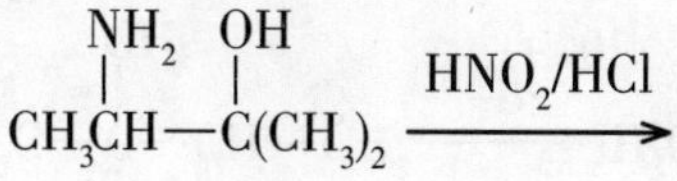 $CH_3CH(NH_2)—C(OH)(CH_3)_2 \xrightarrow{HNO_2/HCl}$ （　　　　）。（四川大学，2013）

【解析】 3-氨基-2-甲基丁醇在盐酸存在下与亚硝酸反应，经碳正离子重排后得到3-甲基-2-丁酮，$H_3C—CH(CH_3)—C(=O)—CH_3$。

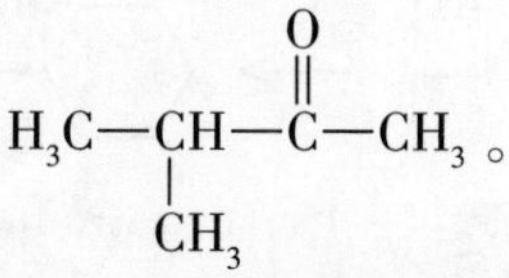

2. 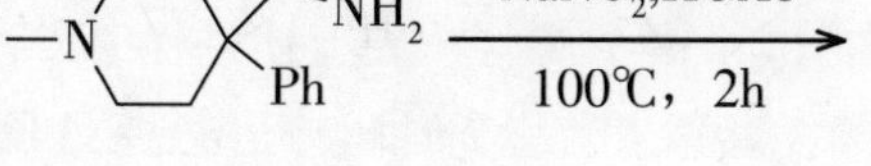 1-甲基-4-苯基-4-(氨甲基)哌啶（—N，NH_2，Ph） $\xrightarrow[100℃，2h]{NaNO_2,HOAc}$ （　　）。

【解析】[6] 1-甲基-4-苄基-4-羟基哌啶（—N，Ph，OH） 30% + 1-甲基-4-苄基哌啶（—N，Ph） 16%

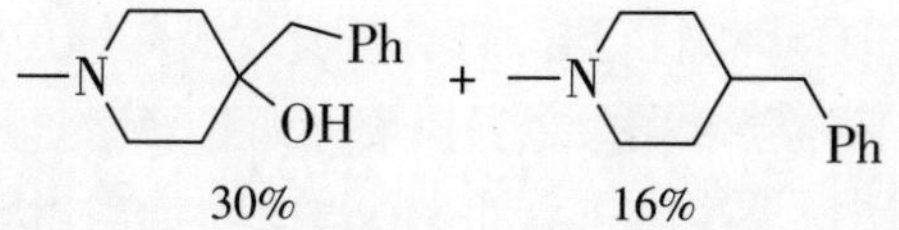

3. 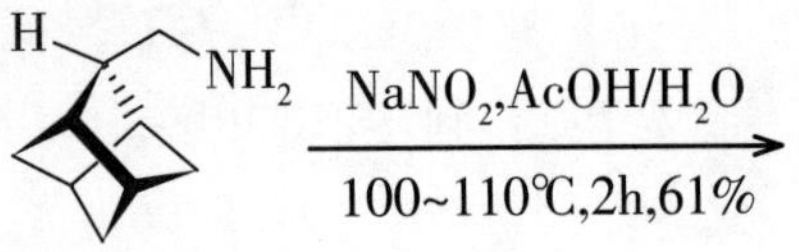 H NH2 $\xrightarrow[100\sim110℃,2h,61\%]{NaNO_2,AcOH/H_2O}$（　　）。

【解析】[7]

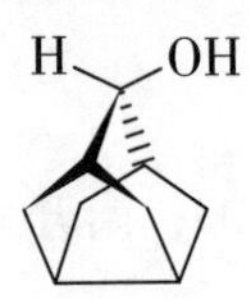

4. 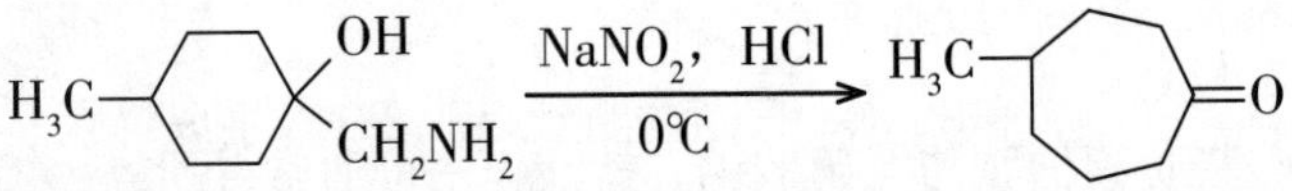 H_3C— OH CH_2NH_2 $\xrightarrow[0℃]{NaNO_2，HCl}$ H_3C— =O 。（国防科技大学，2005）

【解析】这是一个重氮盐放氮反应，产生碳正离子中间体，并发生了扩环（类似与频哪醇重排），其反应历程如下：

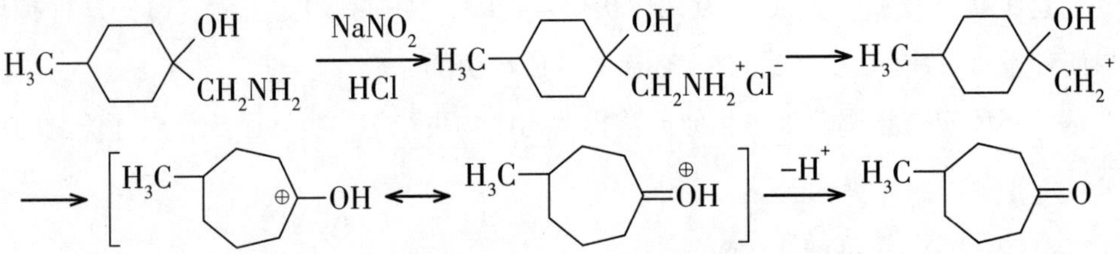

H_3C— OH CH_2NH_2 $\xrightarrow[HCl]{NaNO_2}$ H_3C— OH $CH_2NH_2^+Cl^-$ $\longrightarrow$ H_3C— OH CH_2^+

$\longrightarrow$ [H_3C— $\oplus$ —OH $\longleftrightarrow$ H_3C— =$\overset{\oplus}{O}H$] $\xrightarrow{-H^+}$ H_3C— =O

5. $(CH_3)_2CH—\underset{NH_2}{CH}—COOH \xrightarrow{HNO_2}$（　　）。（辽宁大学，2015）

【解析】 $(CH_3)_2C{=}CHCOOH$

【例3】写出反应机理

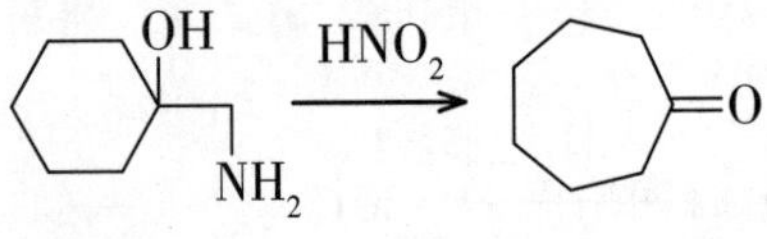

OH NH_2 $\xrightarrow{HNO_2}$ =O 。（复旦大学，2009）

【解析】

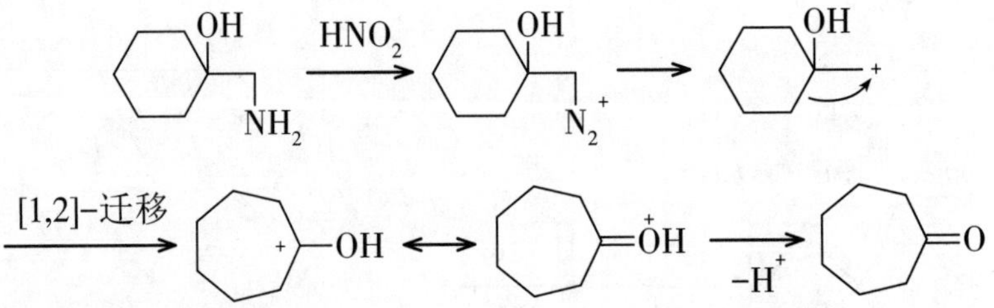

OH NH_2 $\xrightarrow{HNO_2}$ OH N_2^+ $\longrightarrow$ OH +

$\xrightarrow{[1,2]-迁移}$ + —OH $\longleftrightarrow$ =$\overset{+}{O}H$ $\xrightarrow[-H^+]{}$ =O

【例4】写出反应产物和机理

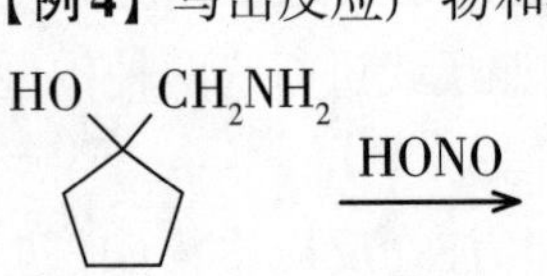

HO CH_2NH_2 $\xrightarrow{HONO}$（　　　　）。（浙江大学，2005）

【解析】

$$\text{HO, }CH_2NH_2\text{(环戊基)} \xrightarrow{NO^+} \text{HO, }CH_2\overset{+}{N}H_2\text{—NO} \underset{}{\overset{-H^+}{\rightleftharpoons}} \text{HO, }CH_2NH\text{—N=O}$$

$$\overset{H^+}{\rightleftharpoons} \text{HO, }CH_2NH\text{—N=}\overset{+}{O}H \xrightarrow{-H^+} \text{HO, }CH_2N\text{=N—OH}$$

$$\xrightarrow[-H_2O]{H^+} \text{HO, }CH_2N\equiv N^+ \xrightarrow{-N_2} \text{HO, }\overset{+}{C}H_2 \xrightarrow[\text{扩环}]{C^+\text{重排}}$$

$$\left[\text{HO–}\overset{+}{C}\text{(环己基)} \longleftrightarrow \text{=}\overset{+}{O}H\text{(环己基)}\right] \xrightarrow{-H^+} \text{环己酮}$$

【例5】写出反应机理

$$Ph\text{—}\underset{NH_2}{\overset{Ph}{C}}\text{—}\underset{OH}{\overset{CH_3}{C}}\text{—}CH_3 \xrightarrow{NaNO_2+HCl} Ph\text{—}\underset{CH_3}{\overset{Ph}{C}}\text{—}\overset{O}{\overset{\|}{C}}\text{—}CH_3$$

。（广西师范大学，2010）

【解析】

$$Ph\text{—}\underset{Ph}{\overset{NH_2}{C}}\text{—}\underset{CH_3}{\overset{OH}{C}}\text{—}CH_3 \xrightarrow[0\sim5℃]{NaNO_2+HCl} Ph\text{—}\underset{Ph}{\overset{Cl^-\ N_2^+}{C}}\text{—}\underset{CH_3}{\overset{OH}{C}}\text{—}CH_3 \xrightarrow{-N_2} Ph\text{—}\underset{Ph}{\overset{+}{C}}\text{—}\underset{CH_3}{\overset{OH}{C}}\text{—}CH_3 \xrightarrow{\text{甲基迁移}}$$

$$Ph\text{—}\underset{Ph}{\overset{CH_3}{C}}\text{—}\underset{CH_3}{\overset{OH}{\overset{+}{C}}} \rightleftharpoons Ph\text{—}\underset{CH_3}{\overset{Ph}{C}}\text{—}\overset{OH^+}{\overset{\|}{C}}\text{—}CH_3 \xrightarrow{-H^+} Ph\text{—}\underset{CH_3}{\overset{Ph}{C}}\text{—}\overset{O}{\overset{\|}{C}}\text{—}CH_3$$

【例6】以下四个化合物用HNO_2处理分别得到什么产物？用构象解释这些产物是如何形成的（南开大学，2009）

A：NH_2、OH、$C(CH_3)_3$ 取代环己烷

B：NH_2、OH、$C(CH_3)_3$ 取代环己烷

C：NH_2、OH、$C(CH_3)_3$ 取代环己烷

D：NH_2、OH、$C(CH_3)_3$ 取代环己烷

【解析】

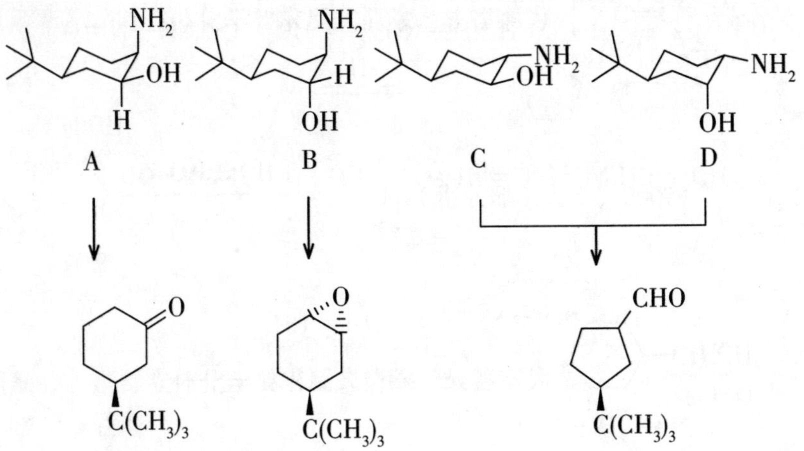

A B C D

$C(CH_3)_3$ $C(CH_3)_3$ $C(CH_3)_3$

CHO

参考文献

[1] DEMJANOV N J, LUSHNIKOV M . Products of the action of nitrous acid on tetramethylenylmethylamine [J]. Russ. Phys. Chem Soc., 1903, 35: 26-42.

[2] LI J J. 有机人名反应-机理及应用 [M]. 4版. 北京：科学出版社，2011.

[3] LI J J. Name reaction [M]. 4th ed. Berlin Heidelberg：Springer-Verlag，2009.

[4] 孔祥文. 有机化学 [M]. 北京：化学工业出版社，2010.

[5] 黄培强. 有机人名反应、试剂与规则 [M]. 北京：化学工业出版社，2008.

[6] DIAMOND J, BRUCE W F, TYSON F T. Hexahydro-1-methyl-4-phenyl-4-acetoxyazepine and the demjanov rearrangement of 1-Methyl-4-phenylpiperidine-4-methylamine [J] .J. Org. Chem, 1965, 30: 1840-1844.

[7] NAKAZAKI M, NAEMURA K, HASHIMOTO M. Unusual consecutive rearrangements in the demjanovring-expansion reaction of 2-（aminomethyl）-D2d-dinoradamantane and 9-（aminomethyl）noradamantane [J]. J.Org. Chem,1983, 48: 2289-2291.

6.3 Dienone-Phenol(二烯酮-酚）重排反应

4，4-二取代环己二烯酮在酸的作用下发生烷基的1，2迁移、重排为3，4-二取代酚的反应称为Dienone-Phenol（二烯酮-酚）重排反应[1-3]。

反应通式：

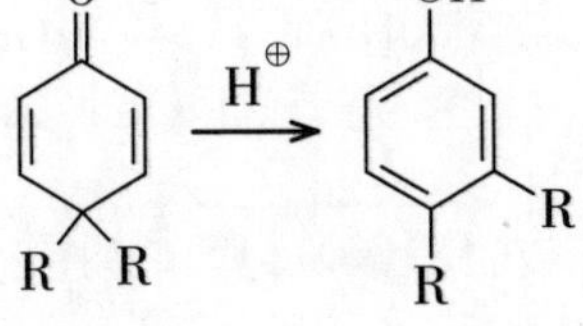

O OH

$H^{\oplus}$

R R R R

反应机理：

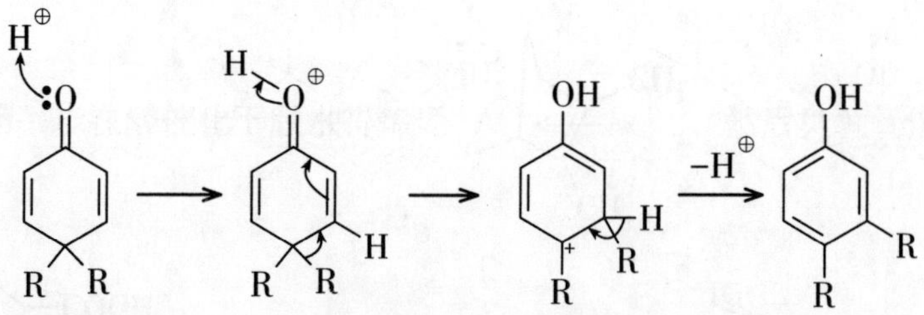

H⊕ O H O⊕ OH −H⊕ OH

H H R R R R R R R R

4位连有两个烷基的环己二烯酮，用酸处理时发生烷基的1，2-迁移，重排形成碳正离子，失去H^+后得到3，4-二取代酚。

环己二烯酮-苯酚重排中取代基迁移倾向的大小，能更好地理解碳正离子反应中的1，2迁移。当前普遍接受的观点是，环己二烯酮上的吸电子取代基比供电子取代基更容易发生迁移。

例题解析

【例1】 下述反应是怎样进行的？（浙江大学，2004）

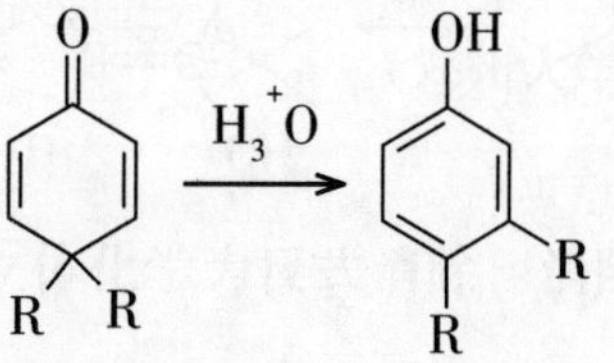

O OH

$H_3\overset{+}{O}$

R R R R

【解析】

H⊕ O H O⊕ OH −H⊕ OH

H H R R R R R R R R

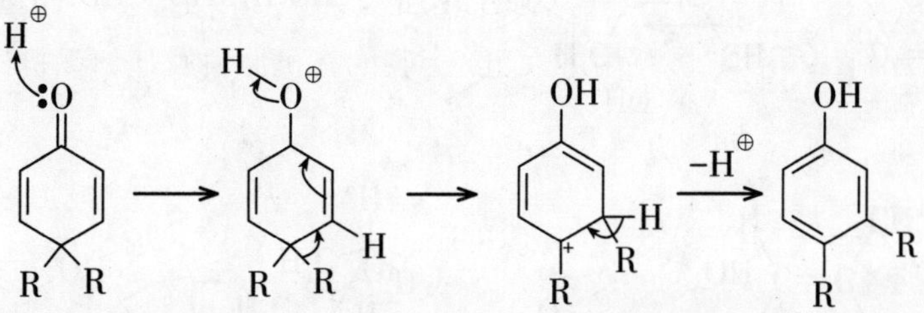

该反应是4，4-双取代环己二烯酮衍生物，在50%硫酸溶液中回流得到3，4-双取代苯酚衍生物[4]。

【例2】 写出下述反应机理

1. 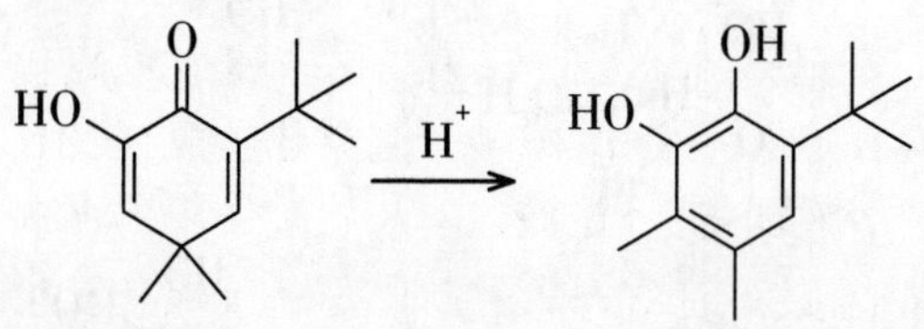 HO O H^+ HO OH 。（南京大学，2014）

【解析】

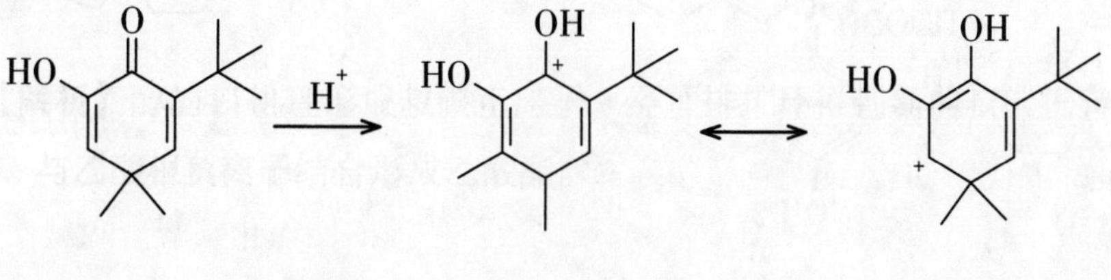

HO O H^+ HO OH + ⟷ HO OH +

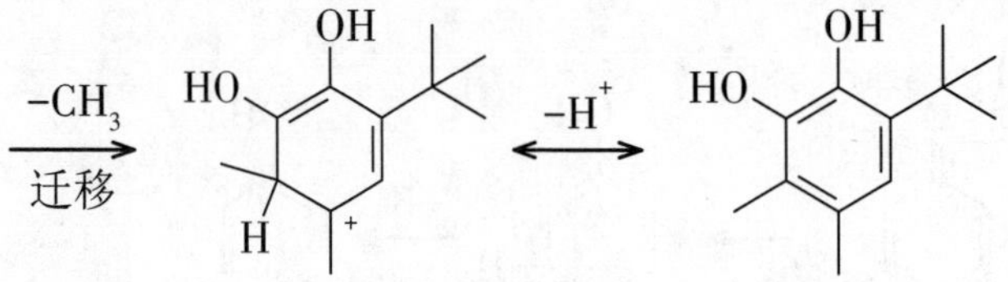

$\xrightarrow[\text{迁移}]{-CH_3}$ HO, OH, H, + $\xleftrightarrow{-H^+}$ HO, OH

2. 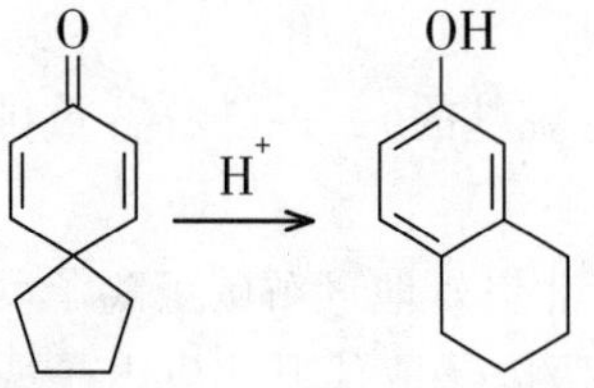 O $\xrightarrow{H^+}$ OH 。（福建师范大学，2008）

【解析】

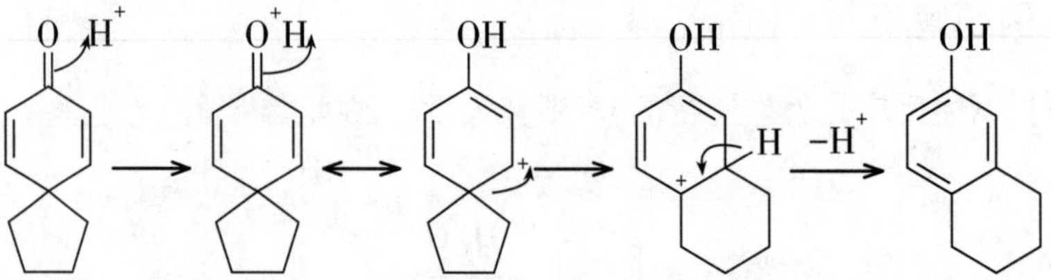

O H^+ → O^+H ↔ OH + → OH H + $\xrightarrow{-H^+}$ OH

3. 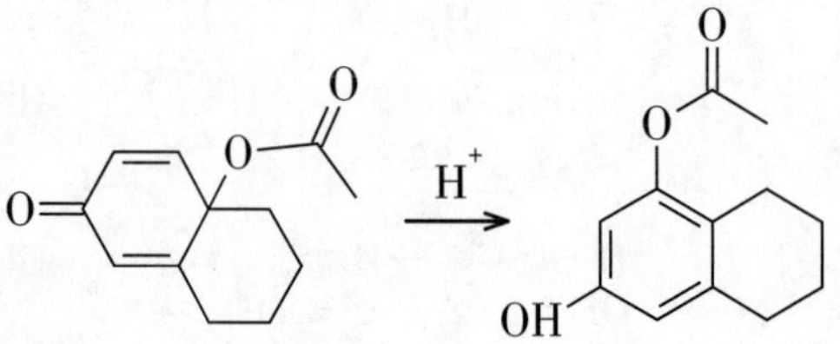 O O O $\xrightarrow{H^+}$ O O OH 。

【解析】

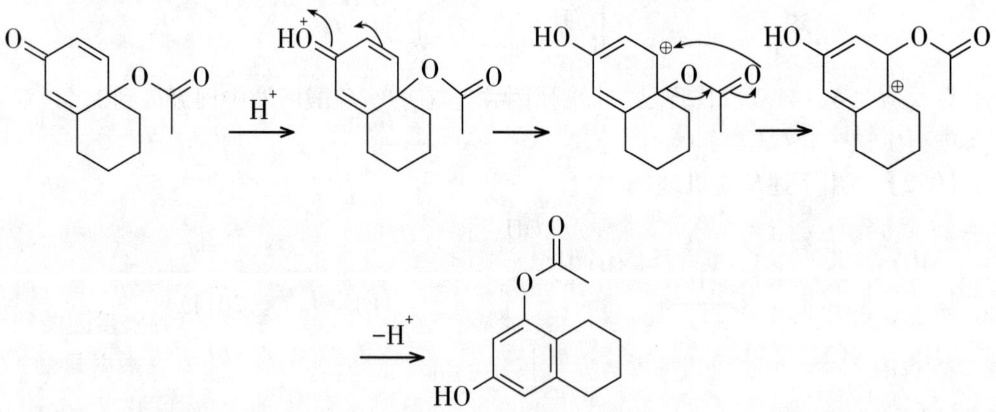

O O O $\xrightarrow{H^+}$ HO^+ O O → HO ⊕ O O → HO O O ⊕

$\xrightarrow{-H^+}$ O O HO

4. 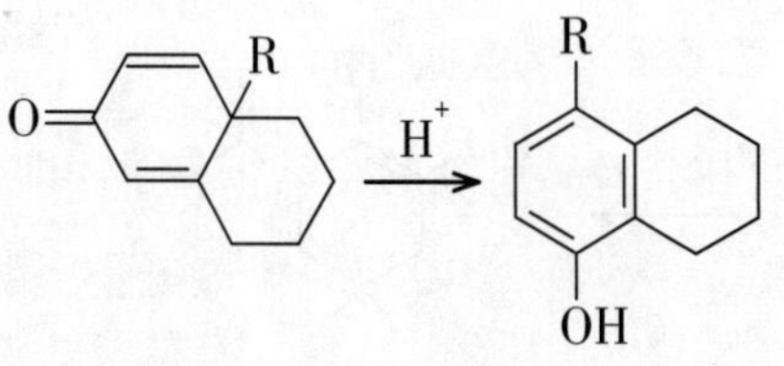 O R $\xrightarrow{H^+}$ R OH 。

【解析】

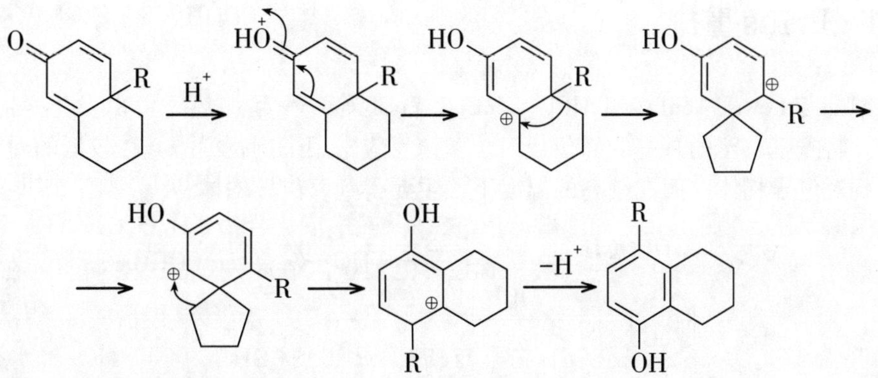

【例3】写出反应的主要产物

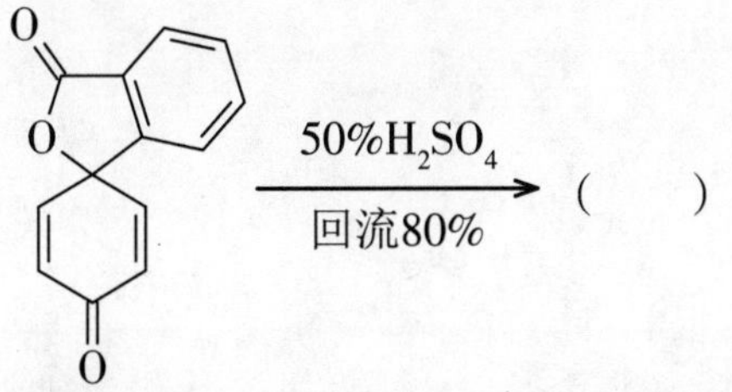

$\xrightarrow[\text{回流}80\%]{50\%H_2SO_4}$ (   )

【解析】

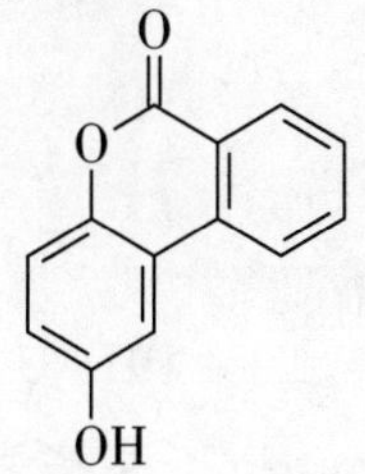

。该反应也是4，4-双取代环己二烯酮衍生物，在50%硫酸溶液中回流得到3，4-双取代苯酚衍生物[5]。

参考文献

[1] SCHULTZ A G, HARDINGER S A. Photochemical and acid-catalyzed dienone-phenol rearrangements. The effect of substituents on the regioselectivity of 1,4-sigmatropic rearrangements of the type A intermediate [J]. J. Org. Chem, 1991, 56: 1105-1111.

[2] SCHULTZ A G, GREEN N J. Photochemistry of 4-vinyl-2, 5-cyclohexadien-1-ones. A remarkable effect of substitution on the type A and dienone-phenol photorearrangements [J]. J. Am. Chem. Soc, 1992, 114: 1824-1829.

[3] LI J J. Name reaction [M]. 4th ed. Berlin Heidelberg: Springer-Verlag, 2009.

[4] SHINE H J. In Aromatic Rearrangements [M]. New York: Elsevier, 1967.

[5] HART D J, KIM A, KRISHNAMUTHY R, et al.Synthesis of 6H-Dibenzo (b,d) pyran-6-ones via dienone-phenol rearrangements of spiro (2,5-cyclohexadiene-1,1′(3′H)-isobenzofuran) -3′- ones [J]. Tetrahedron, 1992, 48: 8179-8188.

6.4 Fries重排

酚酯与Lewis Acid（如$AlCl_3$、$ZnCl_2$、$FeCl_3$等）一起加热，可以发生Fries重排反应[1]，将酰基移至酚羟基的邻位或对位。该反应常用来制备酚酮。在较低的温度下，主要得到对位异构体；而在较高的温度下，主要得到邻位异构体[2]。

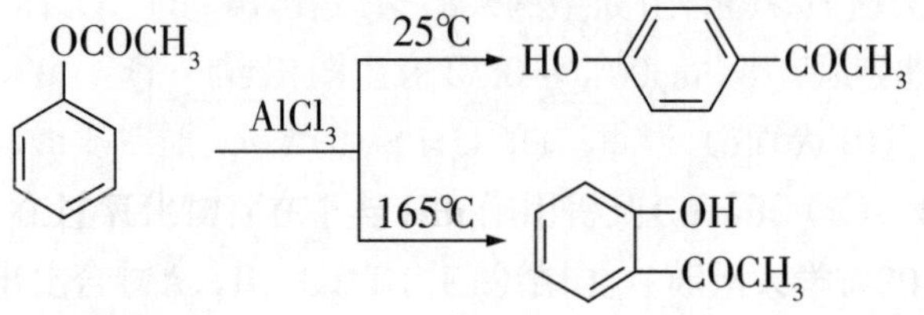

反应通式：

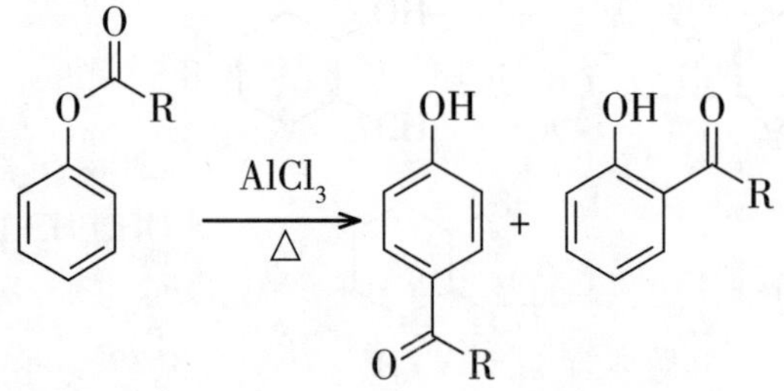

反应机理[3]：

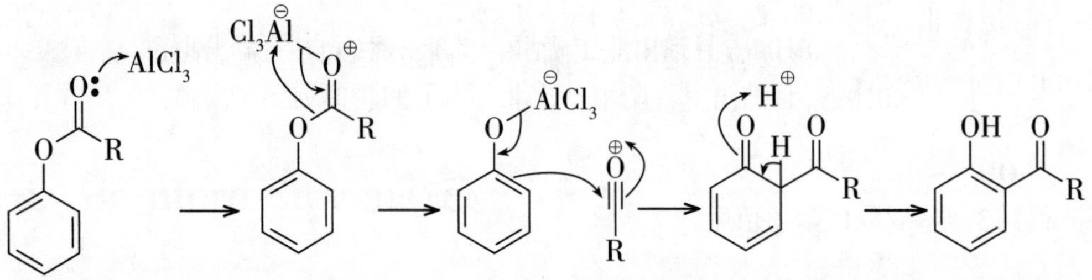

首先是酚酯的羰基与催化剂$AlCl_3$按照1∶1物质的量的比生成络合物，然后Al—O键断裂，铝基重排到酚氧上，RCO—O键断裂，产生酚基铝化物和酰基正离子，酰基正离子作为亲电试剂进攻芳环上的π电子云，形成σ络合物后，再失去一个质子得到产物羟基芳酮。进攻邻位芳环碳原子，则得邻酰基酚。进攻对位芳环碳原子，则得对酰基酚。

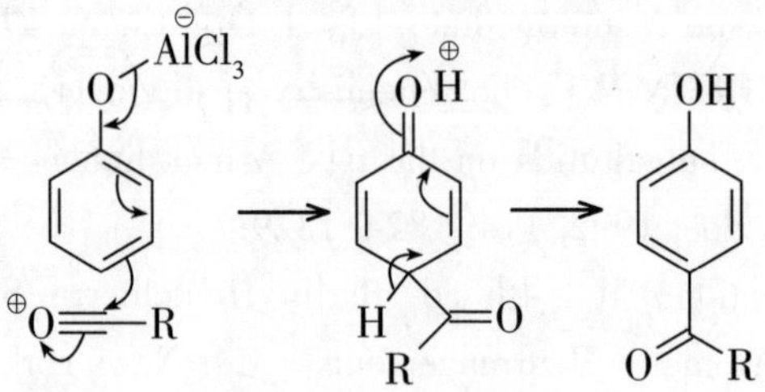

例题解析

【例1】写出反应的主要产物

1. CH_3 OH + $(CH_3\overset{O}{C})_2O$ $\xrightarrow[\triangle]{AlCl_3}$ (　　)。(暨南大学，2016)

2. —OH + $(CH_3CO)_2O$ ⟶ (　　) $\xrightarrow[\triangle]{AlCl_3}$ (　　)。(南京航空航天大学，2008)

3. O, HN, Ph $\xrightarrow[254nm,MeCN,36h,65\%]{低压Hg灯}$ (　　)。

4. H, O, S, O, CF_3, O, Cl $\xrightarrow[2.\ H_3O^+,80\%]{1.\ LDA,THF,-78℃}$ (　　)。

5. O, O, CH_3 $\xrightarrow[100℃,\ 6h]{0.1equiv,Sc(OTf)_3\ 托伦斯试剂}$ (　　)。(复旦大学，2008)

6. OMe, O, O, Br, Br $\xrightarrow[160℃,3h,63\%]{ZnCl_2,PhCl}$ (　　)。

7. O, O, OAc $\xrightarrow[110℃,15h,64\%]{10\%Bi(OTf)_3,PhMe}$ (　　)。

8. MeO, OMe, O, $OCONEt_2$ $\xrightarrow[78℃\text{-}rt,97\%]{2.\ leq.LTMP}$ (　　)。

【解析】

1. 邻甲苯酚与乙酸酐反应生成乙酸邻甲苯酚酯，CH_3 $OCOCH_3$ ；该酚酯在$AlCl_3$催化下重排得到 CH_3 H_3COC OH ，CH_3 OH $COCH_3$ 。

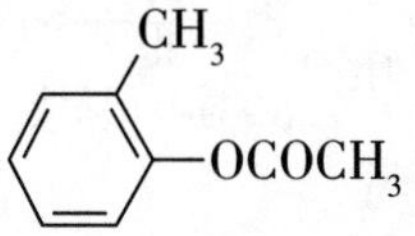

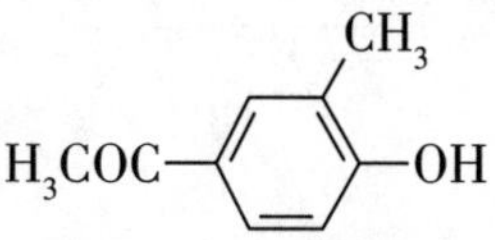

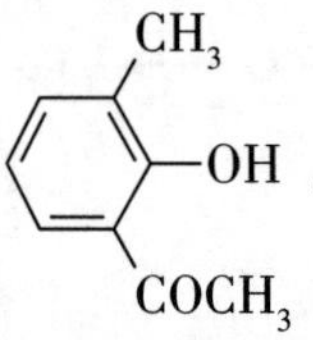

2. 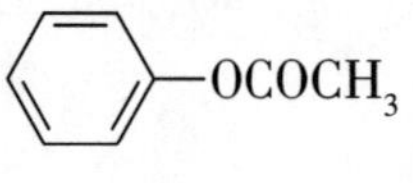 $OCOCH_3$ ，OH $COCH_3$ 3. [4] NH_2 O Ph

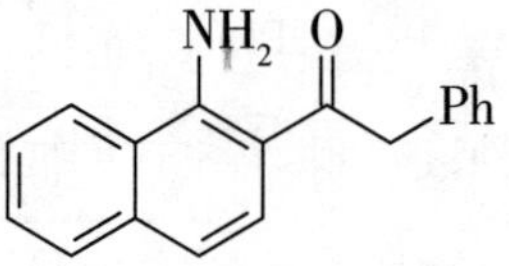

4. 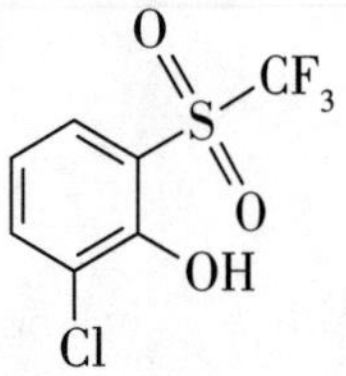 O CF_3 S O OH Cl 5. 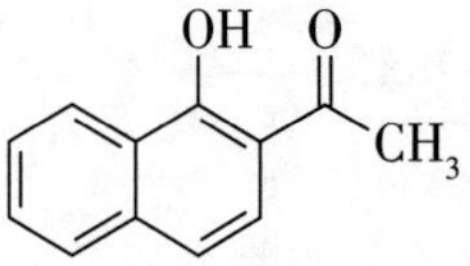 OH O CH_3 6. [6] OMe O OH Br Br

7. [7] OH O OAc 8. [8] OMe O $CONEt_2$ O

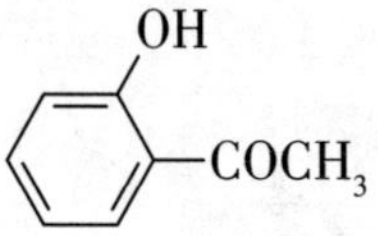

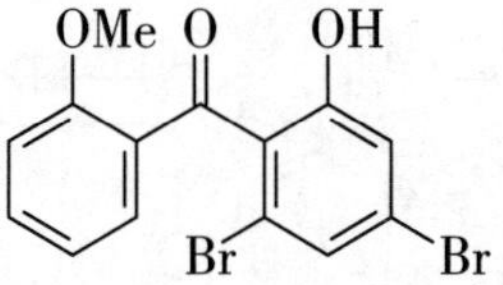

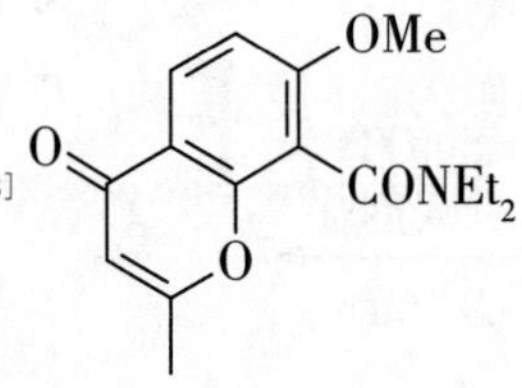

【例2】完成反应的产物

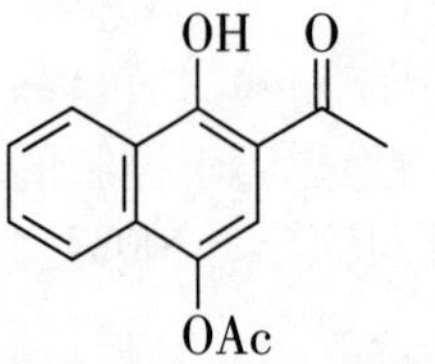

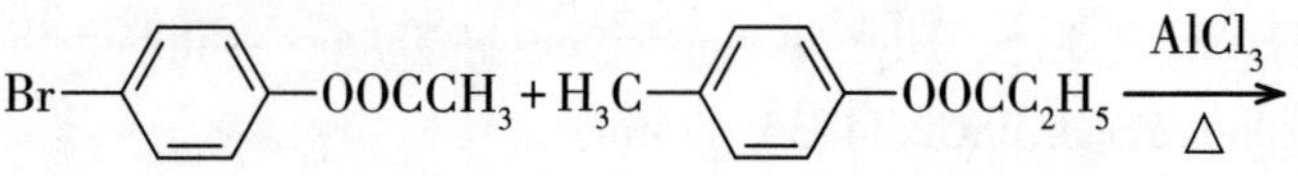

$$Br-C_6H_4-OOCCH_3 + H_3C-C_6H_4-OOCC_2H_5 \xrightarrow[\triangle]{AlCl_3} A+B+C+D$$（武汉大学，2005）

【解析】两种酯在$AlCl_3$作用下得到如下四种产物：

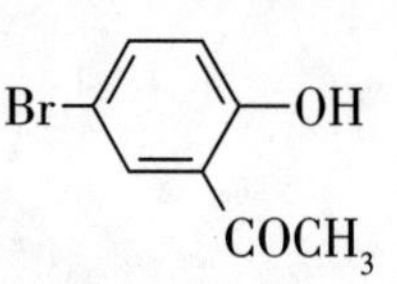

Br—OH $COCH_3$ H_3C—OH COC_2H_5 Br—OH COC_2H_5 H_3C—OH $COCH_3$

A 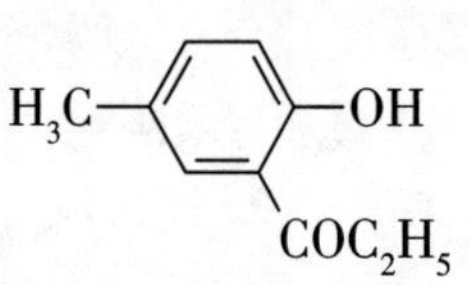 B 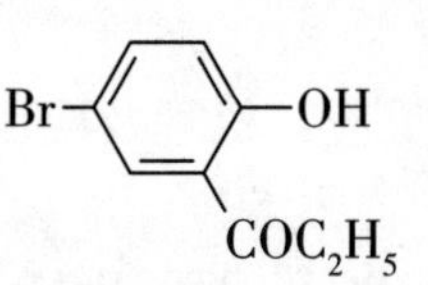 C 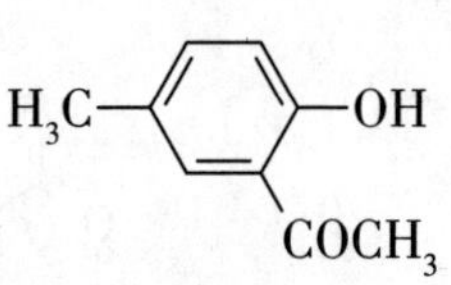 D

【例3】以苯酚为原料合成 $CH_3O-C_6H_4-C(OH)_2CH_2COCH_3$ （西北大学，2011）

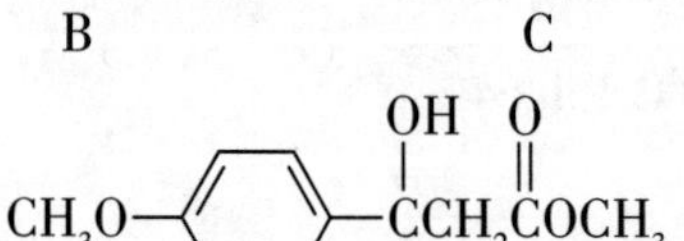

【解析】

$$HO-C_6H_5 \xrightarrow[AlCl_3,\triangle]{CH_3CCl(=O)} HO-C_6H_4-COCH_3 \xrightarrow{(CH_3)_2SO_4} CH_3O-C_6H_4-COCH_3$$

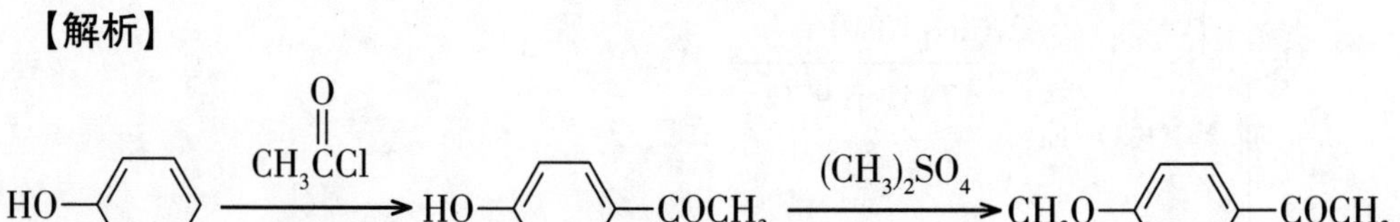

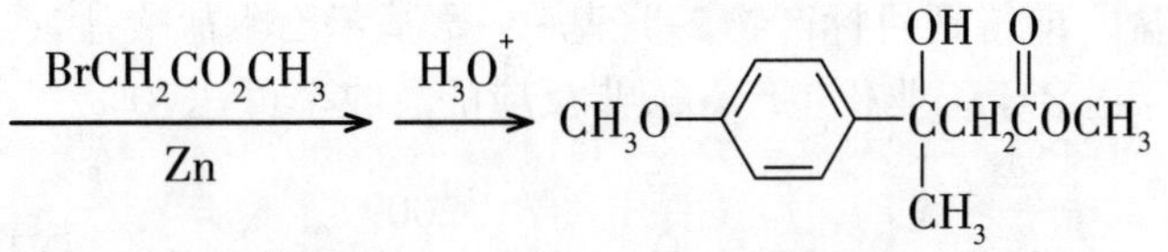

$$\xrightarrow[Zn]{BrCH_2CO_2CH_3} \xrightarrow{H_3O^+} CH_3O-C_6H_4-C(OH)(CH_3)CH_2COCH_3$$

【例4】以苯酚、苯甲醛及其他试剂合成 $o\text{-}(CH_3COO)C_6H_4-CO-CHBrCHBr-C_6H_5$ （华东理工大学，2009）

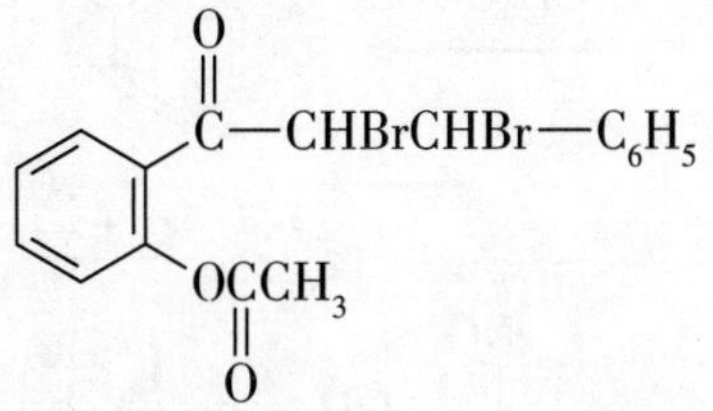

【解析】

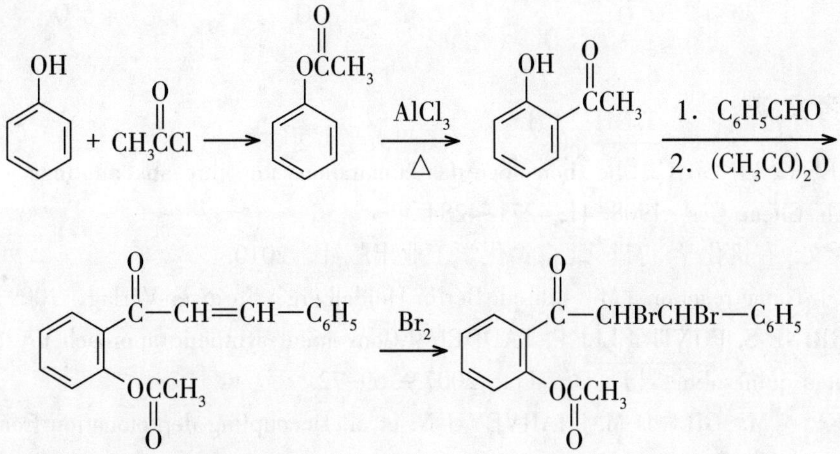

$$C_6H_5OH + CH_3COCl \longrightarrow C_6H_5OCOCH_3 \xrightarrow[\triangle]{AlCl_3} o\text{-}HOC_6H_4COCH_3 \xrightarrow[2.\ (CH_3CO)_2O]{1.\ C_6H_5CHO}$$

$$o\text{-}(CH_3COO)C_6H_4-CO-CH=CH-C_6H_5 \xrightarrow{Br_2} o\text{-}(CH_3COO)C_6H_4-CO-CHBrCHBr-C_6H_5$$

【例5】对于乙酰丁香酮的合成

主要有以下两条路线：一为以1-(3，4，5-三甲氧基苯基）乙酮为原料，碘化镁为催化剂，脱甲基合成得到乙酰丁香酮；另一为以2，6-二甲氧基-4-乙酰基苯氧乙酸乙酯为原料，经异裂反应合成出乙酰丁香酮。两条路线虽然经一步反应即可得到终产物，但原料价格昂贵。以2，6-二甲氧基苯酚为原料，经酰化、Fries重排两步反应合成出了乙酰丁香酮，简便易行，原料便宜，产率高，生产成本较低[9]。合成路线见下图。

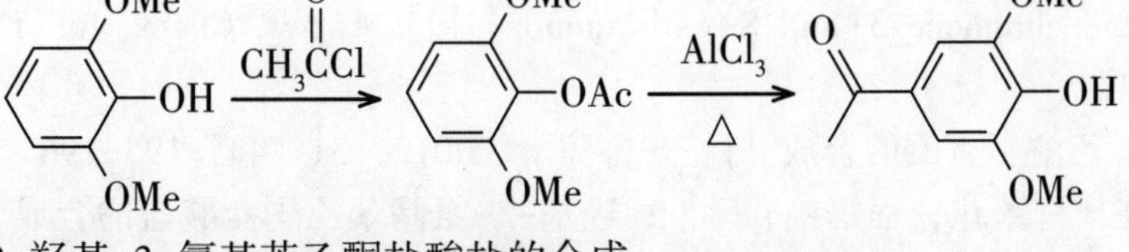

$$2,6\text{-}(MeO)_2C_6H_3OH \xrightarrow{CH_3COCl} 2,6\text{-}(MeO)_2C_6H_3OAc \xrightarrow[\triangle]{AlCl_3} 4\text{-}HO\text{-}3,5\text{-}(MeO)_2C_6H_2COCH_3$$

【例6】2-羟基-3-氨基苯乙酮盐酸盐的合成

以价廉易得的4-氯苯酚替代了4-溴苯酚，并在无溶剂条件下与乙酰氯加热得到乙酸4-氯苯酚酯（2）；2也无需在溶剂存在下，用$AlCl_3$进行催化，发生Fries重排得到5-氯-2-羟基苯乙酮（3）；3以冰醋酸代替毒性较大的四氯化碳作为溶剂，常温下用发烟硝酸硝化得到5-氯-2-羟基-3-硝基苯乙酮（4）；4经Pd/C催化氢化得2-羟基-3-氨基苯乙酮（5），该反应中用碳酸氢钠代替了盐酸，减轻了对反应釜的腐蚀，同时碳酸氢钠可中和反应生成的氯化氢，避免还原产物成盐后析出，简化了后处理步骤；5直接在0℃

条件下加盐酸成盐，即得到目标产物2-羟基-3-氨基苯乙酮盐酸盐（1）。本法成本低，收率高，污染少，适合于工业化生产。五步反应的总收率可达70%[10]。化合物1的合成路线如下式：

CH_3COCl ；$AlCl_3$ ；发烟硝酸 / CH_3COOH ；10%Pd-C/H_2 / $NaHCO_3$ / EtOH ；HCl / 0°C

Cl OH 2 3 NO_2 OH Cl 4 NH_2 OH 5 NH_2·HCl OH 1

参考文献

[1] FRIES K, FINCK G. Über homologe des cumaranons und ihre abkömmlinge [J] . Ber. Dtsch. Chem. Ges., 1908, 41: 4271-4284.

[2] 孔祥文. 有机化学 [M]. 北京：化学工业出版社，2010.

[3] LI J J. Name reaction [M]. 4th ed. Berlin Heidelberg：Springer-Verlag，2009，240.

[4] FERRINE S, PONTICELLI F, TADDEI M.Convenient synthetic approach to 2,4-disubstituted quinazolines [J]. Org. Lett, 2007,9: 69-72.

[5] DYKE A M, GILL D M, HARVEY J N, et al. Decoupling deprotonation from metalation: thia-fries rearrangement [J]. Angew. Chem. Int. Ed, 2008, 47: 5067-5070.

[6] TISSERAND S, BAATI R, NICOLAS M, et al.Expedient total syntheses of rhein and diacerhein via fries rearrangement [J]. J. Org. Chem, 2004, 69: 8982-8983.

[7] OLLEVIER T, DESYROY V, ASIM M,et al.Bismuth triflate-catalyzed Fries rearrangement of aryl acetates [J]. Synlett ,2004, 15: 2794-2796.

[8] MACKLIN T K, PANTELEEV J, SNIECKUS V.Carbamoyl translocations by an anionic ortho-fries and cumulenolate alpha-acylation pathway: regioselective synthesis of polysubstituted chromone 3-and 8-carboxamides [J]. Angew. Chem., Int. Ed, 2008, 47: 2097-2101.

[9] 张立光. 乙酰丁香酮的合成 [J]. 齐鲁药事，2012，31（4）：195-196.

[10] 于欣红，肖繁花，程华艳，等. 2-羟基-3-氨基苯乙酮盐酸盐的合成 [J]. 化学世界，2011，52（10）：620-623.

6.5 Pinacol（频哪醇）重排

两个羟基均连接在叔碳原子的α-二醇称为频哪醇（pinacol）。频哪醇在酸的催化下脱去一分子水，碳架发生重排，生成频哪酮（pinacolone）的重排反应叫作频哪醇重排[1-3]（pinacol rearrangement），该重排也即Wagner-Meerwein重排。例如：

$$(CH_3)_2C(OH)-C(OH)(CH_3)_2 \underset{\triangle}{\overset{H^+}{\rightleftharpoons}} H_3C-CO-C(CH_3)_3$$

（湘潭大学，2016）

2，3-二甲基-2，3-丁二醇　　3，3-二甲基-2-丁酮

（频哪醇）　　（频哪酮）

反应机理[4]

$$(CH_3)_2C(OH)-C(OH)(CH_3)_2 \underset{\triangle}{\overset{H^+}{\rightleftharpoons}} (CH_3)_2C(OH)-C(\overset{+}{O}H_2)(CH_3)_2 \overset{-H_2O}{\rightleftharpoons} (CH_3)_2C(OH)-\overset{+}{C}(CH_3)_2 \xrightarrow{\text{重排}}$$

(1)

$$\left[H_3C-\overset{+}{C}(OH)-C(CH_3)_3 \longleftrightarrow H_3C-C(=\overset{+}{O}H)-C(CH_3)_3 \right] \overset{-H^+}{\rightleftharpoons} H_3C-CO-C(CH_3)_3$$

(2)　　(3)

在酸的作用下，频哪醇分子中的一个羟基质子化后形成质子化醇，然后脱水生成碳正离子（1），1立即重排生成（2），2中氧原子一对电子转移到C—O键，形成共振结构(3)，重排的动力是重排后生成的2由于共振获得了额外的稳定作用，能量比1还低，虽然1是一个叔碳正离子。有证据表明，水分子的离去与烃基的迁移可能是同时进行的。

在不对称取代的α-二醇中，可以生成两种碳正离子，哪一个羟基被质子化后离去，这与离去后形成的碳正离子的稳定性有关，一般形成比较稳定的碳正离子的碳原子上的羟基被质子化。若重排时有两种不同的基团可供选择时，通常能提供电子、稳定正电荷较多的基团优先迁移，因此芳基比伯烷基更易迁移，如，

富电子烷基（多取代烷基）更易迁移，迁移能力大小一般为：

叔烷基 > 环己基 > 仲烷基 > 苄基 > 苯基 > 伯烷基 > 甲基 > H

取代芳基的迁移能力大小一般为：

p—MeOAr > p—MeAr > p—ClAr > p—BrAr > p—NO_2Ar

但通常得到两种重排产物。迁移基团与离去基团处于反式位置时重排速率较快。例如：

$$H_3C-CH(OH)-C(OH)(CH_3)-CH_3 \xrightarrow[-HSO_4^-]{H_2SO_4} H_3C-CH(OH)-C(\overset{+}{O}H_2)(CH_3)-CH_3 \xrightarrow{-H_2O} H_3C-C(H)(OH)-\overset{+}{C}(CH_3)-CH_3 \longrightarrow$$

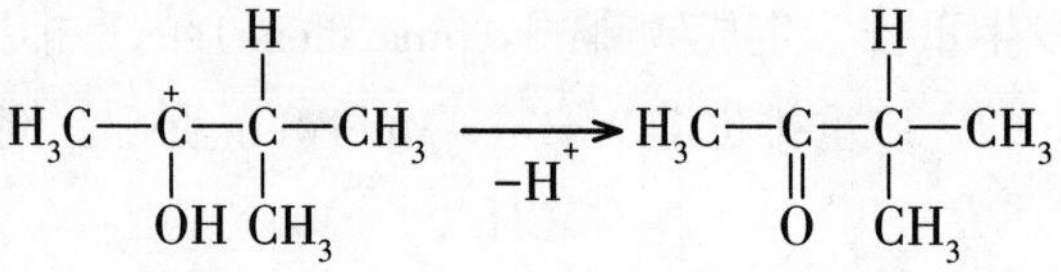

$$H_3C-\overset{+}{C}(OH)-CH(CH_3)-CH_3 \xrightarrow{-H^+} H_3C-C(=O)-CH(CH_3)-CH_3$$

又如：

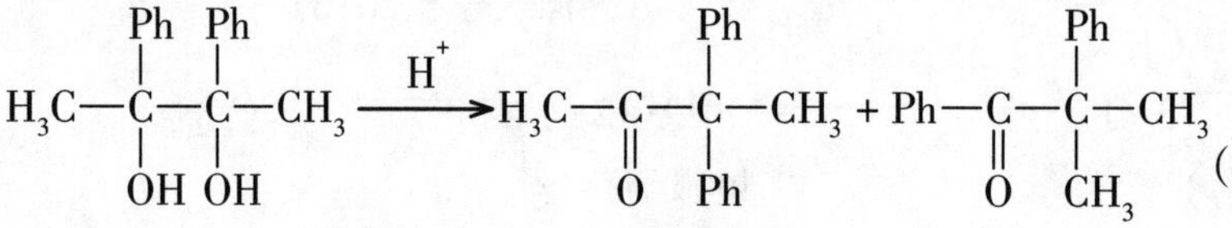

$$H_3C-C(Ph)(OH)-C(Ph)(OH)-CH_3 \xrightarrow{H^+} H_3C-C(=O)-C(Ph)_2-CH_3 + Ph-C(=O)-C(Ph)(CH_3)-CH_3$$

（主要产物）（次要产物）（南京大学，2014）

例题解析

【例1】填空

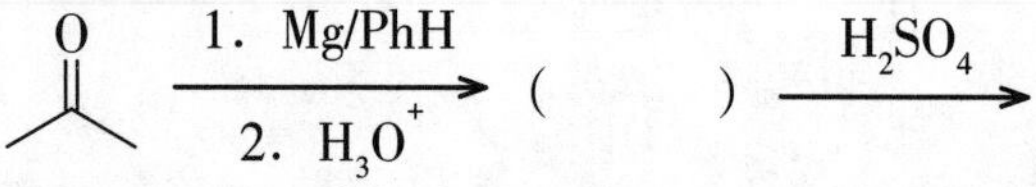

$$(CH_3)_2C{=}O \xrightarrow[2.\ H_3O^+]{1.\ Mg/PhH} (\quad) \xrightarrow{H_2SO_4}$$ 。（暨南大学，2016）

【解析】丙酮在溶剂苯中经Mg/Hg双分子还原偶联、水解得到四甲基乙二醇，再在硫酸作用下经频哪醇重排得到甲基叔丁基酮，其结构式分别为：$H_3C-C(CH_3)(OH)-C(CH_3)(OH)-CH_3$，$H_3C-C(=O)-C(CH_3)_2-CH_3$。

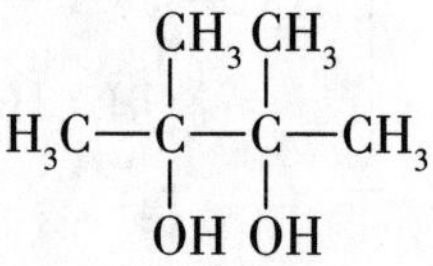

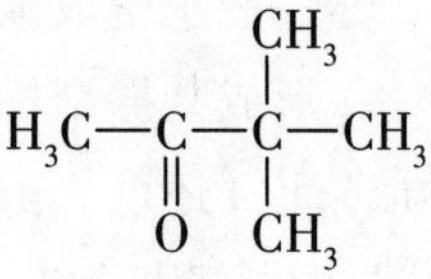

【例2】写出下列反应的主要产物

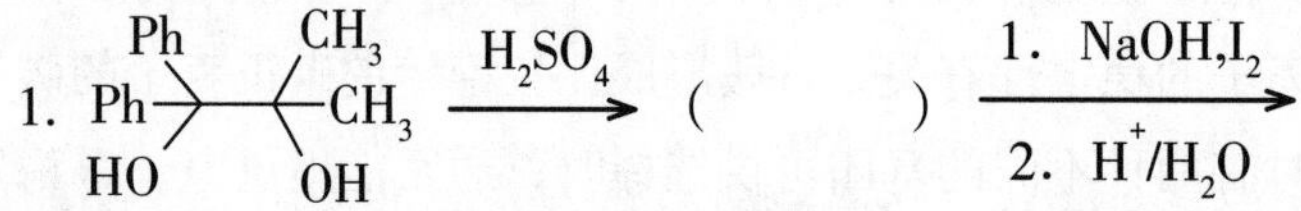

1. $Ph_2C(OH)-C(CH_3)_2(OH) \xrightarrow{H_2SO_4} (\quad) \xrightarrow[2.\ H^+/H_2O]{1.\ NaOH,I_2} (\quad)$。（兰州大学，2005）

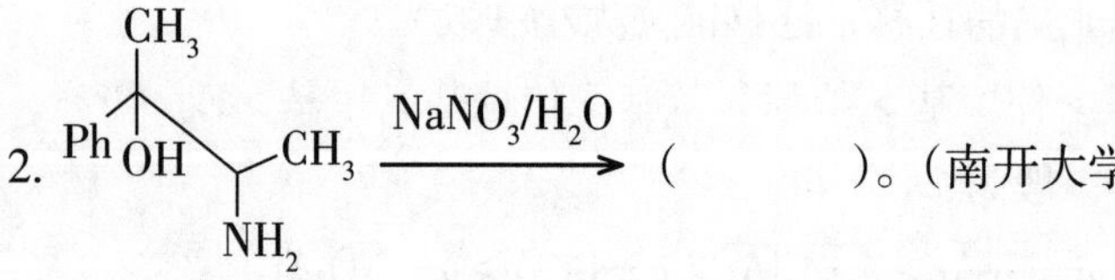

2. $Ph(CH_3)C(OH)-CH(NH_2)-CH_3 \xrightarrow{NaNO_3/H_2O} (\quad)$。（南开大学，2013）

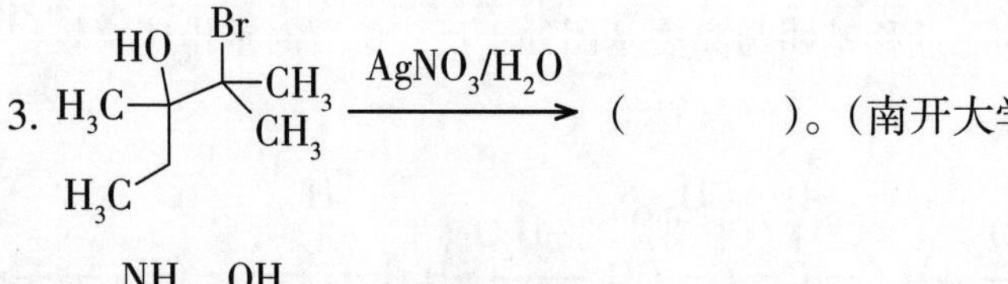

3. $H_3C-C(OH)(CH_2CH_3)-C(Br)(CH_3)_2 \xrightarrow{AgNO_3/H_2O} (\quad)$。（南开大学，2013）

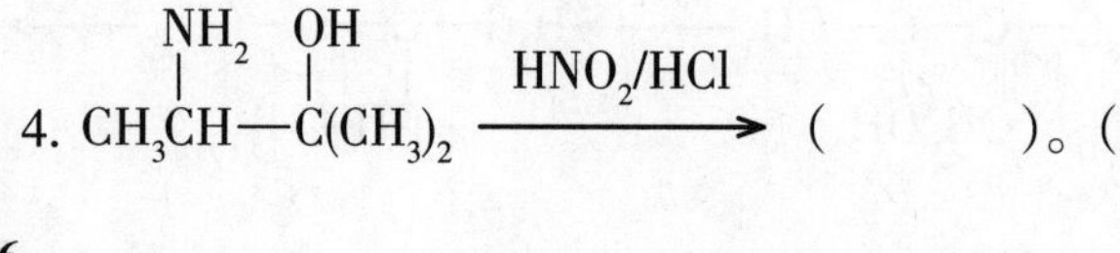

4. $CH_3CH(NH_2)-C(OH)(CH_3)_2 \xrightarrow{HNO_2/HCl} (\quad)$。（四川大学，2013）

5. 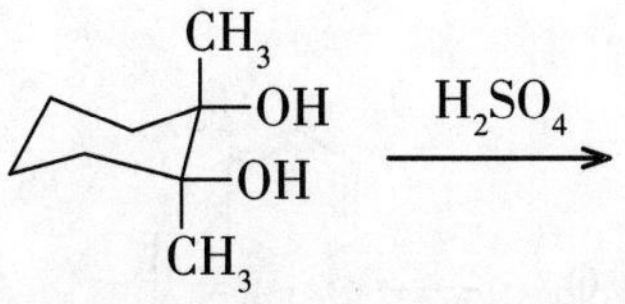 （环己烷-1,2-二醇，1,2-二甲基） $\xrightarrow{H_2SO_4}$ （　　）。（广西师范大学，2010；湖南师范大学，2013；苏州大学，2014）

6. 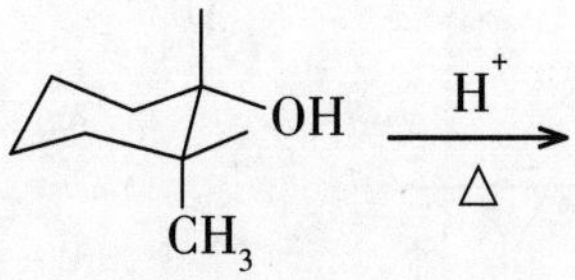 （1,2-二甲基环己醇） $\xrightarrow[\triangle]{H^+}$ （　　）。（浙江工业大学，2003；中国石油大学，2004；兰州理工大学，2011）

7. 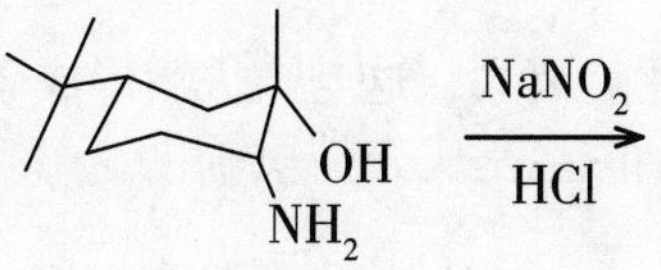 （4-叔丁基-1-甲基-2-氨基环己醇） $\xrightarrow[HCl]{NaNO_2}$ （　　）。（中国科学院，2009）

8. 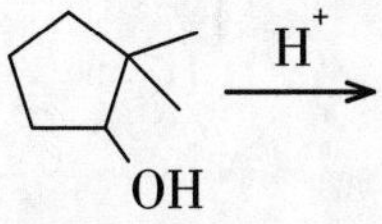 （2,2-二甲基环戊醇） $\xrightarrow{H^+}$ （　　）。（中国科学技术大学，2011）

9. 2 （环戊酮） $\xrightarrow[C_6H_6]{Mg-Hg}$ $\xrightarrow[H_2O]{H^+}$ $\xrightarrow[HCl]{Zn-Hg}$ （　　）。（中国科学技术大学，2011）

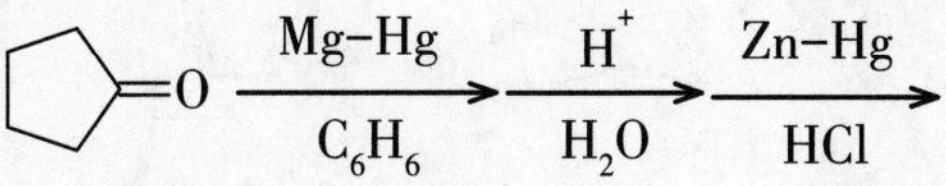

10. 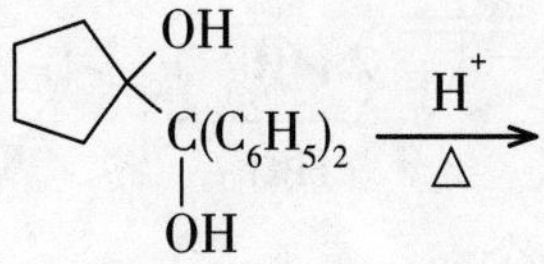 （1-[羟基二苯甲基]环戊醇，$C(C_6H_5)_2$，OH） $\xrightarrow[\triangle]{H^+}$ （　　）。（郑州大学，2006）

11. $C_6H_5COCH_3$ $\xrightarrow[2.\ H_3^+O]{1.\ Mg(Hg)}$ （　　） $\xrightarrow{H_2SO_4}$ （　　）。（清华大学，1998；南京大学，2003）

12. 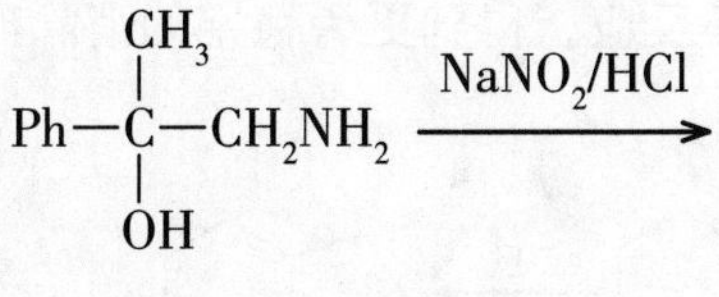 $Ph-\overset{CH_3}{\underset{OH}{C}}-CH_2NH_2$ $\xrightarrow{NaNO_2/HCl}$ （　　）。（中国科学技术大学，1999）

13. 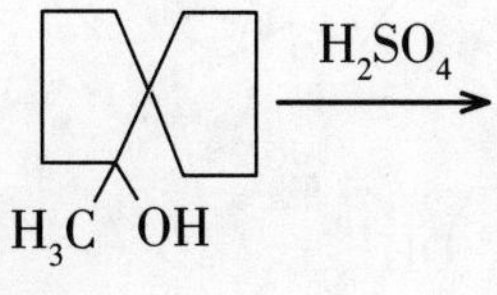 （螺环醇，H_3C OH） $\xrightarrow{H_2SO_4}$ （　　）。

【解析】

1. 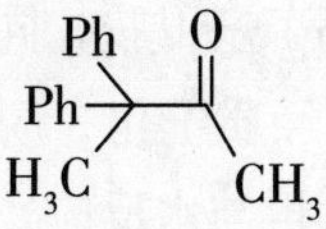 $Ph_2C(CH_3)-CO-CH_3$，$Ph_2C(CH_3)-COOH$。频哪醇重排，甲基发生迁移；得到的甲基酮发

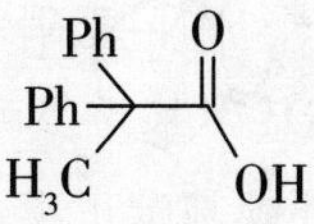

生碘仿反应。

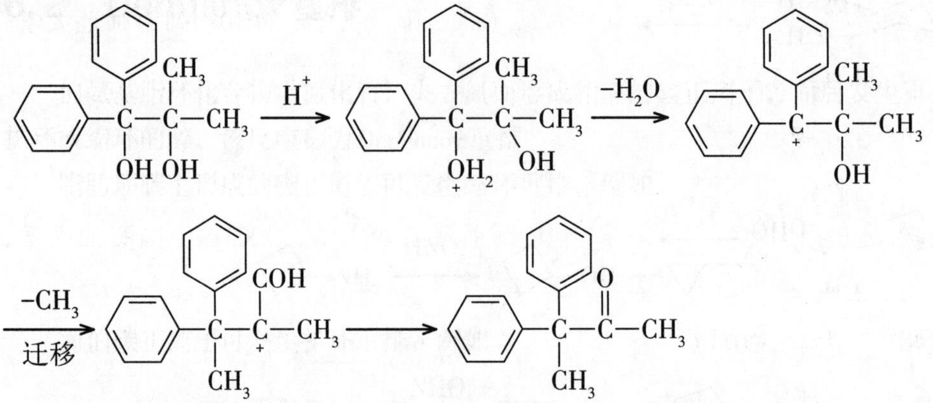

$$(C_6H_5)_2C(OH)-C(OH)(CH_3)-CH_3 \xrightarrow{H^+} (C_6H_5)_2C(\overset{+}{O}H_2)-C(OH)(CH_3)-CH_3 \xrightarrow{-H_2O} (C_6H_5)_2\overset{+}{C}-C(OH)(CH_3)-CH_3$$

$$\xrightarrow[\text{迁移}]{-CH_3} (C_6H_5)_2C(CH_3)-\overset{+}{C}(OH)-CH_3 \longrightarrow (C_6H_5)_2C(CH_3)-C(=O)-CH_3$$

在不对称取代的乙二醇中，哪一个羟基被质子化后离去，这与离去后形成碳正离子的稳定性有关，一般形成比较稳定的碳正离子的碳上的羟基优先被质子化。

2. 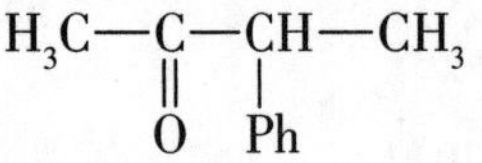 $H_3C-C(=O)-CH(Ph)-CH_3$　3. $H_3C-C(=O)-C(CH_3)_2-CH_2CH_3$ 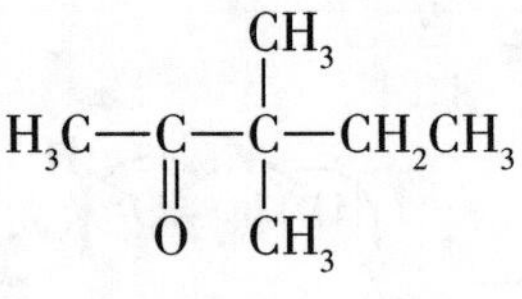　4. 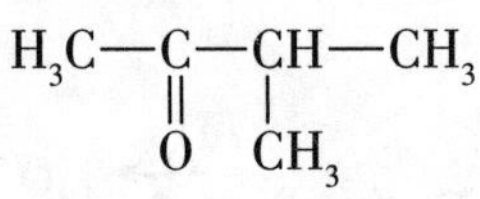 $H_3C-C(=O)-CH(CH_3)-CH_3$

5. 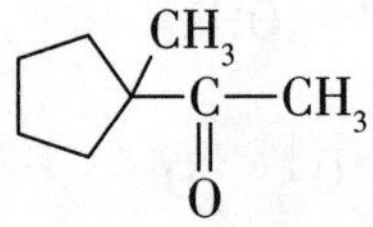 1-甲基环戊基—$C(=O)-CH_3$　6. 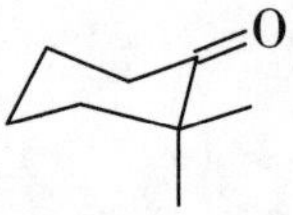　7. 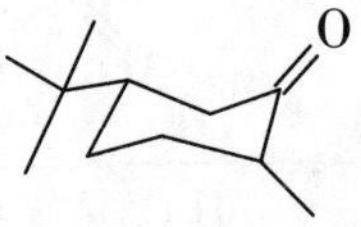　8.

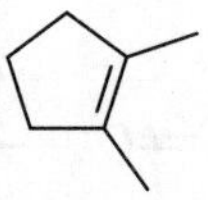

9. 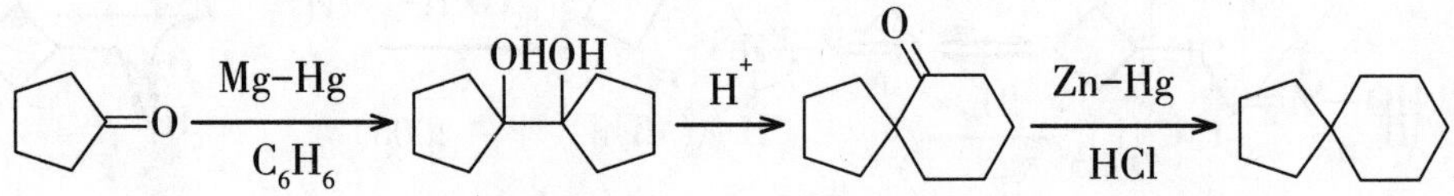 环戊酮 $\xrightarrow[C_6H_6]{Mg-Hg}$ OHOH（频哪醇） $\xrightarrow{H^+}$ 螺酮 $\xrightarrow[HCl]{Zn-Hg}$ 螺环烃

10. 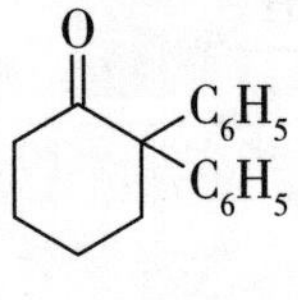 2,2-二苯基环己酮（C_6H_5，C_6H_5）　11. 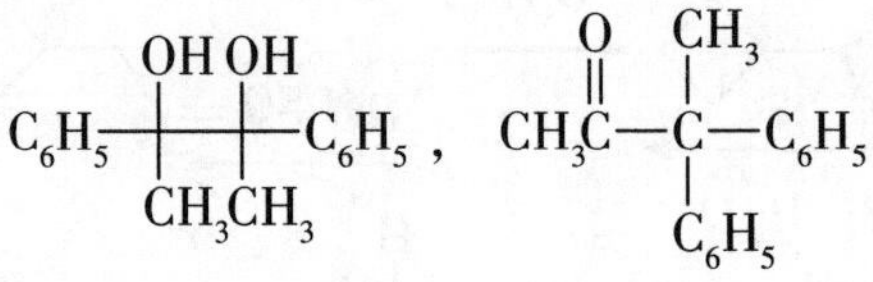 $C_6H_5-C(OH)(CH_3)-C(OH)(CH_3)-C_6H_5$，$CH_3C(=O)-C(CH_3)(C_6H_5)-C_6H_5$　12. 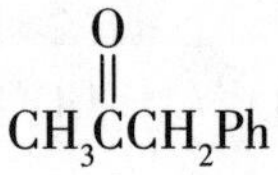 $CH_3C(=O)CH_2Ph$

13. 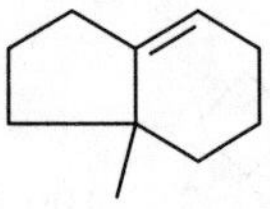 。碳正离子重排，发生扩环反应，得到更为稳定的消除产物，而不是以（CH_3）为主。 $\xrightarrow{\text{重排}}$ $\xrightarrow{-H^+}$

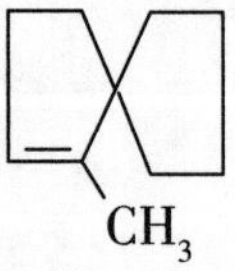

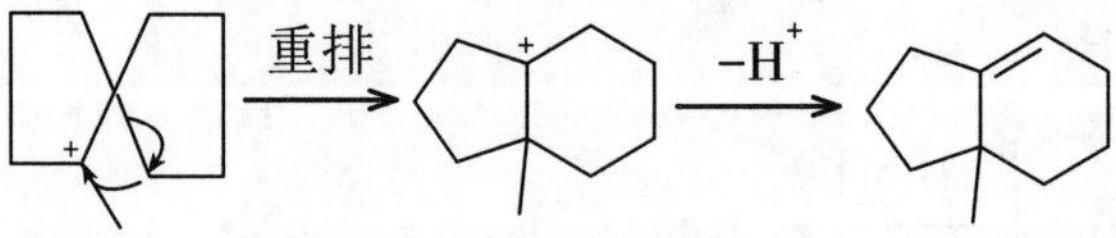

【例3】写出下列反应历程

1. 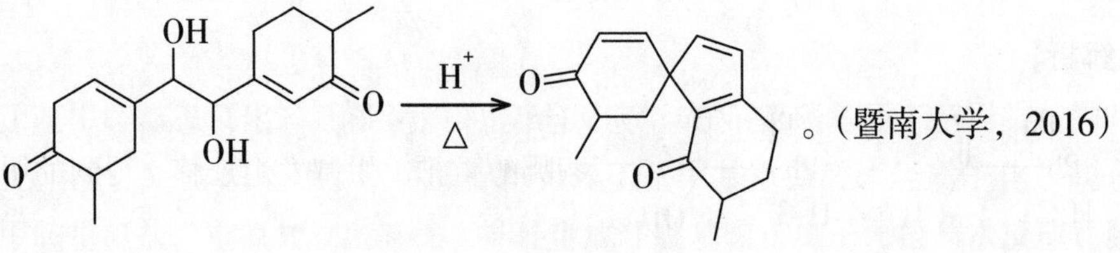 （OH，OH，O，O） $\xrightarrow[\triangle]{H^+}$ （O，O）。（暨南大学，2016）

【解析】

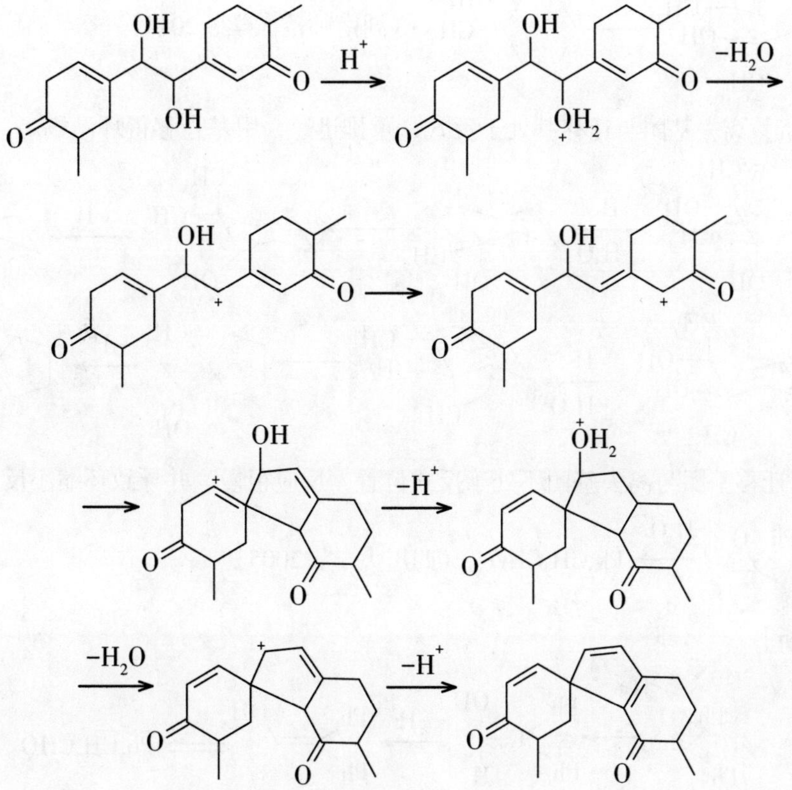

$\xrightarrow{H^+}$ $\xrightarrow{-H_2O}$ $\longrightarrow$ $\longrightarrow$ $\xrightarrow{-H^+}$ $\xrightarrow{-H_2O}$ $\xrightarrow{-H^+}$

2. 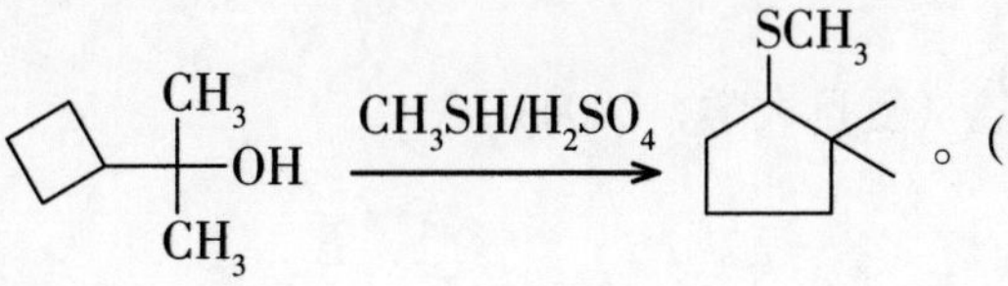 $\xrightarrow{CH_3SH/H_2SO_4}$ 。（南开大学，2003）

【解析】

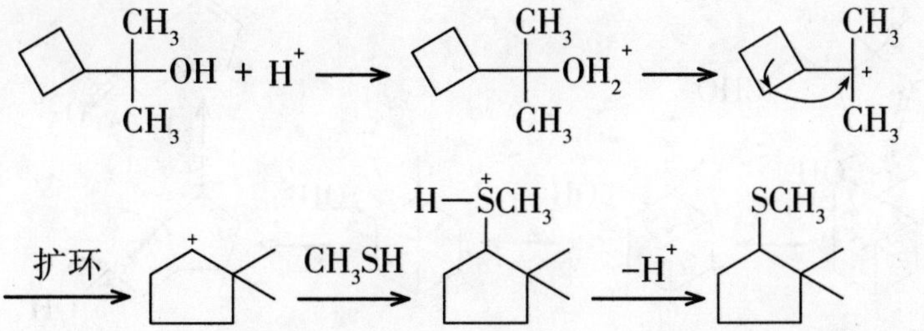

$+ H^+ \longrightarrow$ $\longrightarrow$ $\xrightarrow{\text{扩环}}$ $\xrightarrow{CH_3SH}$ $\xrightarrow{-H^+}$

醇在H^+催化下羟基质子化变成更易离去的H_2O，生成活性中间体——碳正离子，由于离子中有不稳定的四元环，所以碳正离子发生扩环重排成稳定的五元环结构。

3. 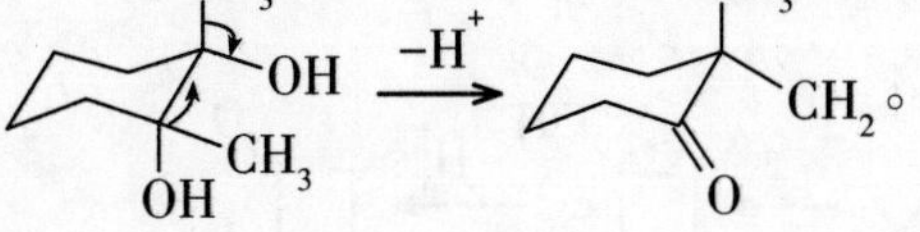 $\xrightarrow{-H^+}$ 。（浙江工业大学，2003；中国石油大学，2004）

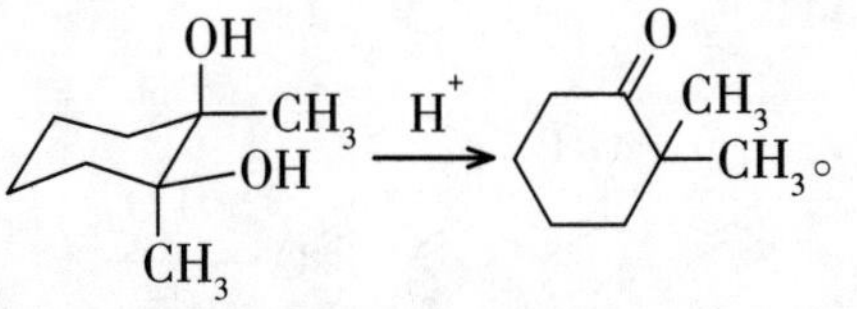

$\xrightarrow{H^+}$ 。（湖南师范大学，2014）

【解析】离去基团与迁移基处于反式，重排迅速，甲基迁移得环己酮。

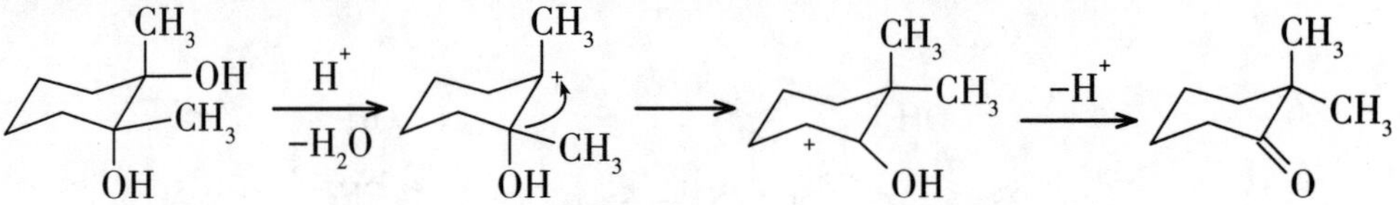

$\xrightarrow[-H_2O]{H^+}$ $\longrightarrow$ $\xrightarrow{-H^+}$

而 $\xrightarrow[-H_2O]{H^+}$ $\longrightarrow$ $\xrightarrow{-H^+}$

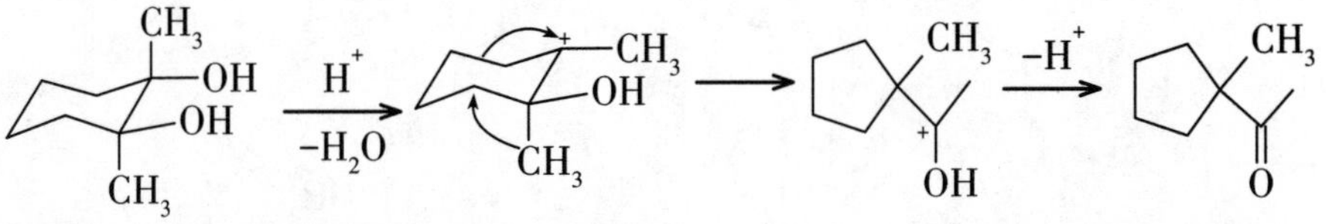

由于迁移基团与离去基团不处于反式位置，反应很慢，并导致环缩小反应。

4. 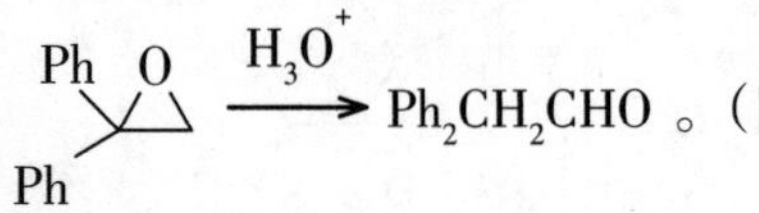 $\xrightarrow{H_3O^+}$ Ph_2CH_2CHO 。（四川大学，2005）

【解析】

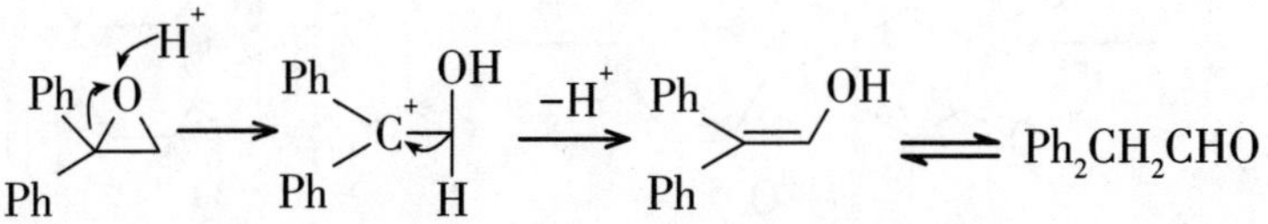

$\longrightarrow$ $\xrightarrow{-H^+}$ $\rightleftharpoons$ Ph_2CH_2CHO

5. 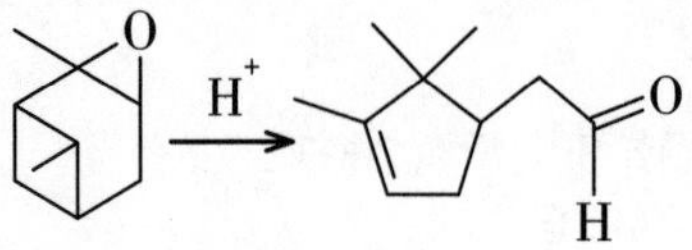 $\xrightarrow{H^+}$ 。（复旦大学，2004）

【解析】

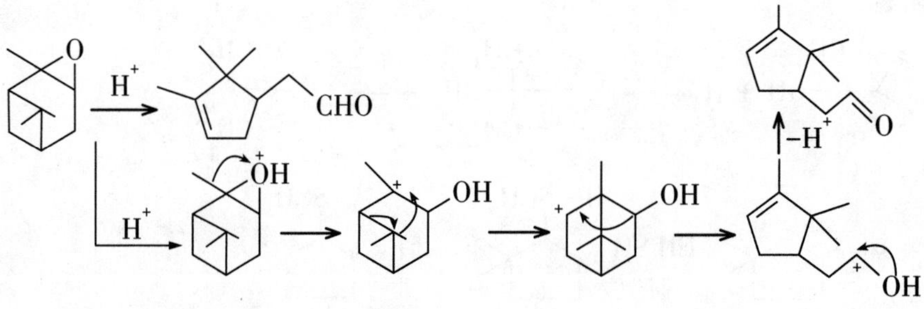

$\xrightarrow{H^+}$ CHO

$\xrightarrow{H^+}$ $\longrightarrow$ $\longrightarrow$ $\longrightarrow$ $\xrightarrow{-H^+}$

6. 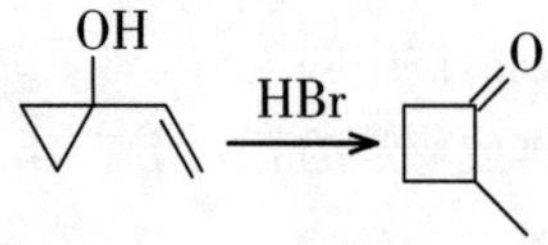 $\xrightarrow{HBr}$ 。（南京工业大学，2006）

【解析】

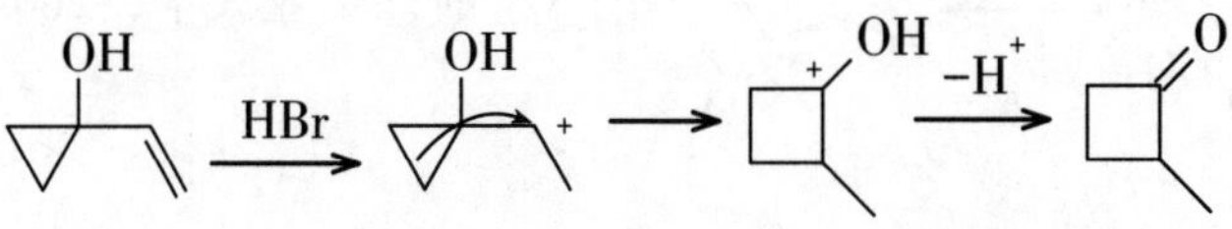

$\xrightarrow{HBr}$ $\longrightarrow$ $\xrightarrow{-H^+}$

7. 环丁基—C(OH)(CH$_3$)—CH$_3$ $\xrightarrow{HCl}$ 2-氯-1,1-二甲基环戊烷（Cl, CH$_3$, CH$_3$）。（兰州理工大学，2010）

【解析】

环丁基—C(OH)(CH$_3$)—CH$_3$ $\xrightarrow{H^+}$ 环丁基—C($\overset{+}{O}H_2$)(CH$_3$)—CH$_3$ $\xrightarrow{-H_2O}$ 环丁基—$\overset{+}{C}$(CH$_3$)—CH$_3$ $\xrightarrow{重排}$ 1,1-二甲基环戊基碳正离子 $\xrightarrow{Cl^-}$ 2-氯-1,1-二甲基环戊烷（Cl, CH$_3$, CH$_3$）

8. H_3CO—C$_6$H$_4$—C(CH$_3$)(OH)—C(CH$_3$)(OH)—C$_6$H$_4$—CH$_3$ $\xrightarrow{H^+}$ H_3CO—C$_6$H$_4$—C(CH$_3$)(C$_6$H$_4$—CH$_3$)—C(=O)—CH$_3$ 。（辽宁

师范大学，2007）

【解析】

H_3CO—C$_6$H$_4$—C(CH$_3$)(OH)—C(CH$_3$)(OH)—C$_6$H$_4$—CH$_3$ $\xrightarrow{H^+}$ H_3CO—C$_6$H$_4$—C(CH$_3$)($\overset{+}{O}H_2$)—C(CH$_3$)(OH)—C$_6$H$_4$—CH$_3$

$\xrightarrow{-H_2O}$ H_3CO—C$_6$H$_4$—$\overset{+}{C}$(CH$_3$)—C(CH$_3$)(OH)—C$_6$H$_4$—CH$_3$ ⟶ H_3CO—C$_6$H$_4$—C(CH$_3$)(C$_6$H$_4$—CH$_3$)—$\overset{+}{C}$(OH)—CH$_3$

⇌ H_3CO—C$_6$H$_4$—C(CH$_3$)(C$_6$H$_4$—CH$_3$)—C(=$\overset{+}{O}H$)—CH$_3$ $\xrightarrow{-H^+}$ T.M

（1）优先在能生成更稳定碳正离子的一边形成$^+OH_2$。

（2）易容纳负电荷的基团易迁移（芳基＞烷基＞H）。

p-$MeOC_6H_5$＞p-MeC_6H_5＞C_6H_5　p-ClC_6H_5＞$CH_2{=}CH$—＞R_3C—＞R_2CH—〉

CH_3—＞H

9. 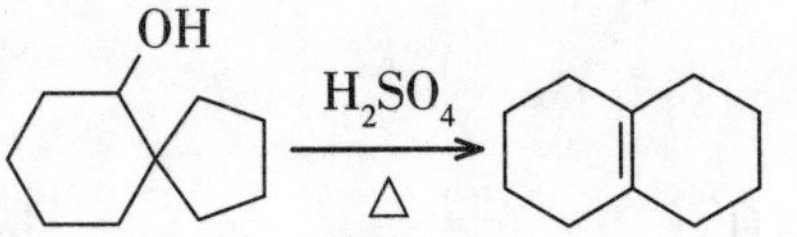 OH $\xrightarrow[\triangle]{H_2SO_4}$ 。（郑州大学，2015）

【解析】

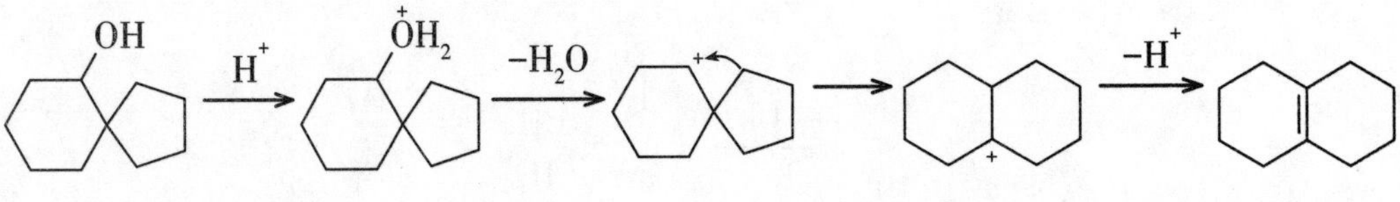

OH $\xrightarrow{H^+}$ $\overset{+}{O}H_2$ $\xrightarrow{-H_2O}$ $\longrightarrow$ $\xrightarrow{-H^+}$

【例4】由环戊酮和不超过两个碳原子的有机试剂合成 CH_3 （中国科学技术大学，2016）

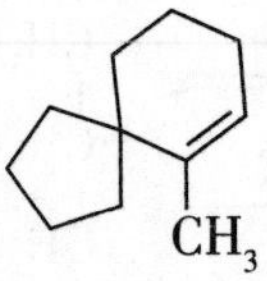

【解析】

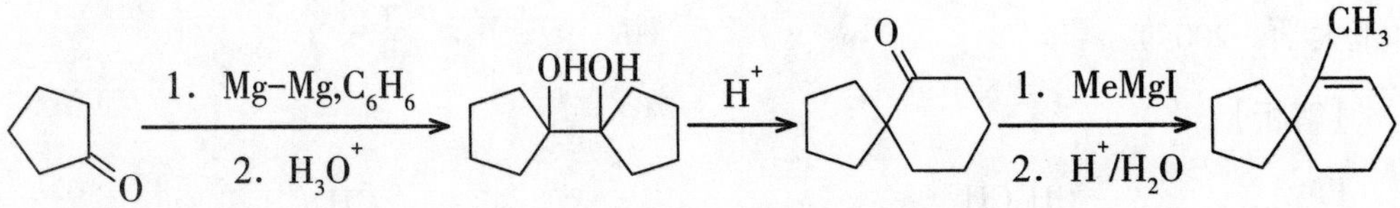

O $\xrightarrow[2.\ H_3O^+]{1.\ Mg\text{-}Mg,C_6H_6}$ OHOH $\xrightarrow{H^+}$ O $\xrightarrow[2.\ H^+/H_2O]{1.\ MeMgI}$ CH_3

【例5】请用不多于4个碳原子的有机化合物合成 O （兰州大学，2003；南京大学，2014）

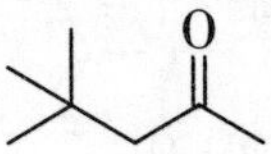

【解析】

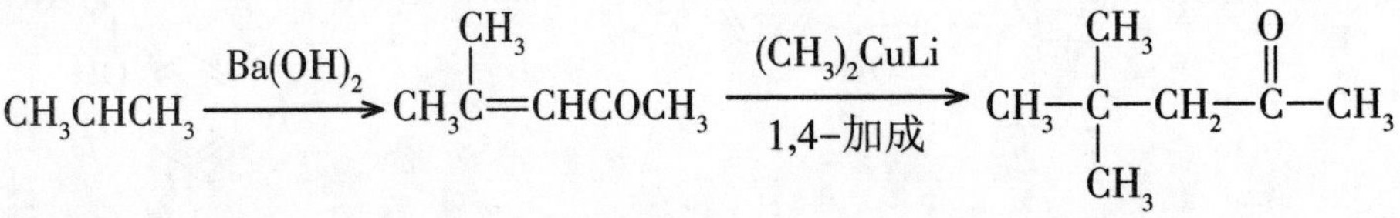

$$CH_3CHCH_3 \xrightarrow{Ba(OH)_2} CH_3\overset{CH_3}{\overset{|}{C}}{=}CHCOCH_3 \xrightarrow[1,4\text{-加成}]{(CH_3)_2CuLi} CH_3\text{—}\underset{CH_3}{\overset{CH_3}{C}}\text{—}CH_2\text{—}\overset{O}{\overset{\|}{C}}\text{—}CH_3$$

【例6】以环己酮和甲苯为原料合成 HO O Ph （吉林大学，2015）

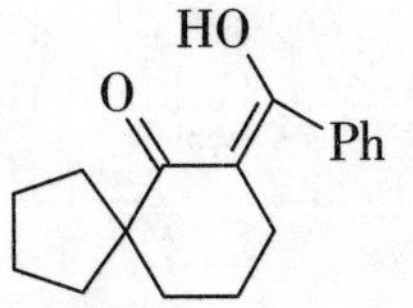

【解析】

$$PhCH_3 \xrightarrow{CrO_3,Cl_2} PhCHO$$

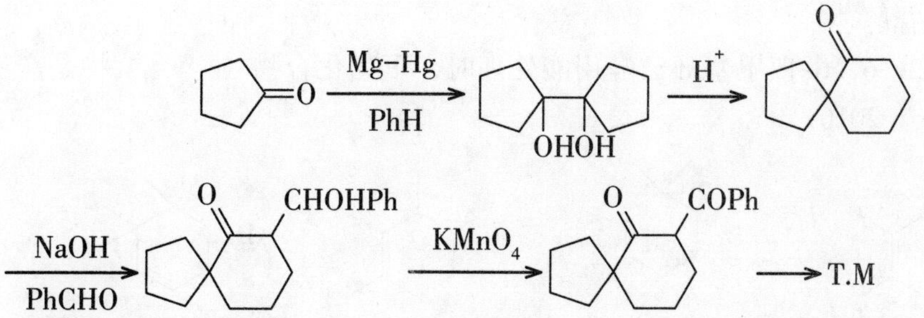

参考文献

［1］FITTIGR.Ueber einige derivate des acetons ［J］. Justus liebigs annalen der chemie, 1860, 114: 54-63.
［2］MAGNUS P, DIORAZIO L, DONOHOE TJ, et al. Taxane diterpenes 3: formation of the eight - membered B - ring by semi- pinacol rearrangement［J］. Tetrahedron, 1996, 52: 14147-14176.
［3］RAZAVI H, POLT R. Asymmetric synthesis of （-）-8-epi-swainsonine triacetate and (+)-1,2-di-epi-swainsonine. Carbonyl addition thwarted by an unprecedented aza-pinacol rearrangement ［J］. J. Org. Chem, 2000, 65: 5693-5706.
［4］孔祥文. 有机化学［M］. 北京：化学工业出版社，2010.

6.6 Wagner-Meerwein重排

在酸催化下醇消除时，分子中的烷基迁移生成更多取代的烯烃，这种重排反应称为Wagner-Meerwein重排[1-2]。反应中，中间体碳正离子发生1，2-重排反应，并伴随有氢、烷基或芳基迁移[3]。例如：

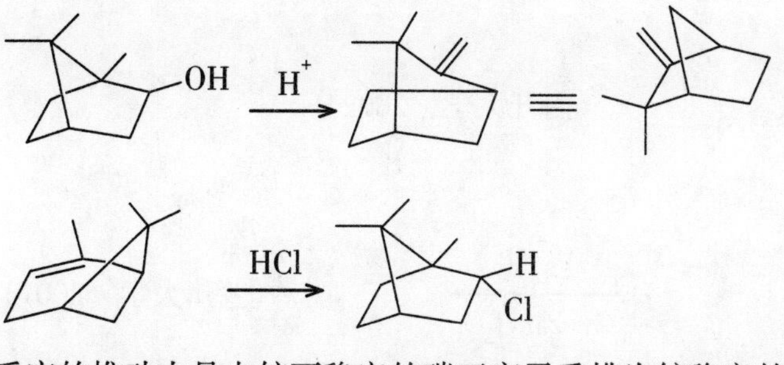

反应的推动力是由较不稳定的碳正离子重排为较稳定的碳正离子。碳正离子的稳定性顺序为：3° > 2° > 1°。

Wagner-Meerwein重排反应机理如下[4-5]：

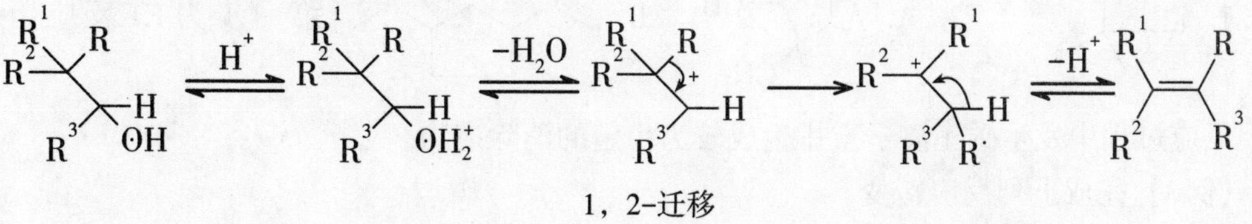

1，2-迁移

【例1】选择题

1. 当2，2，6，6-四甲基环己醇用酸处理时，下列化合物（　　）将是产物之一。（山东大学，2016）

A. 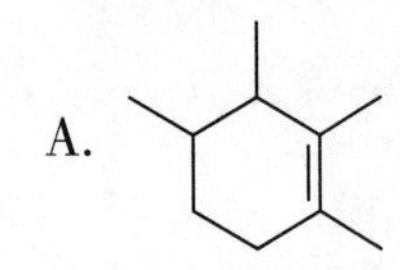 B. 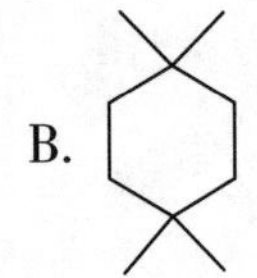 C. 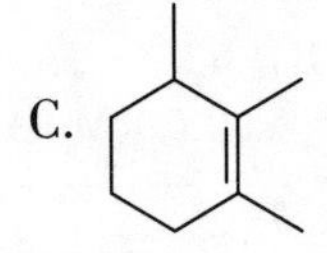 D. 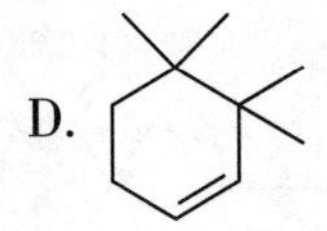

2. 比较下列物质稳定性顺序（　　）。（南京大学，2014）

a. 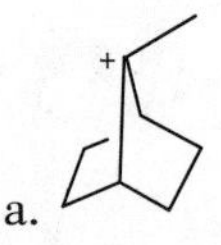 b. 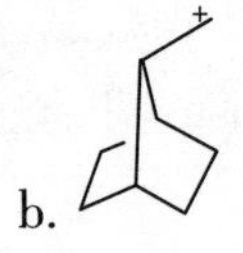 c. 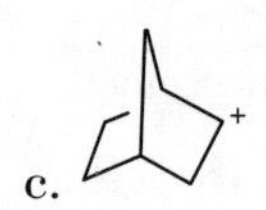 d. 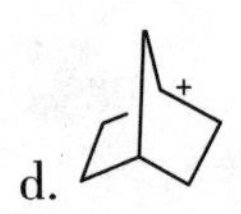

A. a > b > c > d　　B. d > c > b > a

C. a > c > b > d　　D. a > d > c > b

3. 下列化合物或离子最稳定的是（　　）。（四川大学，2013）

A. 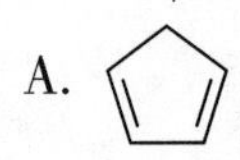 B. 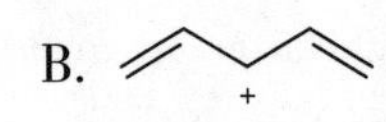 C. 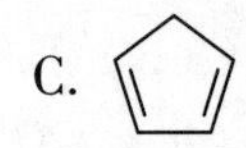 D. 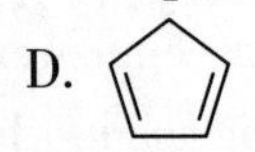

4. 下列碳正离子的稳定性顺序是（　　）。（湖南师范大学，2013）

① 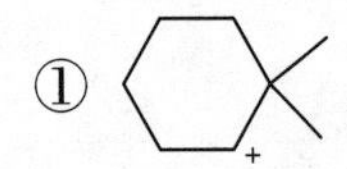 ② 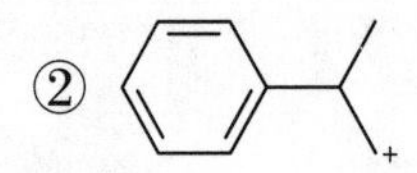 ③ 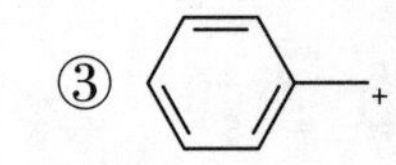 ④ 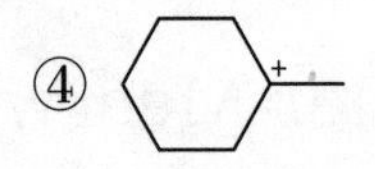

A. ③ > ④ > ② > ①　　B. ③ > ④ > ① > ②

C. ④ > ③ > ② > ①　　D. ② > ④ > ③ > ①

【解析】1. C　2. C　3. D　4. A

【例2】填空

1. 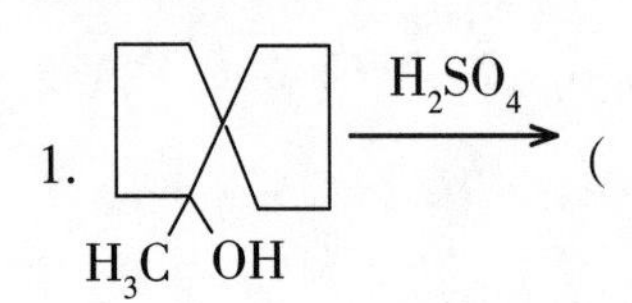

（　　　）。（南开大学，2002）

2. —OH　H_3C　CH_3 $\xrightarrow[170℃]{KHSO_3}$（　　）$\xrightarrow[2.\ Zn,H_2O]{1.\ O_3}$（　　）。（兰州大学，2001）

【解析】

1. 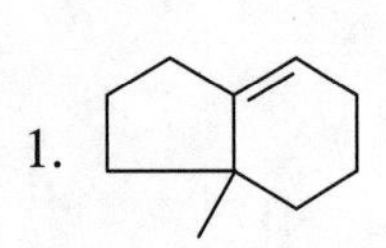　2. A. —CH_3　CH_3　B. 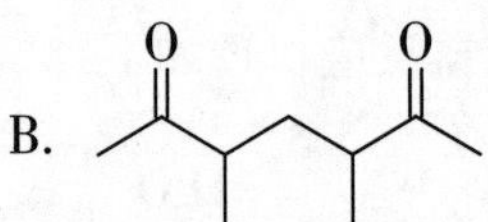

第一步为E1反应历程，反应过程中发生碳正离子重排生成较为稳定的消除产物。

【例3】完成下列反应转变

1. 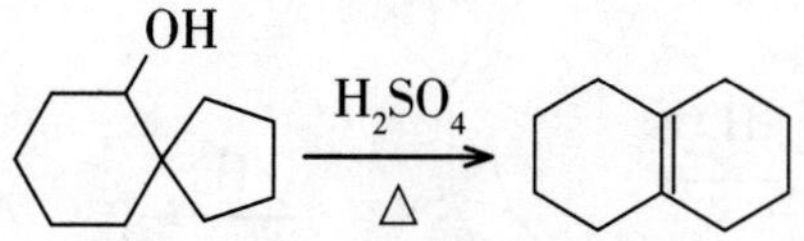 OH $\xrightarrow[\triangle]{H_2SO_4}$ 。（郑州大学，2006）

2. 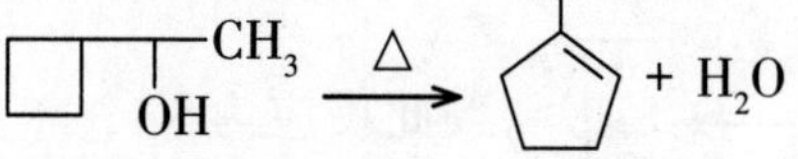 CH_3 OH $\xrightarrow{\triangle}$ $+ H_2O$ 。（南京工业大学，2005）

3. 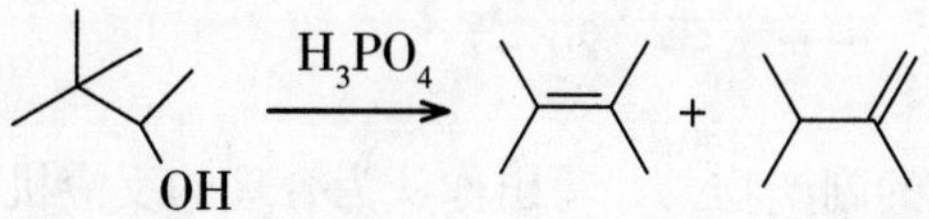 OH $\xrightarrow{H_3PO_4}$ + 。（湖南大学，2004）

4. 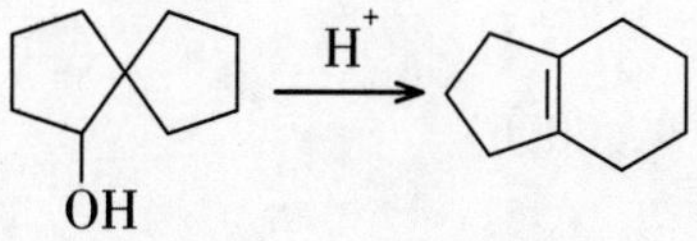 OH $\xrightarrow{H^+}$ 。（中国石油大学，2004）

5. 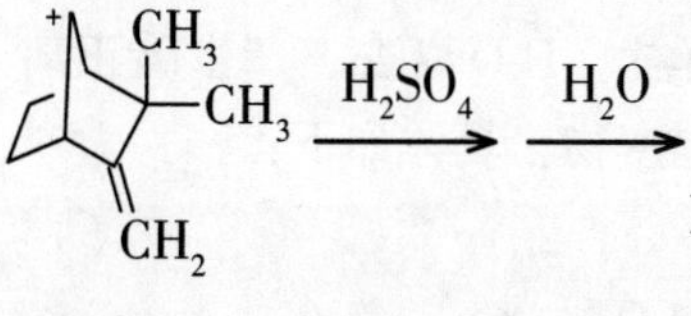 $^+$ CH_3 CH_3 CH_2 $\xrightarrow{H_2SO_4}$ $\xrightarrow{H_2O}$ HO 。（上海交通大学，2004）

6. 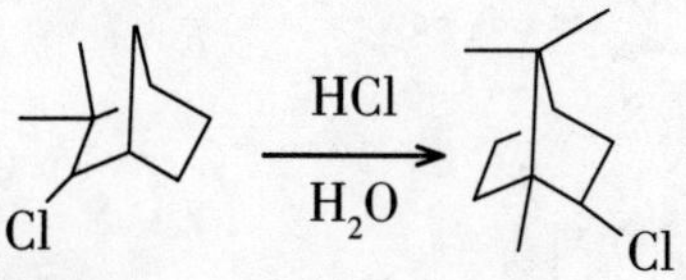 Cl $\xrightarrow[H_2O]{HCl}$ Cl 。（中国科技大学，2002）

【解析】

1. 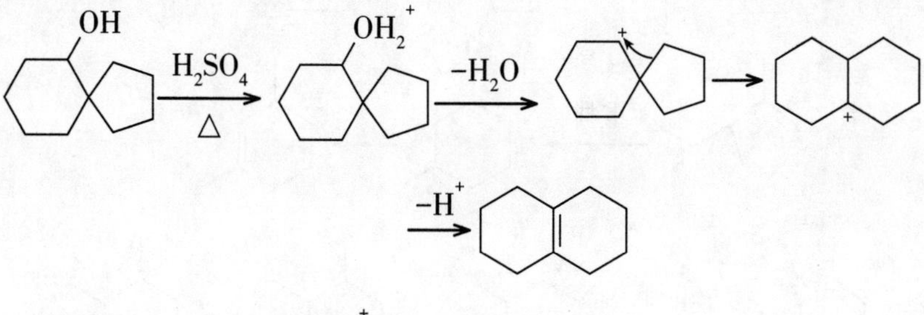 OH $\xrightarrow[\triangle]{H_2SO_4}$ OH_2^+ $\xrightarrow{-H_2O}$ + $\longrightarrow$ + $\xrightarrow{-H^+}$

2. OH CH_3 $\xrightarrow{H^+}$ OH_2^+ CH_3 $\xrightarrow{-H_2O}$ + CH_3 $\longrightarrow$ H + $\longrightarrow$

3. OH $\xrightarrow{H^+}$ OH_2^+ $\xrightarrow{-H_2O}$ + $\longrightarrow$ + $\xrightarrow{-H^+}$ + (EI) 少

4. OH $\xrightarrow[2.\ -H_2O]{1.\ H^+}$ + $\longrightarrow$ + H $\xrightarrow{-H^+}$

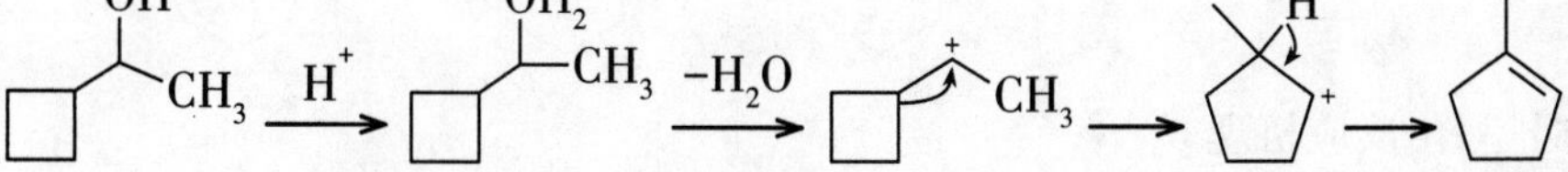

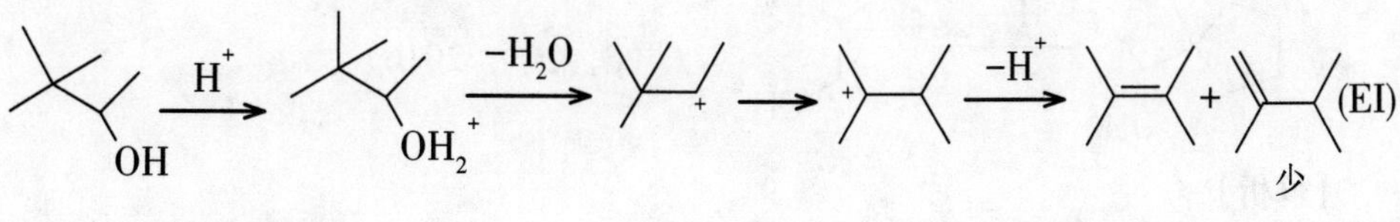

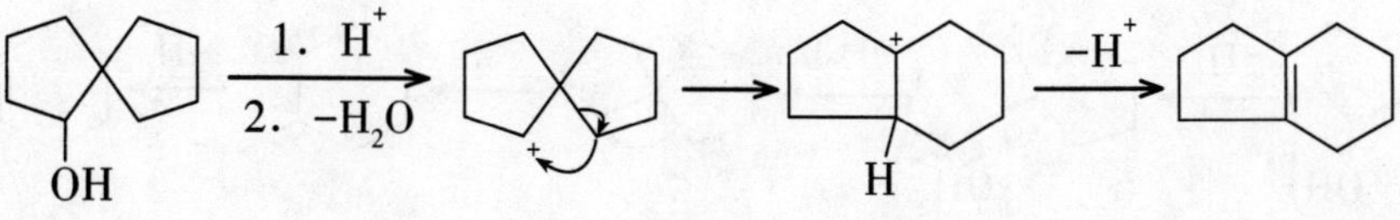

5. 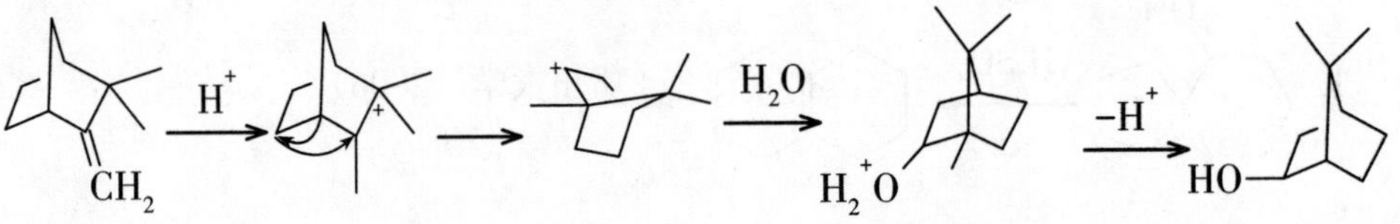 $\xrightarrow{H^+}$ $\longrightarrow$ $\xrightarrow{H_2O}$ $\xrightarrow{-H^+}$

CH_2　　$H_2\overset{+}{O}$　　HO

6. 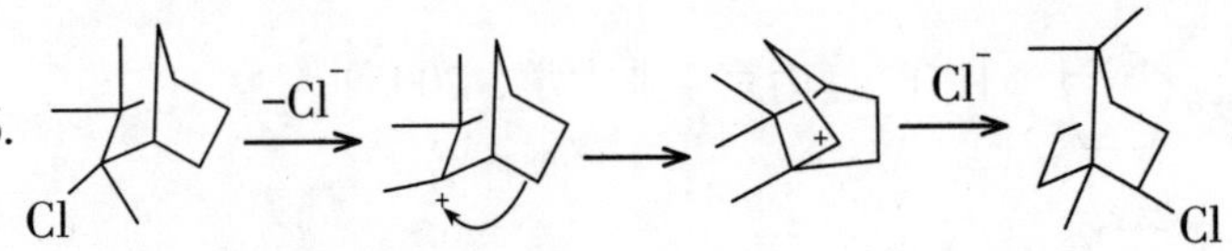 $\xrightarrow{-Cl^-}$ $\longrightarrow$ $\xrightarrow{Cl^-}$　此反应为S_N1，单分子亲

Cl　　Cl

核取代反应，涉及碳正离子的重排。

【例4】写出下面反应的产物以及可能的副产物，并写出你认为合理的反应机理

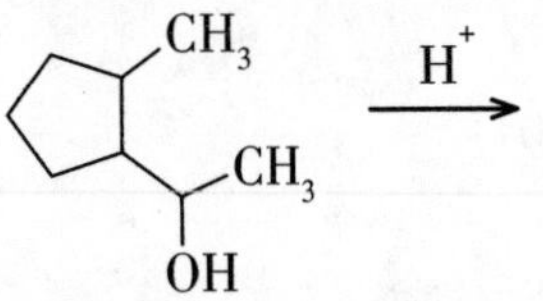

CH_3　CH_3　OH　$\xrightarrow{H^+}$ （　）。（华东理工大学，2006）

【解析】在酸性条件下，醇羟基先质子化形成 盐，H_2O离去，产生碳正离子，碳正离子发生重排形成更为稳定的碳正离子，得到不同产物，具体如下：

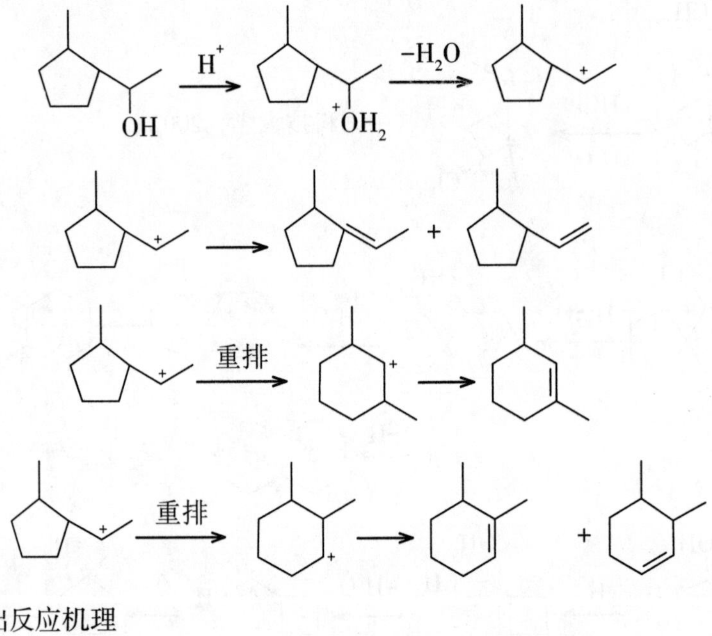

OH $\xrightarrow{H^+}$ $\overset{+}{O}H_2$ $\xrightarrow{-H_2O}$

$\longrightarrow$ +

$\xrightarrow{重排}$ $\longrightarrow$

$\xrightarrow{重排}$ $\longrightarrow$ +

【例5】写出反应机理

1. 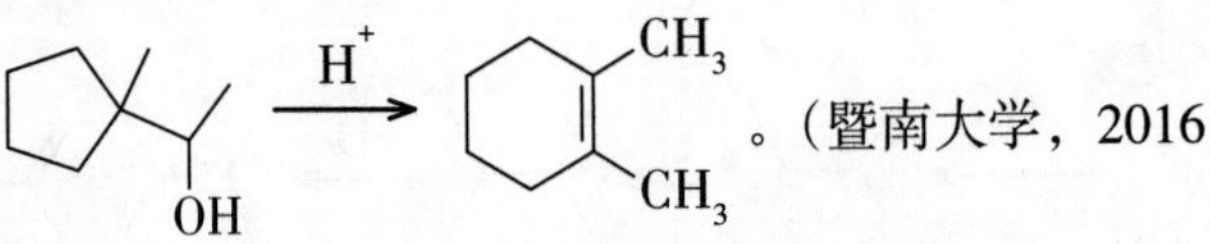 OH $\xrightarrow{H^+}$ CH_3 CH_3 。（暨南大学，2016）

【解析】

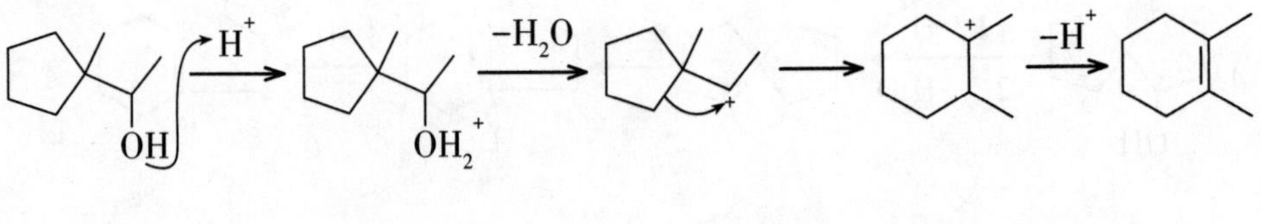

OH $\xrightarrow{H^+}$ OH_2^+ $\xrightarrow{-H_2O}$ $\longrightarrow$ $\xrightarrow{-H^+}$

2. 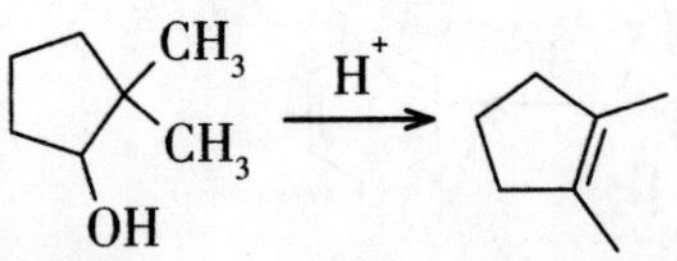 CH_3 CH_3 OH $\xrightarrow{H^+}$ 。（中山大学，2016）

【解析】

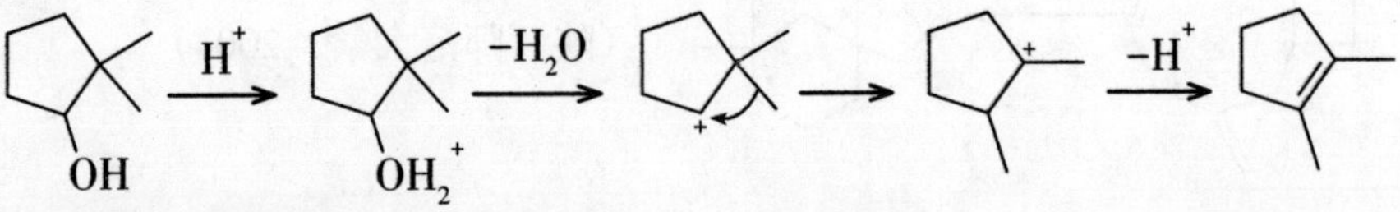

OH $\xrightarrow{H^+}$ OH_2^+ $\xrightarrow{-H_2O}$ + $\longrightarrow$ + $\xrightarrow{-H^+}$

3. 仲醇Ⅰ在酸性条件下可转化1，1，2-三甲基-1，2，3，4-四氢萘(Ⅱ)，试写出转化的反应原理。（浙江工业大学，2014）

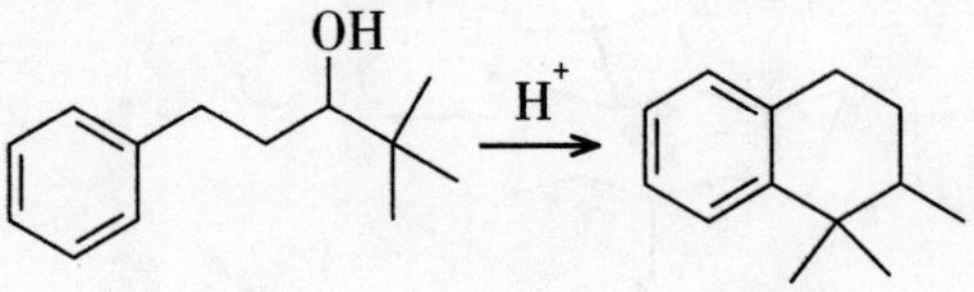

OH $\xrightarrow{H^+}$

Ⅰ Ⅱ

【解析】

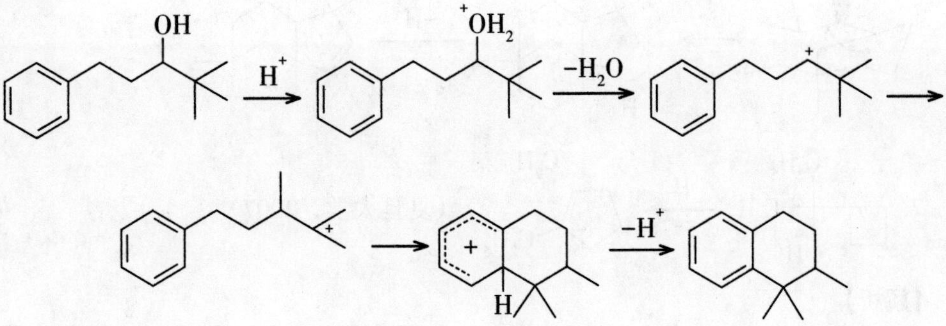

OH $\xrightarrow{H^+}$ $^+OH_2$ $\xrightarrow{-H_2O}$ + $\longrightarrow$

+ $\longrightarrow$ + H $\xrightarrow{-H^+}$

4. 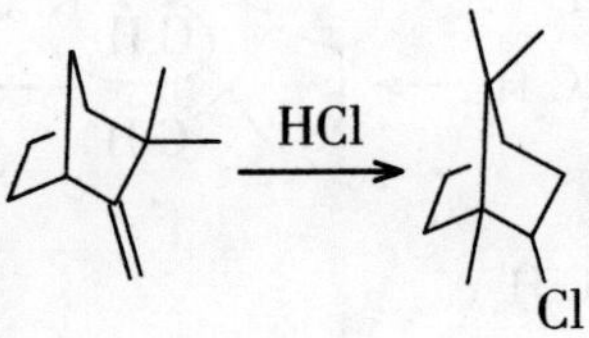 $\xrightarrow{HCl}$ Cl 。（湖南师范大学，2013）

【解析】

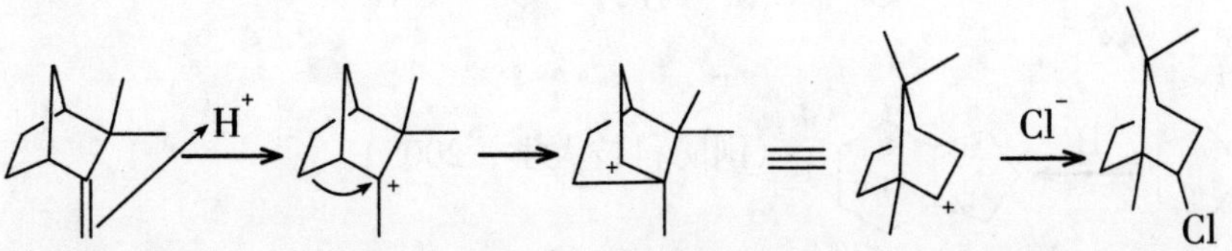

H^+ $\longrightarrow$ + $\longrightarrow$ + $\equiv$ + $\xrightarrow{Cl^-}$ Cl

5. 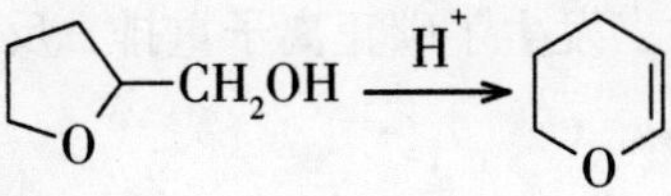 O CH_2OH $\xrightarrow{H^+}$ O 。（南开大学，2009）

【解析】

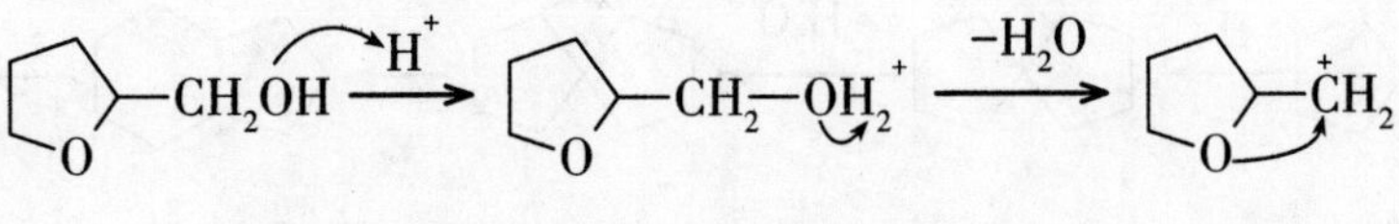

O CH_2OH $\xrightarrow{H^+}$ O $CH_2—OH_2^+$ $\xrightarrow{-H_2O}$ O $\overset{+}{C}H_2$

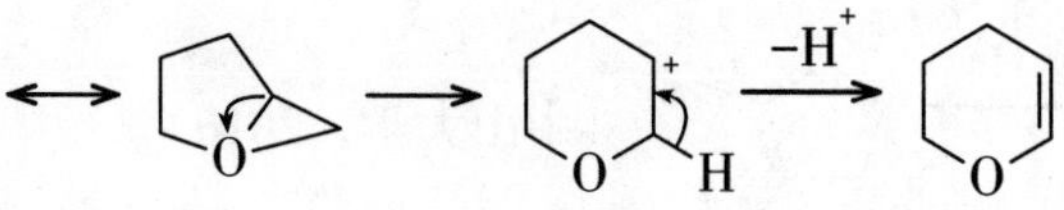

$-H^+$

6. 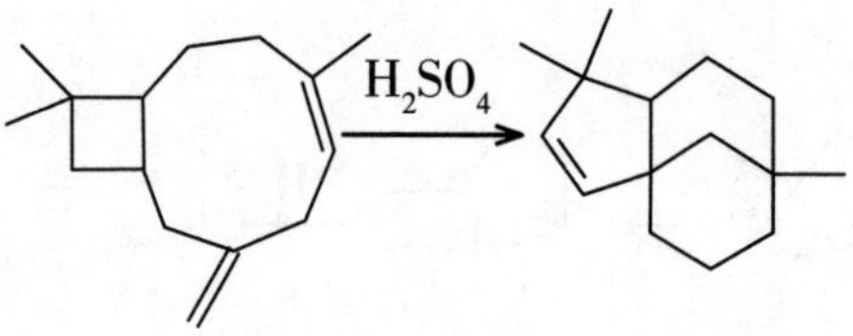 $\xrightarrow{H_2SO_4}$ 。（陕西师范大学，2004）

【解析】反应物为石竹烯，一个倍半萜，产物是其与酸作用的产物之一。

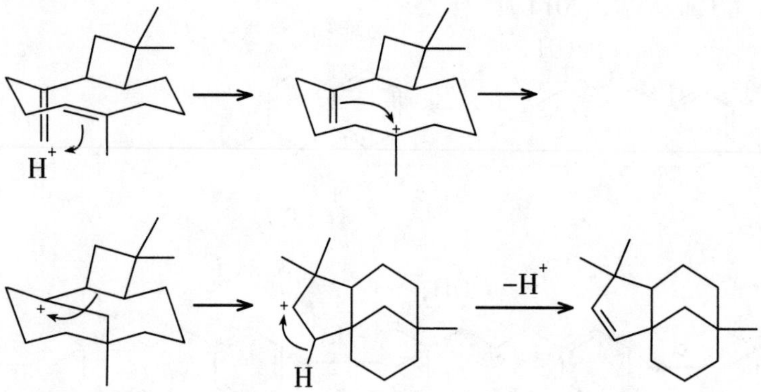

H^+

$-H^+$

H

7. 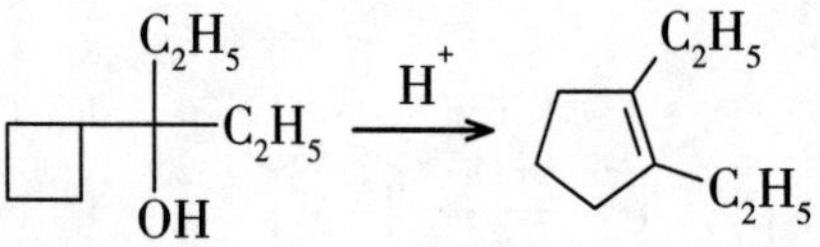 $\xrightarrow{H^+}$ 。（复旦大学，2007）

C_2H_5 C_2H_5 OH

【解析】

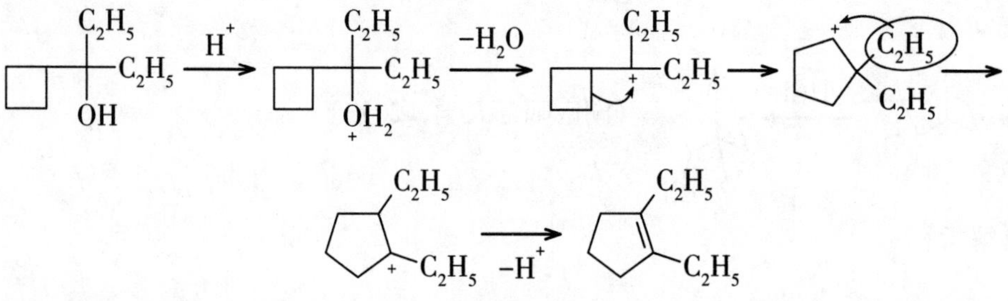

$\xrightarrow{H^+}$ $\xrightarrow{-H_2O}$ $\xrightarrow{-H^+}$

8. 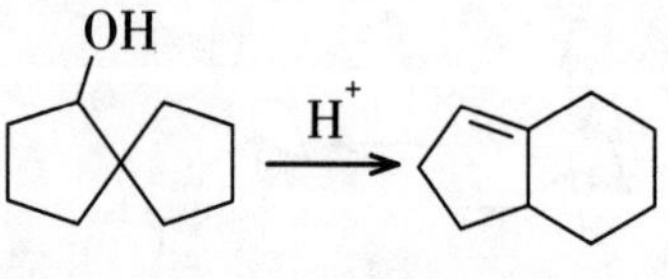 $\xrightarrow{H^+}$ 。（国防科技大学，2005）

【解析】这是一个醇脱水的反应，在反应过程中，发生了碳正离子重排，反应历程如下：

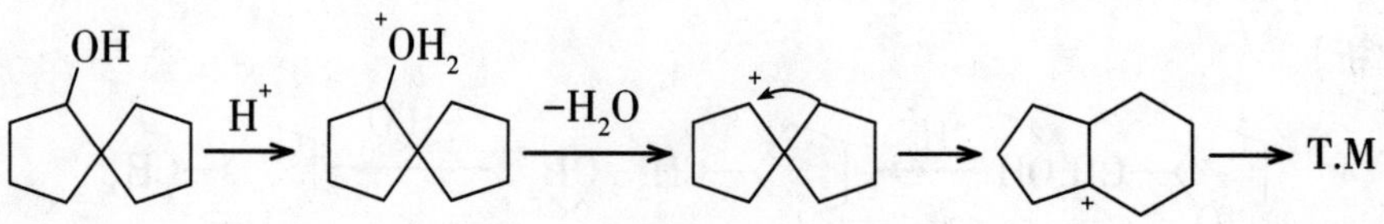

$\xrightarrow{H^+}$ $\xrightarrow{-H_2O}$ → → T.M

9. 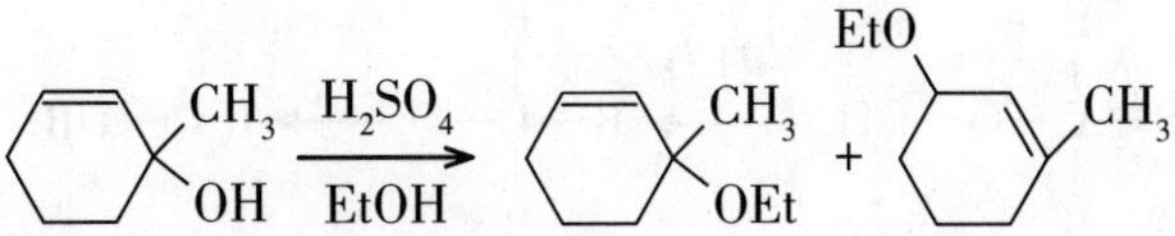 （环己烯基）CH_3/OH $\xrightarrow[EtOH]{H_2SO_4}$ （环己烯基）CH_3/OEt + EtO（环己烯基）CH_3。（华中师范大学，2009）

【解析】此反应为碳正离子历程。

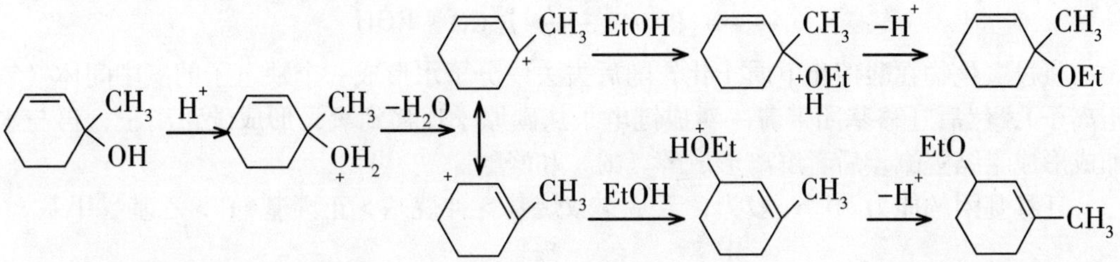

CH_3, OH $\xrightarrow{H^+}$ CH_3, $\overset{+}{O}H_2$ $\xrightarrow{-H_2O}$ CH_3 (+) $\xrightarrow{EtOH}$ CH_3, $\overset{+}{O}Et$ H $\xrightarrow{-H^+}$ CH_3, OEt

↕

(+) CH_3 $\xrightarrow{EtOH}$ $H\overset{+}{O}Et$, CH_3 $\xrightarrow{-H^+}$ EtO, $-CH_3$

【例6】脂肪重氮盐一般很不稳定，但下面的重氮盐却很稳定，请说明原因。（陕西师范大学，2004）

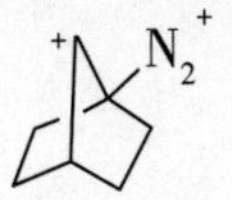

N_2^+

【解析】该重氮盐若分解，则将产生一个桥头的碳正离子，后者是极不稳定的，因此，它很稳定、不易分解。

参考文献

［1］WAGNER G. Acid-catalyzed alkyl group migration of alcohols to give more substituted olefins［J］. Russ. Phys. Chem. Soc., 1899, 31: 690.

［2］HOGEVEEN H，VAN K. Wagner-meerwein rearrangements in long-lived polymethyl substituted bicyclo［3.2.0］heptadienyl cations［J］. Top. Curr. Chem, 1979, 80: 89-124.(Review).

［3］孔祥文. 有机化学［M］. 北京：化学工业出版社，2010.

［4］LI J J. Name reaction［M］. 4th ed. Berlin Heidelberg：Springer-Verlag，2009：566.

［5］李杰. 有机人名反应及机理［M］. 荣国斌，译. 上海：华东理工大学出版社，2003.

6.7 氢过氧化物重排反应

烃类化合物用空气或过氧化氢氧化会生成氢过氧化物。氢过氧化物在酸或Lewis酸的作用下，发生O—O键断裂，同时烃基从碳原子迁移到氧原子，这种反应称为氢过氧化物重排。氢过氧化物重排属于氧正离子重排。

反应机理：

$$R_3C-O-OH \xrightarrow{H^+} R_2CO + R-OH$$

R为烷基或芳基

$$R_3C{-}O{-}OH \xrightarrow{H^+} R_3C{-}O{-}\overset{+}{O}H_2 \xrightarrow{-H_2O} R_3C{-}O^+ \longrightarrow R_2\overset{+}{C}{-}OR$$

$$\xrightarrow{H_2O} R_2C(\overset{+}{O}H_2)OR \xrightarrow{-H^+} R_2CO + ROH$$

氢过氧化物在酸催化下质子化，随后失去一分子水形成一个缺电子的氧中间体（氧正离子），然后迁移基团带着一对成键电子从碳原子迁移到氧，形成碳正离子，再与水加成形成半缩醛酮，后者解离形成醇（酚）和醛酮。

迁移基团的能力顺序一般为：芳基 > 叔烷基 > 仲烷基 > 正丙基≈H > 乙基 > 甲基

$$RCH_2{-}O{-}OH \xrightarrow{H^+} RCHO + H_2O$$

R=Me,Et

$$RCH_2{-}O{-}OH \xrightarrow{H^+} H_2CO + ROH$$

R=仲，叔烷基

例题解析

【例 1】 以 C_2 到 C_4 的烯烃、苯、甲苯及必要的无机试剂为原料合成（北京化工大学，2008）

$$CH_3CH_2O{-}C_6H_4{-}N{=}N{-}C_6H_3(OH)(CH_3)$$

【解析】 反复利用重氮盐的性质进行合成

$$C_6H_5CH_3 \xrightarrow[H_2SO_4]{HNO_3} p\text{-}CH_3C_6H_4NO_2 \xrightarrow[HCl]{Fe} p\text{-}CH_3C_6H_4NH_2 \xrightarrow[\text{低温}]{NaNO_2-HCl} p\text{-}CH_3C_6H_4\overset{+}{N_2}Cl^- \xrightarrow[H^+]{H_2O} p\text{-}CH_3C_6H_4OH$$

$$C_6H_6 \xrightarrow[HF]{CH_3CH{=}CH_2} C_6H_5CH(CH_3)_2 \xrightarrow[T,P]{O_2} \xrightarrow[\triangle]{H^+,H_2O} C_6H_5OH \xrightarrow{NaOH} C_6H_5ONa \xrightarrow{CH_3CH_2Br} C_6H_5OC_2H_5$$

$$\xrightarrow[H_2SO_4]{HNO_3} \xrightarrow[HCl]{Fe} \xrightarrow[\text{低温}]{NaNO_2-HCl} ClN_2{-}C_6H_4{-}OEt \xrightarrow{H_3C-C_6H_4-OH} T.M$$

【例2】写出氢过氧化异丙基苯在强酸或酸性离子交换树脂作用下分解成苯酚和丙酮反应机理（吉林大学，2010）

【解析】

$$C_6H_5{-}C(CH_3)_2{-}O{-}OH \xrightarrow{H^+} C_6H_5{-}C(CH_3)_2{-}O{-}\overset{+}{O}H_2 \xrightarrow{-H_2O} C_6H_5{-}C(CH_3)_2{-}O^+ \longrightarrow$$

$$C_6H_5{-}O{-}\overset{+}{C}(CH_3)_2 \xrightarrow{H_2O} C_6H_5{-}O{-}C(CH_3)_2{-}\overset{+}{O}H_2 \xrightarrow{-H^+} C_6H_5{-}OH + CH_3COCH_3$$

在反应中H_2O的离去和苯基的迁移一般是同时进行的协同过程，这可能是慢的一步，重排的推动力是重排的中间体，因其共振能量较低，较为稳定。

$$H_3C{-}C(CH_3)(C_6H_5){-}\overset{+}{O} \xrightarrow{\text{重排}} \left[H_3C{-}\overset{+}{C}(CH_3){-}\ddot{O}{:}(C_6H_5) \longleftrightarrow H_3C{-}C(CH_3){=}\overset{+}{O}{:}(C_6H_5) \right]$$

【例3】对下述反应提出合理的机理（华东师范大学，2002）

$$\text{(环己烯基)}{-}O{-}OH \xrightarrow{H^+} OHC(CH_2)_4CHO\ (6\%) + \text{(环戊烯基)}{-}CHO\ (39\%)$$

【解析】

$$\text{(环己烯基)}{-}O{-}OH \xrightarrow{H^+} \text{(环己烯基)}{-}O{-}\overset{+}{O}H_2 \longrightarrow \text{(环己烯基)}{-}O^+ \longrightarrow$$

$$\text{(七元环氧鎓)} \xrightarrow{H_2O} \text{(环上}{-}\overset{+}{O}H_2) \xrightarrow{-H^+} CHO\ /\ OH \longrightarrow OHC(CH_2)_4CHO \xrightarrow{H^+} \text{(环戊烯基)}{-}CHO$$

【例4】由苯和丙烯为原料合成苯酚

【解析】由苯和丙烯为原料制备异丙苯。异丙苯在液相中于100 ~ 120℃通入空气，经空气氧化生成过氧化异丙苯，后者在强酸或酸性离子交换树脂作用下，分解成苯酚和丙酮。

$$C_6H_6 + CH_3CH{=}CH_2 \xrightarrow[250℃，加压]{H_3PO_4} C_6H_5CH(CH_3)_2$$

$$C_6H_5CH(CH_3)_2 + O_2 \xrightarrow{95\sim135℃} C_6H_5C(CH_3)_2{-}O{-}OH$$

$$\xrightarrow[\sim 90℃]{H_3O^+} C_6H_5OH + CH_3COCH_3$$

此法是目前工业上合成苯酚的主要方法。原料价廉易得，且可连续化生产，产品纯度高，污染小，所得产物除苯酚外，还有重要有机原料丙酮。

氢过氧化异丙苯的生成历程为自由基链反应，过程如下：

$$PhC(CH_3)_2—H + \cdot O—O\cdot \longrightarrow PhC(CH_3)_2\cdot + \cdot O—OH$$

$$PhC(CH_3)_2\cdot + \cdot O—O\cdot \longrightarrow PhC(CH_3)_2—O—O\cdot$$

$$PhC(CH_3)_2—O—O\cdot + PhC(CH_3)_2—H \longrightarrow PhC(CH_3)_2—O—OH + PhC(CH_3)_2\cdot$$

【**例5**】由丙烯和苯为原料合成

$$H_3C—CH(CH_3)—O—C_6H_4—C(CH_3)_2—O—CH_2—CH=CH_2$$ 。（苏州大学，2014）

【**解析**】目标化合物为二元醚，其一为脂肪族芳香族醚，另一为脂肪醚。先制备前者，即2-(对异丙氧基苯基)丙醇，再与溴丙烯成醚。2-(对异丙氧基苯基)丙醇则可由苯酚制异丙基苯基醚、对位溴化制成Gringnard试剂，再与丙酮反应得到2-(对异丙氧基苯基)丙醇。苯酚和丙酮的制备如例4。

$$CH_3CH=CH_2 \xrightarrow{HBr} CH_3CHBrCH_3$$

$$CH_3CH=CH_2 \xrightarrow{NBS,\ h\nu} BrCH_2CH=CH_2$$

$$C_6H_5OH \xrightarrow{NaOH} \xrightarrow{CH_3CHBrCH_3} CH_3CH(CH_3)O—C_6H_5$$

$$\xrightarrow[Fe]{Br_2} \xrightarrow[Et_2O]{Mg} \xrightarrow[2.\ H_3O^+]{1.\ CH_3COCH_3} (CH_3)_2CHO—C_6H_4—C(CH_3)_2—OH \xrightarrow{NaOH} \xrightarrow{BrCH_2CH=CH_2} T.M$$

参考文献

[1] 孔祥文. 有机化学 [M]. 2版. 北京：化学工业出版社，2018.
[2] 孔祥文. 有机合成路线设计基础 [M]. 北京：中国石化出版社，2018.

7 氧化反应

7.1 Moffatt氧化反应

Moffatt氧化反应是指在酸性条件下，DMSO、DCC（脱水剂）将一级醇或二级醇氧化成醛或酮的反应，也称为Pfitzner-Moffatt氧化反应[1-2]。

反应通式：

$$\underset{R\quad R'}{\overset{OH}{\wedge}} \xrightarrow[\text{DMSO，HX}]{\text{DCC}} \underset{R\quad R'}{\overset{O}{\wedge}}$$

反应机理[3]：

$$\text{DCC} \xrightarrow{H^+} \text{H}-\overset{+}{N}=C=N \xrightarrow{\text{DMSO}} \text{HN}-C(=N)-O-\overset{+}{S}(CH_3)_2\ (1) \xrightarrow{RCH(OH)R'}$$

$$\text{DCU} + R_2CH-O-\overset{+}{S}(CH_3)_2\ (2) \xrightarrow{X^-} \text{ylide}\ (3) \longrightarrow RCOR' + (CH_3)_2S$$

室温下，DCC的氮原子质子化后形成亚胺离子，DMSO（二甲基亚砜）的氧原子进攻碳正离子发生亲核加成反应，生成氧基锍离子中间体（1），1与醇反应消去N，N'-二环己基脲，同时生成新的烷氧基锍离子中间体（2），2在碱的作用下，消去硫原子的α-H得硫Ylide（3），3通过一个五元环的过渡态（2，3-σ重排），分解得到酮（或醛）和二甲基硫醚。

反应中的DCC和DMSO即为Pfitzner-Moffatt试剂。DCC（N，N'-二环己基碳二亚胺）是二取代脲的失水产物：

$$C_6H_{11}NH\overset{O}{\overset{\|}{C}}NHC_6H_{11} \xrightarrow[(C_2H_5)_3N]{C_6H_5SO_2Cl} C_6H_{11}N{=}C{=}NC_6H_{11} + H_2O$$

例题解析

【例1】 在多肽合成中，N，N′-二环己基碳二亚胺（DCC，结构见下图）是一种低温脱水剂，DCC能够与水分子反应生成在常见有机溶剂中溶解度极低的二环己基脲，因而常用于催化羧基与氨基缩合形成酰胺键[4]。请写出DCC催化脂肪族羧酸与脂肪族伯胺反应生成酰胺与二环己基脲的反应过程（中山大学，2016）

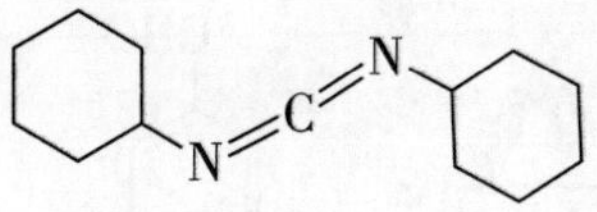

【解析】

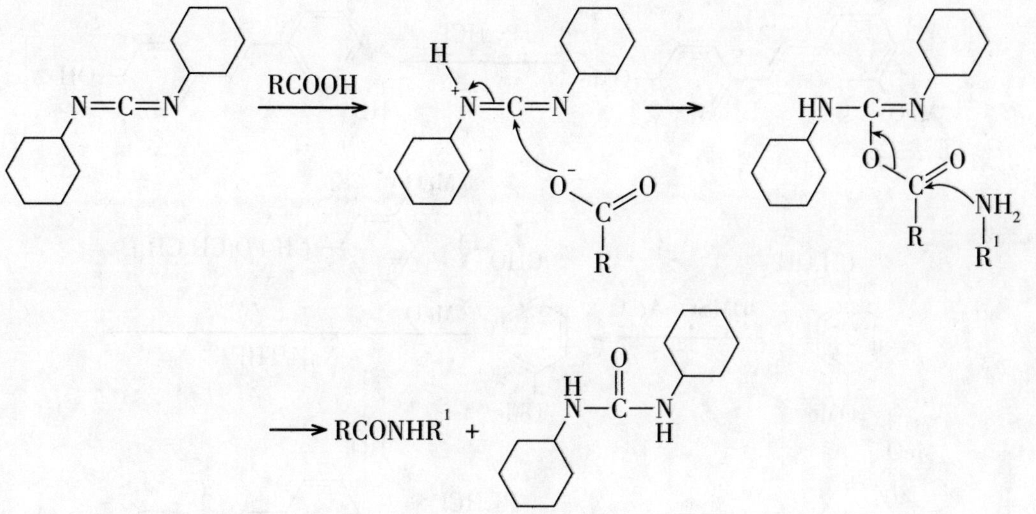

$$\longrightarrow RCONHR^1 +$$

【例2】 依那普利（enalzpri）是医治高血压的药物，请由4-苯基丁酸、丙氨酸和脯氨酸及必要的原料和试剂合成依那普利（南开大学，2007）

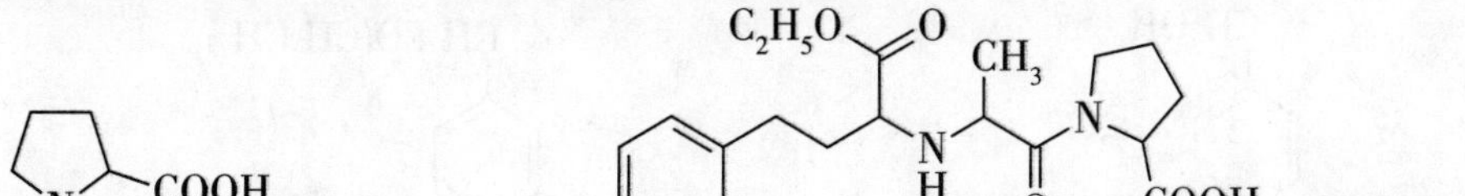

（脯氨酸）　　（依那普利）

【解析】

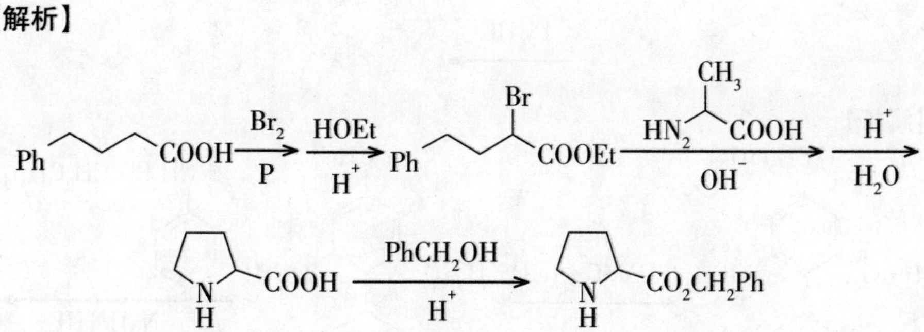

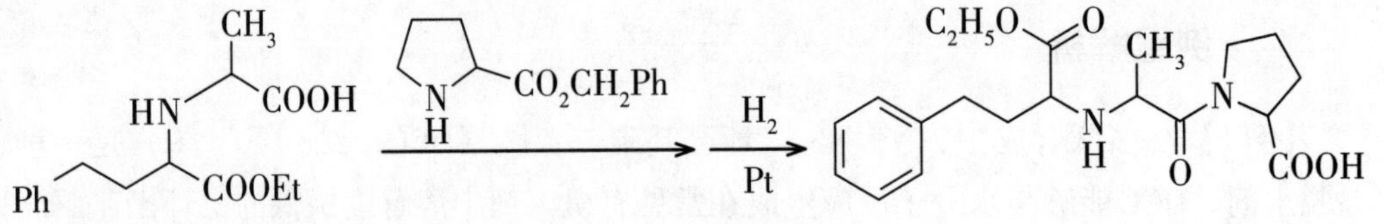

CH_3 HN COOH Ph COOEt —(N-H proline CO_2CH_2Ph)→ —(H_2/Pt)→ C_2H_5O O CH_3 N H O N COOH

【例3】用Pfitzner-moffatt氧化反应合成白藜芦醇[5]

【解析】

方法一：

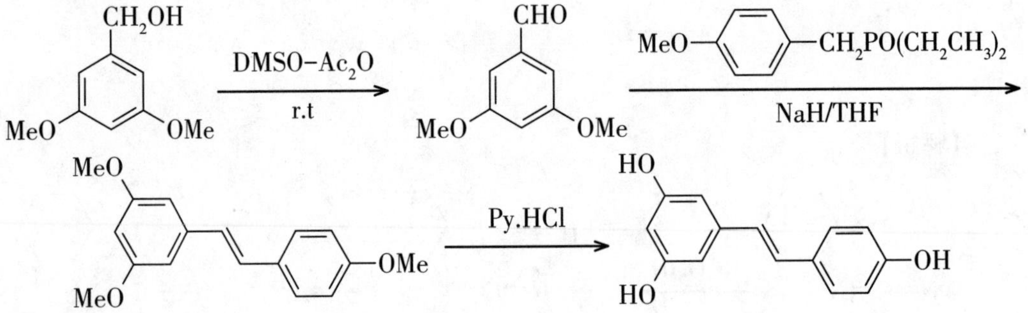

CH_2OH MeO OMe —(DMSO−Ac_2O, r.t)→ CHO MeO OMe —(MeO-C₆H₄-$CH_2PO(CH_2CH_3)_2$, NaH/THF)→

MeO MeO OMe —(Py.HCl)→ HO HO OH

方法二：

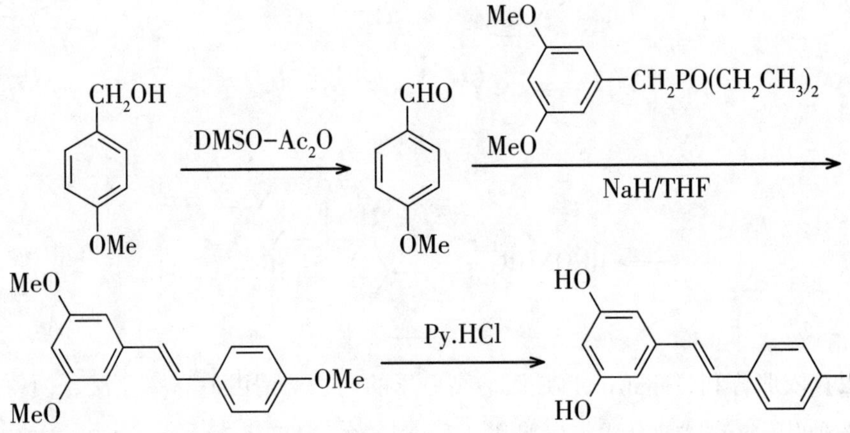

CH_2OH OMe —(DMSO−Ac_2O)→ CHO OMe —(MeO MeO $CH_2PO(CH_2CH_3)_2$, NaH/THF)→

MeO MeO OMe —(Py.HCl)→ HO HO OH

【例4】写出反应产物

1. CH_2OH H_3CO OCH_3 —(DMSO−Ac_2O, r.t)→ （　　）—($CH_2PO(CH_2CH_3)_2$ Ph, NaH/THF)→ （　　）

—(Py.HCl)→ （　　）。

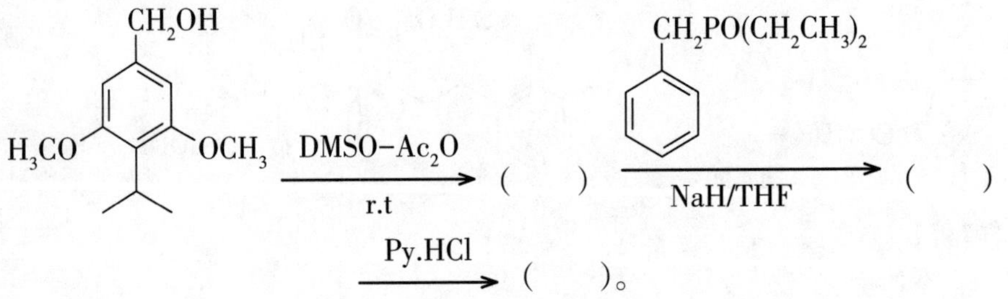

【解析】[5]

CH_2OH H_3CO OCH_3 —(DMSO−Ac_2O, r.t)→ CHO H_3CO OCH_3 —($CH_2PO(CH_2CH_3)_2$ Ph, NaH/THF)→

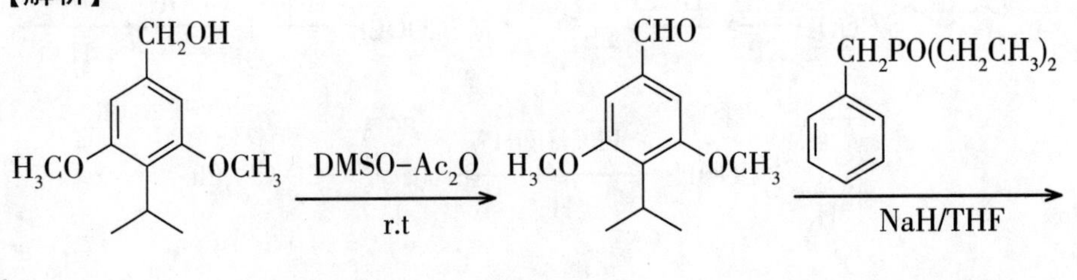

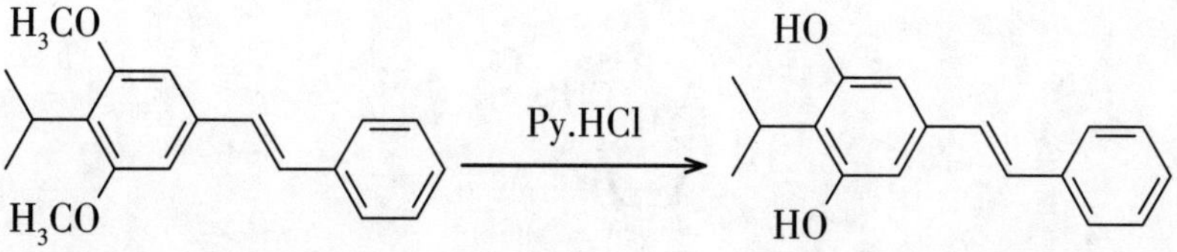

H_3CO ... $\xrightarrow{Py.HCl}$ ... HO ... HO

2. 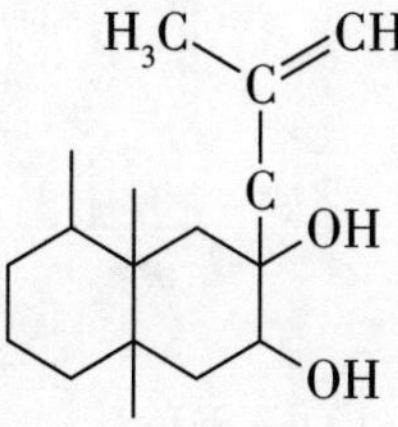 $\xrightarrow[SO_3]{DMSO}$（ ）。

【解析】[6]

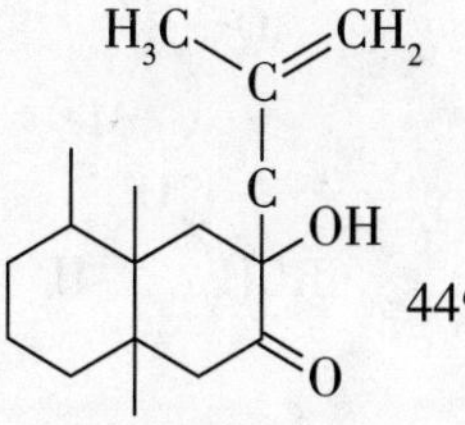

H_3C，CH_2，C，C，OH，O，44%

3. $CH_3CH{=}CH{-}\overset{OH}{\overset{|}{C}}HCH_3 \xrightarrow[H_3PO_4]{DCC,DMSO}$（ ）。

【解析】在磷酸存在下3-戊烯-2-醇与N，N′-二环己基碳二亚胺（DCC）、二甲基亚砜（DMSO）反应得到3-戊烯-2-酮，其结构式为：$CH_3CH{=}CH\overset{O}{\overset{\|}{C}}CH$。

4. $PhCH_2Br \xrightarrow{DMSO,:B}$（ ）。

【解析】[6]

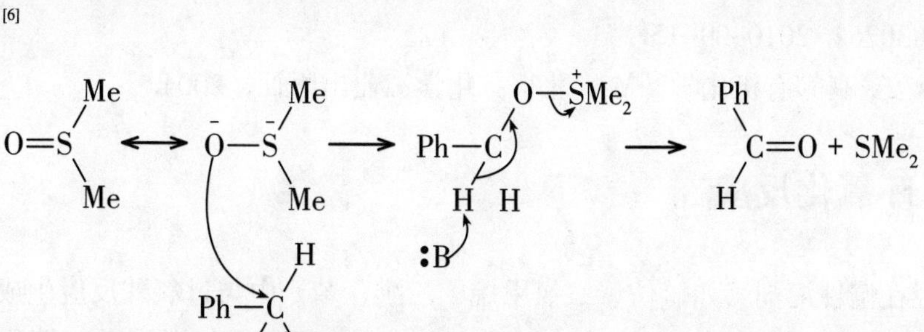

$O{=}S(Me)_2 \longleftrightarrow \bar{O}{-}\bar{S}(Me)_2 \longrightarrow Ph{-}C(H)(H){-}O{-}\overset{+}{S}Me_2 \longrightarrow Ph(H)C{=}O + SMe_2$

:B；Ph—C(H)(H)—Br

5.  $\xrightarrow[rt,90min.,90\%]{DCC,DMSO,Cl_2CHCO_2H}$（ ）式中A为腺苷（adenosine）。

【解析】[6]

6. $RCH_2OH \xrightarrow{DMSO,Ac_2O}$ (　　)。

【解析】[6]

$H_3C-C(=O)-OCOCH_3$ → $CH_3-C(=O)-O-\overset{+}{S}Me_2$ → $R-CH_2-O-SMe_2$ $\xrightarrow{B:}$ $RCH=O$

参考文献

[1] PFITZNERK E, MOFFATT J G. The synthesis of nucleoside-5"aldehydes [J]. J. Am. Chem. Soc, 1963, 85: 3027-3028.

[2] PFITZNER K E, MOFFATT J G. Sulfoxide-carbodiimide reactions. I. A Facile Oxidation of Alcohols [J]. J. Am. Chem. Soc., 1965, 87: 5661, 5670.

[3] LI J J. Name reaction [M]. 4th ed. Berlin Heidelberg: Springer-Verlag, 2009.

[4] 李叶芝，郭纯孝，郎美东，等.（R）-N-酰基四氢噻唑-2-硫酮-4-羧酸在DCC存在下与胺的反应 [J]. 合成化学，1998，6（1）：55-57.

[5] 张越,赵树春. 利用Pfitzner-moffatt氧化反应合成芪类化合物的方法 [P]. CN 101830764, 2010-09-15.

[6] 汪秋安. 高等有机化学 [M]. 北京：化学工业出版社，2004.

7.2 环氧化反应

烯烃在惰性溶剂（如氯仿、二氯甲烷、乙醚、苯）中与过氧酸反应生成环氧化合物的反应称为环氧化反应（epoxidition）[1-3]。实验室中常用有机过氧酸（简称过酸）做环氧化试剂，烯烃反应生成1，2-环氧化物。常用的过氧酸有过氧甲酸、过氧乙酸、过氧苯甲酸、间氯过氧苯甲酸、过氧三氟乙酸等。过氧酸分子中含有吸电子取代基时，它的反应活性远比烷基过氧酸活泼。过氧酸的氧化性顺序为：

过氧三氟乙酸 > 间氯过氧苯甲酸 > 过氧苯甲酸 > 过氧乙酸

有时用 H_2O_2 代替过酸。例如：

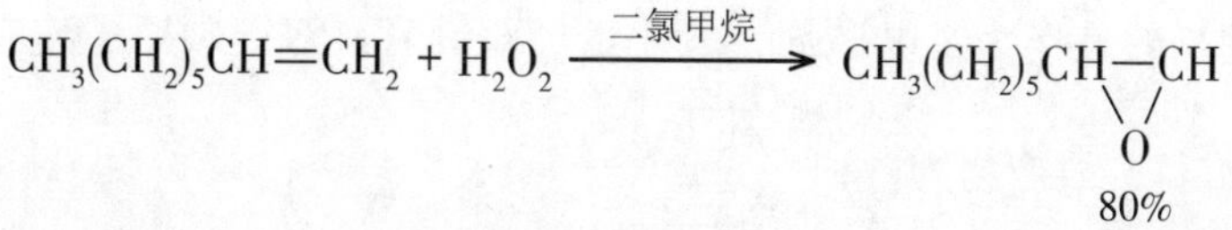

$$CH_3(CH_2)_5CH=CH_2 + H_2O_2 \xrightarrow{\text{二氯甲烷}} CH_3(CH_2)_5\underset{\diagdown O \diagup}{CH-CH}$$

80%

过氧酸氧化烯烃时，过氧酸中的氧原子与烯烃双键进行立体专一的顺式加成。

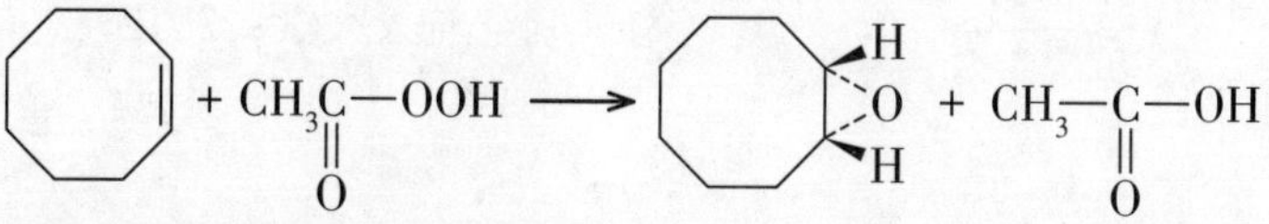

$$\text{环辛烯} + CH_3\underset{\|}{\overset{}{C}}(=O)-OOH \longrightarrow \text{环氧环辛烷（顺式，H, O, H）} + CH_3-\underset{\|}{C}(=O)-OH$$

烯烃与过氧酸的反应机理表示如下：

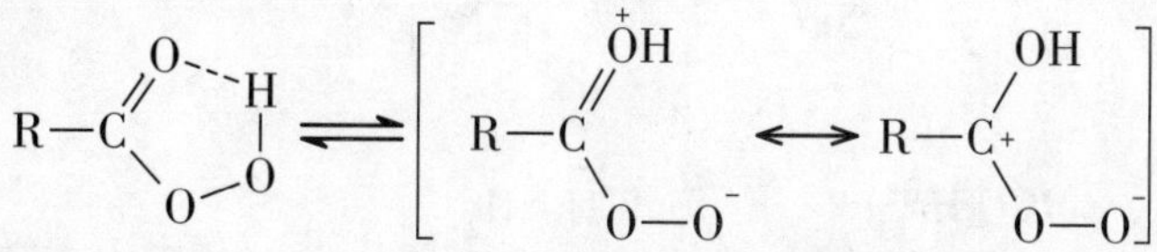

R—C(=O···H—O—O)（1） ⇌ [R—C(=O⁺H)—O—O⁻ ⟷ R—C⁺(OH)—O—O⁻]（2）

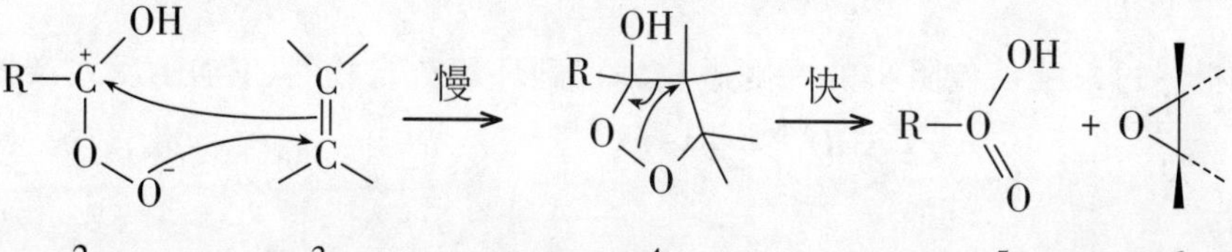

2 + 3（C=C） $\xrightarrow{\text{慢}}$ 4 $\xrightarrow{\text{快}}$ R—C(OH)=O（5） + 环氧化合物（6）

过氧酸（1）通过分子内氢键异构形成碳正离子（2），然后2与烯烃（3）经亲电加成环化形成1，2-二氧五环（4），4不稳定开环生成羧酸（5）和目标产物环氧化合物（6）。

过氧酸是亲电试剂，双键碳原子连有供电子基时，连接的电子基团越多反应越容易进行。烯烃进行环氧化的相对活性次序是：

$$R_2C=CR_2>R_2C=CHR>RCH=CHR，R_2C=CH_2>RCH=CH_2>CH_2=CH_2$$

如果两个不同的烯键存在于同一分子中，电子云密度较高的烯键容易氧化；当烯键与羰基共轭或连有其他强吸电子基团时，它的活性很低，只有用很强的氧化性过氧酸（如三氟过氧乙酸）时，才能把它成功地环氧化。

双键和三键同时存在，优先氧化双键：

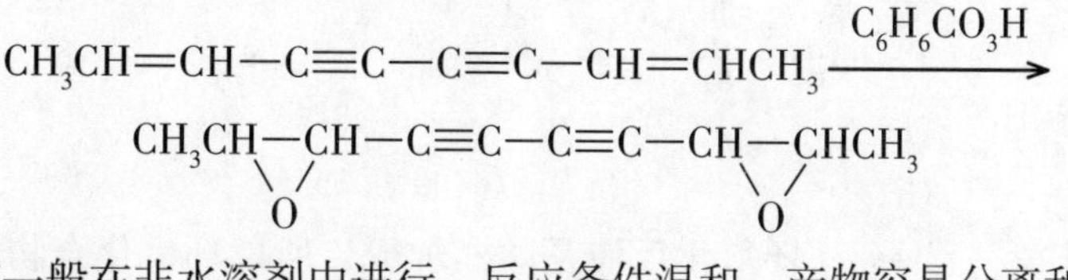

$$CH_3CH=CH-C\equiv C-C\equiv C-CH=CHCH_3 \xrightarrow{C_6H_6CO_3H}$$

$$CH_3\underset{\diagdown O \diagup}{CH-CH}-C\equiv C-C\equiv C-\underset{\diagdown O \diagup}{CH-CH}CH_3$$

环氧化反应一般在非水溶剂中进行，反应条件温和，产物容易分离和提纯，产率较高，是制备环氧化合物的一种很好的方法。

【例1】 填空题

1. 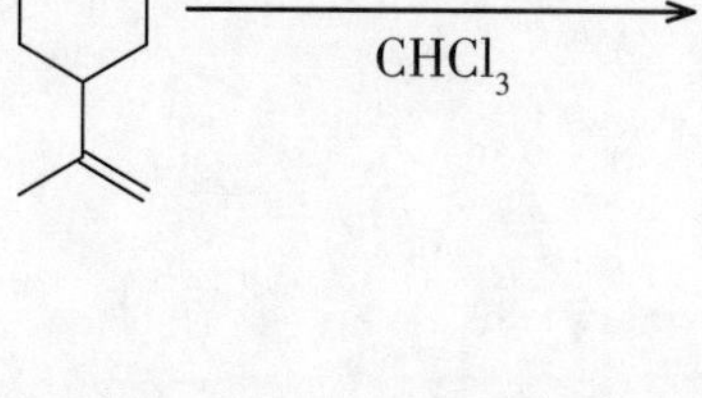 （柠檬烯） $\xrightarrow[CHCl_3]{\text{m-CPBA(1.0equlv.)}}$ （　　）。（南开大学，2013）

【解析】过氧酸是作为亲电试剂，氧化烯烃双键时，双键碳原子连有的供电基团越多反应越容易进行，故产物为 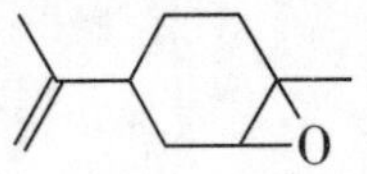 (±)。

2. 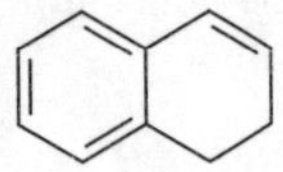 $\xrightarrow{RCOOH}$（　　）。（南京航空航天大学，2012）

【解析】

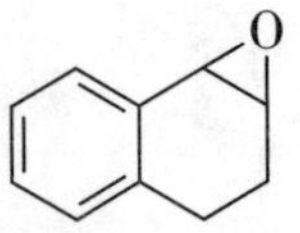

3. 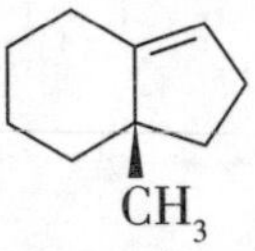 $\xrightarrow{RCO_3H}$（　　）$\xrightarrow{CH_3NH_2}$（　　）。（中山大学，2006）

【解析】过氧酸从位阻小的一侧进攻，得到环氧化合物。CH_3NH_2反式亲核进攻。

故产物为 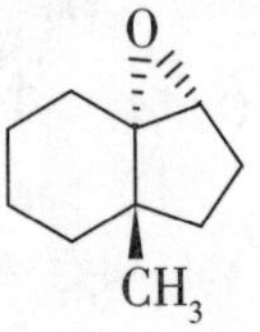 ， 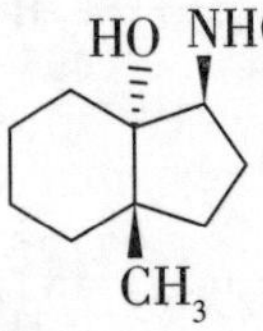 。

4. $CH_2{=}CH_2 + \frac{1}{2}O_2 \xrightarrow[Ag]{250℃}$（　　）。

【解析】乙烯在活性银催化下用空气氧化得到环氧乙烷，$CH_2{-}CH_2$（O 桥连）。这是工业上合成环氧乙烷的主要方法。用活性银（含氧化钙、氧化钡和氧化锶）做催化剂。此类反应是特定反应、专有工业反应、不能类推用于制备其他环氧化物！

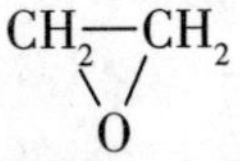

例如，如要将其他烯烃氧化成环氧烷烃，则要用过氧酸来氧化。

5. 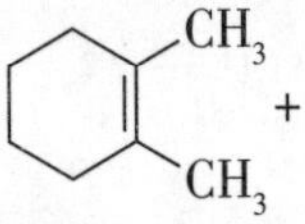 + $PhCO_3H \xrightarrow{Na_2CO_3}$（　　）。

【解析】 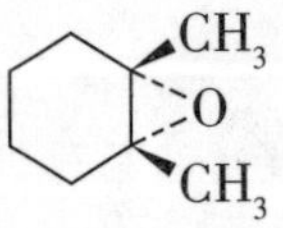 。环氧化反应是顺式加成，所以环氧化合物的构型与原料烯烃的构型保持一致，如果在反应体系中加入不溶解的弱碱如Na_2CO_3，中和后产生的有机酸，则可得到环氧化物[5-6]。

6. 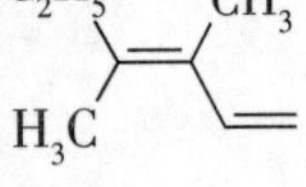 $\xrightarrow[Na_2CO_3]{CH_3CO_3H}$（　　）$\xrightarrow[H_2O]{H^+}$（　　）。

【解析】

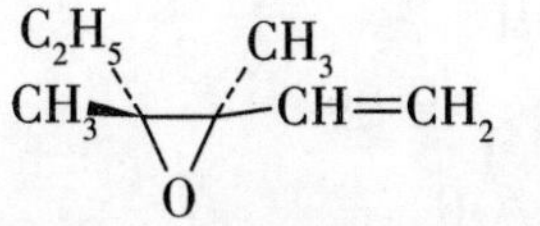

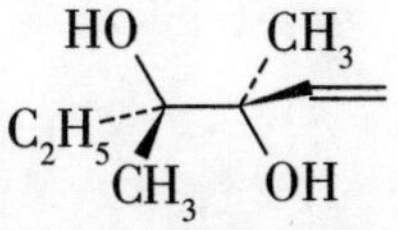

C_2H_5、CH_3 环氧化合物 $CH=CH_2$ (±) HO、CH_3、C_2H_5、CH_3、OH (±)因为环氧化反应在双键平面的任一侧进行，所以平面两侧空阻相同，而产物的环碳原子为手性碳原子时，产物是一对外消旋体。如环氧化反应体系中有大量醋酸与水，环氧化物可进一步发生开环反应，得羟基酯，羟基酯可以水解得羟基处于反式的邻二醇[7]。

7. 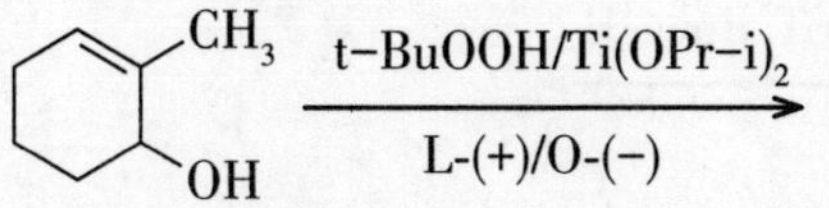 （2-甲基-2-环己烯醇，CH_3，OH） $\xrightarrow[L\text{-}(+)/O\text{-}(-)]{t\text{-}BuOOH/Ti(OPr\text{-}i)_2}$ （ ）。（华东理工大学，2006）

【解析】（环氧化物，O，CH_3，OH）。分子内具有烯丙醇基团时，加成是在羟基的同一侧发生，

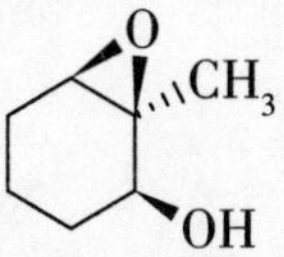

比较下述反应：

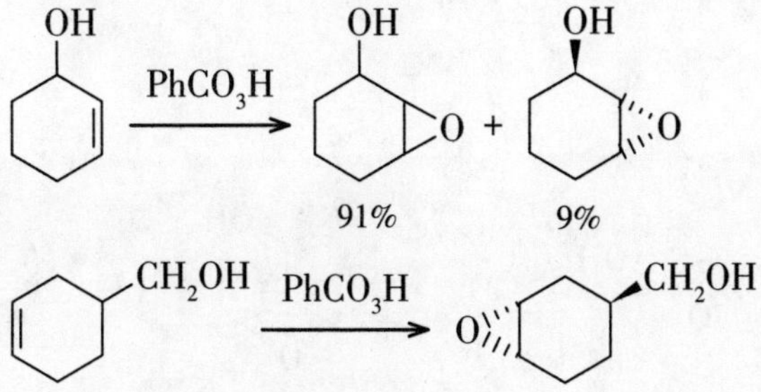

（2-环己烯醇，OH） $\xrightarrow{PhCO_3H}$ （OH，O） + （OH，O）

91%　　9%

（CH_2OH） $\xrightarrow{PhCO_3H}$ （O，CH_2OH）

8. 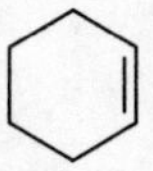 （环己烯） + $PhCO_3H$ ⟶ （ ） $\xrightarrow{H_3O^+}$ （ ）。(陕西师范大学，2004；华东理工大学,2009）

【解析】

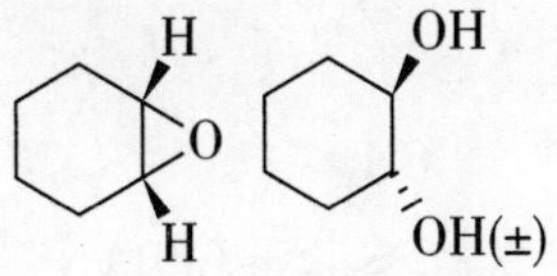

（H，O，H） （OH，OH(±)）

9. E-3-己烯 $\xrightarrow{RCO_2OH}$ （ ） $\xrightarrow{H_3^+O}$ （ ）。（四川大学，2002）

【解析】

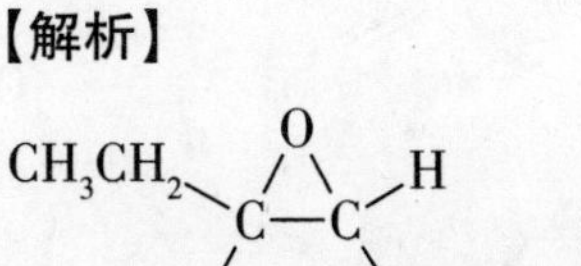

CH_3CH_2、O、H、C—C、H、CH_2CH_3 和 CH_3CH_2、H、C—C、H、O、CH_2CH_3， CH_3CH_2、OH、H、C—C、H、HO、CH_2CH_3

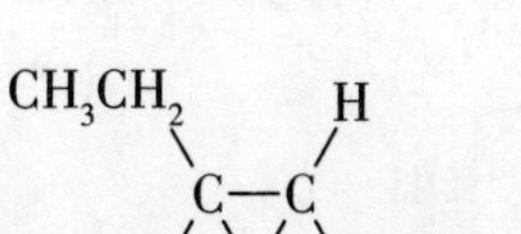

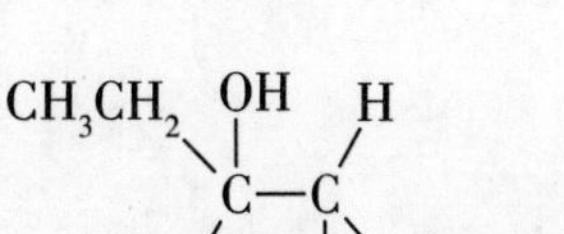

【例2】根据下列所示Sharpless不对称环氧化物反应的对映选择性示意图，写出下面所给出的主要光学活性产物（中国科学技术大学，2016）

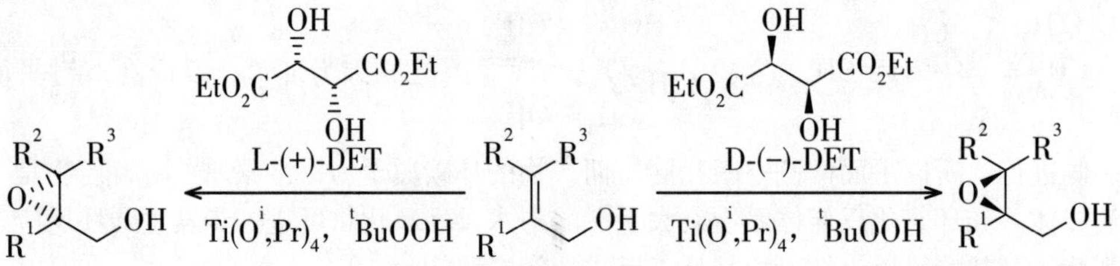

EtO_2C / CO_2Et / OH / OH L-(+)-DET; $Ti(O^iPr)_4$, ^tBuOOH ← R^1, R^2, R^3, OH → D-(−)-DET; $Ti(O^iPr)_4$, ^tBuOOH

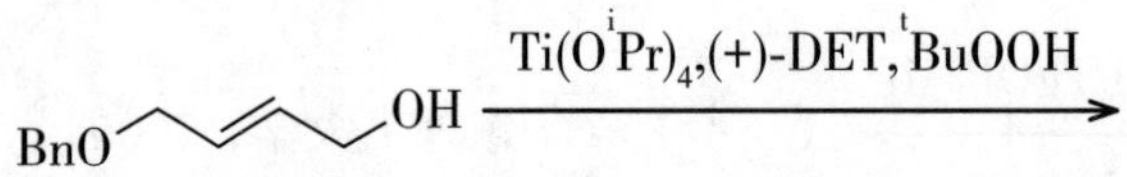

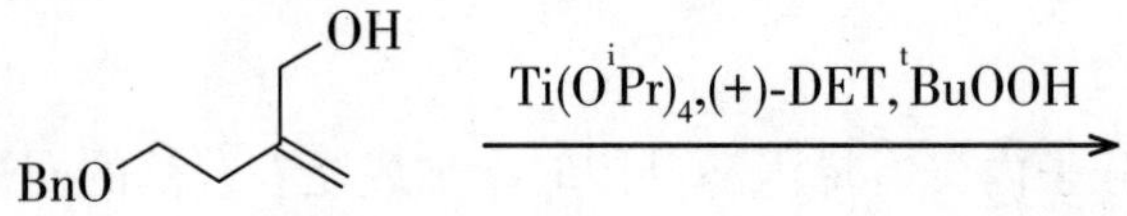

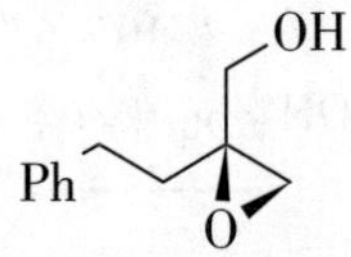

（1）BnO~CH=CH~OH $\xrightarrow{Ti(O^iPr)_4,(+)\text{-}DET,^tBuOOH}$

（2）$\xrightarrow{Ti(O^iPr)_4,(+)\text{-}DET,^tBuOOH}$

（3）$\xrightarrow{Ti(O^iPr)_4,(+)\text{-}DET,^tBuOOH}$

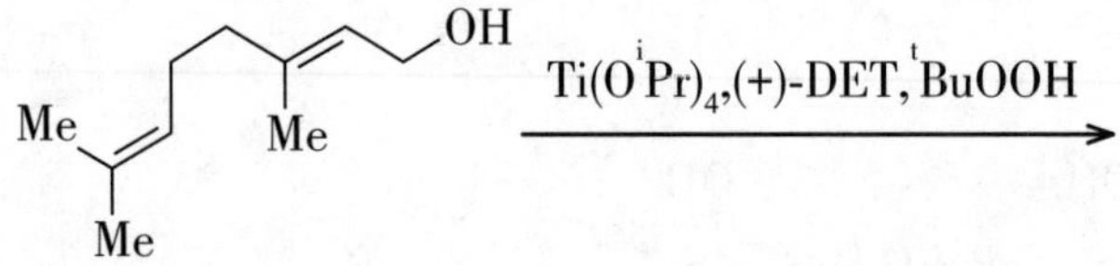

【解析】

（1）BnO, O, OH（2）Ph, OH, O（3）Me, Me, Me, O, OH

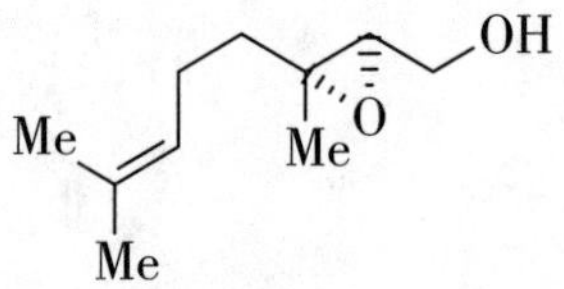

【例3】完成下列转化（试剂任用）

1. 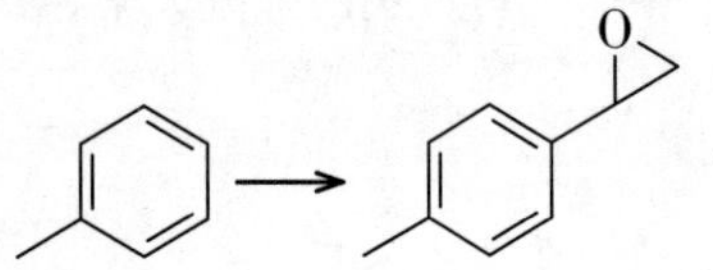 → 。（浙江工业大学，2014）

【解析】

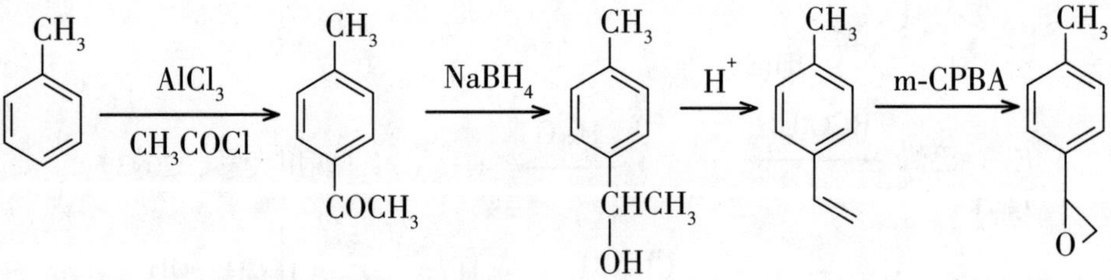

CH_3 $\xrightarrow[CH_3COCl]{AlCl_3}$ CH_3, $COCH_3$ $\xrightarrow{NaBH_4}$ CH_3, CHCH$_3$, OH $\xrightarrow{H^+}$ CH_3 $\xrightarrow{m\text{-}CPBA}$ CH_3, O

2. 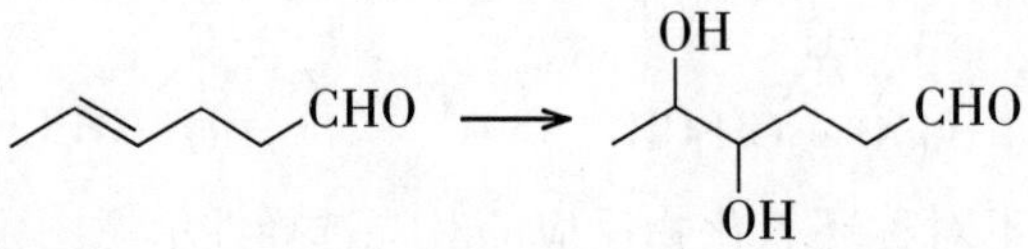 CHO → OH, OH, CHO 。（浙江工业大学，2014）

【解析】

$$\text{CH}_3\text{CH=CHCH}_2\text{CH}_2\text{CHO} \xrightarrow[\text{HOCH}_2\text{CH}_2\text{OH}]{\text{干HCl}} \text{(acetal)} \xrightarrow{\text{m-CPBA}} \text{(epoxide)} \xrightarrow[H_2O]{H^+} \text{CH}_3\text{CH(OH)CH(OH)CH}_2\text{CH}_2\text{CHO}$$

【例4】试以苄基溴和乙炔为原料及不多于两个碳的烷烃合成 (epoxide product)

（中国科学技术大学，2010）

【解析】$CH_3CH_3 \xrightarrow[h\nu]{Br_2} CH_3CH_2Br$

$$\text{H—C≡C—H} \xrightarrow[\text{2. CH}_3\text{CH}_2\text{Br}]{\text{1. NaNH}_2} \text{H—C≡C—CH}_2\text{CH}_3 \xrightarrow[\text{2. PhCH}_2\text{Br}]{\text{1. NaNH}_2} \text{PhCH}_2\text{C≡CCH}_2\text{CH}_3$$

$$\xrightarrow[\text{Lindlar's}]{H_2} \text{PhCH}_2\text{CH=CHCH}_2\text{CH}_3\ (cis) \xrightarrow{\text{mCPBA}} \text{(cis-epoxide)}$$

【例5】从苯和不超过两个碳的原料合成 (trans-epoxide: Ph, H / H, CH_3)（华东师范大学，2006）

【解析】关键是得到反式的烯键，环氧化是立体专一的：

$$\text{C}_6\text{H}_6 \xrightarrow[\text{HCl,ZnCl}_2]{\text{HCHO}} \text{C}_6\text{H}_5\text{CH}_2\text{Cl} \xrightarrow{\text{Ph}_3\text{P}} \text{C}_6\text{H}_5\text{CH}_2\text{P}^+\text{Ph}_3 \xrightarrow[\text{2. CH}_3\text{CHO}]{\text{1. BuLi}}$$

$$\text{PhCH=CHCH}_3\ (trans) \xrightarrow{\text{mCPBA}} \text{(trans-epoxide)}$$

【例6】写出反应机理

$$\text{HO—C(CH}_3\text{)H—C(Br)H—C}_2\text{H}_5 \xrightarrow{OH^-} \text{(epoxide: H, H}_3\text{C / C}_2\text{H}_5, \text{CH}_3)$$

。（天津大学，1996）

【解析】此反应为分子内亲核取代，羟基从卤素的背面进攻得到三元环氧化物，属S_N2反应。

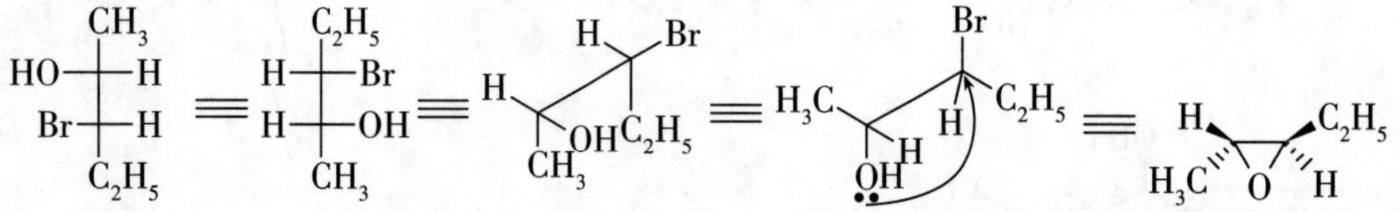

【例7】某化合物A（$C_6H_{11}Br$）在KOH作用下生成B（C_6H_{10}），B经臭氧化分解只得到一个直链的二醛F；B与溴反应生成一对旋光异构体C和C′，分子式为$C_6H_{10}Br_2$；B与过酸反应生成D($C_6H_{10}O$)，D酸性水解得到一对旋光异构体E和E′。推测各化合物的结构（福建师范大学，2008）

【解析】A的不饱和度为1；B的臭氧化产物表明它是环己烯；环己烯反式加成得到的是一对对映体；环氧化合物的酸催化水合也是反式过程，所以得到一对异构体：

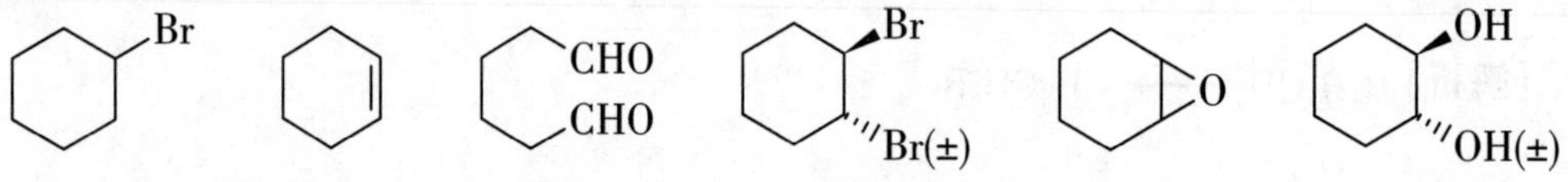

A　　B　　F　　C and C′　　D　　E and E′

参考文献

[1] 孔祥文. 有机化学［M］. 北京：化学工业出版社，2010.

[2] PRILEZHAEVA E N, The pilezhaeva reaction electrophilic oxidation［M］. Izd: Nauka, Moscow, 1974.

[3] VOGE H H, ADAMS C R. Catalytic oxidation of olefins［J］. Adv. Catal, 1967, 17: 151.

[4] 孔祥文. 基础有机合成反应［M］. 北京：化学工业出版社，2014.

[5] 吴宏范. 有机化学学习与考研指津［M］. 上海：华东理工大学出版社，2008.

[6] 邢其毅，裴伟伟，徐瑞秋，等. 基础有机化学［M］. 3版. 北京：高等教育出版社，2005.

[7] 裴伟伟. 基础有机化学习题解析［M］. 北京：高等教育出版社，2006.